高等学校计算机类国家级特色专业系列规划教材

计算机网络实验教程（第2版）

王盛邦 编著

清华大学出版社
北 京

内容简介

本书覆盖了交换技术、路由技术、网络安全技术、网络编程技术、协议分析技术、设备管理、无线网络等技术，共 13 章，主要内容有实验基础、网络嗅探与协议分析、网络编程、网络安全、双绞线、VLAN 技术、端口聚合、端口镜像、生成树协议、路由器技术、NAT 技术、ACL 访问控制技术、IPv6 技术、无线网络、综合实验等。

本书以实际网络应用为出发点，提供了大量实验，每个实验都包括网络拓扑结构、实验环境说明、实验目的和要求、配置步骤、测试结果等。

本书可作为计算机网络专业本专科教材，也可作为网络专业从业人员的自学教材。

本书封面贴有清华大学出版社防伪标签，无标签者不得销售。
版权所有，侵权必究。举报：010-62782989，beiqinquan@tup.tsinghua.edu.cn。

图书在版编目（CIP）数据

计算机网络实验教程/王盛邦编著. —2 版. —北京：清华大学出版社，2017（2024.8 重印）
（高等学校计算机类国家级特色专业系列规划教材）
ISBN 978-7-302-46123-4

Ⅰ. ①计… Ⅱ. ①王… Ⅲ. ①计算机网络－实验－高等学校－教材 Ⅳ. ①TP393-33

中国版本图书馆 CIP 数据核字（2016）第 315954 号

责任编辑：汪汉友
封面设计：傅瑞学
责任校对：李建庄
责任印制：宋　林

出版发行：清华大学出版社
　　网　　址：https://www.tup.com.cn，https://www.wqxuetang.com
　　地　　址：北京清华大学学研大厦 A 座　　　邮　编：100084
　　社 总 机：010-83470000　　　　　　　　　　邮　购：010-62786544
　　投稿与读者服务：010-62776969，c-service@tup.tsinghua.edu.cn
　　质量反馈：010-62772015，zhiliang@tup.tsinghua.edu.cn
　　课件下载：https://www.tup.com.cn，010-83470236
印 装 者：涿州市般润文化传播有限公司
经　　销：全国新华书店
开　　本：185mm×260mm　　　印　张：27.5　　　字　数：669 千字
版　　次：2012 年 10 月第 1 版　　2017 年 5 月第 2 版　　印　次：2024 年 8 月第 7 次印刷
定　　价：79.50 元

产品编号：071554-03

前　　言

作者在本书第 1 版的基础上，对原内容做了一些调整。原第 1 章不变，但内容有删减。原第 9～11 章调整为第 2～4 章，原第 2～8 章调整为第 5～11 章，并增加了新的第 12 章无线网络，原综合实验调整为第 13 章。

本书第 1 版大部分内容的操作系统是基于 Windows XP 的，第 2 版修改了不适用于 Windows 10 的部分。交换机与路由器的端口也从百兆升级为千兆端口，以锐捷的 S5750、RSR20 为参考设备，但实际上对于网络设备的配置管理命令并没有太大改变。书中交换机与路由器等网络设备的配置实验，对于不具备硬件实验环境的可以采用第 1 章实验基础所介绍的 Cisco 仿真软件模拟实现。针对目前无线网络比较流行的情况，本版增加了相关内容，供读者学习参考。本书内容覆盖较为广泛，将网络知识和技术融于网络配置实验中，每章均配有用于巩固所讲授内容的思考与练习题和上机实验题，本版还增加了一些有挑战性的实验。本书可作为计算机网络专业应用本科的实验教材，也可作为网络专业从业人员的自学教材。

全书共有 13 章，主要内容包括实验基础(第 1 章)、网络嗅探与协议分析(第 2 章)、网络编程(第 3 章)、网络安全(第 4 章)、双绞线实验(第 5 章)、交换机技术(第 6 章)、路由技术(第 7 章)、访问控制列表(第 8 章)、网络地址转换(第 9 章)、VPN 技术(第 10 章)、IPv6 技术(第 11 章)、无线技术(第 12 章)、综合实验(第 13 章)。

本书重点突出，结构层次清晰，语言通俗易懂，有众多的网络实验，每个实验针对性很强，叙述和分析透彻，包括网络拓扑结构、实验环境说明、实验目的和要求、配置步骤、测试结果等，具有可读性、可操作性和实用性强的特点。本书十分重视实验前后的验证，同时在实验中插入了许多思考和讨论环节。

在本书的编写过程中，参考了大量锐捷网络的技术资料和培训教材，借鉴了许多网络工程和网络同仁的宝贵经验，在此表示诚挚的谢意。由于作者水平有限，书中的不妥和错误在所难免，诚请各位专家和读者批评指正。

编　者
2017 年 2 月

目 录

第1章 实验基础 ··· 1

1.1 常用网络命令 ··· 1

 1.1.1 ping 命令 ··· 1

 1.1.2 tracert 命令 ·· 5

 1.1.3 ipconfig 命令 ·· 7

 1.1.4 netstat 命令 ·· 8

 1.1.5 arp 命令 ··· 10

 1.1.6 net 命令 ··· 11

 1.1.7 netsh 命令 ··· 13

1.2 IPv4 地址基础 ··· 16

 1.2.1 IPv4 地址表示 ·· 16

 1.2.2 IPv4 地址结构 ·· 16

 1.2.3 IPv4 地址分类 ·· 17

 1.2.4 网络掩码 ··· 17

 1.2.5 子网掩码与子网划分 ··· 18

 1.2.6 子网划分实例 ··· 18

1.3 网络包分析工具 Wireshark ··· 20

 1.3.1 Wireshark ·· 20

 1.3.2 Wireshark 常用功能 ·· 21

 1.3.3 Wireshark 的过滤规则 ······································· 25

 1.3.4 Wireshark 命令行抓包 ······································· 26

 1.3.5 Wireshark 数据包捕获实例 ································· 26

1.4 网络模拟软件 Packet Tracer ······································· 29

 1.4.1 Packet Tracer 界面 ·· 29

 1.4.2 设备管理 ··· 33

 1.4.3 通过 Packet Tracer 分析协议 ······························ 35

 1.4.4 Packet Tracer 使用实验 ····································· 38

1.5 绘制网络拓扑图 ·· 40

 1.5.1 网络设备图例 ··· 40

 1.5.2 拓扑图绘制工具 ··· 41

1.6 实验与实验测试 ·· 44

1.6.1 实验前后的对比 …… 44
1.6.2 对实验过程进行监控 …… 44
1.6.3 实验截图 …… 44
1.6.4 撰写实验报告 …… 45
习题 1 …… 45

第 2 章　网络嗅探与协议分析 …… 50
2.1 网络嗅探 …… 50
　　实验 2-1　嗅探实验 …… 51
2.2 协议分析 …… 51
2.3 TCP/IP 协议 …… 52
　　2.3.1 IP 协议 …… 52
　　2.3.2 TCP 协议 …… 54
　　实验 2-2　TCP/IP 协议分析 …… 58
2.4 HTTP 协议 …… 60
　　实验 2-3　HTTP 协议分析实验 …… 62
2.5 FTP 协议 …… 64
　　2.5.1 FTP 客户/服务器 …… 64
　　2.5.2 数据连接主动方式/被动方式 …… 65
　　2.5.3 用户名和口令的明文传输 …… 65
　　2.5.4 FileZilla …… 66
　　实验 2-4　FTP 协议分析 …… 66
2.6 Telnet 协议 …… 69
　　2.6.1 Telnet 的基本服务 …… 69
　　2.6.2 选项协商 …… 70
　　2.6.3 Telnet 客户机和服务器 …… 71
　　实验 2-5　Telnet 协议分析 …… 71
2.7 DNS 协议 …… 73
　　实验 2-6　DNS 协议分析 …… 76
2.8 ARP 协议 …… 78
　　实验 2-7　ARP 协议分析 …… 80
2.9 QQ 协议 …… 82
　　实验 2-8　QQ 协议分析 …… 83
2.10 迅雷下载协议 …… 85
　　实验 2-9　迅雷协议分析 …… 86
习题 2 …… 87

第 3 章　网络编程 …… 91
3.1 利用套接字建立逻辑信道 …… 92

3.2 Client/Server 工作模式分类 ··· 93
3.3 面向连接的 Client/Server 模式 ··· 93
    3.3.1 面向连接的服务器工作流程 ··· 93
    3.3.2 面向连接的客户端工作流程 ··· 95
3.4 无连接的 Client/Server 模式 ··· 97
3.5 编程实验 ··· 97
    实验 3-1 TCP 通信程序设计 ··· 102
    实验 3-2 UDP 通信程序设计 ··· 103
    实验 3-3 网络嗅探器设计 ··· 104
    实验 3-4 停等协议通信 ··· 106
    实验 3-5 GBN 协议编程 ·· 107
    实验 3-6 IPv4 组播通信 ··· 108
    实验 3-7 应用层组播 ·· 113
习题 3 ··· 115

第 4 章 网络安全 ·· 117
4.1 Linux 防火墙配置 ··· 117
    4.1.1 netfilter/iptables ·· 118
    4.1.2 建立规则和链 ·· 119
    4.1.3 其他 NAT 配置 ·· 123
    实验 4-1 Linux 防火墙设计 ·· 123
4.2 ARP 欺骗 ·· 126
    4.2.1 同一网段的 ARP 欺骗 ·· 126
    4.2.2 不同网段的 ARP 欺骗 ·· 127
    4.2.3 ARP 欺骗的防御 ··· 129
    实验 4-2 ARP 测试与防御 ·· 129
4.3 盗链与反盗链技术 ··· 131
    4.3.1 盗链原理 ··· 131
    4.3.2 反盗链技术 ·· 131
    实验 4-3 分析某下载软件的盗链行为 ····································· 132
4.4 蜜罐技术 ··· 133
    实验 4-4 简单蜜罐陷阱的配置 ··· 134
4.5 入侵检测技术 ··· 136
    实验 4-5 入侵检测实验 ·· 137
习题 4 ··· 138

第 5 章 双绞线实验 ·· 142
5.1 双绞线 ··· 142
5.2 RJ-45 连接器 ·· 145

· V ·

5.3 双绞线跳线的制作标准和跳线类型 ··· 147
　　　　5.3.1 T568-A 标准与 T568-B 标准 ·· 147
　　　　5.3.2 跳线线序 ·· 148
　　　　5.3.3 直连线和交叉线 ·· 148
　　　　实验 5-1 双绞线跳线的制作和测试 ··· 149
　　5.4 信息模块 ··· 152
　　　　实验 5-2 信息模块的压制和测试 ··· 154
　习题 5 ·· 156

第 6 章 交换机技术 ·· 157
　　6.1 交换机技术基础 ··· 157
　　　　6.1.1 以太网交换机 ·· 157
　　　　6.1.2 交换机的工作原理 ·· 157
　　　　6.1.3 交换机的基本功能 ·· 159
　　　　6.1.4 交换机的交换方式 ·· 159
　　　　6.1.5 交换机的分类 ·· 160
　　　　6.1.6 交换机的接口与连接线缆 ·· 160
　　　　6.1.7 交换机配置基础 ·· 161
　　　　6.1.8 交换机的命令模式 ·· 162
　　6.2 VLAN 技术 ··· 163
　　　　6.2.1 基本概念 ·· 163
　　　　6.2.2 VLAN 的分类 ·· 164
　　　　6.2.3 VLAN 数据帧的标识 ·· 165
　　　　6.2.4 VLAN 中的端口 ·· 165
　　　　6.2.5 VLAN 的基本配置 ·· 166
　　　　实验 6-1 单交换机实现 VLAN ··· 169
　　　　实验 6-2 跨交换机实现 VLAN ··· 172
　　　　6.2.6 三层交换机 VLAN 间路由 ·· 174
　　　　实验 6-3 通过三层交换机实现 VLAN 间路由 ·························· 177
　　　　6.2.7 单臂路由实现 VLAN 间路由 ·· 179
　　　　实验 6-4 单臂路由实现 VLAN 间路由 ······································· 180
　　6.3 端口聚合 ··· 183
　　　　6.3.1 基本概念 ·· 183
　　　　6.3.2 端口汇聚配置命令 ·· 184
　　　　6.3.3 配置 Aggregate Port 的流量平衡 ·· 185
　　　　实验 6-5 端口聚合配置实验 ··· 187
　　6.4 端口镜像 ··· 190
　　　　6.4.1 基本概念 ·· 190
　　　　6.4.2 本地端口镜像 ·· 190

　　　　实验 6-6　交换机端口镜像配置 …………………………………… 192
　　　　6.4.3　基于 VLAN 的镜像 …………………………………………… 194
　　　　6.4.4　远程端口镜像 ………………………………………………… 195
　　　　实验 6-7　交换机端口远程镜像 ………………………………………… 197
　　　　6.4.5　基于流的远程端口镜像配置 ………………………………… 199
　　6.5　生成树协议 ………………………………………………………………… 199
　　　　6.5.1　基本概念 ……………………………………………………… 199
　　　　6.5.2　生成树协议的定义 …………………………………………… 203
　　　　6.5.3　快速生成树协议 ……………………………………………… 204
　　　　实验 6-8　快速生成树协议配置 ………………………………………… 204
　　　　6.5.4　多生成树协议 ………………………………………………… 208
　　　　实验 6-9　多生成树协议配置 …………………………………………… 208
　　　　6.5.5　生成树协议小结 ……………………………………………… 215
　　6.6　交换技术的发展前景 ……………………………………………………… 215
　　习题 6 ……………………………………………………………………………… 216

第 7 章　路由技术 ……………………………………………………………………… 223
　　7.1　路由器技术基础 …………………………………………………………… 223
　　　　7.1.1　路由的基本概念 ……………………………………………… 223
　　　　7.1.2　路由器的功能 ………………………………………………… 225
　　　　7.1.3　路由器的分类 ………………………………………………… 226
　　　　7.1.4　路由的分类 …………………………………………………… 226
　　　　7.1.5　路由器的接口和线缆 ………………………………………… 227
　　　　7.1.6　路由器配置 …………………………………………………… 228
　　　　7.1.7　路由器端口配置原则 ………………………………………… 229
　　　　7.1.8　路由器的常见命令模式 ……………………………………… 230
　　7.2　静态路由 …………………………………………………………………… 230
　　　　7.2.1　静态路由 ……………………………………………………… 230
　　　　7.2.2　静态路由配置步骤 …………………………………………… 232
　　　　7.2.3　静态路由配置主要命令 ……………………………………… 232
　　　　实验 7-1　静态路由 ……………………………………………………… 233
　　7.3　RIP 路由 …………………………………………………………………… 235
　　　　7.3.1　RIP 概述 ……………………………………………………… 235
　　　　7.3.2　路由环路 ……………………………………………………… 236
　　　　7.3.3　有类路由与无类路由 ………………………………………… 239
　　　　7.3.4　RIP 的工作过程 ……………………………………………… 239
　　　　7.3.5　路由汇总 ……………………………………………………… 240
　　　　7.3.6　RIP 配置步骤 ………………………………………………… 242
　　　　实验 7-2　RIP 路由协议 ………………………………………………… 243

7.4 OSPF 路由 ··· 246
7.4.1 OSPF 概述 ··· 246
7.4.2 Loopback 地址 ··· 247
7.4.3 OSPF 数据包类型 ··· 247
7.4.4 OSPF 协议工作过程 ··· 249
7.4.5 OSPF 区域 ··· 250
7.4.6 OSPF 配置步骤 ··· 251
实验 7-3 OSPF 单区域 ··· 252
实验 7-4 OSPF 多区域 ··· 255
7.4.7 OSPF 虚连接 ··· 258
7.4.8 OSPF 的认证 ··· 259
实验 7-5 OSPF 虚链路 ··· 260
7.4.9 路由重发布 ··· 263
实验 7-6 路由重发布 ··· 266
7.5 动态路由协议小结 ··· 269
习题 7 ··· 269

第 8 章 访问控制列表 ··· 279
8.1 基本概念 ··· 279
8.2 ACL 匹配性检查 ··· 280
8.2.1 ACL 的匹配过程 ··· 280
8.2.2 配置 ACL 的基本原则 ··· 280
8.2.3 通配符掩码 ··· 281
8.2.4 入站过滤分组和出站过滤分组 ··· 282
8.3 标准 ACL ··· 282
8.3.1 标准 ACL 的工作过程 ··· 282
8.3.2 标准 ACL 的配置 ··· 282
实验 8-1 利用标准 IP 访问列表进行网络流量的控制 ··· 284
8.4 扩展 ACL ··· 286
8.4.1 扩展 ACL 的工作过程 ··· 286
8.4.2 扩展 ACL 的配置 ··· 287
实验 8-2 利用扩展 IP 访问列表实现应用服务的访问限制 ··· 288
8.5 MAC 扩展访问控制列表 ··· 291
8.5.1 MAC 扩展访问控制列表工作过程 ··· 291
8.5.2 配置命名的 MAC 扩展 ACL ··· 291
实验 8-3 配置基于 MAC 的 ACL ··· 292
8.6 基于时间的访问列表 ··· 295
8.6.1 基于时间的访问列表的工作过程 ··· 295
8.6.2 配置基于时间的访问列表 ··· 295

  实验 8-4 配置基于时间的 ACL ·· 296
 习题 8 ··· 298

第 9 章 网络地址转换 ··· 304
 9.1 地址转换 ·· 304
 9.2 静态转换 ·· 304
  9.2.1 基本概念 ·· 304
  9.2.2 静态转换的配置 ·· 305
  实验 9-1 利用静态转换实现内外地址的转换 ··· 306
 9.3 动态转换 ·· 307
  9.3.1 基本概念 ·· 307
  9.3.2 动态转换的配置 ·· 308
  实验 9-2 配置动态转换实现内外地址的转换 ··· 308
 9.4 端口地址转换 ·· 310
  9.4.1 基本概念 ·· 310
  9.4.2 端口地址转换配置 ·· 310
  实验 9-3 端口地址转换的配置 ·· 311
 9.5 TCP 负载均衡 ·· 312
  9.5.1 基本概念 ·· 312
  9.5.2 配置 TCP 负载均衡 ·· 313
  实验 9-4 配置 TCP 负载均衡 ·· 314
 9.6 网络地址转换小结 ·· 317
 习题 9 ··· 317

第 10 章 VPN 技术 ··· 323
 10.1 基本概念 ·· 323
 10.2 VPN 协议 ··· 324
  10.2.1 VPN 安全技术 ·· 324
  10.2.2 VPN 的隧道协议 ·· 324
  10.2.3 VPN 的类型 ·· 325
 10.3 加密系统 ·· 327
 10.4 IPSec 协议 ·· 328
  10.4.1 IPSec 体系结构 ·· 328
  10.4.2 IPSec 的主要协议 ·· 329
  10.4.3 IPSec 的工作模式 ·· 332
  10.4.4 IPSec 中的对等体 ·· 333
  10.4.5 IPSec VPN 的配置步骤 ··· 333
  实验 10-1 IPSec VPN 简单配置 ··· 335
  实验 10-2 Site To Site IPSec VPN 多站点配置 ··· 339

习题 10 ·· 342

第 11 章 IPv6 技术 ·· 346
11.1 IPv6 报头结构 ··· 346
11.2 IPv6 地址技术 ··· 346
11.2.1 IPv6 地址表示法 ··· 346
11.2.2 IPv6 地址分类 ·· 347
11.2.3 IPv6 地址配置方法 ··· 348
11.2.4 IPv6 数据包 ··· 349
11.3 IPv6 邻居发现协议 ·· 349
实验 11-1 IPv6 邻居发现 ·· 353
11.4 IPv6 路由 ·· 356
11.4.1 静态路由 ··· 356
实验 11-2 IPv6 静态路由 ··· 356
11.4.2 IPv6 RIPng ·· 360
实验 11-3 IPv6 RIPng ·· 362
11.4.3 IPv6 OSPFv3 ··· 363
实验 11-4 IPv6 OSPFv3 单区域 ··· 364
11.5 IPv6 访问控制列表 ·· 366
实验 11-5 IPv6 访问控制列表 ·· 367
11.6 IPv6 过渡技术 ··· 369
11.6.1 双协议栈技术 ··· 369
11.6.2 隧道技术 ··· 370
实验 11-6 IPv6 手动隧道 ··· 372
实验 11-7 6to4 隧道 ··· 377
实验 11-8 IPv6 ISATAP 隧道 ··· 381
11.6.3 网络地址转换/协议转换技术 ··· 384
习题 11 ·· 386

第 12 章 无线网络 ·· 392
12.1 无线网络概述 ·· 392
12.2 无线接入设备 ·· 393
12.3 无线网络分类 ·· 396
12.4 无线局域网 ··· 396
12.5 无线局域网结构 ·· 398
12.5.1 点对点 Ad-Hoc 结构 ·· 398
实验 12-1 搭建 Ad-Hoc 模式无线网络实验 ·································· 399
12.5.2 基于 AP 的 Infrastructure 结构 ·· 400
实验 12-2 搭建基于 AP 的 Infrastructure 模式无线网络 ··············· 402

  12.6 点对点无线桥接技术 …………………………………………………………… 403
    实验12-3 搭建无线分布式系统模式网络 ……………………………… 404
 习题12 ……………………………………………………………………………………… 407

第13章 综合实验 ………………………………………………………………………… 410
 综合实验1 网络嗅探 …………………………………………………………………… 410
 综合实验2 FTP流量分析 ……………………………………………………………… 411
 综合实验3 应用层组播拓扑修复 …………………………………………………… 411
 综合实验4 网络安全 …………………………………………………………………… 413
 综合实验5 入侵检测 …………………………………………………………………… 415
 综合实验6 网络设计 …………………………………………………………………… 415
 综合实验7 网络规划配置 ……………………………………………………………… 417
 综合实验8 综合组网实验 ……………………………………………………………… 418
 综合实验9 OSPF与NAT …………………………………………………………… 420
 综合实验10 VLAN+单臂路由+路由重发布+ACL综合实验 ………………… 421
 综合实验11 IPv6 IPSec ……………………………………………………………… 422
 综合实验12 IPv6构建园区骨干网 ………………………………………………… 423
 综合实验13 RIP动态路由协议攻防 ………………………………………………… 424
 综合实验14 无线网络中DNS和IIS服务器的配置应用实验 …………………… 425

第1章 实验基础

本章主要介绍与本书后续实验相关的基础知识,包括常用的网络命令、IPv4 基础、网络包分析工具、网络仿真软件、绘制拓扑图以及实验报告的书写要求等。

1.1 常用网络命令

Windows 操作系统中有一个命令行解释器,它类似于 MS-DOS 的命令解释程序,可以在其中输入一些命令,实现用户和操作系统之间的直接通信。命令行解释器提供基于字符的应用程序和实用程序的用户界面,命令的语法多数可以通过在命令后加/? 获得使用帮助。

Windows 似乎已经终结了命令的使用,绝大多数操作者习惯于双击图标和菜单操作。但实际上,命令行是非常重要的管理手段。MS-DOS 时代的大部分命令不仅在 Windows 后续版本中得以保留,还有了新的发展(尤其是与网络相关的命令)。本章仅介绍部分与网络有关的命令。

1.1.1 ping 命令

在进行网络实验与调试的过程中,ping 是最常用的一个命令。ping 命令全称为 Packet Internet Grope(因特网包探测器),一般用于测试源主机到目的主机网络的连通性。ping 命令在 IP 层中利用回应请求/应答 ICMP 报文测试目的主机或路由器的可达性。不同操作系统对 ping 命令的实现有所差异。通过执行 ping 命令主要可获得如下信息:

(1) 监测网络的连通性,检验与远程计算机或本地计算机的连接。

(2) 确定是否有数据包丢失、复制或重传。ping 命令在所发送的数据包中设置唯一的序列号,以此检查其接收到的应答报文的序列号。

(3) ping 命令在其所发送的数据包中设置时间戳(Timestamp),根据返回的时间戳信息可以计算数据包往返的时间(Round Trip Time,RTT)。

(4) ping 命令校验每个收到的数据包,据此可以确定数据包是否损坏。

在 Windows 环境下,ping 命令的语法如下:

```
ping [-t] [-a] [-n count] [-l size] [-f] [-i TTL] [-v TOS] [-r count] [-s count]
    [[-j host-list] | [-k host-list]] [-w timeout] [-R] [-S srcaddr] [-4] [-6]
target_name
```

表 1-1 给出了 ping 命令各选项的具体含义。从表 1-1 可以看出,ping 命令的许多选项实际上是指定互联网如何处理和携带回应请求/应答 ICMP 报文的 IP 数据包。

在这些参数中,使用较多的有 t、l、s 等。t 表示连续 ping 目的主机,直到按下 Ctrl+C 键时手动停止;l 表示发送缓冲区大小(默认值为 32B);s 表示使用时间戳选项(仅适用于 IPv4)。

表 1-1　ping 命令选项及含义

选项	含义
-t	连续 ping 目的主机,直到按下 Ctrl+C 键时手动停止
-a	将 IP 地址解析为计算机主机名
-n count	发送回送请求 ICMP 报文的次数(默认值为 4)
-l size	发送缓冲区大小(默认值为 32B)
-f	在数据包中不允许分段(默认为允许分段),此项仅适用于 IPv4
-i TTL	指定生存时间
-v TOS	指定要求的服务类型(仅适用于 IPv4)
-r count	记录路由(仅适用于 IPv4)
-s count	使用时间戳选项(仅适用于 IPv4)
-j host-list	利用主机列表指定宽松的源路由(只是指出一个路由表,但并不要求消息必须经过任意两个相邻路由记录,可以经过其他路由器后再到下一跳指定地点)
-k host-list	利用主机列表指定严格的源路由(指发送者指明了必须经过的路由,如果下一跳路由找不到就返回错误)
-w timeout	指定等待每次回复的超时时间,单位为 ms
-R	同样使用路由标头测试反向路由(仅适用于 IPv6)
-S srcaddr	要使用的源地址
-4	强制使用 IPv4
-6	强制使用 IPv6

1. 发送 ping 测试报文

发送 ping 测试报文可以不用选项。如执行命令"ping IP 地址"或"ping 域名",则向指定的 IP 地址的主机或域名发送 ping 测试报文。这是最常用的一种使用方法。

【例 1-1】 ping 搜狐公司的域名。

```
C:\>ping www.sohu.com
C:\>ping www.sohu.com
Pinging pgderbjt01.a.sohu.com [118.228.148.143] with 32 bytes of data:

Reply from 118.228.148.143: bytes=32 time=69ms TTL=48
Reply from 118.228.148.143: bytes=32 time=69ms TTL=48
Reply from 118.228.148.143: bytes=32 time=64ms TTL=48
Reply from 118.228.148.143: bytes=32 time=67ms TTL=48

Ping statistics for 118.228.148.143:
    Packets: Sent=4, Received=4, Lost=0 (0% loss),
Approximate round trip times in milli-seconds:
    Minimum=64ms, Maximum=69ms, Average=67ms
```

【例1-2】 ping 搜狐公司的 IP 地址。

```
C:\>ping 118.228.148.143
    C:\>ping 118.228.148.143
    Pinging 118.228.148.143 with 32 bytes of data:

    Reply from 118.228.148.143: bytes=32 time=67ms TTL=48
    Reply from 118.228.148.143: bytes=32 time=64ms TTL=48
    Reply from 118.228.148.143: bytes=32 time=67ms TTL=48
    Reply from 118.228.148.143: bytes=32 time=65ms TTL=48

    Ping statistics for 118.228.148.143:
        Packets: Sent=4, Received=4, Lost=0 (0%loss),
    Approximate round trip times in milli-seconds:
        Minimum=64ms, Maximum=67ms, Average=65ms
```

在例 1-1 中,用户知道了域名 www.sohu.com 的 IP 地址是 118.228.148.143,所以在例 1-2 中改为 ping IP 地址,其结果是一样的。此例说明,可以利用 ping 命令从域名中查找对应的 IP 地址。

在例 1-1(或例 1-2)显示的结果中,都返回了 4 个测试数据包,其中 bytes=32 表示测试中发送的数据包大小是 32B,"time=67ms"表示与对方主机往返一次所用的时间是 67ms。信息显示这 4 个数据包当中返回速度最快的为 64ms,最慢的为 69ms,平均速度为 67ms。ping 命令能够以毫秒为单位显示发送回送请求和收到回送应答之间的时长。如果应答时间短,表示数据包没有通过太多的路由器或网络连接速度较快。

"TTL=48"表示当前测试使用的 TTL 值为 48。因为 ping 命令使用网络层协议 ICMP,所以 TTL(Time To Live,生存时间)指的是一个网络层的数据包(package)的生存周期。

TTL 的作用是在过长路径情况下,令设备抛弃 ICMP 请求包。因为一个包从一台机器到另一台机器可能需要经过很长的路径,如果无条件的不终止它,它会一直传递下去,如果很多个数据包都这样循环,将会严重影响网络的正常运行。所以需要在包中设置生存时间,并且在包每经过一个节点时,将该值递减 1,最终包在该值还是正数时到达目的地,或者是在经过一定数量的节点后,该值减为 0。前者代表完成了一次正常的传输,后者代表包在生命周期内仍无法到达目的地。当该值为 0 时,网络设备将不会再传递这个包并直接将其抛弃,并发送一个通知给包的源地址。

与 TTL 有关的参数是指定生存时间"-i TTL",即可以自行定义 TTL 值发送 ICMP 请求包,而忽略操作系统默认的 TTL 值。例如:

```
ping 192.168.1.100 -i 17
```

如果 ping 时 TTL 的值小于 17 仍未到达目的地,将会显示:

```
Request timed out.
```

即在到达目的地之前这个包的生命时间就结束了,由于 TTL 的值减为 0,设备将丢弃包并发送一个 TTL 过期的 ICMP 反馈给源地址。但实际上可能存在如下情况:如果 TTL 的值大于 17 则可以 ping 通。

2. 连续发送 ping 测试报文

在网络调试过程中,有时需要连续发送 ping 测试报文,一旦配置正确,测试主机可以立即报告目的地可达信息。连续发送 ping 测试报文可以使用-t 选项。如执行命令:

```
ping 192.168.1.100 -t
```

该命令表示连续向 IP 地址为 192.168.1.100 的主机发送 ping 测试报文,可以使用 Ctrl＋Break 键显示发送和接收回应请求/应答 ICMP 报文的统计信息,此时 ping 命令仍然继续。结束 ping 命令可以使用 Ctrl＋C 键。

3. 自选数据长度的 ping 测试报文

在默认情况下,ping 命令使用的测试报数据长度为 32B,"-l Size"选项可以指定测试数据的长度。如下所示把数据报长度设为 1560B:

```
C:\ >ping 192.168.1.100 -l 1560
   C:\ >ping 92.168.1.100 -l 1560
   Pinging 192.168.1.100  with 1560 bytes of data:

   Reply from 192.168.1.100: bytes=1560 time<1ms TTL=128
   Reply from 192.168.1.100: bytes=1560 time<1ms TTL=128
   Reply from 192.168.1.100: bytes=1560 time<1ms TTL=128
   Reply from 192.168.1.100: bytes=1560 time<1ms TTL=128

   Ping statistics for 192.168.1.100:
       Packets: Sent=4, Received=4, Lost=0 (0%loss),
   Approximate round trip times in milli-seconds:
       Minimum=0ms, Maximum=0ms, Average=0ms
```

虽然-l 参数可以自定义,但是最大值限制为 65500B。超过此值对方就可能因接收的数据包太大而导致死机,这就是著名的"死亡之 ping"。

4. 修改 ping 命令的请求超时时间

默认情况下,系统超时时间为 1000ms。如果超过该时间,系统将显示 request timed out(请求超时)。在使用 ping 命令测试数据报经过延迟较长的链路时,响应可能会花费更长的时间才能返回,这时可以使用-w 选项指定更长的超时时间。如命令 ping 192.168.1.100 -w 6000 指定超时时间为 6000ms。

如果目的地不可达,系统对 ping 命令的响应随不可达原因的不同而异,最常见的有以下两种情况:

(1) Destination net unreachable:目的网络不可达。说明没有目的地的路由,通常是由于 reply from 中列出的路由器路由信息错误造成的。

(2) Request timed out:请求超时。表明在指定的超时时间内没有响应测试报文。其原因可能是路由器关闭、目的主机关闭、没有路由返回到主机或响应的等待时间大于指定的超时时间,也有可能是被防火墙阻止或是对方系统设置了安全策略。

5. 不允许路由器对 ping 探测报文分段

主机发送的 ping 探测报文通常允许中途的路由器分段,以便使探测报文通过 MTU 较小的网络。如果不允许 ping 探测报文在传输过程中被分段,可以使用-f 选项。如果指定的探测报文长度太长,同时又不允许分段,探测数据报就不可能到达目的地并返回应答。例如在以太网中,如果要指定不允许分段的探测数据报长度为 3000B,执行命令 ping 192.168.1.100 -f -l 3000,系统将给出以下信息:

```
C:\>ping  192.168.1.100 -f -l 3000
    C:\>ping 192.168.1.100 -f -l 3000
    Pinging 192.168.1.100 with 3000 bytes of data:

    Packet needs to be fragmented but DF set.
    Packet needs to be fragmented but DF set.
    Packet needs to be fragmented but DF set.
    Packet needs to be fragmented but DF set.

    Ping statistics for 192.168.1.100:
        Packets: Sent=4, Received=0, Lost=4 (100%loss)
```

6. 其他参数的用法

ping 命令还常用"ping 127.0.0.1"检测 TCP/IP 协议是否工作正常,其中 127.0.0.1 是本地回环地址,如果发现本地址无法 ping 通,就表明本地机器的 TCP/IP 协议不能正常工作。

在排除网络连通性故障方面,ping 命令非常有用,但是也存在局限性。在一些场合需要使用 tracert 命令,它可以显示网络反应时间和路径信息。其他参数的用法可参见表 1-1。

1.1.2 tracert 命令

tracert(trace route,跟踪路由)是路由跟踪实用程序,用于获得 IP 数据报访问目标时从本地计算机到目的主机的路径信息。tracert 通过发送数据报到目的设备,根据应答报文得到路径和延迟信息。tracert 命令要将一条路径上的每台设备测三次,因而得到三个探测包的回应时间。一般在网络状态稳定的情况下,这三个时间差不多;如果这三个时间相差比较大,则说明网络状态变化较大。

tracert 命令通过向目的地发送具有不同 IP 生存时间值的 Internet 控制消息协议回送请求报文,以确定到达目的地的路由。所显示的路径是源主机与目的主机间的路由器的近侧路由器端口列表。近侧端口是距离路径中发送主机最近的路由器端口。tracert 命令先发送 TTL 值为 1 的回应数据包,并在随后的每次发送过程中将 TTL 的值递增 1,直到目标响应或 TTL 值达到最大,从而确定路由。这一点与 ping 命令不同,ping 时 TTL 的值是递减的,当数据包上的 TTL 值减为 0 时,路由器应该将"ICMP 已超时"的消息发回源系统。某些路由器不经询问直接丢弃 TTL 过期的数据包,这在 tracert 实用程序中是看不到的。在这种情况下,将为该跃点(hop)显示一行星号(*)。

tracert 命令在执行时会很缓慢,这主要是由于 tracert 命令试图将中间路由器的 IP 地址解析为它们的名称。如果使用-d 选项,则 tracert 实用程序不会在每个 IP 地址上查询 DNS,可加速显示 tracert 命令的结果。tracert 命令的输出结果中包括每次测试的时间和设备的名称或 IP 地址。

在 Windows 环境下,tracert 命令语法如下:

```
tracert [-d] [-h maximum_hops] [-j host-list] [-w timeout] [-R] [-S srcaddr] [-4]
[-6] target_name
```

表 1-2 给出了 tracert 命令各选项的具体含义。

表 1-2 tracert 命令选项及含义

选 项	含 义
-d	指定不将地址解析为计算机名。可加速显示 tracert 命令的结果
-h maximum_hops	指定搜索目标的路径中存在的跃点的最大数。默认值为 30 个跃点
-j host-list	指定回显请求消息将 IP 报头中的松散源路由选项与 host-list 中指定的中间目标集一起使用。使用松散源路由时,连续的中间目标可以通过一台或多台路由器分隔。host-list 中的地址或名称的最大数量为 9。host-list 是一系列由空格分隔的 IP 地址(点分十进制表示法)
-w timeout	指定等待"ICMP 已超时"或"回显答复"消息(对应于要接收的给定"回显请求"消息)的时间(以 ms 为单位)。如果超时时间内未收到消息,则显示一个星号(*)。默认的超时时间为 4000ms(4s)
-S srcaddr	要使用的源地址(仅适用于 IPv6)

【例 1-3】 如果数据包必须通过 2 台路由器(10.10.10.1 和 192.168.0.1)才能到达主机 172.16.0.88。主机的默认网关是 10.10.10.1,那么 192.168.0.1 网络上的路由器的 IP 地址是 192.168.0.1。

```
C:\>tracert 172.16.0.88 -d
Tracing route to 172.16.0.88 over a maximum of 30 hops
 1   30ms   35ms   30ms   10,10.10,1
 2   45ms   55ms   50ms   192.168.0.1
 3   *      *      *      Request timed out.
 4   63ms   66ms   60ms   172.16.0.88
Trace complete.
```

第 1 列是经过路由节点的顺序编号。第 2~4 列表示一个路由节点到另外一个路由节点的通信时间,单位是 ms。其中 * 表示超时,没有解析出正确地址。这是由于某些路由器不会为其 TTL 值已过期的数据包返回"已超时"消息,而且这些路由器对于 tracert 命令不可见(可能基于安全考虑,路由节点隐藏了其信息)。在这种情况下,将为该跃点显示一行星号。最后 1 列是途经路由器的 IP 地址。

【例 1-4】 跟踪 www.sina.com 路由。

```
C:\>tracert www.sina.com
Tracing route to newssy.sina.com.cn [218.60.32.23]
over a maximum of 30 hops:
  1    1 ms    <1 ms   <1 ms   218.25.120.49
  2    <1 ms   1 ms    1 ms    218.25.3.209
  3    <1 ms   <1 ms   <1 ms   218.25.2.125
  4    1 ms    <1 ms   <1 ms   218.25.2.98
  5    6 ms    5 ms    9 ms    cncln.online.ln.cn [218.60.20.250]
```

```
    6     *      *      *       Request timed out.
    7   1 ms   <1 ms   <1 ms    cncln.online.ln.cn [218.60.22.246]
    8   <1 ms  <1 ms   <1 ms    cncln.online.ln.cn [218.60.32.23]
Trace complete.
```

结果显示,5 和 6 路由之间在 tracert 命令测试下超时。但是因为后面的 7 和 8 路由能返回正确结果,所以说明网络仍然是畅通的。

1.1.3 ipconfig 命令

ipconfig 命令可以显示所有当前的 TCP/IP 网络配置值(如 IP 地址、网关、子网掩码)、刷新动态主机配置协议(DHCP)和域名系统(DNS)设置。

在 Windows 环境下,ipconfig 命令的语法格式如下:

```
ipconfig [/allcompartments] [/? | /all | /renew [adapter] | /release [adapter] |
                             /renew6 [adapter] | /release6 [adapter] |
                             /flushdns | /displaydns | /registerdns |
                             /showclassid adapter |
                             /setclassid adapter [classid] |
                             /showclassid6 adapter |
                             /setclassid6 adapter [classid] ]
```

表 1-3 给出了 ipconfig 命令各选项的具体含义。

表 1-3　ipconfig 命令选项及含义

选　项	含　义
/all	显示所有适配器的完整 TCP/IP 配置信息。在没有该参数的情况下,ipconfig 命令只显示各适配器的 IP 地址、子网掩码和默认网关值
/renew[Adapter]	更新所有适配器(如果未指定适配器)或特定适配器(如果包含了 Adapter 参数)的 IPv4 地址。该参数仅在具有配置为自动获取 IP 地址的适配器的计算机上可用。要指定适配器名称,请输入使用不带参数的 ipconfig 命令显示的适配器名称(/renew6 则更新指定适配器的 IPv6 地址)
/release [Adapter]	释放指定适配器的 IPv4 地址(/release6 则释放指定适配器的 IPv6 地址)
/flushdns	清除 DNS 解析程序缓存的内容
/displaydns	显示 DNS 解析程序缓存的内容
/registerdns	刷新所有 DHCP 租约并重新注册 DNS 名称
/showclassid Adapter	显示指定适配器的 DHCP 类别 ID。要查看所有适配器的 DHCP 类别 ID,须在 Adapter 位置使用星号(*)通配符。该参数仅在具有配置为自动获取 IP 地址的适配器的计算机上可用(/showclassid6 则显示适配器允许的所有 IPv6 DHCP 类 ID)
/setclassid Adapter [ClassID]	修改 DHCP 类别 ID。要设置所有适配器的 DHCP 类别 ID,须在 Adapter 位置使用星号(*)通配符。该参数仅在具有配置为自动获取 IP 地址的适配器的计算机上可用。如果未指定 DHCP 类别 ID,则会删除当前类别 ID
/?	在命令提示符下显示帮助

ipconfig 命令最适用于配置为自动获取 IP 地址的计算机。它使用户可以确定哪些 TCP/IP 配置值是由 DHCP、自动专用 IP 寻址(APIPA)和其他配置方式设置的。

如果 Adapter 名称包含空格,要在该适配器名称两边使用双引号(即"适配器名称")。

对于适配器名称,ipconfig 可以使用星号通配符字符指定名称为指定字符串开头或名称包含有指定字符串的适配器。例如,Local * 可以匹配所有以字符串 Local 开头的适配器,而 * Con * 可以匹配所有包含字符串 Con 的适配器。

下面是一些使用实例。

(1) 显示所有适配器的基本 TCP/IP 配置:

ipconfig

(2) 显示所有适配器的完整 TCP/IP 配置:

ipconfig /all

(3) 更新所有绑定到 TCP/IP 的适配器的 IP 地址租用(即由 DHCP 分配 IP 地址的配置):

ipconfig /renew

(4) 仅更新"Local Area Connection"适配器的由 DHCP 分配 IP 地址的配置:

ipconfig /renew "Local Area Connection"

(5) 清除 DNS 解析程序缓存(当网络出现异常时,可能是 DNS 缓存的问题,可用此命令清理):

ipconfig /flushdns

(6) 显示名称以 Local 开头的所有适配器的 DHCP 类别 ID:

ipconfig /showclassid Local *

(7) 要将"本地连接"适配器的 DHCP 类别 ID 设置为 TEST:

ipconfig /setclassid "Local Area Connection" TEST

(1)和(2)是 ipconfig 命令最常用的使用形式。

如果要单独显示 IPv4 地址,可结合 find 命令:

ipconfig|find "IPv4 地址"

单独显示网卡 MAC 地址:

ipconfig /all|find "物理地址"

1.1.4 netstat 命令

netstat 命令可以显示当前活动的 TCP 连接、计算机侦听的端口、以太网统计信息、IP 路由表、IPv4 统计信息(对于 IP、ICMP、TCP 和 UDP 协议)以及 IPv6 统计信息(对于 IPv6、ICMPv6、通过 IPv6 的 TCP 以及 UDP 协议)。

在 Windows 环境下,netstat 的语法格式如下:

`netstat [-a] [-b] [-e] [-f] [-n] [-o] [-p proto] [-r] [-s] [-t] [interval]`

表 1-4 给出了 netstat 命令各选项的具体含义。

表 1-4 netstat 命令选项及含义

选项	含义
-a	显示所有连接和监听端口
-b	显示在创建每个连接或侦听端口时涉及的可执行程序
-e	本选项用于显示关于以太网的统计数据。它列出的项目包括传送的数据报的总字节数、错误数、删除数、数据报的数量和广播的数量。这些统计数据既有发送的数据报数量,也有接收的数据报数量。该选项可以用于统计一些基本的网络流量,可以与-s 结合使用
-f	显示外部地址的完全限定域名(FQDN)
-n	以数字形式显示地址和端口号
-o	显示每个连接的进程 ID。可以在 Windows 任务管理器中的"进程"选项卡上找到基于 PID 的应用程序。该参数可以与-a、-n 和-p 结合使用
-p proto	显示 proto 指定的协议连接。proto 可以是下列协议之一:TCP、UDP、TCPv6 或 UDPv6。如果与-s 选项一起使用以显示按协议统计信息,proto 可以是下列协议之一:IP、IPv6、ICMP、ICMPv6、TCP、TCPv6、UDP 或 UDPv6
-s	显示按协议统计信息。默认显示 IP、IPv6、ICMP、ICMPv6、TCP、TCPv6、UDP 和 UDPv6 的统计信息;-p 选项用于指定默认子网
-r	显示 IP 路由表的内容
-t	显示当前连接卸载状态
Interval	重新显示选定统计信息,每次显示之间暂停时间间隔(以秒计)。按 Ctrl+C 键停止重新显示统计信息。如果省略,netstat 命令显示当前配置信息
/?	在命令提示符下显示帮助

下面是一些使用实例。

(1) 显示所有活动的 TCP 连接以及计算机侦听的 TCP 和 UDP 端口,键盘输入命令:

`netstat -an`

(2) 显示以太网统计信息,如发送和接收的字节数、数据包数,键盘输入命令:

`netstat -e -s`

(3) 仅显示 TCP 和 UDP 协议的统计信息,键盘输入命令:

`netstat -s -p tcp udp`

(4) 每 5s 显示一次活动的 TCP 连接和进程 ID,键盘输入命令:

`netstat -o 5`

(5) 以数字形式显示活动的 TCP 连接和进程 ID,键盘输入命令:

`netstat -n -o`

netstat 命令的一个重要作用是端口占用查询,据此可以发现本机开放的端口是否被植入了木马或其他黑客程序。

1.1.5 arp 命令

arp 命令是把基于 TCP/IP 的软件使用的 IP 地址解析成 LAN 硬件使用的介质访问控制地址。执行 arp 命令可对同一物理网络上的主机提供以下协议服务。

(1) 通过使用网络广播请求获得介质访问控制地址(即由厂商为设备编入的唯一地址,通常用十六进制表示,如 00-AA-00-3F-89-4A),询问"配置成包含 IP 地址的设备的介质访问控制地址是什么?"。

(2) 回应 arp 请求时,arp 回复的发送方和原始 arp 请求方都将彼此的 IP 地址及介质访问控制地址记录为 arp 缓存本地表中的项目,以便将来引用。

为使广播量最小,ARP 维护 IP 地址到介质访问控制地址映射的缓存以便将来使用。ARP 缓存可以包含动态和静态项目。动态项目随时间推移自动添加和删除。静态项目一直保留在缓存中,直到重新启动计算机为止。

每个动态 ARP 缓存项目的潜在生存时间是 10min。新添加到缓存中的项目带有时间戳。如果某个项目添加后 2min 内没有再使用,则此项目过期并从 ARP 缓存中删除。如果某个项目已在使用,则又有 2min 的生存时间。如果某个项目始终在使用,则会继续维持 2min 的生存时间,一直到 10min 的最长生存时间为止。

在 Windows 环境下,arp 命令语法格式如下:

```
arp -s inet_addr eth_addr [if_addr]
arp -d inet_addr [if_addr]
arp -a [inet_addr] [-N if_addr] [-v]
```

arp 命令的主要参数的含义如表 1-5 所示。

表 1-5 arp 命令选项及含义

选项	含义
-a -g	显示所有接口的当前 ARP 缓存表。要显示特定 IP 地址的 ARP 缓存项,需使用带有 inet_addr 参数的 arp -a,此处的 inet_addr 代表 IP 地址。如果未指定 inet_addr,则使用第一个适用的端口。显示特定端口的 ARP 缓存表,须将-N if_addr 参数与-a 参数一起使用,此处的 if_addr 代表指派给该端口的 IP 地址。-N 参数区分大小写
-v	在详细模式下显示当前 ARP 项。所有无效项和环回端口上的项都将显示
inet_addr	指定 Internet 地址
-N if_addr	显示 if_addr 指定的网络端口的 ARP 项
-d	删除 inet_addr 指定的主机。inet_addr 可以是通配符 *,以删除所有主机
-s	添加主机并且将 Internet 地址 inet_addr 与物理地址 eth_addr 相关联。物理地址是用连字符分隔的 6 个十六进制字节。该项是永久的
eth_addr	指定物理地址
if_addr	如果存在,此项指定地址转换表应修改的端口的 Internet 地址。如果不存在,则使用第一个适用的端口

注意：表中 inet_addr 和 if_addr 的 IP 地址用点分十进制记数法表示。物理地址 eth_addr 的长度为 6B，这些字节用十六进制记数法表示并且用连字符隔开（如 00-AA-00-5E-3B-6D）。

下面是一些使用实例。

（1）显示所有端口的 ARP 缓存表：

arp -a

（2）显示 IP 地址为 192.168.1.100 的端口 ARP 缓存表：

arp -a -N 192.168.1.100

（3）将 IP 地址 10.0.0.80 与物理地址 00-AA-00-4F-2A-9C 绑定（静态 ARP 缓存项）：

arp -s 10.0.0.80 00-AA-00-4F-2A-9C

（4）删除所有端口的 ARP 缓存表：

arp -d

值得注意的是，IPv6 协议已经取消了 ARP 协议，代之以 NDP（邻居发现）协议。

1.1.6 net 命令

net 命令是功能强大的命令行工具，它包含了管理网络环境、服务、用户、登录等 Windows 中大部分重要的管理功能。使用 net 命令可以管理本地或者远程计算机的网络环境，以及各种服务程序的运行和配置，或者进行用户管理和登录管理等。net 命令所具有的功能都可以在相对应的图形界面完成。

在 Windows 环境下，net 命令的语法格式如下：

net [accounts | computer | config | continue | file | group | help | helpmsg | localgroup | pause | session | share | start | statistics | stop | time | use | user | view]

net 命令各选项的含义见表 1-6。

表 1-6 net 命令选项及含义

命　　令	功　　能
net accounts	将用户账户数据库升级并修改所有账户的密码和登录请求
net computer	从域数据库中添加或删除计算机，所有计算机的添加和删除都会转发到主域控制器
net config	显示当前运行的可配置服务，或显示并更改某项服务的设置。更改立即生效并且是永久的
net file	显示某服务器上所有打开的共享文件名及锁定文件数。该命令也可以关闭个别文件并取消文件锁定
net group	在 Windows NT Server 域中添加、显示或更改全局组。该命令仅在 Windows NT Server 域中可用

续表

命 令	功 能
net help	提供网络命令列表及帮助主题,或提供指定命令或主题的帮助
net helpmsg	提供错误信息的帮助
net localgroup	添加、显示或更改本地组
net pause	暂停一个 Windows 服务。暂停服务只是使该服务处于等待状态,而不从内存中删除软件
net session	列出或断开本地计算机和与之连接的客户端会话
net share	创建、删除或显示共享资源
net start	启动服务,或显示已启动服务的列表。如果服务名是两个或两个以上的词,如 Net Logon 或 Computer Browser,则必须用引号(")引住
net statistics	显示本地工作站或服务器服务的统计记录
net stop	停止网络服务
net time	使计算机的时钟与另一台计算机或域的时间同步。使用不带/set 参数时,将显示另一台计算机或域的时间
net use	连接计算机或断开计算机与共享资源的连接,或显示计算机的连接信息。该命令也控制永久网络连接
net user	添加或更改用户账号或显示用户账号信息
net view	显示域列表、计算机列表或指定计算机的共享资源列表

在 net 命令中,常有/yes 和/no 选项,这些选项可缩写为/y 和/n。例如,net stop server 命令通常提示确认要停止基于"服务器"的所有服务;而 net stop server /y 命令对该提示自动回答 yes,然后"服务器"服务关闭。

以下是 net 命令的一些使用实例。

(1) 建立本地机用户 myuser、口令为 159357:

net user myuser 159357 /add

(2) 删除本地机用户 myuser:

net user myuser /delete

(3) 建立本地目录 c:\myshare 为共享目录,其共享名为 myshare、共享权限为只读,访问用户为 myuser:

net share myshare=c:\myshare /GRANT:myuser,READ

在 Windows 7(或后续版本)中,用户 myuser 必须是存在并设置有密码的。权限可以是 READ、CHANGE 或 FULL。

(4) 删除共享名 myshare 的共享属性:

net share myshare /delete

(5) 将远程机 222.168.10.10 的共享文件夹 myshare 映射为本地 z 盘:

net use z: \\222.168.10.10\myshare

（6）删除映射的 z 盘：

net use z: /del

（7）查看目标机时间、设置本地计算机时间与"目标 IP"主机的时间同步：

查看：

net time \\192.168.1.10

同步：

net time \\192.168.1.10 /set　　加上参数/yes 可取消确认信息

只有执行这条命令才能实现两台主机的时间同步。

1.1.7　netsh 命令

netsh(network shell,网络外壳)是 Windows 系统自带的功能强大的网络配置命令行工具。使用 netsh 命令可以查看或更改本地或远程计算机的网络配置。netsh 命令不仅可以在本地计算机上运行，还可以在网络上的远程计算机上运行。netsh 命令提供了脚本功能，可以在批处理模式下针对指定的计算机运行一组命令。利用 netsh 命令可以将配置脚本保存为文本文件，便于存档或用于配置其他的计算机。

在 Windows 环境下,netsh 命令的语法格式如下：

netsh [-a AliasFile] [-c Context] [-r RemoteMachine] [-u [DomainName\]UserName] [-p Password | *][Command | -f ScriptFile]

netsh 命令各选项的含义见表 1-7。

表 1-7　netsh 命令选项及含义

选　　项	含　　义
-a AliasFile	运行 AliasFile 后返回到 netsh 提示符。AliasFile 指定包含一个或多个 netsh 命令的文本文件的名称
-c Context	更改到指定的 netsh 上下文。Context 指定 netsh 上下文
-r RemoteMachine	指定要配置的远程计算机，RemoteComputer 使用名称或 IP 地址指定远程计算机
-u [DomainName\]UserName	指定在一个用户账号下运行 netsh 命令，DomainName 用于指定地域用户账户，没有指定 DomainName 时指本地域
-p Password | *	指定要提供密码的用户账号(由-uUserName 指定账户)，* 表示在密码提示行中输入密码时不显示该密码
Command	指定要运行的 netsh 命令
-f ScriptFile	指定运行 ScriptFile 文件中所有的 netsh 命令。ScriptFile 是指定要运行的脚本,运行脚本后退出 netsh.exe

进入 netsh 环境后,在根级目录使用 exec 命令也可以加载一个配置脚本。对 winsock、route、ras 等网络服务的配置也可以通过 netsh 的内置命令操作。

例如:

```
C:\>netsh
netsh>help
```

可显示此上下文中的命令。

netsh 命令在上线(online)模式下的配置会立刻生效,而在下线(offline)模式下则是先进行配置,检查无误后再转换到上线模式生效,这样可以避免不必要的差错。

以下是 netsh 命令的一些使用实例。

(1) 使用 netsh 命令配置网卡 IPv4 的属性,如图 1-1 所示。

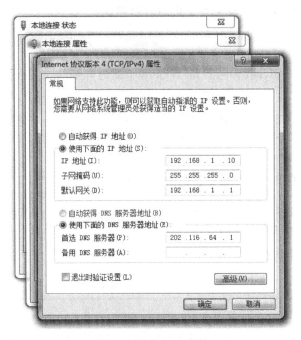

图 1-1　网卡 IPv4 属性

① 配置网卡 IP:

netsh interface ipv4 set address "本地连接" static　IP 掩码 网关 跃点数

跃点数是指默认网关的跃点数,一般为 1。

netsh interface ipv4 set address "本地连接" static 192.168.1.10 255.255.255.0 192.168.1.1 1

如果不配置网关,可使用默认值 none。例如 192.168.1.1 可使用 none 代替。

② 配置 DNS:

netsh interface ipv4 set dnsservers name="本地连接" source=static 202.116.64.1

如果要配置备用 DNS,可将 set 改为 add。

③ 删除 DNS：

netsh interface ip delete dns "本地连接" all

④ 删除网关：

netsh interface ip delete address "本地连接" gateway=all

（2）使用 netsh 命令配置网卡 IPv6，如图 1-2 所示。

图 1-2　网卡 IPv6 属性

① 配置 IPv6 地址：

netsh interface ipv6 add address "本地连接" FE80::2

② 配置 IPv6 DNS：

netsh interface ipv6 add dns "本地连接" FEC0:0:0:FFFF::1

（3）查看本地网卡配置：

```
netsh interface ip show address        //显示 IP 地址配置
netsh interface ip show config         //显示网络参数详细信息
netsh interface ip show interface      //显示 IP 端口统计
netsh interface ip show ipaddress      //显示当前 IP 地址
netsh interface ip show ipnet          //显示 IP 的网络到介质的映射
netsh interface ip show dns            //显示 DNS 服务器地址
```

在 Windows 中，netsh interface ip show address 命令可以只显示 IPv4 的地址配置。

（4）利用 netsh 命令进行远程连接：

可以在 netsh 后用 -r 加上远程的 IP 地址或计算机名实现。不过远程得到的信息相当有限，而且连接时应保证有足够的权限。

连接到远程机 192.168.1.100，已知用户名为 administrator、密码为 159357：

```
netsh -r 192.168.1.100 -u administrator -p 159357
```

执行后提示符将变成：

```
[192.168.1.100] netsh>
```

可输入？查看可执行的操作。

命令行管理方式有功能强大、可定制性较强、使用基本不受限制、不需要进入图形界面的优点。命令行的另一大优点是可以通过命令建立批处理文件,这一点是图形界面所不具有的,应该熟练掌握,灵活使用。

此外,在编写程序时,可以在程序中直接调用命令行命令。下面是一个简单的 C 程序,演示如何显示网卡的网络配置信息。

```
#include<stdlib.h>
main()
{
    char * cmd="netsh interface ip show config";
    system(cmd);
}
```

1.2　IPv4 地址基础

1.2.1　IPv4 地址表示

在 IPv4 系统中,IP 地址是一个 32 位的二进制地址。例如：

```
11001010 01110100 01000000 00001001
```

为便于记忆,将其划分为 4 组,每组 8 位,由小数点分开,用 4 个字节表示。例如：

```
11001010.01110100.01000000.00001001
```

用小数点分隔的每个字节的数值范围是 0~255,如果将每个字节用十进制表示,可以将上述 IP 地址记为

```
202.116.64.9
```

这种写法称为点分十进制表示法。点分十进制表示法是目前 IPv4 地址最普遍的表示方法。

1.2.2　IPv4 地址结构

IPv4 的 IP 地址包括网络标识(NetID)和主机标识(HostID)两部分,其结构为

```
NetID+HostID
```

NetID 标识一个网络,表示主机所在网络;HostID 标识在该网络上的一台主机,是主机在网段中的唯一标识。

1.2.3 IPv4 地址分类

IPv4 地址分成五类：A 类地址、B 类地址、C 类地址、D 类地址和 E 类地址。每类地址对所支持的网络数和主机数各不相同，其分类情况如表 1-8 所示。

表 1-8 IPv4 的 IP 地址分类

地址类型	二进制特征位	简介
A 类地址	最高 1 位为 0	① 第 1 字节为网络地址，其他 3 个字节为主机地址 ② 地址范围：1.0.0.1～126.255.255.254 ③ 10.X.X.X 是私有地址，范围：10.0.0.0～10.255.255.255 ④ 127.X.X.X 是保留地址，用作回环测试
B 类地址	最高 2 位为 10	① 第 1 字节和第 2 字节为网络地址，后 2 个字节为主机地址 ② 地址范围：128.0.0.1～191.255.255.254 ③ 私有地址范围：172.16.0.0～172.31.255.255 ④ 保留地址：169.254.X.X
C 类地址	最高 3 位为 110	① 前 3 个字节为网络地址，最后 1 个字节为主机地址 ② 地址范围：192.0.0.1～223.255.255.254 ③ 私有地址：192.168.X.X，范围：192.168.0.0～192.168.255.255
D 类地址	最高 4 位为 1110	① 部分网络地址和主机地址 ② 地址范围：224.0.0.1～239.255.255.254
E 类地址	最高 5 位为 11110	① 部分网络地址和主机地址 ② 地址范围：240.0.0.1～255.255.255.254

表 1-8 中的私有地址是可以不经申请、无须付费就可以直接使用的地址，常用于局域网内部主机使用。网络实验时使用最多的是 C 类私有地址 192.168.X.X。

D 类地址中，有一些用于组播的 IP 地址，如：

该子网内的所有主机：224.0.0.1。

该子网内的所有路由器：224.0.0.2。

用作网络时间协议 NTP：224.0.1.1。

用作 RIPv2：224.0.0.9。

1.2.4 网络掩码

在第 1.2.2 小节的描述中，IP 地址由网络标识和主机标识两部分组成，但从一个 IP 地址上并不能直观看出这两部分。网络掩码的作用就是标识一个 IP 地址的网络号，或者说是用于从 IP 地址中分离出网络地址。

网络掩码是一个长度为 32 位的二进制数，由一串连续的 1 和 0 组成，用点分十进制表示。1 对应于 IP 地址中的网络号，0 对应于 IP 地址中的主机号。对于标准的 A 类、B 类和 C 类地址，对应的网络掩码是 255.0.0.0、255.255.0.0 和 255.255.255.0。计算网络地址时，将 IP 地址和网络掩码的对应位做二进制的与运算，其结果就是网络地址。由此可见，如果能判断一个 IP 地址是 A 类、B 类或 C 类地址，则它们的网络地址是一目了然的。但是如果划分了子网，网络掩码就不是这样的标准形式，网络地址必须通过计算才能得到。

1.2.5 子网掩码与子网划分

子网掩码是为了解决传统的有类别(指表 1-8 中的地址分类)IP 地址的浪费问题。以 C 类地址为例,每个 C 类网络拥有的主机数目是 $2^8-2=254$,这里减 2 是由于主机位上全 0 或全 1 的地址有特殊作用,不能用作主机地址(全 1 为广播地址,全 0 代表此网络本身)。这意味着当网络中主机数目少于 254 台时,则浪费 $254-n$ 个 IP 地址空间(n 为网络内主机数量);当网络中主机数目多于 254 台时,则 IP 地址不够使用,甚至出现 C 类空间不够,则只能分配 B 类网络 IP 给主机使用,有可能浪费更大空间。

为了解决这个问题,将主机的部分位分割出来,分割出来的这部分称为子网地址,余下的部分仍作为主机地址,这样 IP 地址就成为"网络地址＋子网地址＋主机地址"的形式。如图 1-3 所示,图中假设从 8 位的主机地址中划分 4 位作为子网地址。通过缩短主机空间位数,从而减小了容纳主机数量,减少了地址空间的浪费,并且使网络的划分更灵活。

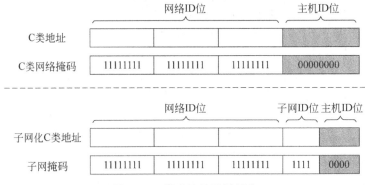

图 1-3 C 类地址的子网划分

显然,在子网掩码 32 位的二进制数中,各个位与 IP 地址的各个位相对应。如果 IP 地址的一个位对应的子网掩码位为 1,那么该 IP 地址的位属于地址的网络部分;如果 IP 地址中的一个位对应的子网掩码位为 0,那么该 IP 地址的位属于主机部分。子网掩码取代了传统的地址类别决定一个位是否属于地址的网络或主机部分,能够实现对一个网络进行子网划分。

划分子网后提高了 IP 地址的利用率,减少在每个子网上的网络广播信息量,使互连网络更加易于管理。

在用点分十进制表示划分子网的 IP 地址时,通常在地址后面用一个斜杠加一个数字表示子网掩码中 1 的个数。例如 192.168.1.100/27,表示子网掩码中有 27 个 1 和 5 个 0,掩码表示为 255.255.255.224。

注意下面几种 IP 地址的书写形式:

```
192.168.1.0            //不表示一个具体 IP 地址,而是表示一个网段的网络地址
192.168.1.100          //表示一个具体 IP 地址
192.168.1.100/27       //斜杠后的数字表示掩码的高 27 位为 1,其余为 0
```

1.2.6 子网划分实例

子网划分有两种方式,一种是按主机数,另一种是按网络数。

被划分的子网个数的计算方法：
$$子网个数=2^{子网位数}-2$$
每个子网的主机个数的计算方法：
$$主机个数=2^{主机个数}-2$$

【例 1-5】 某网吧新建 4 个机房，每个机房有 25 台机器，给定一个网络地址空间：192.168.10.0，现在需要将其划分为 4 个子网。要求尽可能做到 IP 地址的最小浪费，而且要满足现有的 IP 地址需求。

显然，192.168.10.0 是一个 C 类的 IP 网段地址，标准掩码为：255.255.255.0，如下所示：

网段 IP：11000000 10101000 00001010 00000000

掩码：11111111 11111111 11111111 00000000

要划分为 4 个子网必然要向最后的 8 位主机号借位，涉及到借几位的问题。实际要求中有 4 个机房，每个机房有 25 台机器，即需要 4 个子网，每个子网下面最少有 25 台主机。

依据子网内最大主机数确定借几位。使用公式 $2^n-2 \geqslant$ 最大主机数=25，显然满足该不等式的 n 的值为 5，因而相对应的子网需要借 3 位，如图 1-4 所示。

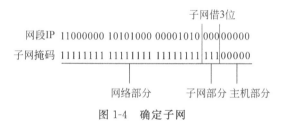

图 1-4 确定子网

确定了子网部分，前面的网络部分不变，最后 8 位如图 1-5 所示。

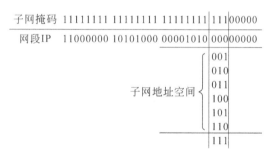

图 1-5 子网地址空间

去掉全 0 和全 1 地址后，得到 6 个可用的子网地址，全部转换为点分十进制表示如下：

11000000 10101000 00001010 00100000=192.168.10.32
11000000 10101000 00001010 01000000=192.168.10.64
11000000 10101000 00001010 01100000=192.168.10.96
11000000 10101000 00001010 10000000=192.168.10.128
11000000 10101000 00001010 10100000=192.168.10.160
11000000 10101000 00001010 11000000=192.168.10.192

子网掩码如下：

11111111 11111111 11111111 11100000=255.255.255.224

这样就得出了所有子网的网络地址。

现在考虑子网的主机地址。注意在一个网络中主机地址全为 0 的 IP 地址是网络地址，全为 1 的 IP 地址是网络广播地址，不可占用。所以得到的子网地址和子网主机地址如下：

子网 1：192.168.10.32　子网掩码：255.255.255.224 主机 IP 地址：192.168.10.33～62
子网 2：192.168.10.64　子网掩码：255.255.255.224 主机 IP 地址：192.168.10.65～94
子网 3：192.168.10.96　子网掩码：255.255.255.224 主机 IP 地址：192.168.10.97～126
子网 4：192.168.10.128 子网掩码：255.255.255.224 主机 IP 地址：192.168.10.129～158
子网 5：192.168.10.160 子网掩码：255.255.255.224 主机 IP 地址：192.168.10.161～190
子网 6：192.168.10.192 子网掩码：255.255.255.224 主机 IP 地址：192.168.10.193～222

只要取出前面的 4 个子网就可以满足题目要求。

1.3　网络包分析工具 Wireshark

1.3.1　Wireshark

Wireshark 是常用的网络包分析工具。网络包分析工具的主要作用是尝试捕获网络包，并尽可能详细的显示包的情况。

Wireshark 是 Etheral 更高级的版本，包含 WinPcap。它具有方便易用的图形界面和众多分类信息及过滤选项，是一款免费、开源的网络协议检测软件。Wireshark 通常运行在路由器或有路由功能的主机上，这样就能对大量的数据进行监控，几乎能得到以太网上传送的任何数据包。Wireshark 有 Wireshark-Win 32 和 Wireshark-Win 64 两个版本，前者为 32 位版本，后者为 64 位版本。Wireshark-Win 32 可在大多数计算机系统上运行，Wireshark-Win 64 必须安装在 64 位 CPU 的计算机和 64 位操作系统上。该软件可到 Wireshark 的官方网站 http://www.wireshark.org/download.html 下载最新版本。

Wireshark 不是入侵侦测软件。对于网络上的异常流量行为，Wireshark 不会产生警示或任何提示。通过仔细分析 Wireshark 捕获的数据包能够帮助使用者对网络行为有更清楚的了解。Wireshark 没有数据包生成器，因而只能查看数据包而不能修改，它只会反映出被捕获的数据包的信息，并对其内容进行分析。

在以太网或者其他共享网络介质中，以太网网卡是先接收到所有的数据帧，然后与自身的 MAC 地址进行对比，再将目的 MAC 地址与自身一致或者为广播地址的数据帧提取并传送到上层。而物理网卡有一种混杂模式（Promiscuous Mode），可以把所有数据帧都接收并传送到上层。Wireshark 就是根据这个原理，将网卡设置成混杂模式并捕获到所有共享网络中的数据帧。Wireshark 使用 tcpdum 和 Linux 下的 libpcab 库直接同硬件驱动接触，可以不经过操作系统，保证了抓包速率和抓包的精确性，并可以通过图形界面浏览这些数据，可以查看到数据包中每层的详细内容。Wireshark 包含强大的显示过滤器语言与查看 TCP 会话重构流的能力，支持众多的协议种类。

1.3.2 Wireshark 常用功能

Wireshark 的主要功能有：支持 UNIX 和 Windows 等多平台，在端口实时捕捉包，能详细显示包的协议信息，可以打开/保存捕捉的包，可以导入导出其他捕捉程序支持的包数据格式，可以通过多种方式过滤包；可以通过多种方式查找包，通过过滤以多种色彩显示包，创建多种统计分析等。

1. Wireshark 主窗口组成

Wireshark 的主窗口如图 1-6 所示。

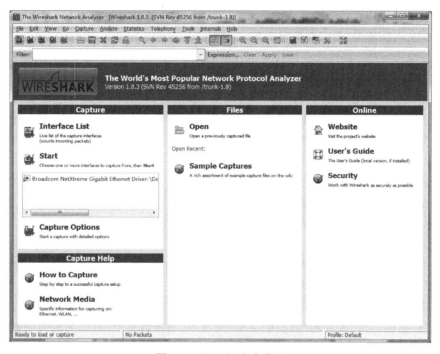

图 1-6 Wireshark 主窗口

Wireshark 主窗口由菜单栏、工具栏、过滤工具栏、数据帧列表面板、数据帧详情面板、数据帧字节面板、状态栏等组成。

(1) 菜单栏：提供了对 Wireshark 进行配置的若干功能项目。

项目如下：

File：打开或保存捕获的信息。

Edit：查找或标记封包，进行全局设置。

View：查看 Wireshark 视图。

Go：跳转到捕获的数据。

Capture：设置捕捉过滤器并开始捕捉。

Analyze：设置分析选项。

Statistics：查看 Wireshark 的统计信息。

Telphony：显示与电话业务相关的若干统计窗口，包括媒体分析、流程图、协议层次统计等。

Tools：工具的启动项，如创建防火墙访问控制规则等。

Internals：包含 Wireshark 内部信息的若干启动项，如罗列 Wireshark 支持的协议等。

Help：查看本地或在线帮助。

（2）主工具栏：提供快速访问菜单中经常使用的项目功能，其中最常用的前 5 个项目如下所示。

▇：打开端口列表对话框。

▇：打开捕捉选项对话框。

▇：使用最后一次的捕捉设置立即开始捕捉。

▇：停止当前捕捉。

▇：停止当前捕捉，并立即重新开始。

（3）过滤工具栏：提供处理当前显示过滤的方法。

Filter：打开构建过滤器对话框。

过滤输入框：在此区域输入或修改显示的过滤字符，此过程会进行语法检查。如果输入的格式不正确或未输入完，则背景显示为红色。直到输入合法的表达式，背景才会变为绿色。可以单击下拉列表选择先前输入的过滤字符。输入完后单击右边的 Apply 按钮或者按回车键，即进行过滤。

Expression：为表达式的按钮打开一个对话框用以从协议字段列表中编辑过滤器。

Clear：重置当前过滤器，清除输入框的内容。

Apply：应用当前输入框的表达式为过滤器进行过滤。

Save：保存过滤串。

（4）"数据帧列表"面板：显示打开文件的每个帧的摘要。单击面板中的每个条目，帧的其他情况将会显示在另外两个面板中。

列表中的每行显示捕获文件的一个数据帧。如果选择其中一行，该数据帧的更多情况会显示在"数据帧详情"面板和"数据帧字节"面板中，右击数据帧，可以显示对数据帧进行相关操作的上下文菜单。

No.：数据帧的编号，编号不会发生改变，即使进行了过滤也同样如此。

Time：时间戳。

Source：数据帧的源地址。

Destination：数据帧的目标地址。

Protocol：数据帧的协议类型的简写。

Length：数据帧的长度。

Info：数据帧内容的附加信息。

（5）"数据帧详情"面板：显示在"数据帧列表"面板中所选帧的数据解析结果。

"数据帧详情"面板显示当前数据帧（在"数据帧列表"面板中被选中的数据帧）的详情列表。该面板显示"数据帧列表"面板中被选中数据帧的协议及协议字段，以树状方式组织。右击这些字段会获得相关的上下文菜单。

其中，某些协议字段会以特殊方式显示，例如：

Generated fields/衍生字段：Wireshark 会将自己生成的附加协议字段加上括号。衍生字段通过与该数据帧相关的其他数据帧结合生成。例如 Wireshark 在对 TCP 流应答序列进行分析时,将会在 TCP 协议中添加[SEQ/ACK analysis]字段。

Links/链接:如果 Wireshark 检测到当前数据帧与其他数据帧的关系,将会产生一个到其他数据帧的链接。链接字段显示为蓝色字体,并加有下画线,双击该链接会跳转到对应的数据帧。

(6)"数据帧字节"面板:显示在"数据帧列表"面板中所选帧的原始数据,以及在"数据帧详情"面板高亮显示的字段。

"数据帧字节"面板以十六进制转储方式显示当前选择数据帧的数据。通常在十六进制转储形式中,左侧显示数据帧数据偏移量,中间栏以十六进制表示,右侧显示为对应的 ASCII 字符,用于显示数据包在物理层上传输时的最终形式。

(7)状态栏:显示当前程序状态以及捕获数据的更多详情。

状态栏用于显示信息,通常状态栏的左侧会显示相关上下文信息,右侧会显示当前包数目。

初始状态栏:该状态栏显示的是没有文件载入时的状态。例如刚启动 Wireshark 时,状态栏显示 Ready to load or captur、No Packets 和 Profile:Default。

捕获包后的状态栏:左侧显示当前捕捉信息,包括临时文件名称、大小、捕捉持续时间等。右侧显示当前包在文件中的数量,例如显示"Packets:98 Displayed:98 Marked:0",表示捕捉了 98 个包、显示 98 个包、没有被标记的包。

2. 使用 Wireshark 捕获包

Wireshark 的使用主要有三个步骤:先选择所要捕捉的物理网卡,然后选择过滤规则,最后是捕捉数据包。通过单击捕捉到的数据包,在下方的窗口中查看数据包头以及数据字段等详细信息。使用者通过对相关协议知识的了解,再加上实验观察到的现象,对实验结果进行分析和论证,从而得出所有参数的含义。

实时捕捉数据包时,可以使用下面任一方式开始捕捉包。

(1)单击图 1-6 所示对话框中的■按钮,打开捕捉接口对话框,如图 1-7 所示。浏览可用的本地网络接口,选择需要进行捕捉的接口启动捕捉。

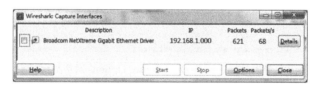

图 1-7 Wireshark:Capture Interfaces 对话框

Packets:从此接口捕捉到的包的数目。如果一直没有接收到包,则会显示为灰色。

Packets/s:最近一秒捕捉到的包的数目。如果最近一秒没有捕捉到包,将会显示为灰色。

Details:打开对话框显示接口的详细信息。

Stop:停止当前运行的捕捉。

Options:打开该接口的捕捉选项对话框。

(2)单击图 1-7 所示对话框中的捕捉按钮 Options ,启动捕捉选项配置对话框。

启动捕捉后,即开始捕捉接口信息。当不再需要捕捉时,可单击工具栏上的 Stop 按钮停止。

有时需要配置高级选项,可以选择 Capture→Options 菜单项,这时会弹出类似于图 1-8 所示的对话框,对话框上有四个主要选项。如果要将捕获的包写到文件中,可在 File 选项处输入文件名。use multiple files 选项表示是否使用循环缓冲。注意,循环缓冲只有在写文件时才有效。如果使用了循环缓冲,还需要设置文件的数目以及文件多大时回卷。Display options 是显示选项,默认情况下,分组的显示与它们被捕获时的状态不一样,可以选择观察实时更新的分组项,然后可选择让显示屏自动滚动最后捕获的分组。Name resolution 是名字解析选项,把分组中的数字转化成名字,默认是 MAC 地址解析和传输名字解析。Stop Capture Automatically After…选项控制在一定数量的分组或跟踪记录达到一定的大小或者一个特定的时间后停止跟踪。

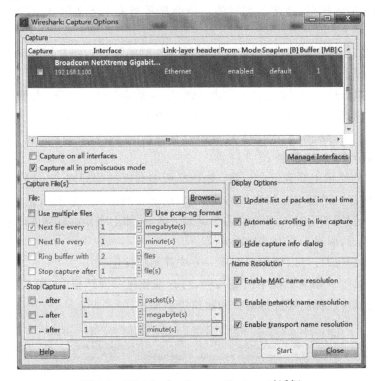

图 1-8 Wireshark:Capture Options 对话框

(3)如果前次捕捉时的设置和现在的要求一样,可以单击图 1-7 中的 Start 按钮 或者是菜单项立即开始本次捕捉。

启动捕捉后,即开始捕捉接口信息。当不再需要捕捉时,可单击捕捉信息对话框中的 Stop 按钮 停止捕捉。

Wireshark 对包内容的分析主要体现在两个方面。首先是包信息,在中央最大一块区域内的报文信息,主要是查看解析后的包内容,如 echo 请求信息和应答信息、TCP 请求 SYN、TCP 应答包 ACK、HTTP 内容信息、包丢失信息等。另外就是非常详细的包内容分析,在下方的区域内分别对包的大小、类型、地址、网络协议和内容进行分析,还可以直接观察到包的原数据内容。

可采用下列方法处理已经捕获的包。

① 浏览捕获的包：在捕捉完成后（或者打开先前保存的抓包文件时），通过单击数据帧列表面板中的包，可以在数据帧详情面板看到关于这个包的树状结构以及字节面板；通过单击左侧+标记，可以展开树状视图的任意部分，并可以通过在面板单击任意字段进行选择。

② 数据包过滤：有两种过滤语法，一种在捕捉包时使用，另一种在显示包时使用。可以用协议、预设字段、字段值、字段值比较等作为过滤条件。

③ 建立显示过滤表达式：Wireshark 提供了结构简单而功能强大的过滤语法，可以用它们建立复杂的过滤表达式、比较包中的值、合并表达式为多个指定表达式。一般有显示过滤字段、比较值、组合表达式3种方法。

④ 查找包：当捕捉到一些包或者读取以前存储的包时，可以很容易地进行查找。选择 Edit|Find Packet... 菜单项将会弹出对话框，根据对话框的提示即可快速找到满足条件的包。

1.3.3 Wireshark 的过滤规则

Wireshark 的一个重要功能就是过滤器（Filter）。由于 Wireshark 所捕捉的数据较复杂，要迅速、准确地获取需要的信息，就要使用过滤工具。可以有两次过滤：第一次是捕捉过滤，用于筛选需要的捕捉结果；第二次是显示过滤，只将需要查看的结果显示。

Filter 位于主工具栏上，可按规则输入过滤条件。常用的过滤规则如下。

(1) 按协议类型过滤。Wireshark 支持的协议包括 TCP、UDP、ARP、ICMP、HTTP、SMTP、FTP、DNS、MSN、IP、SSL、OICQ、BOOTP 等。例如只查看 HTTP 协议，则直接输入 http。

(2) 按 IP 地址过滤。若仅显示与指定 IP 地址（例如 192.168.0.123）通信的记录，则可输入 ip.addr==192.168.0.123。

如果限制为只要从 192.168.0.123 送来的记录，则输入 ip.src==192.168.0.123，而得到目的 IP 地址为 192.168.0.123 的记录则应输入 ip.dst==192.168.0.123。

(3) 按协议模式过滤。例如 HTTP 协议可以针对 HTTP 的请求方式进行过滤，只显示发送 GET 或 POST 请求的过滤规则：http.request.method=="GET" 或 http.request.method=="POST"。

(4) 按端口过滤。例如 tcp.port eq 80。不管端口是源还是目标的都只显示满足 tcp.port==80 条件的包。

(5) 按 MAC 地址过滤。例如以太网头过滤：

```
eth.dst==A0:00:00:04:C5:84         //过滤目的 MAC
eth.src eq A0:00:00:04:C5:84       //过滤源 MAC
```

(6) 按包长度过滤。例如 udp.length==26，这个长度是指 udp 本身固定长度 8 加上 udp 下面的数据包之和。而 tcp.len>=7 指的是 IP 数据包（tcp 下面数据），不包括 tcp 本身。ip.len==94 指除了以太网头固定长度为 14，其他都算是 ip.len，即从 IP 本身到最后。frame.len==119 指整个数据包长度，从 eth 开始到最后，即 eth---> ip or arp---> tcp or udp---> data。

(7) 按参数过滤。例如按 TCP 参数过滤：

```
tcp.flags                    //显示包含 TCP 标志的数据包
tcp.flags.syn==0x02          //显示包含 TCP SYN 标志的数据包
```

(8) 按内容过滤。例如：

```
tcp[20]              //表示从 20 开始,取 1 个字符
tcp[20:]             //表示从 20 开始,取 1 个字符以上
tcp[20:8]            //表示从 20 开始,取 8 个字符
```

(9) 采用逻辑运算过滤。过滤语句可利用 &&（表示"与"）、||（表示"或"）和!（表示"非"）组合使用多个限制规则,例如(http && ip.dst==192.168.0.123) || dns;再如要排除 ARP 包,则使用!arp 或者 not arp。

在使用过滤器时,如果填入的过滤规则语法有误,背景色会变成红色;如果填入的过滤规则合法,则背景色是绿色的。初学者为减少错误,可单击 Filter 通过会话窗口使用过滤器。

1.3.4 Wireshark 命令行抓包

除 GUI 界面外,Wireshark 还提供了命令行界面的操作方式,可以直接在命令提示符窗口下运行 Wireshark 进行抓包。使用时须先进入命令提示符窗口,再进入到 Wireshark 的安装目录,然后在命令行输入 Wireshark -h,就可以看到 Wireshark 的使用帮助。

Wireshark 还配备了一些命令行工具,例如 tshark、dumpcap、capinfos、editcap、mergecap。

一个 Wireshark 的命令行抓包过程大致如下:

(1) 进入软件安装路径,例如 C:\Program Files\Wireshark。

(2) 使用 tshark -D 命令找出使用中的网卡对应的序号。

(3) 执行抓包命令：

```
tshark -i 网卡序号 -w 保存的文件名.pcap
```

命令执行开始后,可以看到抓包数字一直在递增,如没有,应检查序号是否正确。

(4) 按 Ctrl+C 键结束抓包。

使用命令行抓包时,要注意以下问题:

① 如果使用 GUI 界面模式操作(wireshark.exe),由于需要实时分析,可能会给 CPU 和内存造成很大压力,因而可以使用命令行模式(tshark.exe)操作。

② 抓包形成的文件大小会随着捕获到的包的数量增加而快速增长,所以要适时终止抓包,避免耗用过多资源。

③ 抓包过程中,命令提示符窗口不能关闭。

1.3.5 Wireshark 数据包捕获实例

下面进行一次简单的数据包捕获。这里以 ARP 协议为例,演示数据的分析过程。首先启动监听(没有设置捕获过滤器),等过一段时间后,停止抓包。然后在显示过滤器输入

arp(注意是小写)作为过滤条件,然后按回车键或者单击 Apply 按钮,筛选出 ARP 分组,某时刻捕获到的 ARP 包如图 1-9 所示。

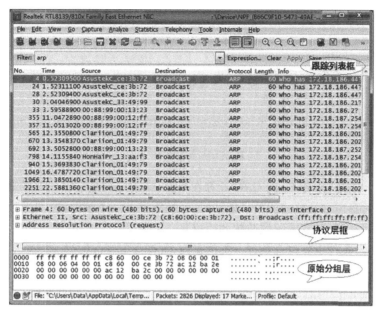

图 1-9 某时刻捕获到的 ARP 包

Wireshark 窗口的数据帧列表面板的每行都对应着网络上单独的一个数据包。默认情况下,每行会显示数据包的时间戳、源地址和目的地址,所使用的协议及关于数据包的一些信息。通过单击此列表中的某一行,可以获悉更详细的信息。

数据帧详情面板中间的树状信息包含着上部列表中选择的某数据包的详细信息。单击 + 图标可以查看包含在数据包内的每层信息的不同细节内容。这部分的信息分布与查看的协议有关,一般包含有物理层、数据链路层、网络层、传输层等各层信息。

在物理层可以得到线路的字节数和捕获到的字节数,还有抓包的时间戳和距离第一次抓包的时间间隔等信息。

在数据链路层可以得到源网卡物理地址和目的网卡物理地址以及帧类型。

在网络层可以得到版本号、源 IP 和目的 IP 地址、报头长度、包的总长度、TTL 和网络协议等信息。

在传输层可以得到源端口和目的端口以及序列号和控制位等有效信息。

底部的数据帧字节面板以十六进制及 ASCII 形式显示出数据包的内容,其内容对应于中部数据帧详情面板的某一行。

如图 1-9 所示,第 1 列是捕获数据的编号;第 2 列是捕获数据的相对时间,从开始捕获计为 0.000s;第 3 列是源地址;第 4 列是目的地址;第 5 列是数据包的信息。

经过过滤,其他的协议数据包都被过滤掉了,只剩下 ARP 协议。注意到中间部分的 3 行行首都有一个 +,单击该按钮,该行就会被展开。

先展开第 1 行,该行主要包含帧的一些基本信息,如图 1-10 所示。

帧的编号:355(捕获时的编号)。

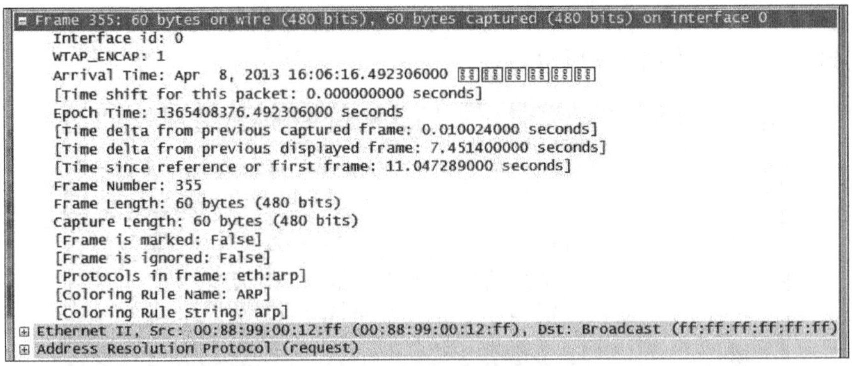

```
⊞ Frame 355: 60 bytes on wire (480 bits), 60 bytes captured (480 bits) on interface 0
    Interface id: 0
    WTAP_ENCAP: 1
    Arrival Time: Apr  8, 2013 16:06:16.492306000 中国标准时间
    [Time shift for this packet: 0.000000000 seconds]
    Epoch Time: 1365408376.492306000 seconds
    [Time delta from previous captured frame: 0.010024000 seconds]
    [Time delta from previous displayed frame: 7.451400000 seconds]
    [Time since reference or first frame: 11.047289000 seconds]
    Frame Number: 355
    Frame Length: 60 bytes (480 bits)
    Capture Length: 60 bytes (480 bits)
    [Frame is marked: False]
    [Frame is ignored: False]
    [Protocols in frame: eth:arp]
    [Coloring Rule Name: ARP]
    [Coloring Rule String: arp]
⊞ Ethernet II, Src: 00:88:99:00:12:ff (00:88:99:00:12:ff), Dst: Broadcast (ff:ff:ff:ff:ff:ff)
⊞ Address Resolution Protocol (request)
```

图 1-10　帧基本信息

帧的大小：60B。再将 4B 的 CRC 计算在里面，就刚好满足最小 64B 的要求。

接下来的信息还有帧被捕获的日期和时间、帧距离前一个帧的捕获时间差、帧距离第一个帧的捕获时间差等，以及表明帧装载的协议是 ARP。

展开第 2 行，该行主要包含地址一类的信息，如图 1-11 所示。

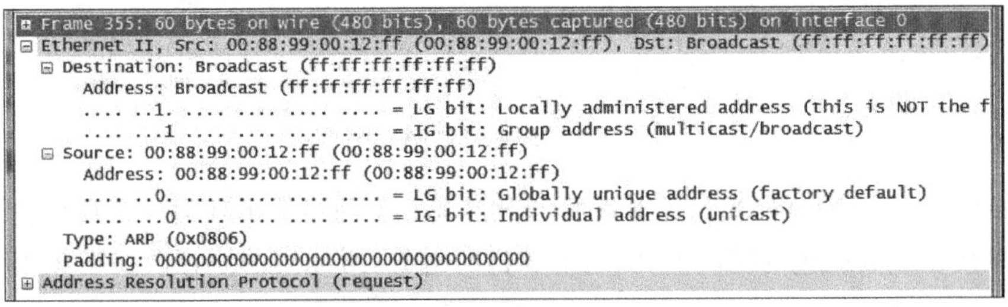

```
⊞ Frame 355: 60 bytes on wire (480 bits), 60 bytes captured (480 bits) on interface 0
⊟ Ethernet II, Src: 00:88:99:00:12:ff (00:88:99:00:12:ff), Dst: Broadcast (ff:ff:ff:ff:ff:ff)
  ⊟ Destination: Broadcast (ff:ff:ff:ff:ff:ff)
       Address: Broadcast (ff:ff:ff:ff:ff:ff)
       .... ..1. .... .... .... .... = LG bit: Locally administered address (this is NOT the f
       .... ...1 .... .... .... .... = IG bit: Group address (multicast/broadcast)
  ⊟ Source: 00:88:99:00:12:ff (00:88:99:00:12:ff)
       Address: 00:88:99:00:12:ff (00:88:99:00:12:ff)
       .... ..0. .... .... .... .... = LG bit: Globally unique address (factory default)
       .... ...0 .... .... .... .... = IG bit: Individual address (unicast)
     Type: ARP (0x0806)
     Padding: 000000000000000000000000000000000000
⊞ Address Resolution Protocol (request)
```

图 1-11　地址信息

Destination（目的地址）：ff:ff:ff:ff:ff:ff（MAC 广播地址，局域网中的所有计算机都会接收这个数据帧）。

Source（源地址）：00:88:99:00:12:ff。

帧中封装的协议类型（0x0806）是 ARP 协议的类型编号；Trailer 是协议中填充的数据，为了保证帧最少有 64B。

展开第 3 行，该行主要包含协议的格式，如图 1-12 所示。

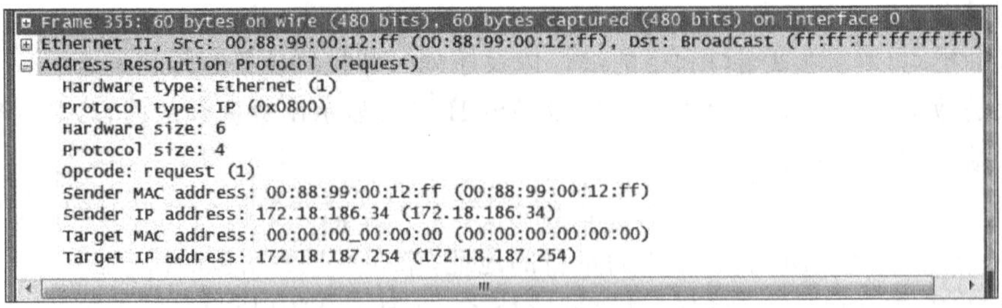

```
⊞ Frame 355: 60 bytes on wire (480 bits), 60 bytes captured (480 bits) on interface 0
⊞ Ethernet II, Src: 00:88:99:00:12:ff (00:88:99:00:12:ff), Dst: Broadcast (ff:ff:ff:ff:ff:ff)
⊟ Address Resolution Protocol (request)
     Hardware type: Ethernet (1)
     Protocol type: IP (0x0800)
     Hardware size: 6
     Protocol size: 4
     Opcode: request (1)
     Sender MAC address: 00:88:99:00:12:ff (00:88:99:00:12:ff)
     Sender IP address: 172.18.186.34 (172.18.186.34)
     Target MAC address: 00:00:00_00:00:00 (00:00:00:00:00:00)
     Target IP address: 172.18.187.254 (172.18.187.254)
```

图 1-12　数据包协议格式

地址解析协议有硬件类型（以太网）、协议类型（IP）、硬件大小（6）、协议大小（4）、发送方 MAC 地址、发送方 IP 地址、目的 MAC 地址、目的 IP 地址等。

通常在分析时,要结合协议的格式、特点等进行。由于很多协议存在安全漏洞,因此对捕获的数据包还可以进行安全方面的讨论。

此外,Wireshark 还提供跟踪记录的统计概要(菜单项 Statistics/Summary)、基于分层的统计(菜单项 Statistics/Protocol Hierarchy)等功能。

在分析数据包时,数据包列表的每行都有背景色,这对区别不同协议有一定的作用。深蓝色的行对应着 DNS 通信,浅蓝色的行是 UDP 通信,绿色行表示 HTTP 通信。Wireshark 包括一个复杂的颜色编码方案。要查看或设置颜色方案,选择 view→Coloring Rules 菜单项(或工具栏上的 按钮),可以看到 Coloring Rules 的颜色设置界面。Wireshark 已经内置了默认的颜色设置,可以根据需要适当修改。

总体而言,Wireshark 是一款功能强大而操作相对简便的抓包软件。在进行网络实验时,往往采用抓包分析的方法验证一些实验,故应熟练掌握此工具软件。

1.4 网络模拟软件 Packet Tracer

Packet Tracer 是 Cisco 公司针对其 CCNA 认证开发的一个用于设计、配置和排除网络故障的模拟软件,目前发行的版本为 Version 6.x。

Packet Tracer 实际上是一个辅助学习工具。在缺乏硬件支持的情况下,它为网络初学者提供了网络模拟环境,给予使用者最真实的网络拓扑视觉感和网络效果感觉。利用该软件可以学习网络连接方法、理解网络设备对数据包的处理、学习 IOS 的配置以及锻炼故障排查能力。使用者可在软件的图形用户界面上直接使用拖放方法创建网络拓扑,并通过一个图形接口配置该拓扑中的设备。该软件还提供数据包在网络中行进的详细处理过程,让使用者观察网络实时运行情况。

1.4.1 Packet Tracer 界面

Packet Tracer 工作界面如图 1-13 所示,主界面上包含菜单、快捷工具栏、工作拓扑图区、设备列表区、报文跟踪区等几个部分。

1. 工作拓扑图区

这是占据主界面最大部分的区域,在该区域主要有拓扑图视窗、工具栏、工作模式切换、设备重启。该区域是创建网络拓扑图之后,利用该区域及其配套的工具配置设备、测试网络的主要场所。

工作栏属性设置中,Set Tiled Background 可以设置工作区域背景图。

拓扑 View Port 窗口提供了所创建的拓扑图的浏览视窗。

拓扑图工作工具有定义鼠标属性的选择设备工具和移动图层工具,可以给某个设备添加标签和构建跟踪的报文等,也可以对设备进行编辑,如图 1-14 所示。

图 1-14 中圆括号内是对应的快捷键。Inspect 工具可以用于查看网络设备(交换机和路由器)的三张表,路由器可以查看路由表、IPv6 路由表、ARP 表、NAT 转换地址表、QoS 队列等,交换机可以通过该工具查看 MAC 表、ARP 表。该功能等同于在 IOS 命令行中采用相应的 show 命令,如 show arp。

Add simple PDU 和 Add complex PDU 两个工具用于在网络测试时构造发送报文。

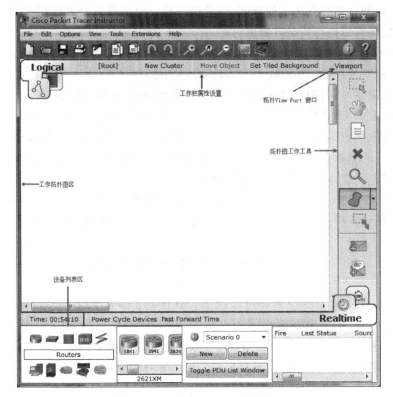

图 1-13　Packet Tracer 工作界面

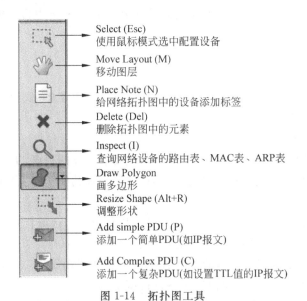

图 1-14　拓扑图工具

Add simple PDU 仅仅是简单测试某条链路或者某两台设备之间是否路由可达。Add complex PDU 的使用方式比 Add simple PDU 稍微复杂一些，使用 Add complex PDU 首先需要配置所发送的报文。

2. 设备列表区

设备列表主要是为了创建网络拓扑使用列表,分为两部分,一部分是设备类别选择,另一部分是某个类别设备的详细型号选择,如图 1-15 所示。

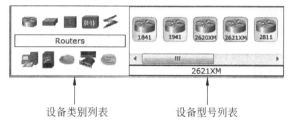

图 1-15　设备列表

图 1-15 中,设备类别列表中选择的是路由器,此时右边的设备型号列表显示的路由器有 1841、2620XM、2621XM、2811、Generic 等具体的路由器。

当需要使用某个设备时,先单击该设备,然后在中央的工作区域单击一下,或者直接按住鼠标左键将该设备拖曳上去。

3. 连接网络设备

连接设备需要在设备类型列表中选择连接器(Connections),然后在设备型号列表中选择想要选取的链路。

如图 1-16 所示,连线分为自动选线、控制线、直连线、交叉线、光纤、电话线、同轴电缆、DCE 和 DTE 线等,连接不同的设备需要选用合适的线,否则可能造成通信不正常。虽然可以选择 AUTO(自动选择线),但是最好能确定线型,慎用 AUTO 选项。

图 1-16　选择连接设备的物理介质

直连线就是双绞线,两头都是 568B 或者 568A 的线序。交叉线用于连接相同设备,现在的网络厂商都实现了自适应识别功能。同轴线即同轴电缆,现在已经很少用了。DCE 和 DTE 是用于路由器之间的连线,实际使用时,需要把 DCE 和一台路由器相连,DTE 和另一台设备相连。若选择了 DCE 这根线,则和这根线相连的路由器为 DCE,配置该路由器时需配置时钟(图标上有时钟标志)。交叉线只在路由器与路由器、交换机与交换机彼此相连时才使用。

连线就是在图 1-16 中选中一种线,然后在要连接的设备上单击一下,选择接口,再单击另一台设备,选定接口。注意,接口切勿乱选。连接好线后,可以把鼠标指针移到该连线上,然后会在线两端显示接口类型和名称。

4. 实时模式和模拟模式

Packet Tracer 使用实时和模拟两个操作模式呈现网络的行为。在主界面的最右下角有两个切换模式,分别是实时模式(Realtime Mode)和模拟模式(Simulation Mode),在实时模式中网络行为和真实设备一样,对所有网络行为将即时响应。在模拟模式中用户可以看到和控制时间间隔、数据传输的内部流程、数据跨越网络的演化,能够帮助使用者在网络操作之后更好地理解基础概念。

例如,通过直通双绞线连接在同一台交换机上,并将它们设为同一个网段,那么主机 A ping 主机 B 时,瞬间可以完成,此为实时模式。对于模拟模式,切换到模拟模式后在主机 A 的 CMD(命令窗口)里将不会立即显示 ICMP 信息,而是软件正在模拟这个瞬间的过程并展现出来。

(1) 数据包的 Flash 动画。在模拟模式下,只需单击位于工作拓扑图区下边界的 Auto Capture/play(自动捕获/播放)按钮,然后在最右边的工具栏中选择 + 按钮,在主机 A 上单击,再在主机 B 上单击,数据流效果就显示出来了,直观、生动的 Flash 动画显示了网络数据包的来龙去脉,这是该软件的一大亮点。图 1-17 表示信息正在传递。

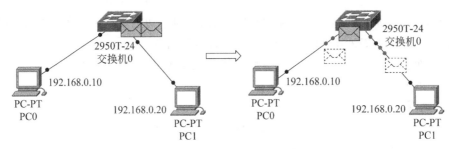

图 1-17　ping 命令的数据包动画

(2) 在模拟模式下单击 Simulation Mode 会出现 Event List 对话框,该对话框显示当前捕获到的数据包的详细信息,包括持续时间、源设备、目的设备、协议类型和协议详细信息,非常直观,如图 1-18 所示。

图 1-18　Event List 对话框

图 1-17 中的信封是什么内容呢?若要在模拟器中查看信封中的内容,可以将 Auto

capture/play 停止,然后选择信封形式的数据包图标,双击后可以看到信封的内容,如图 1-19 所示。

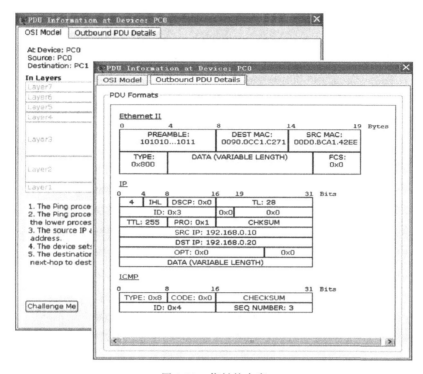

图 1-19 信封的内容

(3) 在实时模式下,执行 ping 命令只能在 Desktop 选项卡下进行,单击设备会出现图 1-20 所示的窗口,单击 Command Prompt 图标,然后就可以像在 Windows 的 CMD 窗口下一样操作。在图 1-20 中,IP Configuration 用于配置 IP、MASK、GATE、DHCP;单击 Dial-up 将调用计算机系统拨号程序;Terminal 调用计算机系统的超级终端,用于设备本地管理。但是前提条件是需要在计算机的 RS-232 端口到被管理的网络设备之间连接 Console 线缆。Command Prompt 是 Packet Tracer 的计算机命令行窗口(类似 MS-DOS 命令行);Web Browser 调用计算机类似于微软 Internet Explorer 的浏览器;单击 PC Wireless 进入无线网卡配置界面;VPN 是 Easy VPN 客户端;Traffic General 是数据和协议测试工具;MIB Browser 用于 SMNP 实验。

1.4.2 设备管理

Packet Tracer 6.x 提供了很多典型的网络设备,它们各有其独特的功能,管理界面和使用方式也不同。单击逻辑工作空间内的每种设备类型可查看设备配置。

(1) 路由器和交换机设备包含 3 个选项卡,分别是 Physical(物理)、Config(配置)和 CLI(命令行界面)。

Physical 选项卡显示设备的物理组件,例如模块。此选项卡还可以添加新模块。Config 选项卡显示一般配置信息,例如设备名称。CLI 选项卡让用户使用命令行界面配置设备。

图 1-20　Desktop 选项卡

路由器有许多现成的接口,这些接口在矩形框中。其中也有许多空槽,用椭圆标出,在空槽上可添加模块,如 WIC-1T 和 WIC-2T,用鼠标左键按住该模块不放,拖曳到相应的插槽中即可添加,同时要关闭电源。电源是带绿点的标志,绿色表示开启,路由器默认情况下电源是开启的。单击绿点标志,关闭电源。注意添加模块后要重新打开电源,这样路由器就重新启动了。如果没有添加 WIC-1T 或 WIC-2T 这一模块,当用 DTE 或 DCE 线连接两台路由器(Router PT 除外)时,设备之间无法连接,这是因为它还没有 Serial 接口。

需要注意的是,模拟器网络拓扑中的设备默认处于运行状态,因而在给设备添加扩展模块时,需要将设备后面板上的电源开关置于关闭状态,否则系统将会有错误提示。

(2) 服务器和集线器设备包含 3 个选项卡,分别是 Physical(物理)、Config(配置)和 CLI(命令行界面)。

Physical 选项卡显示设备的组件,例如端口。此选项卡还可以添加新模块。Config 选项卡显示一般信息,例如设备名称。

(3) PC 设备包含 4 个选项卡,分别是 Physical(物理)、Config(配置)、Desktop(桌面)和 Custom Interface(自定义接口)。

Physical 选项卡显示设备的组件。此选项卡还可以添加新模块。

Config 选项卡显示设备名称、IP 地址、子网掩码、DNS 和网关信息。

Desktop 选项卡可用于配置 IP 地址、子网掩码、默认网关、DNS 服务器、拨号和无线。使用 Desktop 选项卡还可以访问终端仿真程序、命令提示符和模拟的 Web 浏览器。

网络设备配置界面说明如下。

① 路由器和交换机设备。在路由器(交换机)配置界面中，Config、CLI 选项卡分别以图形化配置路由器模式和命令行方式配置路由器模式。一般不建议采用 Config 方式，最好采用模拟器的 CLI 命令行配置模式。CLI 模式模拟了交换机和路由器的命令行界面，与真实环境的配置方式近似。

② 计算机的配置方式。计算机的配置分为 Config 模式与 Desktop 模式。在 Config 模式下，可以完成对计算机在系统中的现实名称、网卡的双工、IP 地址、掩码、网关、DNS 等参数的设置。对计算机的 IP 地址设置，系统提供了静态获取 IP 地址或者动态获取 IP 地址的选项。

计算机的 Config 有图形配置模式和计算机的桌面工具。

③ 服务器的配置方式。服务器的配置分为 Physical 模式与 Config 模式。Physical 模式是给服务器添加安装不同的网卡。较之计算机的 Config 模式，服务器的 Config 模式的 Global 和 Interface 完全相同，但是增加了服务(services)的配置，服务选项的配置包括了 HTTP、DHCP、TFTP、DNS 等多个服务的内容配置。

1.4.3 通过 Packet Tracer 分析协议

Packet Tracer 也具有协议分析功能，与专业软件工具 Wireshark 不同，Packet Tracer 提供的协议分析侧重于相关协议的工作原理的认识，所捕获出来的报文也不如 Wireshark 详尽，不过对于使用者掌握基础性的知识至关重要。

Packet Tracer 协议分析功能在模拟模式，可以单击右下角的模式切换按钮进行切换。模式切换之后的工作界面如图 1-21 所示，为便于描述，在此使用了中文版的界面。

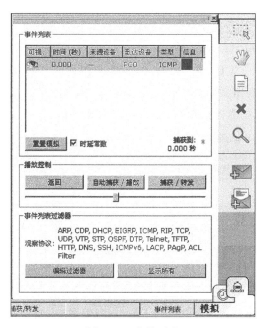

图 1-21 事件列表

图 1-21 中，事件列表表示相关报文的收发情况，可以单击某个具体报文的色块(信息一栏标识)查看该报文的详细情况。图 1-22 是单击色块之后看到的该 ICMP 报文信息。

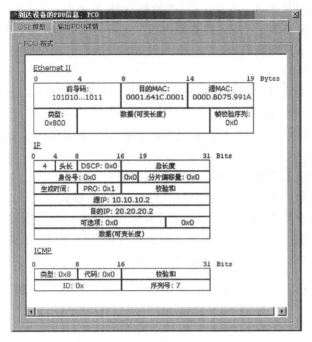

图 1-22 ICMP 报文

这样就能够非常详细地分析和观察相应的报文信息了。在图 1-21 中,播放控制分为返回、自动捕获/播放、捕获/转发。

返回：单击可以回到上一步流程,通常是用于反复查看报文转发使用。

自动捕获/播放：用于 Packet Tracer 自动捕获报文或者播放。

捕获/转发：通常是用于一步一步地手工进行报文的转发,这是最为常用的一种手段。

事件列表过滤：显示了 CCNA 层面需要关注的相关协议分析,也可以单击"编辑过滤器"按钮,有所选择的观察所关注的协议,过滤不希望捕获到的报文,如图 1-21 所示。在图 1-23 中,通过编辑过滤器选择仅观察 ARP 与 ICMP 协议。

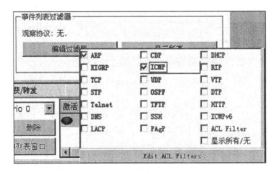

图 1-23 过滤器

下面以路由器接收到一个报文之后的封装与解封装过程为例,示范如何使用 Packet Tracer 的协议分析功能。

如图 1-24 所示,假设 PC0 ping PC1,通过协议分析查看 ICMP 报文从 PC0 到达 PC1 的

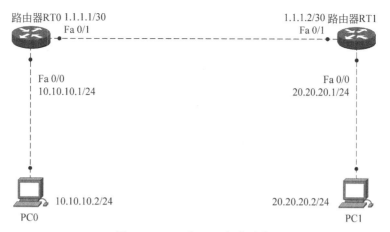

图 1-24 PC0 与 PC1 拓扑连接

全程中各个环节的变化,了解 TCP/IP 协议栈数据封装与解封装过程。

第 1 步:单击 Packet Tracer 右下角的模式切换按钮,切换模式到模拟模式。

第 2 步:单击 Packet Tracer 右侧垂直布局的快捷工具按钮![ ],然后分别单击 PC0 与 PC1,表示从 PC0 向 PC1 发送 ICMP 报文。

第 3 步:查看 PC0 发出的报文信息,如图 1-25 所示。

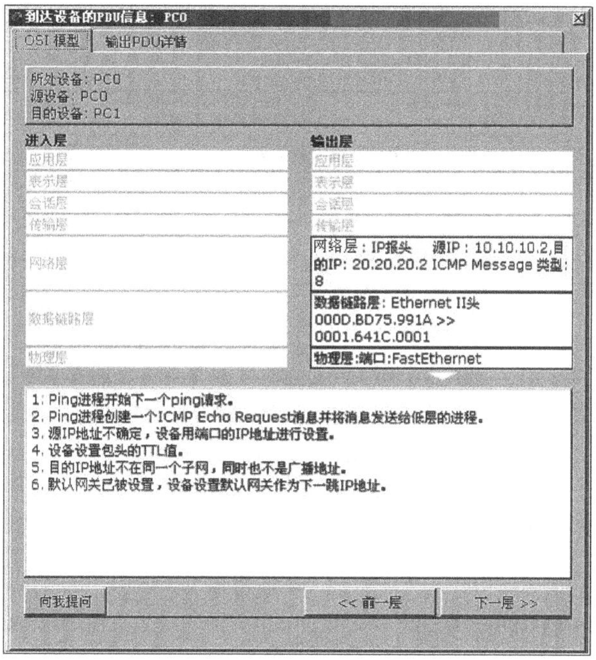

图 1-25 PC0 发出的报文信息

第 4 步:单击"捕获/转发"按钮,等到报文经过路由器 RT0 并转发给路由器 RT1 之后,查看该报文详细情况,如图 1-26 所示。

通过图 1-26 可以看到报文解析分为 3 个选项卡:OSI 模型、进入 PDU 详情、输出 PDU 详情。OSI 模型提供了每层的封装与解封装过程,如图 1-27 所示。

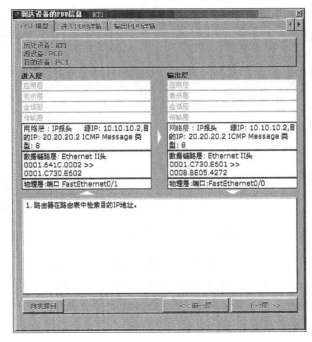

图 1-26 详细报文

图 1-27 报文解封

第 5 步：再次单击"捕获/转发"按钮，ICMP 报文到达 PC1，单击色块查看该报文详细情况，如图 1-28 所示。

1.4.4 Packet Tracer 使用实验

为了演示 Packet Tracer 的使用，下面进行"单交换机划分 VLAN"的实验。

第 1 步：构造如图 1-29 所示的拓扑结构。

在设备类别列表中选择交换机，然后在设备型号列表中选择 2590-24 交换机，并将它们放置在拓扑图区，并以类似的方法选择 PC。

选择连接线：交换机与 PC 使用直连线、交换机与交换机使用交叉线，当鼠标指针在交

• 38 •

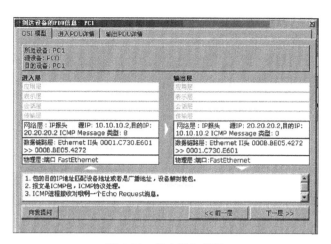

图 1-28　报文详细情况

换机上时,需指定交换机端口,例如选择 fastethernet0/24 端口连接;当鼠标指针在 PC 上时,通常指定以太端口。连线后,注意线的两端有绿色指示灯,表示连接正确。

然后通过单击右侧的标签工具(先单击工具,然后在图中相应的地方单击)为拓扑图添加一些脚注,例如连线端口、端口 IP 等,如图 1-29 所示。

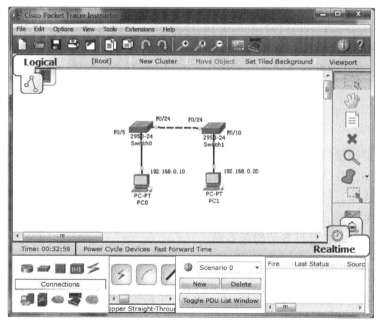

图 1-29　构造拓扑结构

第 2 步:为 PC 配置 IP 地址,单击 PC,然后选择 Config 选项卡,单击 FastEthernet 项,在 IP Configuration 上选择 Static,填入 IP 地址和子网掩码,例如 PC0 按图 1-29 所示填入 192.168.0.10、255.255.255.0,PC1 也进行类似操作。

第 3 步:实验前检查 PC0 与 PC1 的连通情况。

单击 PC0,然后选择 Desktop 选项卡,单击 Command Prompt 图标,进入 DOS 提示窗

口,ping 192.168.0.20,证明 PC0 与 PC1 是连通的。

第 4 步:划分 VLAN。

将 PC0 与 PC1 分别划分为 VLAN 10 和 VLAN 20,为此需要配置 Switch0 和 Switch1。单击 Switch0,选择"CLI"选项卡;在 Switch 提示符窗口下输入 enable 命令进入特权模式,然后输入下列命令:

```
Switch#config terminal                              !进入全局配置模式
Switch(config)#vlan 10                              !创建了一个 VLAN
Switch(config-vlan)#exit                            !返回全局配置模式
Switch(config)#interface fastethernet0/5            !进入 0/5 端口
Switch(config-if)#switchport access vlan 10   !将端口配置到 VLAN 10(PC0 加入 VLAN 10)
```

接下来要把 Switch0 与 Switch1 相连的端口(假设为 0/24 端口)定义为 Tag VLAN 模式。命令如下:

```
Switch(config)#interface fastethernet0/24
Switch(config-if)#switchport mode trunk
```

在 Switch1 上也进行类似配置,配置完成后,在两台交换机上各有 VLAN 10 和 VLAN 20 两个 VLAN,且通过 Trunk 模式连接。

第 5 步:实验验证。

与第 3 步操作一样,ping 192.168.0.20,这时 ping 不通了,即 PC0 与 PC1 已经被隔离。

从以上实验可见,在没有物理设备支持的情况下,Packet Tracer 可以很好地模拟一个物理场景,操作也并不复杂。本书的大部分设备配置实验均可以在 Packet Tracer 中实现。

1.5 绘制网络拓扑图

网络拓扑结构是指网络电缆与物理设备连接的布局特征,抽象地讨论网络系统中各个端点相互连接的方法、形式与几何形状,可表示出网络服务器、工作站、网络设备的网络配置和相互之间的连接。网络拓扑包括物理拓扑和逻辑拓扑。物理拓扑是指物理结构上各种设备和传输介质的布局。逻辑拓扑定义了发送数据的主机访问传输介质的方式。网络拓扑图是指用传输媒体互联各种设备的物理布局。

1.5.1 网络设备图例

本书使用了以下图例表示交换机、路由器等,并在拓扑图中广泛采用。

(1)交换机类图标,如图 1-30 所示。

图 1-30 核心交换机、汇聚三层交换机、二层交换机(后两个)

（2）路由器、服务器、计算机、防火墙类图标,如图1-31所示。

图1-31　路由器、服务器、计算机、防火墙

（3）线路图标,如图1-32所示。

图1-32　线路图标

（4）Internet区域,如图1-33所示。

图1-33　网络云图

1.5.2　拓扑图绘制工具

1. Office 的 Visio 绘图软件

Visio是一个图表绘制软件,使用方法易于理解与掌握。使用Visio可以轻松创建各种类型的图表,便于组织复杂的绘图设想。Visio有专项用于绘制网络拓扑图。

（1）运行Visio软件,在如图1-34左边的"类别"列表中选择"网络"选项,然后在右边窗口中选择一个对应的选项,或者在Visio主界面中执行"新建"→"网络"菜单下的某项菜单操作,均可打开如图1-35所示的界面(在此仅以选择"详细网络图"选项为例)。

（2）选择"网络和外设"→"交换机"(一般先确定网络设备的位置),按住图元拖放到绘制平台上,按需要调整交换机图元大小、方向和位置,如图1-35所示。

（3）为交换机标注型号可单击工具栏中的文本工具按钮,即可在图元下方显示一个小的文本框,以便输入交换机型号或其他标注。输入时图元以较大的形状显示,结束输入后只需在空白处单击鼠标即可完成输入,图元将恢复到调整后的大小,如图1-35所示。

（4）以同样的方法添加一台服务器,并把它与交换机连接起来。在Visio中介绍的连接方法很复杂,实际使用时只需利用工具栏中的"连接直线工具"进行连接即可。选择该工具后,单击要连接的两个图元之一,此时会有一个红色的方框,移动鼠标选择相应的位置,当出现紫色星状点时按住鼠标左键,把连接线拖拽到另一图元,注意此时如果出现一个大的红方框则表示不宜选择此连接点,当出现小的红色星状点时即可松开鼠标,就可实现连接,

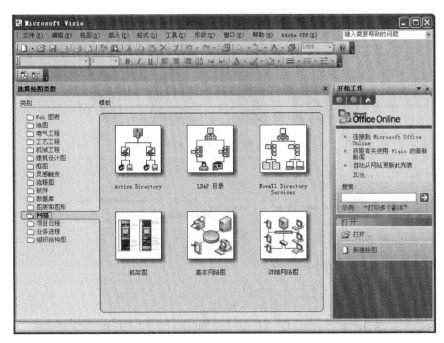

图 1-34　Visio 主界面

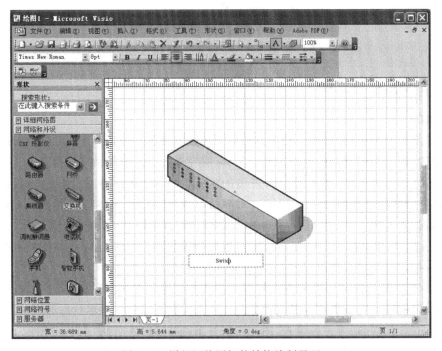

图 1-35　详细网络图拓扑结构绘制界面

图 1-36 展示了交换机与一台服务器的连接。

在更改图元大小、方向和位置时,必须在工具栏中选择"选取"工具,否则不会出现图元大小、方向和位置的方点和圆点,无法调整。要整体移动多个图元的位置,可在按住 Ctrl+

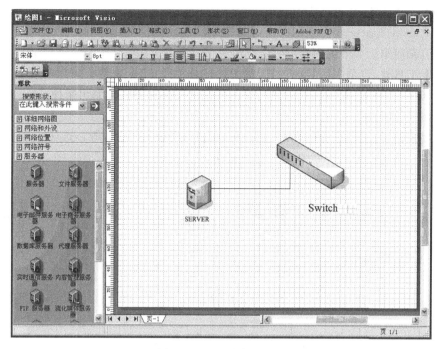

图 1-36　图元之间的连接

Shift 键的同时,按住鼠标左键拖动选取全部要移动的图元,当出现一个矩形框并且鼠标指针呈 4 个方向箭头时,就可通过拖动鼠标移动多个图元。若要删除连接线,只需先选取相应连接线,然后按 Delete 键即可。

（5）把其他网络设备图元逐一添加并与网络中的相应设备图元连接,这些设备图元可能会在左边窗口中的不同类别选项窗格下面。如果左边已显示的类别中没有包括,则可通过单击工具栏中的"形状"按钮,打开类别选择列表,从中可以添加其他类别并显示在左边窗口中。图 1-37 为通过 Visio 绘制的简单网络拓扑结构示意图。

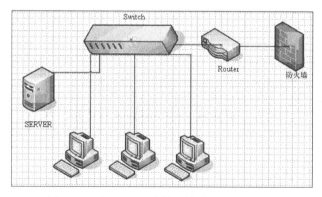

图 1-37　通过 Visio 绘制的简单网络拓扑结构

以上只介绍了 Visio 的极少一部分网络拓扑结构绘制功能,其他功能的使用方法比较简单,操作与 Word 类似,这里不再详细介绍。

2. 网络模拟软件 Packet Tracer

由于 Packet Tracer 是专业的网络仿真软件,因此绘制网络拓扑时要更加方便和直观,具体方法可参照第 1.4 节的内容。

除以上工具外,也可采用其他工具,如 PaceStar 或 LanFlow 等。更为简便的方法是利用图 1-30 至图 1-33 的图元,将图元进行适当的缩放后可以很快绘制出拓扑图。

3. 标注实验拓扑

在画出拓扑后,应标出详细配置,包括端口编号、网段、IP 地址等。这样一目了然,便于配置与检查。该优点可以通过图 1-38 比较出来。

图 1-38　实验拓扑标注前(左)与标注后(右)

1.6　实验与实验测试

计算机网络实验不像化学实验那样实验结果直观易见。针对计算机网络实验过程是否正确、实验结果如何测试验证、实验是否达到预期的目的等问题,必须有一套行之有效的方法进行实验与测试,以提高实验效率与质量。

1.6.1　实验前后的对比

这是比较有效的测试实验的方法。例如进行虚拟局域网的端口划分实验,实验之前,相关设备的连通状态如何?实验之后,设备的连通状态又如何?

通常这是可以通过 ping 命令测试的,也有一些不能简单地通过 ping 命令判断,例如 NAT 实验。

1.6.2　对实验过程进行监控

主要利用抓包分析工具进行。例如端口镜像实验可以启动 Wireshark 监制端口,基本上设备的管理配置实验都可以采用这种手段。网络编程实验也可以通过捕获数据包,深层次地分析实验结果。

1.6.3　实验截图

在实验报告中,截图对说明实验过程很重要。在网络实验过程中往往会产生一些数据,这些数据通常是由实验者操作所产生的(如某些命令执行后显示的结果),是实验过程不可忽略的佐证。因此,实验过程要对重要的数据进行截图。截图可以是当前活动窗口(同时按下 Alt+PrScrn 键)、整个屏幕(按下 PrScrn 键)、窗口中的部分画面(使用 Windows 附件中的截图工具),获取截图后粘贴到报告文档中。由于截图可能包含过多信息,为了有所突出,截图还要进行加工,例如标出关键数据、加上旁注等,加工后再呈现到实验报告中,并配以适当的文字说明。

图 1-39 是一个实验截图示例,注意图中所标注的重要数据。

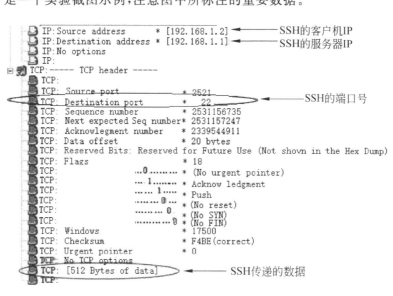

图 1-39 实验截图

1.6.4 撰写实验报告

实验是提高动手能力的最基本的方式和手段。而实验报告是对实验的目的、准备、实验过程、实验数据、现象观测、实验结果进行客观地记录和总结。撰写实验报告可以培养敏锐的观察能力、严密的分析能力以及客观地用文字进行表述的能力。为了说明问题,在报告中往往还需要包含一些实验过程的截图。

实验报告的格式一般如下。

实验目的:说明实验要达到什么目的。

实验要求:说明实验有什么具体要求。

实验设备:包括硬件与软件,如操作系统、工具软件(如 Nessus 扫描工具)等。

实验原理:实验的理论基础与常用方法。

实验步骤:完成实验的过程,记录实验现象,重要的环节要有截图,并在截图中标出关键之处。

实验分析:结合实验步骤分析实验结果、相互关系和因果关系。

实验讨论:交流实验的心得。

实验总结:进行总结归纳。

习 题 1

1. ping 127.0.0.1 命令常用于在本机上做回路测试,用来验证本机的 TCP/IP 协议族是否被正确安装。请比较下列命令的用法。

```
ping 127.1
ping 127.0.0.1
ping localhost
```

命令的测试结果是否一样？IPv4 地址表示中的".0"可以省略吗？

2. 执行下列两个命令：

```
ping 3396616201
ping www.sysu.edu.cn
```

命令的执行结果是否一样？数字串可以代替 IP 地址吗？如何代替？

3. ping 域名时为什么能得到对方的 IP 地址？

4. ping 和 tracert 是测试 TCP/IP 网络连通性不可或缺的两个工具，试讨论它们的适用场合。

5. ping -r、tracert、netstat -r、route print 均是与路由有关的命令，试比较它们所获得的路由信息的区别。

6. pathping 命令综合了 ping 和 tracert 命令，该命令跟踪路径并为路径中的每台路由器和每条链路提供网络延迟和数据包丢失信息。请使用 pathping 命令，并与 ping 和 tracert 命令的执行结果相比较。

7. 对网卡配置信息，可通过 ipconfig /all、netsh interface ip show address、netsh interface ip show config 等命令获得，试比较其异同点。

8. Sniffer Pro 也是一款捕捉数据包的工具，请自行熟悉并比较其与 Wireshark 的操作区别。

9. Wireshark、Sniffer Pro、Packet Tracer 均有协议分析功能，试分析它们的特点。

10. 熟悉网络图的图元，分别用 Visio 和 Packet Tracer 绘制如图 1-40 所示的拓扑图，比较这两种绘制方法的优缺点。

11. 某公司分为网络部、人力部、宣传部、市场部。其中网络部有 14 台计算机，人力部 26 台，宣传部 7 台，市场部 48 台。请给每个部门划分 IP 地址，要求不同部门被分到不同网段。

12. TTL 值即生存时间(Time To Live)，入侵者 ping 一下对方的地址，从显示的数值可以推断出对方的计算机是什么系统从而进行攻击，请选出 Windows 系统 TTL 的值是（　）。

  A. 32　　　　　　B. 128　　　　　　C. 255　　　　　　D. 64

13. 检测 ARP 绑定(动态和静态)列表，显示所有连接本地的计算机，显示对方的 IP 和 MAC 地址的命令是（　）。

  A. arp -n　　　　　B. arp -c　　　　　C. arp -a　　　　　D. arp -p

14. 在 Windows 中，下述哪条命令用于显示本机路由表（　）。

  A. route print　　　　　　　　　　B. route show
  C. route view　　　　　　　　　　D. route display

15. 在计算机的 DOS 窗口运行 netstat -an，分析执行结果。

16. 在 Windows 系统下能够得到以下信息的命令是（　）。

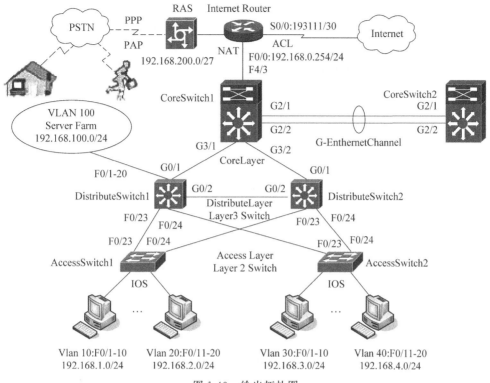

图 1-40 绘出拓扑图

```
================================================================
    Interface List
    0x1.....................MS TCP Loopback interface
    0x10003...00 14 3f 7b 46......Realtek RTL8139/810x Family Fast Ethernet NIC
================================================================
================================================================
Active Routes:
  Network Destination  Netmask      Gateway       Interface       Metric
        0.0.0.0        0.0.0.0    202.113.76.1  202.113.76.205      20
      127.0.0.0      255.0.0.0     127.0.0.1     127.0.0.1           1
    202.113.76.0   255.255.255.0 202.113.76.205 202.113.76.205      20
   202.113.76.205 255.255.255.255  127.0.0.1     127.0.0.1          20
   202.113.76.205 255.255.255.255 202.113.76.205 202.113.76.205     20
      224.0.0.0      240.0.0.0   202.113.76.205 202.113.76.205      20
   255.255.255.255 255.255.255.255 202.113.76.205 202.113.76.205    1
Default Gateway: 202.113.76.1
================================================================
Persistent Routes:
None
```

  A．nbtstat -r B．netstat -a C．route print D．net view

17．DNS 正向搜索区的功能是将域名解析为 IP 地址，Windows 系统中用于测试该功能的命令是( )。

  A. nslookup B. arp C. netstat D. query

18. 在一台主机上用浏览器无法访问域名为 www.online.tj.cn 的网站,并且在这台主机上执行 tracert 命令时有如下信息:

```
Tracing route to www.online.tj.cn [202.99.64.102]
Over a maximun of  30 hops:
1        <1 ms      <1 ms      <1 ms     202.113.64.129
2        <1 ms      <1 ms      <1 ms     202.113.77.1
……
16         *          *          *       Request timed out.
17         *          *          *       Request timed out.
Trace complete.
```

  分析以上信息,导致这种现象的原因是( )。
  A. 该计算机网关设置有误
  B. 该计算机设置的 DNS 服务器工作不正常
  C. 该计算机 IP 地址与掩码设置有误
  D. 网站 www.online.tj.cn 工作不正常

19. 在一台主机上用浏览器无法访问域名为 www.pku.edu.cn 的网站,并且在这台主机上执行 ping 命令时有如下信息:

```
C:\>ping www.pku.edu.cn
Pinging www.pku.edu.cn [162.105.131.113] with 32 bytes of data:
Request timed out.
Request timed out.
Request timed out.
Request timed out.
Ping statistics for 162.105.131.113:
Packets: Sent=4, Received=0, Lost=4 (100%loss)
```

  分析以上信息,可以排除的故障原因是( )。
  A. 网络链路出现故障
  B. 该计算机的浏览器工作不正常
  C. 服务器 www.pku.edu.cn 工作不正常
  D. 该计算机设置的 DNS 服务器工作不正常

20. 当 IP 包头中的 TTL 值减为 0 时,路由器发出的 ICMP 报文类型为( )。
  A. 时间戳请求 B. 超时 C. 目标不可达 D. 重定向

21. 图 1-41 显示了在一台主机上利用 Sniffer Pro 捕获到的数据包,请根据显示的信息回答下列问题。

  (1) 该主机的 IP 地址是( )。
  (2) 该主机正在浏览的网站是( )。
  (3) 该主机设置的 DNS 服务器的 IP 地址是( )。

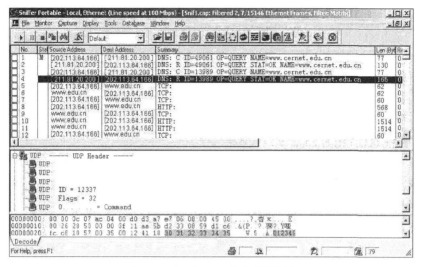

图 1-41 Sniffer Pro 捕获的数据包

（4）该主机采用 HTTP 协议进行通信时，使用的源端口是（   ）。

（5）根据图 1-40 中"No."栏中的信息，标示 TCP 连接三次握手过程完成的数据包的标号是（   ）。

22．下列关于路由器技术指标的描述中错误的是（   ）。

  A．路由器的包转发能力与端口数量、端口速率、包长度和包类型有关

  B．高性能路由器一般采用共享背板的结构

  C．丢包率是衡量路由器超负荷工作能力的指标之一

  D．路由器的服务质量主要表现在队列管理机制与支持的 QoS 协议类型上

23．在捕捉数据包时，由于一些操作仅在本机上进行（例如主机既当服务器又当客户机），数据无须经过网卡，导致这部分操作的数据包捕捉不到。有人提出这样一种操作方法：先在命令窗口用 route 命令设置本地路由，使得 Wireshark 能捕捉本地环回数据。

假设本地 IP 地址是 172.18.43.75，执行 route print 命令并观察后，再执行如下命令：

  route add 172.18.43.75 mask 255.255.255.255 172.18.43.254 metric 1

这样即使仅涉及本机的操作数据，仍能通过 Wireshark 捕捉到数据包。请实验验证。

第2章 网络嗅探与协议分析

本章介绍网络协议、网络嗅探与协议分析,主要方法是使用协议分析工具从网络中捕获数据包,对捕获的数据包进行分析。目的在于进一步了解计算机网络中数据传输的基本原理,理解计算机网络协议的协议结构、主要功能和工作原理。除 TCP/IP 等主要传统协议外,本章还分析了 QQ 协议与迅雷下载协议。

2.1 网络嗅探

网络嗅探就是利用计算机的网络端口捕获目的地为其他计算机的数据报文的一种方法。网络嗅探器是一种监控网络数据的工具,又称 Sniffer 抓包。它工作在网络底层,通过对局域网上传输的各种关键信息进行窃听,从而获取重要信息。一个信息包嗅探器能展示出其正在网络上进行的活动。

嗅探有软件嗅探和硬件嗅探两种工作方式。硬件嗅探称为网络分析仪,比较著名的软件嗅探工具有 Wireshark、Sniffer Pro 等。嗅探器最早是为网络管理人员配备的工具,通过嗅探器网络管理员可以及时掌握网络的实际情况,检测网络性能。当网络性能急剧下降时,可以通过嗅探器分析网络流量,找出网络阻塞的来源。嗅探器也是很多程序员在编写网络程序时抓包测试的工具。

网络嗅探器对信息安全的威胁来自其被动性和非干扰性,使得网络嗅探具有很强的隐蔽性,往往让网络信息泄密变得不容易被发现。例如黑客可以使用它非法获取一些保密性信息,如账号、密码等,有一定的危害性。由此可见网络嗅探也是一把双刃剑。

嗅探一般借助于网络接口。在正常的情况下,一个网络接口应该只响应两种数据帧:目的 MAC 地址为本机硬件地址的数据帧以及向所有设备发送的广播数据帧。

网络接口一般使用网卡。对于网卡而言,一般有如下四种接收模式:

(1)广播模式。该模式下的网卡能够接收网络中的广播信息。

(2)组播模式。该模式下的网卡能够接收组播数据。

(3)直接模式。在这种模式下,只有目的网卡才能接收该数据。

(4)混杂模式。在这种模式下的网卡能够接收一切通过它的数据,而不管该数据是否是传给它的。如果在编程时将网卡的工作模式设置为混杂模式,那么网卡将接收所有传递给它的数据包,这实际上就是嗅探的基本原理。

Linux 系统中有将网卡设置为混杂模式的命令。例如对于网络接口 eth0,先通过 ifconfig 命令查看其工作状态,然后再通过 ifconfig eth0 promisc 命令将其设置为混杂模式,取消时使用参数-promisc。

实验 2-1　嗅探实验

【实验目的】

（1）了解网络数据类型。

（2）了解网络工作原理。

（3）了解工具 Wireshark 的使用。

【实验原理】

Wireshark 是一款开源网络协议分析器。它可以实时检测网络通信数据,检测其捕获的网络通信数据,然后通过图形界面浏览这些数据,查看网络通信数据包中每层的详细内容。

Wireshark 包含有强大的显示过滤器语言和查看 TCP 会话重构流的能力,支持上百种协议和媒体类型。Wireshark 使用 Tcpdump 和 Linux 下的 libpcab 库直接同硬件驱动接触,可以不经过操作系统,保证了抓包速率和抓包的精确性。

关于 Wireshark 的详细使用可参考本书第 1 章的相关内容。

【实验内容】

（1）单击 Wireshark 工具栏左起第一个图标,在接口上开始侦听,片刻后停止侦听。这时捕获的数据量有多少？

（2）观察捕获数据的源 IP 地址和目的 IP 地址,这些数据是发出的还是发过来的？选择几个 IP 地址,通过网站 www.ip138.com 查询这些 IP 地址的地理位置。

（3）查看所在网络的网关 IP 地址,假设查到的 IP 地址是 a.b.c.d,在命令窗口运行 ping -r 6 -l a.b.c.d 和 ping -s 4 -l a.b.c.d 命令并捕获数据包。

（4）执行 filter：ip.addr==a.b.c.d 命令查看,截屏运行结果。

（5）捕获的数据中都有哪些协议？分别找出 Echo 和 Stamp 的请求和响应分组,分析这些数据主要字段的含义。

【实验思考】

（1）捕获网络上的数据可谓轻而易举,网络嗅探可以说无处不在,如何发现网络中的嗅探行为？

（2）如何防范被嗅探？

2.2　协议分析

协议分析是指通过分析网络数据包的协议头部和尾部,从而了解信息和相关的数据包在产生和传输过程中的行为。

在典型的网络结构中,网络协议和通信采用的是分层式设计方案。在 OSI 网络结构参考模型中,同层协议之间能相互进行通信。协议分析器的主要功能之一就是分析各层协议的头部和尾部,通过多层协议头尾和其相关信息识别网络通信过程中可能出现的问题。

协议分析时通常使用工具软件,硬件分析仪一般应用于小型公司或者大型公司的现场工程等,价格过于昂贵（数万美元左右）。如图 2-1 展示了一些品牌的分析仪。常用的软件协议分析工具有 Wireshark、Sniffer Pro、科来网络分析系统等。

(a) 福禄克DTX-LT电缆认证分析仪　　　(b) Sniffer S4100分布式网络协议分析仪

图 2-1　协议分析仪

本章第 2.3 节至第 2.10 节内容主要阐述 TCP/IP 等主要传统协议以及 QQ 协议、迅雷下载协议的分析过程。

2.3　TCP/IP 协议

TCP/IP 是一个四层协议系统,每层负责不同的功能。TCP/IP 协议族是一组由不同的协议组合在一起构成的协议族,如表 2-1 所示。

表 2-1　TCP/IP 协议族

TCP/IP	主要协议	主要功能
应用层	HTTP、Telnet、FTP、E-mail 等	负责把数据传输到传输层或者接收从传输层返回的数据
传输层	TCP、UDP	TCP 为两台主机上的应用程序提供高可靠的端到端的数据通信,包括把应用程序交给它的数据分成数据块交给网络层、确认接收到的分组等。UDP 则为应用层提供不可靠的数据通信,它只是把数据包的分组从一台主机发送到另一台主机,不保证数据一定能到达另一端
网络层	ICMP、IP、IGMP	主要为数据包选择路由,其中 IP 是 TCP/IP 协议族中最为核心的协议,所有的 TCP、UDP、ICMP、IGMP 数据都以 IP 数据包格式传输
链路层	ARP、RARP 和设备驱动程序及接口	发送时将 IP 包作为帧发送,接收时把收到的位组装成帧。同时提供链路管理、错误检测等

TCP/IP 协议族中的 TCP 和 IP 只是其中的两种协议,其中 TCP 和 UDP 是两种最为著名的传输层协议,IP 是网络层协议。IP 和 TCP 这两个协议的功能不尽相同,它们是在同一时期作为一个协议设计的,并且在功能上也是互补的,虽然它们可以分开单独使用,但是只有两者的结合才能保证 Internet 在复杂的环境下正常运行。要连接到 Internet 的计算机,都必须同时安装和使用这两个协议,因此在实际中常把这两个协议统称作 TCP/IP 协议。

2.3.1　IP 协议

IP(Internet Protocol)是为计算机网络相互连接进行通信而设计的协议。在因特网中,它是能使连接到网上的所有计算机实现相互通信的一套规则,规定了计算机在因特网上进行通信时应当遵守的约定。

TCP/IP 协议定义了一个在因特网上传输的包,称为 IP 数据包。IP 数据包由头部和数据部分构成。头部有 20B 的固定长度和一个可选项部分,可选项长度不定,最长为 40B,如图 2-2 所示。IP 数据包的 IP 报头包含了 IP 层软件及实现 IP 层功能所需要的一系列信息。

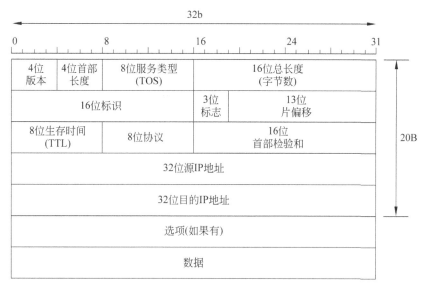

图 2-2 IP 数据包格式

IP 报文首部各字段意义如下。

版本字段：记录数据包属于哪个版本的协议以便在不同版本间传输数据。

头部字段：指明头部长度,最小为 20B,最长为 60B($15 \times 32b$)。

服务类型字段：指明主机要求子网提供的服务。该字段包括 3 位优先级；3 位标志位 D、T、R(Delay、Throughput、Reliability),分别表示延迟、吞吐量、可靠性；最后 2 位未用。

总长度字段：指明头部和数据的实际长度,最长为 65 535B。

标识符字段：用于让目的主机判别新来的分段属于哪个分组。

标志字段：共 3 位。第 1 位未用；第 2 位代表不能分段,称为 DF(Don't Fragment)位,因为目的端不会重组分段；第 3 位代表还有分段,称为 MF(More Fragments)位。除了最后一个分段外,其余分段都应设置。

分段偏移字段：指明分段在当前数据报的位置。由于基本分段单位为 8B,每个数据报最长为分段偏移值乘以 8,即 $2^{13} \times 8 = 8192 \times 8B = 65\ 536B$,比"总长度"字段提供的最大值还长。

生存时间字段：是一个限制分组生命时间的计数器,最长为 $2^8 - 1 = 255$,当计数值为 0 时,分组被丢弃并向主机报警。

协议类型字段：指明将分组传给哪个进程,是 TCP 还是 UDP 或其他类型,协议编号在 RFC1700 文本中有定义,属全球通用。

头部校验和字段：仅用于校验头部数据是否正确,当校验值为 0 时,表明数据正确。

选项和填充字段：它允许后续版本的协议加入新的内容。目前有以下 5 个可选项。

(1)"安全性(Security)"选项说明信息的机密程度。理论上,军用路由器可以用该字段指示不要经过某些"危险"国家;实际上,所有路由器都忽略该字段。

(2) "严格的源路由选择(Strict Source Routing)"选项以一系列的 IP 地址方式,给出从源到目的地的完整路径。数据报必须严格地从这条路径传送。当路由选择表崩溃时,该字段为管理员提供发送紧急分组或时间测量。

(3) "宽松的源路由选择(Loose Source Routing)"选项要求数据包以指定的次序遍历所列的路由器,但也可以穿越其他路由器。该选项方便确定特殊的路径。

(4) "记录路由(Record Route)"选项让沿途的路由器都将 IP 地址加到可选字段之后,以便跟踪路由选择算法的错误。

(5) "时间戳(Time Stamp)"选项使每台路由器都附上它的 IP 地址和时间标记,以便更好地为路由选择算法查错。

2.3.2 TCP 协议

TCP 提供一种面向连接的、全双工的、可靠的字节流服务。在一个 TCP 连接中,仅有两方进行彼此通信。广播和多播不能用于 TCP。

TCP 的接收端必须丢弃重复的数据。采用自适应的超时及重传策略,可以对收到的数据进行重新排序,将收到的数据以正确的顺序交给应用层。TCP 通过下列方式提供可靠性:应用数据被分割成 TCP 认为最适合发送的数据块,称为报文段(或段)。TCP 报文的传输过程如图 2-3 所示。

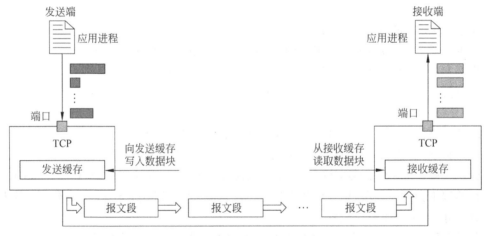

图 2-3 TCP 报文的传输过程

1. TCP 协议报文格式

TCP 协议报文格式如图 2-4 所示。

TCP 数据段以固定格式的 20B 首部开始,在首部的后面是一些选项和其填充字节(以满足 32B 要求)。在选项后面才是数据,其最长为 65535－20(IP 首部)－20(TCP 首部)＝65495B。不带数据的头部常用于确认报文和控制报文。

TCP 报文首部各字段意义如下。

源端口和目的端口字段:各占 2B。端口是传输层与应用层的服务接口,每台主机可自行决定分配自己的端口(从 256 号起)。传输层的复用和分用功能都要通过端口才能实现。

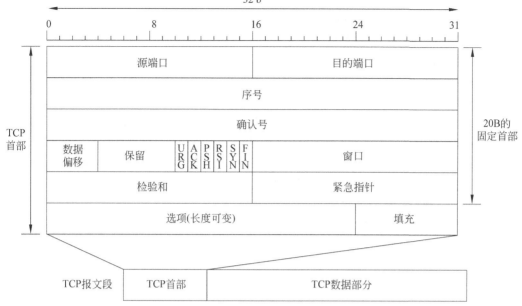

图 2-4 TCP 协议报文格式

序号字段：占 4B。TCP 连接中传送的数据流中的每个字节都编有一个序号。序号字段的值指本报文段所发送的数据的第一个字节的序号。

确认号字段：占 4B，是期望收到对方的下一个报文段的数据的第一个字节的序号。

数据偏移：占 4 位，它指出 TCP 报文段的数据起始处距离 TCP 报文段的起始处的距离。数据偏移的单位不是字节而是双字(4B)。

保留字段：占 6 位，保留为今后使用，但目前应置为 0。

紧急位 URG：当 URG＝1 时，表明紧急指针字段有效。它告诉系统此报文段中有紧急数据，应尽快传送(相当于高优先级的数据)。

确认位 ACK：只有当 ACK＝1 时确认号字段才有效。当 ACK＝0 时，表示确认号被省略，数据段不包含确认信息。

标志 PSH：表示带有 PSH 标志的数据可立即送往应用程序，而不必等到缓冲区装满时才传送。

复位位 RST(Reset)：当 RST＝1 时，表明 TCP 连接中出现严重差错(如主机崩溃或其他原因)，必须释放连接，然后再重新建立传输连接。

同步位 SYN：同步位 SYN 置为 1，就表示这是一个连接请求或连接接收报文。在连接请求时，SYN＝1，ACK＝0；在连接响应时，SYN＝1，ACK＝1。

终止位 FIN(Final)：用于释放一个连接。当 FIN＝1 时，表明此报文段的发送端的数据已发送完毕，并要求释放传输连接。当断开连接后，进程还可以继续接收数据，保证连接建立和断开的数据段可按正确顺序处理。

窗口字段：占 2B。窗口字段用于控制对方发送的数据量，单位为字节。TCP 连接的一端根据设置的缓存空间大小确定自己的接收窗口大小，然后通知对方以确定对方的发送窗口的上限。当字段值为 0 时，表示它已收到所有发送的数据段，但当前接收方急需暂停，希望此刻不要再发送。

检验和：占 2B。检验和字段检验的范围包括首部和数据两部分。"校验和"是为确保高可靠性而设置的，在计算检验和时，要在 TCP 报文段的前面加上 12B 的伪首部。当接收方对整个数据段（包括"校验和"字段）进行运算时，其结果应为 0。伪首部包含源和目的主机的 IP 地址、TCP 协议编号和 TCP 数据段（包含 TCP 头）的字节数。在校验和计算中包括伪首部，有助于检测传送的分组是否正确。

紧急指针字段：占 16 位。紧急指针指出在本报文段中的紧急数据的最后一个字节的序号。URG 提醒接收方在 TCP 数据流中有一些紧急数据，而紧急指针指出它的具体位置。

选项字段：长度可变。该字段用于当发送方与接收方协商最大报文长度 MSS (Maximum Segment Size) 或在高速网络环境下作为窗口调节因子时使用。

填充字段：使整个首部的长度是 4B 的整数倍。

2. TCP 的传输连接管理

TCP 是面向连接的协议，提供透明、可靠的数据流传输。传输连接有三个阶段，即连接建立、数据传送和连接释放。传输连接的管理就是使传输连接的建立和释放都能正常地进行。

在 TCP 的连接建立过程中要解决三个问题：首先要使每一方能够确知对方的存在；其次要允许双方协商一些参数（如最大报文段长度、最大窗口大小、服务质量等）；最后能够对传输实体资源（如缓存大小、连接表中的项目等）进行分配。

3. 客户/服务器方式

TCP 的连接和建立都是采用客户/服务器方式。主动发起连接建立的应用进程称为客户（Client），被动等待连接建立的应用进程称为服务器（Server）。用三次握手建立 TCP 连接，如图 2-5 所示。

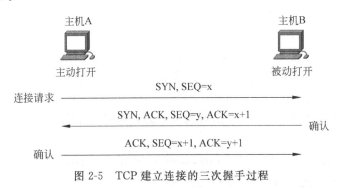

图 2-5 TCP 建立连接的三次握手过程

(1) TCP 连接建立。

主机 A 的 TCP 向主机 B 发出连接请求报文段，其首部中置同步位 SYN＝1，并选择序号 x，表明传送数据时的第一个数据字节的序号是 x。

主机 B 的 TCP 收到连接请求报文段后，如同意则发回确认。主机 B 在确认报文段中应置 SYN＝1，其确认号应为 $x+1$，同时也为自己选择序号 y。

主机 A 收到此报文段后，向主机 B 给出确认，其确认号应为 $y+1$。

主机 A 的 TCP 通知上层应用进程，连接已经建立。

当运行服务器进程的主机 B 的 TCP 收到主机 A 的确认后，也通知其上层应用进程，连接已经建立。

TCP 的连接建立过程被形象地称为"三次握手"过程。

（2）TCP 连接释放。

在数据传输结束后，通信的双方都可以发出释放连接的请求。TCP 连接的释放是向两个方向分别释放连接，每个方向上连接的释放，只终止本方向的数据传输。

当一个方向的连接释放后，TCP 的连接就称为"半连接"。当两个方向的连接都已释放，TCP 连接才完全释放。

（3）TCP 连接释放的过程如图 2-6 所示。

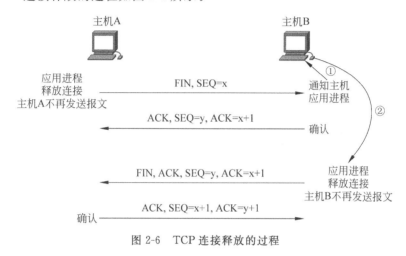

图 2-6　TCP 连接释放的过程

（4）TCP 正常的连接建立和关闭如图 2-7 所示。

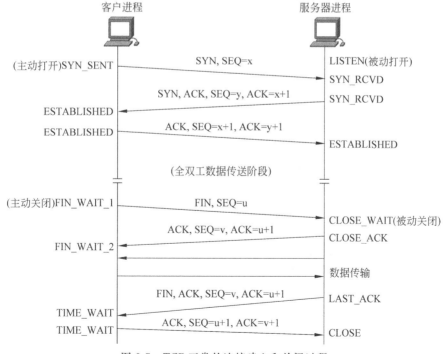

图 2-7　TCP 正常的连接建立和关闭过程

TCP 的连接释放过程被形象地称为"四次挥手"过程。

实验 2-2　TCP/IP 协议分析

【实验目的】

(1) 掌握 TCP/IP 协议分析的方法及其相关工具的使用。

(2) 熟练掌握 TCP/IP 体系结构。

(3) 学会使用网络分析工具。

(4) 网络层与传输层相关协议分析。

【实验内容】

(1) 要求掌握网络抓包软件 Wireshark 的内容包括：

① 捕获网络流量进行详细分析。

② 利用专家分析系统诊断问题。

③ 实时监控网络活动。

④ 收集网络利用率和错误等信息。

(2) 协议分析 1：IP 协议，内容包括 IP 头的结构、IP 数据报的数据结构分析。

(3) 协议分析 2：TCP/UDP 协议，内容包括 TCP 协议的工作原理、TCP/UDP 数据结构分析。

【实验步骤】

步骤 1：启动 Wireshark，准备进行抓包。

步骤 2：分析 IP 协议。

(1) 捕获一段 IP 数据包，分析报头的结构。

抓包前定义过滤器只允许 ICMP、DNS(TCP、UDP)；在命令提示符窗口中执行 ping www.baidu.com 命令，并捕获数据包（截图由读者自行完成，Wireshark 操作过程可参考本书第 1 章相关内容）。

显然，截图可见 ICMP 的请求(Echo)和回应(Echo reply)。为了分析 Echo 的数据包，将 IP 协议展开，IP 数据报的数据结构就一目了然了，各字段的值如下（读者分析后填入）。

版本：_____，表示当前网络 IP 协议的版本。

首部长度：_____，表示 IP 报头长度。

区分服务：_____，表示当前 IP 数据包中是否使用服务类型字段。

总长度：_____，表示该数据报总长。

标识：表示该数据报的标识为_____。

标志：_____，表示该数据报能被分段，且为最后一个数据报片。

片偏移：该分段偏移量为_____。

生存时间：表示该数据报最多可以经过_____个路由。

协议：_____，代表 ICMP 协议。

检验和：该数据报校验和为_____，表示该数据报是完整的。

源 IP 地址：_____（本机 IP 地址）。

目的 IP 地址：_____（百度的一个 IP 地址）。

选项：该数据报没有选项字段。

(2) 在命令窗口中按如下格式 ping 本地一个 IP 地址(如网关,假设是 a.b.c.d)。

ping -l 4500 -n 2 a.b.c.d

然后捕获此数据包,并回答:
① 以太网的 MTU 是多少?
② 分析捕获的报文,找出属于同一 ICMP 请求报文的分片,发起端发送的 ICMP 请求报文分成了几个分片?
③ 若要让 ping 发起端发送的数据分为 3 个分片,则 ping 命令中的报文长度应为多大?
步骤 3:分析 TCP/UDP 协议。

(1) TCP 协议分析。

TCP 连接建立:TCP 的连接建立过程又称为 TCP 三次握手。首先发送方主机向接收方主机发起一个建立连接的同步(SYN)请求;接收方主机在收到这个请求后向发送方主机回复一个同步/确认(SYN/ACK)应答;发送方主机收到此包后再向接收方主机发送一个确认(ACK),此时 TCP 连接成功建立。

TCP 数据传送:TCP 是一种可靠传输的协议,它在传输的过程中使用序列号和确认号跟踪数据的接收情况。在传输过程中,如果在重传超时内没有收到接收方主机对某数据包的确认回复,发送方主机就认为此数据包丢失,并再次发送这个数据包给接收方,这称为 TCP 重传。TCP 并不总是在接收到数据后立即对其进行确认,它允许主机在接收数据的同时发送自己的确认信息给对方。TCP 的可靠传输还在于它提供校验和计算实现数据在传输过程中的完整性。

TCP 连接释放:发送方主机和目的主机建立 TCP 连接并完成数据传送后,会发送一个将结束标记置 1 的数据包,然后经过四次握手释放本次连接。

TCP 数据结构分析:启动 Wireshark 抓包,打开浏览器登录 www.baidu.com,页面完全显示后关闭浏览器。这样就完成了 TCP 建立 HTTP 连接的建立和关闭过程(读者自行截图)。

截图可以清晰地看到 SYN、SYN_ACK、ACK 三次握手的过程。下面对 TCP 数据结构进行分析,请将分析数据填入。

源端口:_____。
目的端口:80(属于_____服务)。
序列号:TCP 数据包序列号为_____。
确认号:期望收到下个报文段的首字节序号为_____。
TCP 偏移量:TCP 数据报首部长_____字节。
标志:仅有 SYN=1,表示这是一个连接请求。
窗口:表示接收端能够接收的下一段的大小为_____。
校验和:_____,表示数据没有被修改和损坏,是完整的。
紧急指针:URG=0,这里无紧急指针。
选项:最大报文段 MSS 为 1460B,选择选项 SACK。

(2) UDP 协议分析。

UDP 是用户数据报协议提供无连接的数据报文传输,不能保证数据完整到达目的地。

UDP 数据传输不需要预先建立连接，传输过程中没有报文确认信息。因此 UDP 报文格式比 TCP 的报文格式简单得多。UDP 数据报也是由首部和数据两部分组成，其首部只有源端口、目的端口、消息长度和校验和四部分，各部分的意义和 TCP 首部对应字段的意义相同。

UDP 数据包具有较强的网络穿透能力，可以在网络环境相对复杂的场合中进行网络通信。著名的 QQ 聊天软件就使用了 UDP 协议，DNS 在进行域名解析时也使用了 UDP 协议。因此，只需发生一次域名解析，然后捕获发生的数据包，就可以进行 UDP 协议分析。最简单的方法是使用 ping 命令，直接将第一次 ping www.baidu.com 的抓包记录进行分析即可。分析后回答：

① UDP 报文首部有几个字段？画（写）出 UDP 报文的结构图。
② UDP 报文与 TCP 报文有何异同？

2.4 HTTP 协议

HTTP（超文本传输协议）是一个基于请求与响应模式的、无状态（指协议对于事务处理没有记忆能力）的应用层协议，常基于 TCP 的连接方式。HTTP 1.1 版本中给出一种持续连接的机制，绝大多数的 Web 应用都构建在 HTTP 协议之上。

在 HTTP 的请求和应答标准中，客户端是终端用户，服务器端是网站。通过使用 Web 浏览器或者其他的工具，客户端发起一个到服务器上指定端口（默认端口为 80）的 HTTP 请求，这个客户端称为用户代理（User Agent）。应答的服务器上存储着一些资源，比如 HTML 文件和图像，这个应答服务器称为源服务器（Origin Server）。在用户代理和源服务器中间可能存在多个中间层，比如代理、网关或者隧道（Tunnels）。尽管 TCP/IP 协议是互联网上最流行的应用，但是 HTTP 协议并没有规定必须使用它和它支持的层。事实上，HTTP 可以在任何其他互联网协议或其他网络上实现。HTTP 只假定其下层协议提供可靠的传输，任何能够提供这种保证的协议都可以被其使用。

通常情况下，由 HTTP 客户端发起一个请求，建立一个到服务器指定端口的 TCP 连接。HTTP 服务器则在该端口监听客户端发送过来的请求。一旦收到请求，服务器向客户端发回一个状态行和响应的消息，消息的消息体可能是请求的文件、错误消息或者其他一些信息。

HTTP 有两类报文：从客户到服务器的请求报文和从服务器到客户的响应报文，如图 2-8 所示。

HTTP 请求信息（Request Message）由三部分组成，分别是请求行、消息报头、请求正文。HTTP 协议定义了 8 种方法表示对指定数据的操作。发出的请求信息如表 2-2 所示。

表 2-2　HTTP 协议的 8 种方法

方法（大写）	说　　明
GET	请求获取 Request-URI 所标识的资源；它是目前网络中最常用的方法
POST	在 Request-URI 所标识的资源后附加新的数据；POST 请求可以导致新资源的产生和已有资源的更新

续表

方法（大写）	说　明
HEAD	请求获取由 Request-URI 所标识的资源的响应消息报头；要求响应与相应的 GET 请求的响应一样，但是没有响应体（Response Body）。这对获得响应头（Response Header）中的元数据信息（Meta-Infomation）有帮助，因为它不需要传输所有的内容
PUT	请求服务器存储一个资源，并用 Request-URI 作为其标识
DELETE	请求服务器删除 Request-URI 所标识的资源
TRACE	请求服务器回送收到的请求信息，主要用于测试或诊断；客户端可以通过此方法查看在请求过程中中间服务器添加或者改变了哪些内容
CONNECT	将请求的连接转换成透明的 TCP/IP 通道，通常用于简化通过非加密的 HTTP 代理的 SSL-加密通信（HTTPS）
OPTIONS	请求查询服务器的性能，或者查询与资源相关的选项和需求

图 2-8　HTTP 的请求报文和响应报文结构（SP：空格；crlf：回车换行）

Request-URI 是标识资源的信息；版本表示请求的 HTTP 协议版本。

在接收和解释请求消息后，服务器返回一个 HTTP 响应消息（Request Message）。HTTP 响应消息也由三部分组成，分别是状态行、消息报头、响应正文。

版本表示服务器 HTTP 协议的版本（一般为 HTTP/1.1）；状态码（Status-Code）表示服务器发回的响应状态代码，主要用于机器自动识别；短语（Reason-Phrase）表示状态代码的文本描述，主要用于帮助用户理解。

状态码由三位数字组成，第一位数字定义了响应的类别，有以下 5 种可能取值。

1xx：指示信息，表示请求已接收，继续处理。

2xx：成功，表示请求已被成功接收、理解、接受。

3xx：重定向，要完成请求必须进行更进一步的操作。

4xx：客户端错误，请求有语法错误或请求无法实现。

5xx：服务器端错误，服务器未能实现合法的请求。

常见状态码、状态描述和说明如表 2-3 所示。

表 2-3　常见状态码

代码	状态描述	说　明
200	OK	客户端请求成功
400	Bad Request	客户端请求有语法错误，不能被服务器所理解

续表

代码	状态描述	说明
401	Unauthorized	请求未经授权,此状态代码必须和 WWW-Authenticate 报头域一起使用
403	Forbidden	服务器收到请求,但是拒绝提供服务
404	Not Found	请求资源不存在,例如输入了错误的 URL
500	Internal Server Error	服务器发生不可预期的错误
503	Server Unavailable	服务器当前不能处理客户端的请求,一段时间后可能恢复正常

在图 2-8 所示的请求和响应报文格式中,每个字段之间有空格分隔,每行的行尾有回车换行符(CRLF,除了作为结尾的 CRLF 外,不允许出现单独的 CR 或 LF 字符)。

根据具体情况,消息报头的行数是可变的。请求首部有 Accept 字段,其值表示浏览器可以接收何种类型的媒体;Accept-language 的值表示浏览器使用的语言;User-agent 表明可用的浏览器类型。响应首部中有 Date、Server、Content-Type、Content-Length 等字段。在请求首部和响应首部中都有 Connection 字段,其值为 Keep-Alive 或 Close,表示服务器在传送完所请求的对象后是保持连接或关闭连接。

若请求报文中使用 GET 方法,首部行后面没有请求正文,当使用 POST 方法时,附加的信息被填写在实体主体部分。在响应报文中,响应正文部分为服务器发送给客户的对象。

在 HTTP 1.0 中,客户端发送一个请求至服务器,服务器发送一个应答至客户端,之后连接将被释放。HTTP 1.1 则支持持久连接,这使得客户端可以发送请求并且接收应答,然后迅速地发送另一个请求和接收另一个应答。因为多个额外的请求,TCP 连接并没有被释放,而每个请求中关于 TCP 的负载相对较少。同时,在得到上一个请求的应答之前发送多个请求(通常是两个)也成为可能。该技术被称为流水线技术。

实验 2-3 HTTP 协议分析实验

【实验目的】

(1) 掌握 HTTP 协议获取网页的流程。

(2) 了解 HTTP 请求报文和响应报文的格式,并进行报文分析。

(3) 了解 HTTP 1.0 和 HTTP 1.1 的区别。

【实验原理】

HTTP 协议定义了 Web 客户端(浏览器)如何向 Web 站点请求 Web 页面以及 Web 服务器如何将 Web 页面传送给客户机。具体而言,这是通过客户端发送 HTTP 请求报文和 HTTP 响应报文实现的。当用户请求一个页面时(在浏览器中输入网址或者单击网页某一个链接),浏览器会向 Web 服务器发出对该页及其引用的相关对象的 HTTP 请求报文,服务器响应这些请求报文,生成 HTTP 响应报文,并将请求的对象附在 HTTP 响应报文后发送给客户端。

由于网页文档的传输需要可靠性的保证,所以 HTTP 协议使用传输层的 TCP 协议作为载体。TCP 协议是一个面向连接的协议,提供可靠的数据传输,HTTP 协议在默认的情况下使用 TCP 的 80 端口。

HTTP 协议是无状态的协议,即当服务器收到某个客户端发送的 HTTP 请求报文时,并不清楚该客户端是否曾经发送过相同的 HTTP 请求报文,即 HTTP 协议本身不会维护客户端和服务器端的状态。

非持久连接方式与网页上的每个对象都需要建立一个 TCP 连接,效率不高,HTTP 1.0 只能使用非持久连接方式。持久连接方式使用一个 TCP 连接,其流水线作业方式比非流水线作业方式效率高。HTTP 1.1 既能使用非持久连接方式又能使用持久连接方式,默认方式下使用持久连接的流水线作业方式。持久连接的缺点是对服务器的性能要求比较高。因为服务器对于每个 TCP 的连接都需要花费较长的时间,而每个 TCP 连接都需要占用服务器响应的资源,非持久连接由于连接释放得快,资源的释放也相对快,并且连接客户的数量对于持久连接而言相对要少一些。

HTTP 报文包括 HTTP 请求报文和 HTTP 响应报文。这两种报文在实际的传输中都是以 ASCII 码方式编码的。HTTP 报文格式反映了 HTTP 协议的核心内容,包括客户端如何向服务器端请求对象,通信双方需要协商哪些内容等。

【实验内容】

步骤 1:打开 Wireshark,选择监听网卡,设置过滤规则(只捕获 HTTP 的报文),开始侦听。

步骤 2:打开浏览器,输入网址(例如 www.baidu.com),捕获数据。

步骤 3:分析捕获的数据包,回答以下问题。

(1) 在捕获的报文中,共有几种 HTTP 报文?客户机与服务器之间共建立了几个连接?服务器和客户机分别使用了哪几个端口?

(2) 在捕获的 HTTP 报文中,选择一个 HTTP 请求报文和对应的 HTTP 应答报文,按图 2-8 所示分析它们的字段,并将分析结果填入表 2-4 和表 2-5 中。

表 2-4 HTTP 请求报文

方　　法		版本		URL	
首部字段名	字段值	字段所表达的信息			

表 2-5 HTTP 应答报文

版　　本		状态码		短语	
首部字段名	字段值	字段所表达的信息			

(3) 综合分析捕获的报文,理解 HTTP 协议的工作过程,将结果填入表 2-6 中。

表 2-6 HTTP 协议工作过程

客户机端口号	服务器端口号	所包括的报文号	工作过程

(4) 在第 1 个和第 3 个 HTTP 会话中,Web 服务器对 Web 客户端 GET 请求的响应是什么?

【实验思考】

(1) 实验中哪台计算机启动了 HTTP 会话?是如何启动的?

(2) 哪台计算机首先发出了结束 HTTP 会话的信号?是如何发出的?

(3) GET 方法取回由 Request-URI 标识的信息,POST 方法可以用于提交表单。请寻找一个有表单提交特征的网页,访问该网页,捕获数据包并分析请求方法中的 GET 和 POST 方法。

2.5 FTP 协议

FTP(File Transfer Protocol)是 TCP/IP 协议组中的应用层协议之一,是 Internet 文件传送的基础。该协议旨在提高文件的共享性,透明、可靠和高效地传送远程用户数据。实际上,FTP 就是完成两台计算机之间的文件复制。从远程计算机复制文件到本地计算机上称为"下载(Download)"文件;若将文件从本地计算机中复制到远程计算机上,则称为"上传(Upload)"文件。在 TCP/IP 协议中,FTP 标准命令 TCP 端口号为 21,Port 方式数据端口为 20。控制连接在整个会话期间一直保持连接状态;数据连接则是临时建立的,在文件传送结束后即被关闭。

2.5.1 FTP 客户/服务器

FTP 是一个客户/服务器系统。客户端和服务器是通过两个连接进行通信的,如图 2-9 所示。

其一是控制连接,即传输控制命令,客户端发出 FTP 命令,服务器给出应答。在这个连接中,FTP 服务器使用的端口号是 21,连接由客户端发起。用户通过用户接口进行 FTP 操作,一般的用户接口是指 FTP 客户端(如 CuteFTP)或者命令行程序(如 ftp.exe)。在用户接口使用的是 ftp 命令,如 ls、get、cd 等,这些 ftp 命令并不是真正与 FTP 服务器交互的命令,它们还需要由用户协议解释器翻译成真正的 FTP 协议命令,才能与服务器进行交互。

其二是数据连接,即真正的文件传输是在这个连接上进行的。服务器端的数据连接端口号是 20,客户端的数据连接端口是随机生成的。数据连接只在传输文件时存在,文件传送完后这个连接就断开了。如果需要再次传送文件,会再次建立一个新的数据连接。

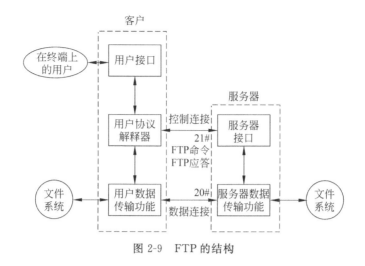

图 2-9 FTP 的结构

2.5.2 数据连接主动方式/被动方式

FTP 的数据连接支持两种模式：主动模式和被动模式，两者的区别在于数据连接是由谁发起的。

主动模式即 Port 方式，收到数据传送请求（下载或上传）后，服务器主动与客户端建立连接。为此服务器必须获得客户端的端口号。在此模式下，客户端利用控制连接，将端口号通告给服务器。客户端发送的命令是 PORT n1,n2,n3,n4,n5,n6。其中前四位表示客户端的 IP 地址(n1.n2.n3.n4)，后两位确定端口号为 n5×256+n6。传送数据时，服务器端通过自己的 TCP 20 端口连接至客户端的指定端口发送数据。

被动模式即 Pasv 方式，FTP 的客户端发送 Pasv 命令到 FTP 服务器。FTP 服务器收到 Pasv 命令后，随机打开一个高端端口（端口号大于 1024。主要原因是 1024 以前的端口都已经预先被定义，由一些典型的服务使用或保留给以后会用到这些端口的资源服务），并且通知客户端在该端口上传送数据的请求。客户端连接 FTP 服务器端口，然后 FTP 服务器将通过该端口进行数据的传送，此时 FTP 服务器不再需要和客户端建立一个新的连接。

很多防火墙在设置时都不允许接受外部发起的连接，所以许多位于防火墙后或内网的 FTP 服务器不支持 Pasv 模式，因为客户端无法穿过防火墙打开 FTP 服务器的高端端口。而许多内网的客户端不能用 Port 模式登录 FTP 服务器，因为服务器的 TCP 20 端口无法和内部网络的客户端建立一个新的连接，造成无法工作。

2.5.3 用户名和口令的明文传输

FTP 的一个突出问题是它以明文方式发送用户名和口令，即不加密地发送。任何人只要在网络中合适的位置放置协议分析仪就可以捕获用户名和口令。FTP 发送的数据也是以明文方式传输，通过对 FTP 连接的监控和数据收集就可以收集和重现 FTP 的数据传输并实现协议连接回放。事实上很多用户把相同的用户名和口令用在不同的应用中，如果黑客收集到 FTP 口令，他们可能就得到了这些在线账号或者其他一些机密数据的口令。

2.5.4 FileZilla

FileZilla 是一个免费开源的 FTP 软件,分为客户端版本和服务器版本,具备所有的 FTP 软件功能。可控性强、有条理的界面和管理多站点的简化方式,使得 FileZilla 客户端版成为一个方便高效的 FTP 客户端工具,而 FileZilla Server 则是一款小巧并且可靠的支持 FTP&SFTP 的 FTP 服务器软件。

Windows 也有自带的 FTP 服务器,在默认安装操作系统时一般并未安装,可以通过安装 Windows 组件(IIS)的方法解决。

Windows 还有自带的 FTP 命令和 IE 浏览器作为 FTP 的客户端。后者在 IE 浏览器的地址栏中输入"ftp://FTP 服务器地址"访问,前者在命令窗口中通过 ftp 命令使用。

FTP 的命令格式:

```
ftp [-v] [-d] [-i] [-n] [-g] [-w:windowsize] [主机名/IP 地址]
```

其中参数:

-v:不显示远程服务器的所有响应信息。

-d:允许调试、显示客户机和服务器之间传递的全部 ftp 命令。

-i:在多个文件传输期间关闭交互提示。

-n:限制 ftp 的自动登录。

-g:不允许使用文件名通配符。

-w:windowsize 忽略默认的 4096 传输缓冲区。

使用 ftp 命令成功登录远程 FTP 服务器后即进入 FTP 子环境,在这个子环境下,用户可以使用 FTP 的内部命令完成相应的文件传输操作。

FTP 的内部命令可以在 ftp>提示符下输入问号"?"获得使用帮助。

实验 2-4 FTP 协议分析

【实验目的】

(1) 学会使用命令行窗口方式和 Web 方式在 FTP 客户端访问 FTP。

(2) 分析 FTP 协议的工作细节。

(3) 分析 FTP 数据连接和控制连接是否存在。

(4) 分析协议的安全性。

【实验原理】

FTP 是 TCP/IP 的一种具体应用,它工作在 OSI 模型的第七层、TCP 模型的第四层上,即应用层。它使用 TCP 传输而不是 UDP,这样 FTP 客户在和服务器建立连接前就要经过一个"三次握手"的过程,客户与服务器之间的连接是可靠的,而且是面向连接,为数据的传输提供了可靠的保证。

FTP 使用两个 TCP 连接完成文件传输,一个是控制连接使用端口号 21,负责文件传输所需的控制信息的传输;另一个是数据连接,数据连接有两种工作模式:主动模式(Port)和被动模式(Pasv)。FTP 在主动模式下使用 20 端口,在被动模式下使用临时端口(FTP 服务器端打开一个位于 1024 和 5000 之间的随机端口并且通知客户端在该端口上传送数据的请求,然后服务器端将通过该端口进行数据的传送),用于文件数据和目录数据的传输。

FTP 协议中,控制连接均由客户端发起。当用户启动与远程主机间的一个 FTP 会话时,FTP 客户首先发起建立一个与 FTP 服务器端口号 21 之间的控制 TCP 连接,然后经由该控制连接把用户名和口令发送给服务器。客户经由该控制连接把本地临时分配的数据端口告知服务器,以便服务器发起建立一个从服务器端口号 20 到客户指定端口之间的数据 TCP 连接。为便于绕过防火墙,较新的 FTP 版本允许将客户告知服务器改由客户发起建立到服务器端口号 20 的数据 TCP 连接。用户执行的一些命令也由客户经由控制连接发送给服务器,例如改变远程目录的命令。当用户每次请求传送文件时(不论哪个方向),FTP 将在服务器端口号 20 上打开一个数据 TCP 连接(其发起端既可能是服务器,也可能是客户)。在数据连接上传送完本次请求需传送的文件之后,有可能关闭数据连接,直到再有文件传送请求时重新打开。因此在 FTP 中,控制连接在整个用户会话期间一直打开,而数据连接则有可能为每次文件传送请求重新打开一次(即数据连接是非持久的)。

在整个会话期间,FTP 服务器必须维护关于用户的状态。具体而言,服务器必须把控制连接与特定的用户关联起来,必须随用户在远程目录树中的游动跟踪其当前目录。为每个活跃的用户会话保持这些状态信息,则极大地限制了 FTP 能够同时维护的会话数。无状态的 HTTP 却不必维护任何用户状态信息。

FTP 的控制连接由 FTP 控制命令完成工作,FTP 控制命令由 FTP 协议规定,以 ASCII 码方式传送。例如发送用户名的命令是 USER,发送密码的命令是 PASS。FTP 并不安全,因为密码是以明文的 ASCII 码传送的。

【实验步骤】

实验需要在不同的机器上进行(如果 FTP 服务器与客户端是同一台机器,可能会导致捕获不到 FTP 数据包,因为数据未经过网卡),实验室环境可参考如图 2-10 所示的拓扑结构。

图 2-10　FTP 实验拓扑

步骤 0:安装和配置 FTP 服务器,创建用户名和口令。在用户目录上事先放置一个文件。

步骤 1:在服务器与客户端上运行 Wireshark,设置好过滤规则,开始捕获报文。

步骤 2:在客户端的命令行窗口中登录 FTP 服务器,根据步骤 0 中的配置信息输入用户名和口令,参考命令如下:

```
C:\>ftp 192.168.1.10                    登录 ftp 服务器
Connected to 192.168.1.10.
  ⋮
User(none):user                         输入用户名(假设是 user)
331 User name okay, need password.
Password:****                           输入用户密码
```

```
230 User logged in, proceed.                    通过认证,登录成功
  ⋮
ftp>quit                                         退出 FTP
```

步骤 3：停止捕获报文,将捕获的报文保存,文件名为 FTP-DOS。

步骤 4：在服务器与客户端上重新开始捕获报文。

步骤 5：在客户端上打开浏览器窗口,地址栏输入 ftp://192.168.1.10。在未输入用户名和口令的情况下单击登录按钮,由于未启用匿名账户,不能正常登录并有提示。

如果在登录对话框中输入合法的用户名和密码,即可登录 FTP 服务器。

步骤 6：在 FTP 服务器下载一个文件,停止捕获报文。将捕获的报文保存,文件名为 FTP-WEB。分析两次捕获的报文,回答如下问题。

(1) 对 FTP-DOS 报文进行分析,找到 TCP 三次握手后的第一个 FTP 报文,分析并填写表 2-7。

表 2-7　FTP 报文格式分析

源 IP 地址		源端口	
目的 IP 地址		目的端口	
FTP 字段	字段值	字段所表达的信息	
Response Code			
Response Arg			

(2) 在 FTP-DOS 中找出 FTP 指令传送和响应的报文,分析并填写表 2-8。

表 2-8　FTP 指令和响应过程分析

过　　程	指令/响应	报文号	报文信息
User	Request		
	Response		
Password	Request		
	Response		
Quit	Request		
	Response		

(3) 对 FTP-WEB 捕获的报文进行综合分析,观察 FTP 协议的工作过程。特别观察两种连接的建立过程和释放过程,以及这两种连接建立和释放的先后顺序,将结果填入表 2-9。

表 2-9　FTP 传送过程中的报文

报文类型	所包括的报文序号	客户端口	服务器端口
控制连接的建立			
数据连接的建立			

续表

报文类型	所包括的报文序号	客户端口	服务器端口
FTP 数据传送			
FTP 指令传送和响应			
数据连接的释放			
控制连接的释放			

（4）从协议层面分析 FTP-DOS 与 FTP-WEB 的异同。

（5）在步骤 5 中，FTP 中的匿名账户是什么？

步骤 7：结合上述内容分析 TCP 建立连接的过程和终止连接的过程。

（1）叙述 TCP 连接建立的三次握手的过程、四次挥手终止连接的过程。

（2）从捕获的数据包分析三次握手的过程、四次挥手终止连接的过程。

【实验思考】

（1）分析 FTP 使用的两个 TCP 连接，具体指出哪些情况下使用数据连接，哪些情况下使用控制连接。

（2）比较 FTP 协议和 HTTP 协议。

（3）讨论 FTP 协议的安全问题。

（4）启用 FileZilla 创建的 FTP Server 的口令安全，通过捕获数据包分析它能否保证用户名和口令的安全。

（5）同一台主机，既作为 FTP 服务器，又充当客户端（非虚拟机形式），如何捕获 FTP 数据包？

2.6　Telnet 协议

Telnet 协议是 TCP/IP 协议族中的一员，是 Internet 远程登录服务的标准协议。应用 Telnet 协议能够把本地用户所使用的计算机变成远程主机系统的一个终端。

2.6.1　Telnet 的基本服务

（1）Telnet 定义一个网络虚拟终端为远端系统提供一个标准端口。客户机程序不必详细了解远端系统，只需构造使用标准端口的程序。

（2）Telnet 包括一个允许客户机和服务器协商选项的机制，而且它还提供一组标准选项。

（3）Telnet 对称处理连接的两端，即 Telnet 不强迫客户机从键盘输入，也不强迫客户机在屏幕上显示输出。

为了适应异构环境，Telnet 协议定义了数据和命令在 Internet 上的传输方式，此定义被称作网络虚拟终端 NVT(Net Virtual Terminal)。它的应用过程如下。

对于发送的数据：客户机软件把来自用户终端的按键和命令序列转换为 NVT 格式并发送到服务器，服务器软件将收到的数据和命令从 NVT 格式转换为远程系统需要的格式。

对于返回的数据：远程服务器将数据从远程机器的格式转换为 NVT 格式，而本地客户机将接收到的 NVT 格式数据再转换为本地的格式,该过程如图 2-11 所示。

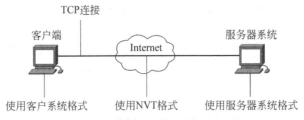

图 2-11　Telnet 使用网络虚拟终端 NVT 格式

2.6.2　选项协商

由于 Telnet 两端的机器和操作系统的异构性,Telnet 采用选项协商机制解决这一问题。

选项协商可分为两种类型:单命令选项协商和子协商。单命令选项协商即在单一命令中完成的协商,这种协商类型可以看成启动和废止一个标志的请求。子协商一旦达成某种协议,就需要在协商进程之间传送附加信息。

(1) 单命令选项协商格式:基本选项协商的格式长度为 3B。第一个字节是传统的命令解释命令 IAC(255)字段,该字段的功能是通知远端进程在数据流中有一个 Telnet 命令;第二个字节规定了请求代码字段,标识请求的类型;第三个字节是选项代码字段,标识协商的特定选项。表 2-10 列出了 Telnet 的四种请求,常见的 Telnet 协商选项见表 2-11。

表 2-10　Telnet 请求类型

请求类型	请求代码	表示的意义
Will	251	发送方希望开始执行指定选项
Won't	252	发送方不会(不能)执行指定选项
Do	253	发送方希望接收方执行指定选项
Don't	254	发送方不想让接收方执行指定选项

表 2-11　常见的 Telnet 选项

选项(命令)名称	选项代码	描　　述
Transmit Binary	0	二进制传输选项
Echo	1	回送选项:协商终端是否将接收的内容返回给发送者
Suppress Go Aheads	3	抑制前进选项
Status	5	Telnet 的状态选项
Timing Mark	6	定时标记选项
Terminal Type	24	终端类型选项
Negotiate About Window Size	31	窗口尺寸选项
Extended Options List	255	扩展选项列表选项

(2) 子协商选项格式：子协商选项可以利用 SB(250)和 SE(240)命令字节传送，其格式如图 2-12 所示。在子协商头部有一个 1B 的命令解释命令 IAC，SB 命令放在要传送的数据开头，表示子协商选项开始；SE 命令放在末尾表示子协商选项结束。数据是特定子协商的协议选项和数据值，它可以是任意长度和任何格式。

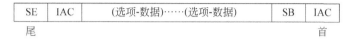

图 2-12　Telnet 子协商选项格式

客户机和服务器使用标准的 WILL/DO/DON'T/WON'T 机制进行各种选项的协商，如果客户机和服务器对某个选项达成某种协议，客户机会使用一个子协商将该选项的有关内容发回服务器。例如，客户机和服务器使用 WILL(或 DO 或 DON'T 或 WON'T)进行窗口尺寸的协商，如果客户机和服务器都同意，客户机就可以发送一个子协商用传递窗口的尺寸(窗口的宽度和高度)。如果以后客户机的窗口尺寸改变了(例如窗口尺寸被用户改变)，客户机可能再次发送这个子协商。

选项协商是对称的，即任何一端都可以发出协商申请，而任何一端都可以接受或拒绝这个申请。另外，如果一端试图协商另一端不了解的选项，接受请求的一端可简单地拒绝协商。因此，有可能将更新、更复杂的 Telnet 客户机服务器版本与较老、不太复杂的版本进行交互操作。如果客户机和服务器都理解新的选项，可能会对交互有所改善，否则它们将一起转到效率较低但可工作的方式下运行。所有的设计都是为了增强适应异构性，可见 Telnet 的适应异构性对其应用和发展是很重要的。

2.6.3　Telnet 客户机和服务器

Windows 自带了 Telnet 客户机和服务器程序，分别是 Telnet.exe(客户机程序)和 tlntsvr.exe(服务器程序)。对于 Windows 7，必须在"控制面板"→"程序"→"安装或关闭 Windows 功能"中将 Telnet 安装，并在"服务"中启动 TELNET 服务器程序。

常用的 Telnet 客户端命令有以下几种(在命令提示符窗口中输入 telnet)。

open：使用"open 主机名/IP 地址"可以建立到主机的 Telnet 连接。

close：关闭现有的 Telnet 连接。

display：显示操作参数。

quit：退出 Telnet 客户程序。

连接时会要求输入用户名和口令，用户必须是超级用户(或超级用户组成员)。一旦连接到 Telnet 服务器上，用户就可以使用任何远程计算机上基于字符的应用程序，查看 Telnet 服务器的信息，实际上是基于字符窗口的远程桌面。

实验 2-5　Telnet 协议分析

【实验目的】

(1) 理解 Telnet 协议的工作原理。

(2) 了解 Telnet 协议的命令。

(3) 理解应用层协议与传输层协议的关系。

【实验拓扑】

实验需要在不同的机器上进行,实验室环境可参考如图 2-13 所示的拓扑结构。

图 2-13　Telnet 拓扑结构

【实验步骤】

步骤 0:在服务器端,使用超级用户 administrator,设置其密码。

步骤 1:在服务器与客户端上运行 Wireshark,设置好过滤规则,开始捕获报文。

步骤 2:在客户端的命令行窗口中登录 Telnet 服务器,根据步骤 0 中的配置信息输入用户名和口令,参考命令如下:

```
C:\>Telnet 192.168.1.20                           !登录 Telnet 服务器
Telnet server could not log you in using NTLM authentication.
Your password may have expired.
Login using username and password

Welcome to Microsoft Telnet Service

login: administrator
password:******
 *===============================================================
Welcome to Microsoft Telnet Server.
 *===============================================================
C:\Documents and Settings\Administrator>          !进入 Telnet 服务器
...
C:\Documents and Settings\Administrator>exit   !退出 Telnet 服务器
```

步骤 3:停止捕获报文,将捕获的报文保存,文件名为 Telnet-DOS。

步骤 4:在服务器与客户端上重新开始捕获报文。

步骤 5:在客户端上打开浏览器窗口,在地址栏中输入 telnet://192.168.1.20;输入用户名 administrator 和密码,登录 Telnet 服务器。

步骤 6:停止捕获报文。将捕获的报文保存,文件名为 Telnet-WEB。

分析 Telnet-DOS 捕获的报文,回答如下问题:

(1) TCP 连接建立后的第一个 Telnet 协议数据报的功能是进行选项协商吗?在这个数据报中对哪些选项进行了协商?列出它们的选项名和选项代码。

(2) 分析上述报文,写出所有选项的格式并指出格式中每一部分的意义,填入表 2-12。

表 2-12　Telnet 报文分析

请求类型	请求类型代码	选项(命令)名称	选项代码	意　义

(3) 在 TCP 连接时，Telnet 使用的端口号是多少？

(4) 从 TCP 连接建立后开始分析捕获的报文，填写表 2-13，Telnet 数据传输只填写客户端输入命令的传输报文。

表 2-13 Telnet 协议工作过程

过程	报文号	功能（选项协商/数据传输）	信息及参数	报文作用
Telnet 选项协商				
Telnet 数据传输				

(5) 类似 Telnet-DOS 的分析，分析 Telnet-WEB 报文，指出这两种方式有什么区别。

(6) 在 Windows 中，还常用"远程桌面连接"功能。利用"远程桌面"，通过网络对计算机进行远程控制，即使主机处在无人状态，"远程桌面"仍然可以顺利进行。远程的用户可以通过这种方式使用计算机中的数据、应用程序等资源。

对于被远程控制的主机的设置，只需通过右键单击"我的电脑"图标，从弹出的快捷菜单中选择"属性"选项命令。在出现的"系统属性"对话框的"远程"选项卡中选中"允许用户远程连接到这台计算机"复项框。

连接方只需利用在"附件"、"通信"中的"远程桌面连接"，输入被连接方的 IP 地址、用户名、口令，即可进入对方的桌面。另一个快捷的方法是在命令提示窗口输入命令：mstsc /v：a.b.c.d，同样能启动远程桌面连接。其中，a.b.c.d 是远程机器的 IP 地址，参数 v 用于指定要连接的远程 IP。

请进行"远程桌面连接"的实验，并捕获实验的数据包，通过对数据包的分析，指出这种方式与 Telnet 连接有什么异同。

(7) Telnet 的口令是否为明文传输？

2.7 DNS 协 议

DNS(Domain Name System，域名系统)用于命名组织到域层次结构中的计算机和网络服务。

DNS 协议分成包头和数据两部分。如图 2-14 所示，该报文由 12B 的首部和 4 个长度可变的字段组成。

各个字段意义如下。

标识字段：由客户程序设置并有服务器返回结果，16 位，在对应的 query 和 response

图 2-14 DNS 报文结构

报文中有着相同的 ID,可以在捕获到的包中配对请求和应答报文,提取相关信息,同时也可以根据它们的时间戳大致估计 DNS 的响应时间。

标志字段:16 位,结构如图 2-15 所示。

| QR | OpCode | AA | TC | RD | RA | 保留 | 未知1 | 未知2 | RCode |

图 2-15 标志字段结构

标志字段各字段解释如下。

QR(查询/响应):占 1B,定义报文类型。若为 0 则表示是查询报文,否则就是响应报文。

OpCode:占 4B,定义查询或响应的类型。若为 0 则表示是标准的,若为 1 则表示是反向的,若为 2 则表示是服务器状态请求。

AA(授权回答):占 1B,当它置位时(即值为 1),表示名字服务器是权限服务器,它只用在响应报文中。

TC(截断的):占 1B,当它置位时,表示响应已超过 512B 并已截断。

RD(要求递归):占 1B,当它置位时,表示客户希望得到递归回答。它在查询报文中置位,在响应报文中重复置位。

RA(递归可用):占 1B,当它在响应报文中置位时,表示可得到递归响应,它只能在响应报文中置位。

保留:占 1B,置为 0。

未知 1 与未知 2 均为新增字段,各占 1B。

RCode:占 4B,表示在响应中的差错状态,只有权限服务器才能做出这个判断。表 2-14 是该字段的一些可能值。

表 2-14　RCode 的一些可能值

值	意　　义	值	意　　义
0	无差错	4	查询类型不支持
1	格式差错	5	在管理上被禁止
2	问题在域名服务器上	6～15	保留
3	域参照问题		

问题数字段：问题部分报文格式如图 2-16 所示。

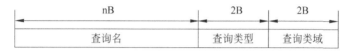

图 2-16　问题部分报文格式

查询名：要查找的名字，它由一个或者多个标示符序列组成。每个标示符以首字节数的计数值说明该标示符长度，每个名字以 0 结束。计数字节数必须在 0～63 之间。该字段无须填充字节。

查询类型：每个问题有一个查询类型，通常查询类型为 A（由名字获得 IP 地址）或者 PTR（获得 IP 地址对应的域名）。具体类型如表 2-15 所示。

表 2-15　查询类型

类　型	助记符	说　　明
1	A	IPv4 地址
2	NS	名字服务器
5	CNAME	规范名称。定义主机的正式名字的别名
6	SOA	开始授权。标记一个区的开始
11	WKS	熟知服务。定义主机提供的网络服务
12	PTR	指针。把 IP 地址转化为域名
13	HINFO	主机信息。给出主机使用的硬件和操作系统的表述
15	MX	邮件交换。把邮件改变路由送到邮件服务器
28	AAAA	IPv6 地址
252	AXFR	传送整个区的请求
255	ANY	对所有记录的请求

类域（class）：置为 0x0001 即可。

资源记录部分：是 DNS 协议的最后 3 个字段，回答字段、授权字段和附加信息字段均采用资源记录 RR（Resource Record）的相同格式。报文格式如图 2-17 所示。

各字段解释如下。

域名：记录中资源数据对应的名字，它的格式和查询名字段格式相同。

类型：说明 RR 的类型码，通常为 1,指 Internet 数据。

类域(class)：与问题记录的查询类型字段相同。

生存时间：客户程序保留该资源记录的秒数。

数据长度：说明资源数据的数量。该数据的

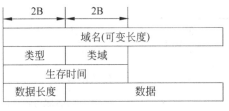

图 2-17　资源部分格式

格式依赖于类型字段的值。对于类型 1(A 记录)资源数据而言是 4B 的 IP 地址。

实验 2-6　DNS 协议分析

【实验目的】

(1) 学会在客户端使用 nslookup 命令进行域名解析。

(2) 通过协议分析软件掌握 DNS 协议的报文格式。

【实验原理】

DNS(Domain Name System,域名系统)是因特网的一项核心服务,它作为可以将域名和 IP 地址相互映射的一个分布式数据库,能够使用户更方便地访问互联网,而不用去记住能够被机器直接读取的 IP 地址。在因特网中向主机提供域名解析服务的机器即为 DNS 服务器。

DNS 基于 IP 协议中的 UDP 协议,端口号为 53。目前 DNS 分布式查询方式一般采用递归或递归迭代相结合的方法。当在浏览器的地址栏中输入某一网址时,浏览器首先会向默认的本地域名服务器发出 DNS 请求报文,DNS 请求报文中包括请求的域名和请求的类别。若本地域名服务器能够找到对应的 IP 地址,便返回一个 DNS 相应报文,其中包括域名以及一个或多个对应的 IP 地址。若本地域名服务器不能找到,则会向上级根域名服务器发出域名解析请求,根域名服务器会返回一个 IP 地址告诉本地域名服务器应该到哪里请求所需域名的解析,本地域名服务器根据得到的 IP 向对应的域名服务器发出请求,最终获得域名和对应的 IP。

DNS 的正向解析用于通过域名解析 IP 地址,反向解析用于通过 IP 地址获得域名。DNS 采用一个称为资源记录的数据结构描述某个域名和对应 IP。每个资源记录是一个五元组,包括域名(Domain name)、生存时间(TTL)、类别类型和值。

生存时间用于指示该记录的稳定程度,极为稳定的信息会被分配一个很大的值,而极不稳定的信息则会被分配一个较小的值。

类别字段对于 Internet 而言总是 IN,事实上用于其他非 Internet 的情况几乎没有。

类型字段指出了记录的类型,主要的类型包括 A,表示一台主机的 IP 地址;MX,邮件服务器;NS,名字服务器;Cname,别名等。完整的记录类型如表 2-16 所示。

表 2-16　DNS 记录类型

类型	意义	值
SOA	认证开始记录。提供了关于名字服务器区域(Zone)的主要信息资源的名字,定义了 DNS 区域的一般参数,包括哪个服务器是该区域的认证服务器	该区域的参数

续表

类型	意义	值
A	主机记录或地址记录,用于把一个主机名与该主机的 IP 地址静态地关联起来	32 位整数
NS	名字服务器记录,给出一个域的名称服务器,使得其他名称服务器可以查找这个域中的名称	本域的服务器名
CNAME	别名记录,其使得用户可以使用指向单个主机地址的多个名称	域名
MX	邮件交换记录,用于告诉用户哪个服务器可以接收传入这个域的邮件	优先权和接收电子邮件的域名
PTR	指针记录。其使得"反向解析"得以实现,即 DNS 服务器可以给出与一个特定 IP 地址关联的"完全限定域名"	IP 地址的域名
TXT	文本	未解释的 ASCII 文本

DNS 查询和响应报文的一般格式如图 2-14 所示。

nslookup 是一个监测网络中 DNS 服务器是否能正确实现域名解析的命令行工具。适用于 Linux/UNIX 和 Windows 平台,用于简单检测 DNS 服务器的工作是否正常,也是排除 DNS 服务器故障的一项重要手段。nslookup 指令适用于正向域名解析和反向域名解析。本实验通过 nslookup 检测服务器的配置,并利用协议分析软件 Wireshark 捕获分析 nslookup 命令产生的 DNS 数据包。

nslookup 查询命令格式为 nslookup 域名,主要产生两个操作,一是根据本地 DNS 服务器的 IP 地址获得本地 DNS 服务器的名字;二是根据输入查询的域名查找该域名的 IP 地址。

【实验内容】

在一台连接 Internet 的计算机上进行下列实验。

步骤 1:启动 Wireshark,选定侦听网卡,开始抓包。

步骤 2:切换到命令提示窗口,在命令提示符下输入 nslookup www.baidu.com,分析执行结果。

步骤 3:分析 Wireshark 捕获的数据,观察 nslookup 的通信过程,正常情况下能够捕获到 4 帧,试具体分析捕获的数据包中 DNS 的报文格式细节。

步骤 4:继续使用协议分析仪进行数据的捕获,再次访问 www.baidu.com,观察此时是否还有 DNS 请求?

步骤 5:关闭浏览器后再重新打开,访问一个尚未访问过的网站,例如 www.sohu.com,观察此时是否有 DNS 请求?为什么?

步骤 6:在 Windows 系统的命令提示符下运行 ipconfig /displaydns,显示本机缓冲区中的 DNS 解析内容。

步骤 7:在 Windows 系统的命令提示符下运行 ipconfig /flushdns,则可以清除本机的 DNS 缓存记录。

步骤 8:关闭浏览器再打开,访问刚才打开过的网站,观察是否有 DNS 请求?为什么?

【实验思考】

(1) DNS 协议中的资源记录 RR(Record Resource)包含哪些内容?

(2) DNS 除了返回需查找的域名还可能返回哪些内容?

(3) 反复实验,判断一个域名是否可以对应多个 IP 地址?域名与 IP 地址之间是否有一一对应的关系?

(4) 若实验中无法进行 DNS 解析,请写出导致问题的原因及解决办法。

(5) DNS 协议何时用 UDP?何时用 TCP?

2.8 ARP 协议

ARP(Address Resolution Protocol,地址解析协议)用于将计算机的网络地址(IP 地址 32 位)转换为物理地址(MAC 地址 48 位)。ARP 协议是属于链路层的协议,在以太网中的数据帧从一台主机到达网内的另一台主机是根据 48 位的以太网地址(硬件地址)确定接口的,而不是根据 32 位的 IP 地址。因此,需要把 IP 目的地址转换成以太网目的地址。在这两种地址之间存在着某种映射关系,通常需要查看一张表。地址解析协议就是用于确定这些映像的协议。

ARP 工作时送出一个含有所希望的 IP 地址的以太网广播数据包,目的地主机或另一个代表该主机的系统则以一个含有 IP 和以太网地址对的数据包作为应答。发送者将这个地址对高速缓存起来,以节约不必要的 ARP 通信。

图 2-18 是一个用于 IP 地址向以太网地址转换的 ARP 报文的格式。各字段意义如下。

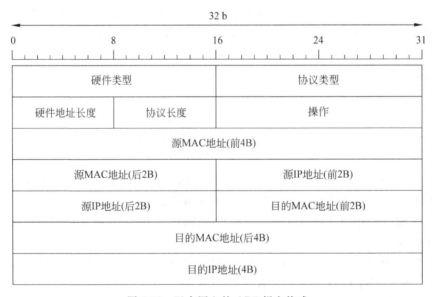

图 2-18 以太网上的 ARP 报文格式

硬件类型字段:指明了发送方想知道的硬件接口类型,以太网的值为 1。

协议类型字段:指明了发送方提供的高层协议类型,IP 为 0806(十六进制)。

硬件地址长度和协议长度:指明了硬件地址和高层协议地址的长度,这样 ARP 报文就可以在任意硬件和任意协议的网络中使用。

操作字段:用于表示这个报文的类型,ARP 请求为 1,ARP 响应为 2,RARP 请求为 3,

RARP 响应为 4。

当发出 ARP 请求时,发送方填好发送方首部和发送方 IP 地址,还要填写目的 IP 地址。当目的机器收到该 ARP 广播包时,就会在响应报文中填上自己的 48 位主机地址。

发送方的 MAC 地址(0～3B):源主机 MAC 地址的前 4B。

发送方的 MAC 地址(4～5B):源主机 MAC 地址的后 2B。

发送方 IP 地址(0～1B):源主机 IP 地址的前 2B。

发送方 IP 地址(2～3B):源主机 IP 地址的后 2B。

目的 MAC 地址(0～1B):目的主机 MAC 地址的前 2B。

目的 MAC 地址(2～5B):目的主机 MAC 地址的后 4B。

目的 IP 地址(0～3B):目的主机的 IP 地址。

ARP 的工作原理如下。

(1) 首先,每台主机都会在 ARP 快速缓冲区(ARP Cache)中建立一个 ARP 表格,用于记录 IP 地址和 MAC 地址的对应关系。这个表的每一条记录会根据自身的存活时间递减而最终消失,以确保记录的真实性。

(2) 当发送主机要传送一个数据包给目的主机时,需要获得目的主机的 IP 地址。发送主机会先检查自己的 ARP 表格中有没有该 IP 地址对应的 MAC 地址。如果有则直接使用此地址传送数据包;如果没有则向网络发出一个 ARP Request 广播包,查询目的主机的 MAC 地址。这个数据包包含发送端的 IP 地址和 MAC 地址。

(3) 这时网络上所有的主机都会收到这个广播数据包并检查数据包的 IP 地址是否和自己的 IP 地址一致。如果不一致则忽略,如果一致则会先将发送端的 MAC 地址和 IP 地址更新到自己的 ARP 表中。如果已经有该 IP 地址的对应 MAC 地址,则用新记录覆盖,然后再回应一个 ARP Reply 数据包给对方,告知发送主机自己的 MAC 地址。

(4) 当发送端接到 ARP Reply 数据包之后,也会更新自己的 ARP 表,然后就可以用此记录进行传送了。

(5) 如果发送端没有得到 ARP Reply 数据包,则宣告查询失败。

ARP 的查询过程如图 2-19 所示。

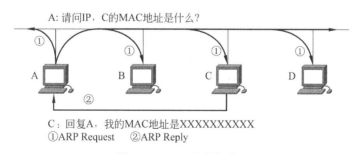

图 2-19 ARP 的查询过程

ARP 表只有在 TCP/IP 协议被载入核心之后才会建立。如果 TCP/IP 协议被卸载或关闭机器,那么 ARP 表就会被清空,直到下次协议载入或开机的时候再重新建立,同时会向网络发出一个 ARP 广播,告诉其他机器它的目前地址是什么,以便所有机器都能保持最正确的记录。

由于 ARP Cache 的大小是有所限制的,如果超过了界限,那么长时间未被使用的记录就必须清理掉,以省出空间存储更新的记录。所以,当机器收到 ARP Request 数据包时,如果查询对象不是自己,则不会根据发送端地址更新自己的 ARP 表,而是完全忽略该数据包。同时,每条存储在 Cache 中的记录都不是永久保存的。每条记录在更新时都会被赋予一个存活倒数计时值,当倒数时间到达时,该记录就会被清理掉。若该记录在倒数时间到达之前被使用过,则计时值会被重新赋予。

ARP 尚没有一套机制处理当 ARP 表记录不符合实际地址资料的状况(例如在当前连线尚未结束前收到目的端的地址记录更新信息),或是目的主机太忙碌而未能回答 ARP 请求等状况。

实验 2-7 ARP 协议分析

【实验目的】

(1) 了解 IP 地址和 MAC 地址之间的关系。

(2) 掌握 ARP 命令的使用。

(3) 掌握 ARP 协议的工作细节。

(4) 了解 ARP 欺骗的原理和相关的攻击防范方法。

【实验原理】

ARP 协议是一种无状态的地址解析协议,是属于链路层的协议。ARP 的工作原理如下。

(1) 每台主机都会在自己的 ARP 缓冲区中建立一个 ARP 列表,以表示 IP 地址和 MAC 地址的对应关系。

(2) 当源主机需要将一个数据包发送到目的主机时,会首先检查自己 ARP 列表中是否存在该 IP 地址对应的 MAC 地址,如果有就直接将数据包发送到这个 MAC 地址;如果没有则向本地网段发起一个 ARP 请求的广播包,查询此目的主机对应的 MAC 地址。此 ARP 请求数据包里包括源主机的 IP 地址、MAC 地址以及目的主机的 IP 地址。

(3) 网络中所有的主机收到这个 ARP 请求后,会检查数据包中的目的 IP 是否和自己的 IP 地址一致。如果不相同就忽略此数据包;否则该主机首先将发送端的 MAC 地址和 IP 地址添加到自己的 ARP 列表中,如果 ARP 表中已经存在该 IP 的信息则将其覆盖,然后给源主机发送一个 ARP 响应数据包,告诉对方自己是它需要查找的 MAC 地址。

(4) 源主机收到这个 ARP 响应数据包后,将得到的目的主机的 IP 地址和 MAC 地址添加到自己的 ARP 列表中,并利用此信息开始数据的传输。如果源主机一直没有收到 ARP 响应数据包,则表示 ARP 查询失败。

常用 ARP 命令有:arp -a,显示包含已知的所有 IP 地址和 MAC 地址对应关系的映射表;arp -d,命令删除 ARP 映射表;arp -s,建立静态 IP 地址与 MAC 地址的对应关系等。

【实验拓扑】

本实验的拓扑结构如图 2-20 所示。

【实验步骤】

步骤 1:按照图 2-20 所示连接好设备,配置两台计算机的 IP 地址和掩码。

步骤 2:在两台计算机的命令窗口中执行 arp -a 命令,查看高速缓存中的 ARP 地址映

图 2-20 ARP 实验拓扑结构

射表的内容。

步骤 3：在两台计算机的命令窗口中执行 arp -d 命令，清除 ARP 缓存；清除后可再用 arp -a 命令验证，记录实验结果。

步骤 4：在两台计算机上运行 Wireshark，启动捕获报文功能。

步骤 5：在主机 PC1 上执行 ping PC2 的命令，以产生数据报。

步骤 6：执行完毕，保存捕获的报文并命名为 arp-1。

步骤 7：在两台计算机上再次执行 arp -a 命令，查看高速缓存中的 ARP 地址映射表的内容，并回答以下问题。

(1) 步骤 7 的实验结果与步骤 3 的是否相同？由此说明 ARP 高速缓存的作用。

(2) 贴出步骤 7 高速缓存中的 ARP 地址映射表截图。

步骤 8：重复步骤 4 至步骤 5，将此结果保存为 arp-2。

步骤 9：打开 arp-1，并回答以下问题。

(1) 在捕获的报文中有几个 ARP 报文？在以太网帧中，ARP 协议类型的代码值是什么？

(2) 打开 arp-2，比较两次捕获的报文有何区别？分析其原因。

(3) 根据 ARP 报文格式，分析 arp-1 中 ARP 报文的结构，将数据填入表 2-17。

表 2-17 ARP 报文分析

ARP 请求报文		ARP 应答报文	
字段	报文信息及参数	字段	报文信息及参数
硬件类型		硬件类型	
协议类型		协议类型	
硬件地址长度		硬件地址长度	
协议地址长度		协议地址长度	
操作		操作	
源物理地址		源物理地址	
源 IP 地址		源 IP 地址	
目的物理地址		目的物理地址	
目的 IP 地址		目的 IP 地址	

【实验思考】

(1) 通过构造特殊的 ARP 请求包或响应包，包含错误的 IP 地址和 MAC 地址的对应关系，并发送到网络，实现 ARP 协议的欺骗实验。讨论 ARP 协议能欺骗成功的原因。

(2) 讨论防止 ARP 欺骗的方法。例如,使用 arp -s 建立静态的 ARP 映射,再次使用 ARP 欺骗方法,并使用 arp -a 判断欺骗是否成功。

(3) 分析 ARP 协议在同一网段内和不同网段间的解析过程,如图 2-21 所示。

图 2-21 思考题(3)拓扑结构

PC1 ping PC2,写出 ARP 协议在同一网段内和不同网段间的解析过程,比较 ARP 协议的解析过程有何异同点?

假设实验中所用的交换机是三层交换机,通过 VLAN 路由的方法将不在同一网段的 PC1 和 PC2 互相 ping 通,重做上述实验。

2.9 QQ 协议

腾讯 QQ 原称为腾讯 OICQ,是腾讯公司于 1999 年推出的一款免费的多平台即时通信软件,支持文字、语音和视频聊天,还附带有邮箱、游戏等服务。QQ 基本通信协议是一套基于 TCP/IP 协议开发的应用层网络协议,基本通信协议支持 TCP 以及 UDP 两种方式。QQ 版本升级比较频繁,与多数软件不同的是,它的客户端升级往往伴随着协议响应的改变。

QQ 采用的是 Server/Client 模型,QQ 好友间消息传送的原理是基于 UDP 协议实现的,UDP 数据具有固定端口 8000,这些数据都通过加密的形式在网络中传输。UDP 的速度比 TCP 要快。由于 TCP 协议中植入了各种安全保障功能,在实际执行的过程中会占用大量的系统开销,使速度受到影响。而 UDP 由于排除了信息可靠传递机制,将安全和排序等功能移交给上层应用完成,降低了执行时间,使速度得到了保证。这正是 QQ 选择 UDP 协议的一个主要原因。

QQ 的文件传输是建立在 TCP 连接之上的,其格式是包头为 0x04,包尾为 0x03。基于 UDP 可以用端口再根据协议特征方式识别。而基于 TCP 的 HTTP 方式可以根据数据包的特征识别 QQ 数据。

QQ 除了使用 UDP 通信,还与 TCPF 服务器通信,而且与 TCPF 服务器的通信量远大于 UDP 通信量。文本聊天就属于这一类型,下面简要介绍 TCPF 协议。

TCPF(Text Chatting Protocol Family,文本聊天协议族)主要支持与其他 QQ 端进行文字聊天,TCPF 是建立在 UDP 协议上的协议族。TCPF 以请求-响应模式工作,即客户端发出一个请求,服务器端会给出一个相应的响应;服务器向客户端发送信息,客户端也会给服务器相应的响应。请求和响应通过相同的序列号进行配对(请求代码也应该相同),而且每种请求的发起方都是相同的。

TCPF 格式如下:

包头＋数据＋包尾

其中,包头:QQ 协议有多种包头,分别代表一类用途的包。所有的 TCPF 包的前 7 个字节是包头,从包头可以识别包的内容。包头格式如下所示。

第 0 个字节：TCPF 包标识为 0x02。

第 1~2 个字节：发送者标识，如果是 0x01 0x00，表明是由服务器发送，客户端的标识与所使用的 QQ 版本有关。

第 3~4 个字节：命令编号。

第 5~6 个字节：命令序列号。

包尾：所有的 TCPF 包都以 0x03 作为包尾。

在包头和包尾中间的数据分为以下五类。

登录请求包(LIP,LogIn Packet)：由客户端向服务器发出登录请求的数据包。

登录应答包(LRP,Login Reply Packet)：由服务器响应客户端登录请求的数据包。

注销请求包(LOP,LogOut Packet)：由客户端向服务器发出注销登录请求的数据包，服务器对此包不作应答。

客户端其他包(CSP,Client Sent Packet)：由客户端向服务器发送的其他包。

服务器其他包(SSP,Server Sent Packet)：由服务器向客户端发送的其他包。

由于版本问题，不同 QQ 版本中的 QQ 数据可能有所不同。

目前 QQ 基本协议使用了两种公开的加密算法：16 轮的 TEA(Tiny Encryption Algorithm)和 MD5。QQ 密码密钥是先把 QQ 密码的字符串用 MD5 加密得到一个 16B 的字节数组，再把此数组作为明文用 MD5 加密，之后得到的是一个 16B 的字节数组备用，即 QQ 密码密钥。

TEA 是一种小型的可逆加密算法，它使用 128 位密钥加密 64 位数据产生 64 位输出，这种算法的可靠性是通过加密轮数而不是算法的复杂度保证的。

QQ 在使用 TEA 算法时，由于需要加密不定长的数据，所以使用了一些常规的填充办法和交织算法(即把前一组的加密结果和后一组的进行运算，产生新的结果)。具体的填充算法是：原始字符串加上 8B 再加上填充字符数应该是 8 的倍数(至少填充 2B)。填充后的字符串组织如下：第一个字节，填充字符数－2 OR 0xA8，后面是填充字节，然后是待加密的数据，最后是 7 个 0。填充的字节一般是 0A1D，但在 0A1dD 版本中会使用随机的填充字符串。一般会用解密后最后是否为 7 个 0 判断是否正确的解密。交织算法：第一个 64 位的块按照一般的 TEA 加密，下一个 64 位的块与上一组的加密结果进行异或运算生成待加密数据，加密后与上一组的待加密数据进行异或运算生成加密结果。

虽然无法破解 QQ 消息内容，但是可以根据 QQ 包头和协议格式识别 QQ 数据。

实验 2-8　QQ 协议分析

【实验目的】

通过网络嗅探了解网络数据类型，了解 QQ 系统工作原理。

【实验原理】

QQ 整个系统分为客户端和服务器两个部分，其客户端部分安装在用户处，客户端和服务器之间的通信采用 UDP 协议，客户端采取本地 4000 端口、远程 8000 端口的 UDP 封装。服务器返回信息采用本地 8000 端口、远程 4000 端口的 UDP 封装。当同一客户机器上同时启动两个或更多 QQ 时，响应 QQ 采用本地 4001 端口及顺延。

由于 UDP 协议不保证数据一定发送到远端，所以 QQ 在收到服务器回应前，会反复发送 UDP 数据包。在 QQ 用户互相通信时,采用直接向其他用户发送 UDP 包,无反馈十余次以后,改用服务器发送。因此,QQ 必然能够得到其他用户的 IP 地址,否则将无法完成这个过程。

QQ 连接服务器的方式主要有三种:

(1) 通过本机 UDP:4001 开始的端口连接服务器 UDP 8000 端口。

(2) 通过本机任意端口连接服务器 80 端口。

(3) 通过本机任意端口连接服务器 443 端口。

QQ 通过 UDP 传输时,包头具有以下格式:

前 7 个字节是包头,包头可以识别包的内容。

第 0 字节:包标识为 0x02。

第 1~2 字节:发送者标识。如果是 0x01 0x00,表明是由服务器发送。

客户端的标识与所使用的 QQ 版本有关。具体的协议格式与这个字段所标识的客户端版本有关(这里以 0A1D 版本讨论)。

第 3~4 字节:命令编号。具体的命令编号含义如下。

如果该字段是 0x00 0x01,那么这是一个注销请求包。如果该字段是 0x00 0x22,而发送者标识是 0x01 0x00,那么这是一个登录应答包。如果该字段是 0x00 0x22,而发送者标识是其他(例如 0x0A 0x1D),那么这是一个登录请求包。其他的命令代码表明是其他包,可以通过发送者标识区分它是 CSP(Client Sent Packet,客户端其他包)还是 SSP(Server Sent Packet,服务器其他包)。

第 5~6 字节:命令序列号。客户端和服务器都有各自的当前发送序列号。每初始发出一个指令时,使用当前的序列号,然后把当前序列号加 1,如果超过 0xFFFF 就绕回。如果是响应对方发出的命令,则使用该命令的序列号。

例如,客户端当前的序列号为 0x1110,它向服务端发送一个 0x0016 命令,它使用序列号 0x1110,服务器收到以后,返回一个序列号为 0x1110 的 0x0016 命令响应。下一次,客户端又发送一个 0x0026 命令,这一次它使用加 1 的序列号 0x1111,服务器也响应 0x1111 序列号的一个 0x0026 命令响应。如果这时服务器要向客户端发送 0x0017 命令,它使用自己的当前序列号,如 0x2220,客户端收到以后也响应一个序列号为 0x2220 的 0x0017 命令应答。

可以通过序列号判断发出的指令是否已经得到应答,如果没有则可以重发。服务器对收到的命令的序列号顺序没有要求。服务器也不会一定按照发出的顺序给予应答。

【实验内容】

选择腾讯 QQ 即时通信工具,采用 Wireshark 进行相关数据包的捕获及协议分析,并判断下列结论是否正确。

(1) QQ 发送信息时并不是直接把信息发送到正在与你通信的对方主机,而是要经过 QQ 服务器的中转;反之接收信息时也同样如此。

(2) 聊天信息是经过加密处理的。

(3) QQ 传输文件时使用 TCP 建立连接,在发送方和接收方直接建立连接而不需要经过任何中介,QQ 传输文件为完全明文,因此操作者可以捕获这些数据包进行文件重组。

(4) 用户在线并不是用户的 QQ 一直连接着服务器,而是定时发送消息给服务器,证明自己还连着线,如果超出时间 QQ 就认为用户已经掉线了。
（5）QQ 的 HTTP 服务器并不支持 HTTP 协议中的 GET 方法,但它支持 POST 方法。

【实验讨论】
（1）QQ 使用的是 UDP 协议,由于 UDP 本身就是不可靠的,可被轻易地伪造。讨论为什么 QQ 仍采用 UDP 协议而不用 TCP 协议。
（2）QQ 聊天时,操作者如何获得到对方的 IP 地址？
（3）QQ 协议采用什么加密算法？加密传送数据采用的是什么算法？

关于 QQ 协议分析,有专业的分析软件 QQAnalyzer。这款辅助分析 QQ 协议的软件集成了抓包功能,能捕获并自动识别 QQ 数据包,丢掉不需要的数据包,捕获的数据包会实时显示在软件界面上,包括协议、IP 地址、端口等五元组信息。该软件提供友好的操作界面和丰富的右键操作菜单,对捕获的 QQ 数据包进行分析只需简单操作即可完成。QQAnalyzer 支持 PCQQ 和手机 QQ 的最新版本。其特点如下：
（1）提供抓包功能,能根据设置的过滤方式过滤数据包。
（2）支持将捕获的数据包保存为 RTF、PCAP 和 TXT 格式以及读取功能,可以方便地读取 Wireshark 等抓包软件捕获的数据包,并根据数据包进行会话分类。

此外,QQAnalyzer 还提供 QQ 协议分析中常用的如 TEA 加解密以及各种字符串编解码、MD5 计算、QQ 十六进制、IP 十六进制、时间十六进制相互转换等功能。新版本还支持 QQ 旋风分析。

2.10 迅雷下载协议

迅雷是一款比较流行的下载工具,采用的下载技术是智能型互联网网格技术（俗称 P2SP）,其特点在于大大提高互联网用户的下载速度。

P2SP(Peer to Server & Peer,用户对服务器和用户）的 S 指的是 Server,即在 P2P 的基础上增加了对 Server 的资源下载,即 P2SP 是一种能够同时从多台服务器和多个节点进行下载的技术,因此迅雷的下载速度会比只从服务器下载（P2S）或只从节点下载（P2P）的软件更快。

实际上,P2SP 下载是一种多资源多协议下载方式,它有效地把原本孤立的服务器和其镜像资源以及 P2P 资源整合到了一起,因而在下载的稳定性和下载的速度上都比传统的 P2P 或 P2S 有了非常大的提高。

迅雷的核心技术是智能资源选择。用户使用迅雷下载某个文件的同时,迅雷会自动收集用户的下载地址,并以 MD5 值判断是否为同一个文件,从而形成一个庞大的下载链接库,这样就在迅雷服务器端进行了资源的整合。当后面的用户下载同一个文件时,迅雷就会根据用户网速情况寻找一个速度最快的服务器下载同一个文件。由于选择通常是最优化的结果,因此用户感觉下载速度的确非常快。

迅雷使用的多资源超线程技术基于网格原理,能够将网络上存在的服务器和计算机资源进行有效的整合,通过网络中各种数据文件能够以最快的速度进行传递。

多资源超线程技术还具有互联网下载负载均衡功能。在不降低用户体验的前提下,迅雷可以对服务器资源进行均衡,有效降低了服务器负载。

实验 2-9　迅雷协议分析

【实验目的】

通过使用开源的抓包工具 Wireshark 对迅雷底层传输的大量现网数据包进行捕获和分析，了解迅雷 P2SP 下载过程的大致工作原理与细节。

【技术原理】

迅雷除了支持下载的常用功能（如任务操作等）外，最主要的特点在于其 P2SP 的实质，即一个下载是同时从多个服务器镜像以及多个节点进行传输。这样极大地提高了下载的速度，从而给用户最好的体验。

迅雷是由多媒体搜索引擎支持的多线程和多点并发（包括服务器和节点）的超速下载软件，是一款多对多的稳定高速下载工具，能够在整个互联网上实现资源共享。它除了可以大幅度提高下载速度、降低死链比例、支持多节点断点续传、支持不同的下载速率、支持防火墙、支持各节点自动路由、支持多点同时传送等功能外，还支持智能节点分析，即可以智能分析出哪个节点上传速度最快，从该节点下载以提高用户的下载速度。

迅雷可以把所有的 P2P 共享资源与各下载服务器进行整合，所以其下载资源远远大于 Web 方式。同时迅雷采用的多媒体搜索引擎技术还可以把服务器端的同一个文件的各个镜像同时找到，能够实现各台服务器同时下载，这样下载资源更加丰富。迅雷下载通过独特的多媒体搜索引擎技术，把多个服务器端的文件整合到一起，实现同时从多个服务器端下载文件，而不像 Web 方式那样只是从一个服务器端多线程下载。这样就能更有效地使用其他服务器，为稳定高速下载提供了保障。

迅雷要进行一次完整的 HTTP 下载，首先会对源下载地址发出 HTTP 下载请求，如果源地址可以连接且支持断点续传，则建立额外的连接线程，同时迅雷向资源服务器查询资源是否有分支链接。如果资源服务器不可用，尝试另外的资源服务器（节点服务器），假如资源服务器返回分支链接，则向分支发出 HTTP 下载请求。

迅雷实现多服务器多线程快速下载，比普通下载软件要快 5～7 倍，可见基于 P2SP 技术的迅雷的性能更加优越。

【实验内容】

下面以下载开源的抓包工具 Wireshark 软件为例，通过抓包工具 Wireshark，按下列环节对数据包进行捕获和分析。

(1) 获取节点服务器列表和 Peer 列表过程分析。

① 分析客户端向迅雷资源服务器请求节点服务器 HTTP 链接地址的 POST 报文包含的内容。

② 分析迅雷资源服务器返回包含节点服务器链接地址列表的报文内容。

③ 分析迅雷资源服务器向本地客户端返回其他在线的客户端 Peer 列表的详细信息。

(2) 客户端与 Peer 之间的下载交互过程分析。

① 迅雷的 CFG 文件分析。使用迅雷下载一个文件时，在下载过程中会自动生成两个文件，一个文件的扩展名为 td，下载完成后其扩展名会自动去掉；另一个文件的扩展名是 td.cfg，放置在下载资源的保存路径下。CFG 文件是日志文件，保存资源下载的一些信息，下载完成后也会自动删除。分析该文件内容。

② 客户端与 UDP 类型 Peer 下载交互过程分析。
- 客户端请求建立连接过程。
- Peer 端允许建立连接过程。
- 客户端向 Peer 端发送请求下载资源信息及自身的 Peer 信息。
- 客户端和 Peer 端协商开始数据下载;客户端从 Peer 端下载数据的过程。

③ 客户端与 TCP 类型 Peer 下载交互过程分析:迅雷客户端与 Peer 端建立 TCP 并下载数据的交互过程。

(3) 停止退出过程分析。

在迅雷界面上单击"暂停"或"退出"按钮时,分析:
① 客户端与服务器的交互过程。
② 客户端与 Peer 的交互过程。

【实验讨论】

由于各种 P2P 和 P2SP 应用占用了大量的宽带资源,造成网络带宽急剧消耗。虽然迅雷下载稳定和迅速,但为了有效地控制迅雷下载所占的带宽与流量,讨论如何对迅雷的下载数据过程进行干扰,从而达到限制迅雷传输速度的目的。

习 题 2

1. 阅读协议文档,了解协议的详细信息。
(1) HTTP(超文本传输协议)RFC 2616。
(2) ARP(地址解析协议)RFC 826。
(3) TELNET(Telnet 协议)RFC 854。
(4) DNS(域名-概念和工具)RFC 1034、(域名-实现和规范)RFC 1035。
(5) FTP(文件传输协议)RFC 959。
(6) TCP(传输控制协议)RFC 793。
(7) UDP(用户数据报协议)RFC 768。
(8) IP(Internet 协议)RFC 791。

2. 下列软件中不能用于网络嗅探的是(   )。
　　A. TCPdump　　　B. Wireshark　　　C. Eghernet　　　D. MRTG

3. 完成下列 HTTP 协议实验。
(1) 用 Telnet 与 Web 服务器建立 TCP 连接。
(2) 发送一个正确的 GET 请求行,请求返回一个 Web 页。
(3) 分析接收到的正确应答报文。
(4) 将保存下来的应答报文实体主体部分存为一个 *.html 文件,并用浏览器打开。
(5) 请求一个图片对象,如百度首页的 logo,logo 图片的 URL 可以用浏览器从网页上查看。观察应答报文,解释 HTTP 下载的工作原理。
(6) 验证 conditional GET,获取正确的应对报文。
(7) 通过一个常规的 GET 请求,返回一个百度首页的 logo 图片对象。保存应答报文中 last modified 行,将其修改为 If-Modified-Since 行,追加在常规的 GET 请求行后。

(8) 再次发送请求报文,分析接收到的正确应答报文。

(9) 将 If-Modified-Since 行的日期修改,再次发送请求报文,观察分析应答报文。

4. MSN Messenger 是一个基于 MSNP 协议的 IM 通信系统。它提供了包括登录、认证、授权、重定向在内的全面服务框架。从网络拓扑的角度来说,MSN Messenger 分为服务层、连接层和客户层三层。客户层的主要功能是接收用户指令,如发出登录请求、改变用户名状态、发送文本消息请求和发送文件请求等,并提交给相应的服务器集群。连接层提供了一个客户层到服务层的网络通路。

MSN 使用 TCP 传输协议,除了文件传输和语音聊天是直接的点对点通信之外,其他所有的情形全部通过服务器进行。

试仿照本章实验 2-8 对 MSN 协议进行分析。

5. 使用 Wireshark 时,一般加载已经保存的数据文件或者实时捕获网卡上的数据包进行数据分析。有时为了监控远程机器需要远程抓包,并对捕获的包进行实时分析。讨论如何捕获远程主机上的包。

6. 利用 Telnet 观察 HTTP 协议的通信过程。

利用 MS 的 Telnet 工具,通过手动输入 HTTP 请求信息的方式,向服务器发出请求。服务器接收、解释和接受请求后,会返回一个响应,该响应会在 Telnet 窗口上显示出来,从而从感性上加深对 HTTP 协议的通信过程的认识。

实验步骤:

(1) 打开 Telnet:运行→cmd→telnet www.baidu.com 80。

(2) 打开 Telnet 回显功能:按回车键后,由于屏幕为全黑,此时可按 Ctrl+]键打开本地回显功能,这样就可以看见屏幕的文字。

(3) 按回车键,进入编辑状态(注:本阶段执行过程和以下的过程均要求操作时间尽可能短,因为时间一长便会被认为断开连接)。

(4) 输入(注意大写):

GET / HTTP/1.1

其中,GET 表示请求方式,/表示请求的根目录下的文件,HTTP/1.1 表示 HTTP 协议版本,HOST 是一个消息头。输入后按回车键,在第二段接着输入:"HOST:",然后按回车键,便向服务器递交了这个 HTTP 请求。

(5) 接收服务器返回,发送请求后只需几秒钟便可收到来自服务器的反应。观察接下来的显示并进行分析。

(6) 以上是用 GET 方式进行请求,请考虑用 POST 方式进行请求的方法。

7. 在浏览器地址栏中输入一个 URL 地址,然后完成下列关于 DNS 协议的实验。

(1) 填写选择的 URL 地址:_____。

(2) 定位到 DNS 查询报文和查询响应报文,这两种报文的发送是基于 UDP 还是基于 TCP 的? DNS 查询报文的目的端口号是多少? DNS 查询响应报文的源端口号是多少?

(3) DNS 查询报文发送的目的地的 IP 地址是多少? 利用 ipconfig 命令(ipconfig/all)查看主机的本地 DNS 服务器的 IP 地址。这两个地址相同吗?

(4) 在表 2-18 和表 2-19 中填写相应的 DNS 报文各字段的值(选择两个相对应的 DNS

查询和响应报文即可,没有的字段可填无)。

表 2-18 DNS 查询报文

Identification	
Flags	
Number of Questions	
Number of answer RRs	
Number of authority RRs	
Number of additional RRs	
Queries	
Answers	
Authoritative Servers	
Additional records	

检查 DNS 查询报文,它是哪一类型的 DNS 查询? 该查询报文中包含 answers 吗?

表 2-19 DNS 查询响应报文

Identification	
Flags	
Number of Questions	
Number of answer RRs	
Number of authority RRs	
Number of additional RRs	
Queries	
Answers	
Authoritative Servers	
Additional records	

检查 DNS 查询响应报文,其中提供了多少个 answers? 每个 answers 包含哪些内容?

8. 网络嗅探可以表现在查找故障源的方面。例如,局域网出现连网时断时续情况(ping 时的现象),这很可能是出现环路或是某台主机持续、大量地向网络发包。为了查找可疑的节点,可启用嗅探软件(例如 Wireshark),观察即时网络数据包,据此做出判断。请故意造成环路,验证此实验。

9. 虽然迅雷没有公开其下载软件的工作原理,但是可以通过抓包等方式进行研究,如本章实验 2-8 一样。迅雷如何形成自己的资源记录?

进行下列实验,判断迅雷如何区分文件,并总结结论。

(1) 准备一个应用软件(例如 QQ 的安装包)放置在个人网站上,然后用迅雷进行首次下载,分析迅雷能不能搜索到其他资源进行同时下载。

(2) 再次用迅雷下载个人网站上的 QQ 的安装包。分析迅雷能搜索到多少个资源同时下载。

(3) 将个人网站上的 QQ 的安装包改名为 QQ 的安装包_test.exe,再次用迅雷下载,分析迅雷下载时是不是回到(1)的情况。

(4) 再次下载个人网站上的 QQ 的安装包_test.exe。分析迅雷下载时是不是回到(2)的情况。

(5) 将网站上的 QQ 的安装包_test.exe 删除,将另一文件(不同于 QQ 的安装包_test.exe 的文件,例如青花瓷.mp3)改名为 QQ 的安装包_test.exe 并上传到个人网站,判断迅雷下载时的资源搜索情况。

(6) 再次下载网站上的 QQ 的安装包_test.exe,分析能否搜索到其他资源同时下载。

若下载后双击该文件,是歌曲青花瓷(说明下载的是正确的文件)。

10. 迅雷下载软件的测试。

迅雷测试过程中有几个难点:如何排除干扰包,如何区分资源服务器以及其他下载过程中相关的 IP 地址,如何解析数据包等。下面有 3 个测试用例,请进行相关实验。

(1) 用例 1。

下载地址:http://download.microsoft.com/download/7/9/7/7973BA4C-09AA-46E7-ADBF-D18077F8A241/IE8-WindowsVista-x86-CHS.exe

抓包开始:迅雷开始下载。

抓包结束:迅雷完成建立多线程下载。

目的:模拟一次建立多线程下载的过程,主要分析迅雷进行资源地址服务器的通信。

(2) 用例 2。

下载地址:http://patch5.ali213.net/newpatch24/dtl4303cnfix.rar

抓包开始:迅雷开始下载。

抓包结束:迅雷获得来自资源服务器的分支链接。

目的:测试迅雷向资源服务器请求分支资源的过程。由于此链接不能通过源地址下载,所以排除了下载数据包的干扰。

(3) 用例 3。

下载地址:http://patch5.ali213.net/newpatch24/dtl4303cnfix.rar

抓包开始:迅雷开始下载。

抓包结束:迅雷结束下载。

目的:模拟完整的下载过程,观察迅雷从开始到结束如何工作。

第3章 网络编程

本章主要介绍网络编程的一些主要方法,并配有编程实验。一些实验只提出要求,程序编写过程需要读者自行完成。

如果应用程序涉及本地与远程之间的通信,就需要采用网络编程。网络编程最主要的工作就是在发送端把信息通过规定好的协议进行包的组装,在接收端按照规定好的协议把包进行解析并提取出对应的信息,从而达到通信的目的。中间最主要的就是数据包的组装、过滤、捕获和分析以及其他处理。

通过使用套接字达到进程间通信目的的编程就是网络编程。套接字即 Socket,应用程序通常通过套接字向网络发出请求或者应答网络请求,实际上是网络应用程序接口(API)。套接字是由传输层提供的应用程序(进程)和网络之间的接入点,如图 3-1 所示。应用程序(进程)可以通过套接字访问网络,套接字利用主机的网络层地址和端口号为两个进程建立逻辑连接。

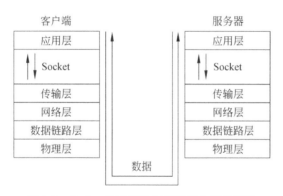

图 3-1 Socket 是应用层与传输层之间的桥梁

套接字可以用于多种协议,包括 TCP/IP 协议。常用的端口号如表 3-1 所示。

表 3-1 TCP/IP 常用端口号

协议	NNTP	FTP(数据)	FTP(控制)	Telnet	STMP	HTTP	POP3
端口号	19	20	21	23	25	80	110

为了方便网络编程,20 世纪 90 年代初,Microsoft 联合其他几家公司共同制定了一套 Windows 下的网络编程接口,即 Windows Sockets 规范。它不是一种网络协议,而是一套开放的、支持多种协议的 Windows 下的网络编程接口。现在的 Winsock 已经基本上实现了与协议无关,可以使用 Winsock 调用多种协议的功能,但较常使用的是 TCP/IP 协议。Socket 实际上是在计算机中提供了一个通信端口,可以通过这个端口与任何一个具有 Socket 接口的计算机通信。应用程序在网络上传输,接收的信息都通过这个 Socket 接口实现。

Socket 是 TCP/IP 网络的 API，Socket 接口提供了很多的函数，可以用于开发网络应用程序。Socket 数据传输是一种特殊的 I/O，同时 Socket 也是一种文件描述符。Socket 的使用主要有 Socket 建立、配置、建立连接、数据传输和结束传输等过程。

3.1 利用套接字建立逻辑信道

一般发起通信请求的程序被称为客户端，用户一般是通过客户端软件访问某种服务。客户端应用程序通过与服务器建立连接和发送请求，然后接收服务器返回的内容。服务器则一般是等待并处理客户端请求的应用程序。服务器通常由系统执行，在系统生存期间一直存在和等待客户端的请求，并且在接收到客户端的请求后，根据请求向客户端返回合适的内容。

通信的一方(被动方，称为服务器)监听某个端口；通信的另一方(主动方，称为客户端)如果知道服务器的 IP 地址和它所监听的端口，便可以试图发送请求建立连接。该连接请求包含：服务器 IP 地址、服务器端口号、客户 IP 地址、客户端口号。由于客户端口号由客户端的系统(TCP 进程)自动选取一个当前未用的端口，该四元组便可以在因特网中唯一标识一个逻辑连接。服务器收到客户端发来的连接请求后，便发出响应建立该连接，这样就建立了一条逻辑信道。

客户和服务器通过请求响应方式可以进行双向数据传输。当结束数据传输时，需要关闭该连接。这种工作模式是有连接的客户端/服务器模式(Client/Server)。

根据连接启动的方式以及本地套接字要连接的目标，套接字之间的连接过程可以分为三个步骤：服务器监听，客户端请求，连接确认。

(1) 服务器监听：是指服务器端套接字并不定位具体的客户端套接字，而是处于等待连接的状态，实时监控网络状态。

(2) 客户端请求：是指由客户端的套接字提出连接请求，要连接的目标是服务器端的套接字。为此，客户端的套接字必须首先描述它要连接的服务器的套接字，指出服务器端套接字的地址和端口号，然后向服务器端套接字提出连接请求。

(3) 连接确认：是指当服务器端套接字监听到或者接收到客户端套接字的连接请求，它就响应客户端套接字的请求，建立一个新的线程，把服务器端套接字的描述发给客户端，一旦客户端确认了此描述，连接就建立好了。而服务器端套接字继续处于监听状态，继续接收其他客户端套接字的连接请求。

这三个步骤类似于三次握手，如图 3-2 所示。

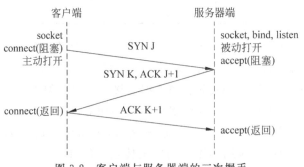

图 3-2　客户端与服务器端的三次握手

3.2 Client/Server 工作模式分类

Client/Server 工作模式一般按下列分类：
(1) 有状态和无状态：服务器是否记录客户端的当前状态。
(2) 有连接(TCP)和无连接(UDP)：客户端和服务器之间是否先建立连接再传输数据。
(3) 循环和并发：服务器对多客户端请求的服务是采用循环方法还是并发程序方法。

TCP 协议面向连接，使用可靠的字节流传送服务；而 UDP 协议面向非连接，使用非可靠的数据报服务。TCP 协议提供高可靠性的传输，UDP 协议提供高效的传输。它们在实际应用中有其各自所适应的场合。

3.3 面向连接的 Client/Server 模式

在面向连接的 Client/Server 结构中，操作过程采取的是主动请求方式：服务器首先启动，并根据请求提供相应服务。

通过调用 socket() 建立一个套接口，然后调用 bind() 将该套接口和本地网络地址联系在一起，再调用 listen() 使套接口做好侦听的准备，并规定它的请求队列的长度，之后调用 accept() 接收连接。客户端在建立套接口后就可调用 connect() 和服务器建立连接。连接一旦建立，客户机和服务器之间就可以供对方读取或者读取对方数据。最后在数据传送结束后，双方调用 close() 关闭套接口。

3.3.1 面向连接的服务器工作流程

面向连接的服务器工作流程包括以下几个环节。

1. 创建套接字

Socket 建立是通过调用 Socket 函数实现的，该函数定义如下：

SOCKET socket(int domain, int type, int protocol)

其中参数：

domain：指明使用的协议族，如果取值 AF_INET，用于网络通信；如果取值 AF_UNIX，用于单一 UNIX 系统中进程间通信。

type：指明 socket 类型，如果取值 SOCK_STREAM，表示是流式、面向连接的比特流、顺序、可靠、双向，用于 TCP 通信；如果取值 SOCK_DGRAM，表示数据报式、无连接、定长、不可靠，用于 UDP 通信。

protocol：由于指定了 type，一般用 0。

函数返回：一个整型的 socket 描述符，供后面使用。如果调用失败，返回一个 INVALID_SOCKET 值，错误信息可以通过 WSAGetLastError 函数返回。

例如，一个 socket 可如下建立：

int sockfd=socket(AF_INET,SOCK_STREAM,0)

2. 将本地 IP 地址和端口号绑定到套接字

Socket 的建立实际上是为 socket 数据结构分配了一个名字空间并返回指针,接着要对数据结构提供数据。bind()将一本地地址与一套接口捆绑,它适用于未连接的数据报或流类套接口,在 connect()或 listen()调用前使用。bind()函数通过给一个未命名套接口分配一个本地名字为套接口建立本地捆绑(主机地址/端口号)。

bind()定义如下:

```
int bind(SOCKET socket, struct sockaddr * address, int addr_len)
```

其中参数:

sockfd:由 socket()调用返回的套接口文件描述符。

sockaddr:数据结构 sockaddr 中包括了关于本地址、端口和 IP 地址的信息。

addr_len:地址长度,可以设置成 sizeof(structsockaddr)。

通常服务器在启动时都会绑定一个众所周知的地址(如 IP 地址+端口号),用于提供服务,客户端可以通过它连接服务器;而客户端不用指定,有的系统会自动分配一个端口号和自身的 IP 地址组合。这就是为什么通常服务器端在 listen()之前会调用 bind(),而客户端就不会调用,而是在 connect()时由系统随机生成一个。

函数返回:如无错误发生,则 bind()返回 0;否则返回 SOCKET_ERROR,应用程序可通过 WSAGetLastError()获取相应错误代码。

3. 服务端使用 listen()开启监听

listen()在套接字函数中表示让一个套接字处于监听到来的连接请求的状态。从客户端发来的连接请求将首先进入该等待队列,等待本进程的处理。listen()定义如下:

```
int listen(SOCKET socket, int backlog)
```

其中参数:

socket:一个已绑定未被连接的套接字描述符。

backlog:进入队列中允许的连接的个数。进入的连接请求在使用系统调用 accept()应答之前要在进入队列中等待。该值是队列中最多可以拥有的请求的个数,大多数系统的默认设置为 20。

函数返回:无错误返回 0;否则返回 SOCKET ERROR,可以调用函数 WSAGetLastError 取得错误代码。

例如,listen(s,1)表示连接请求队列长度为 1,即只允许有一个请求,若有多个请求,则出现错误,给出错误代码 WSAECONNREFUSED。

4. 接受从客户端发来的请求

accept()是网络编程的重要函数,其作用是在一个套接口接受一个连接,其头文件对于 Windows 系统是在#include<winsock.h>中,而 Linux 系统则在#include <sys/socket.h>中。

accept()从端口的请求连接的等待连接队列中抽取第一个连接,创建一个与此同类的新的套接口并返回句柄。如果队列中无等待连接,且套接口为阻塞方式,则 accept()阻塞调用进程直至新的连接出现。如果套接口为非阻塞方式且队列中无等待连接,则 accept()返回一错误代码。已接受连接的套接口不能用于接受新的连接,原套接口仍保持开放。

accept()定义如下:

```
SOCKET   accept(SOCKET socket, struct sockaddr * address, int addr_len)
```

其中参数：

Socket：正在监听端口的套接口文件描述符。

Address：客户端的 socket 地址。

addr_len：socket 地址的长度。

函数返回：如果没有错误产生，则 accept()返回一个描述所接收包的 SOCKET 类型的值；否则返回 INVALID_SOCKET 错误，应用程序可通过调用 WSAGetLastError()获得特定的错误代码。

5. 发送和接收数据

建立连接后，客户端和服务器端就可以进行数据传输了，通过使用 send()发送数据，使用 recv()接收数据。

```
int send(SOCKET   socket, char * message, int msg_len,int flags)
```

其中参数：

socket：发送数据的套接口文件描述符。它可以通过 socket()系统调用返回，也可以通过 accept()系统调用得到。

message：指向要发送的数据的指针。

msg_len：要发送数据的字节长度。

flags：标志，一般设置为 0。

函数返回：无错时返回实际发送的字节数，否则返回 SOCKET_ERROR。

```
int recv(SOCKET   socket, char * message, int msg_len,int flags)
```

其中参数：

socket：要读取的套接口文件描述符。

message：保存读入信息的缓冲区起始地址。

msg_len：缓冲区的最大长度。

flags：标志，一般设置为 0。

函数返回：无错时返回实际接收的字节数，否则返回 SOCKET_ERROR。

6. 关闭连接套接字

使用 close()调用关闭连接的套接口文件描述符：

```
int closesocket(SOCKET   socket);
```

之后就不能再对此套接口做任何的读/写操作。

7. 转 4 或结束

3.3.2　面向连接的客户端工作流程

1. 创建套接字

```
SOCKET   socket(int domain, int type, int protocol)
```

2. 发出连接请求

connect()用于建立与指定 socket 的连接。对于流类套接口(SOCK_STREAM 类型)，利用名字与一个远程主机建立连接，一旦套接口调用成功返回，它就能收发数据了。对于数据报类套接口(SOCK_DGRAM 类型)，则设置成一个默认的目的地址，并用它进行后续的 send()与 recv()调用。

  int connect(SOCKET socket, struct sockaddr * address, int addr_len)

其中参数：

Socket：由系统调用 socket()返回的套接口文件描述符。

Address：指向数据结构 sockaddr 的指针，其中包括目的(即服务器)端口和 IP 地址。

addr_len：地址长度，可以使用 sizeof(struct sockaddr)获得。

函数返回：若无错误发生，则 connect()返回 0；否则返回 SOCKET_ERROR 错误，可通过 WSAGetLastError()获取相应错误代码。

3. 发送和接收数据
4. 关闭此连接的套接字

其工作过程如图 3-3 所示。

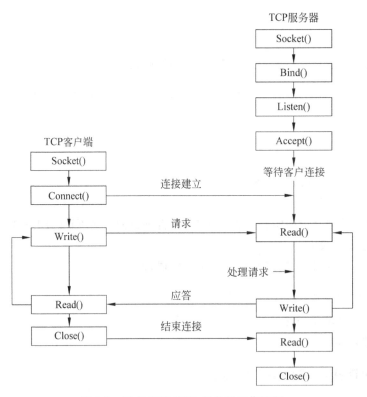

图 3-3 基本 TCP 客户-服务器工作过程

3.4 无连接的 Client/Server 模式

在无连接的 Client/Server 结构中，服务器使用 socket()和 bind()函数调用建立和连接 Socket。由于此时的 Socket 是无连接的，服务器使用 recvfrom()函数从 Socket 接收数据。客户端也只调用 bind()函数而不调用 connect()函数。注意：无连接的协议不在两个端口之间建立点对点的连接，因此 sendto()函数要求程序在一个参数中指明目的地址。recvfrom()函数不需要建立连接，它对到达相连协议端口的任何数据作出响应。当 recvfrom()函数从 Socket 收到一个数据报时，它将保存发送此数据包的进程的网络地址以及数据包本身。程序（服务器和客户）用保存的地址去确定发送（客户）进程。在必要的条件下，服务器将其应答数据报送到从 recvfrom()函数调用中所得到的网络地址中去。其工作过程如图 3-4 所示。

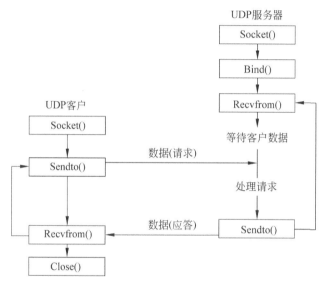

图 3-4 基本 UDP 客户-服务器工作过程

一般而言，大多数 TCP 服务器是并发的，而大多数 UDP 服务器是迭代的。多数 TCP 服务器是与调用 fork 处理每个客户连接的服务器并发执行的。迭代服务器没有对 fork 的调用，所以单一服务器进程就处理了所有客户。

3.5 编程实验

在 Visual C++ 中进行 Winsock 的 API 编程开发时，需要在项目中使用下面 3 个文件，否则会出现编译错误。

(1) winsock.h：Winsock API 的头文件，需要包含在项目中。

(2) wsock32.lib：Winsock API 连接库文件。在使用中，一定要把它作为项目的非默认的连接库包含到项目文件中。

(3) winsock.dll：Winsock 的动态连接库，位于 Windows 的安装目录下。

【例 3-1】 下面是一个有连接的编程实例。程序分两部分:服务器端程序和客户端程序。

(1) 服务器端程序。

```cpp
//TCPdtd_server.cpp -main, TCPdaytimed
#include<stdlib.h>
#include<stdio.h>
#include<winsock2.h>
#include<time.h>

void errexit(const char *,…);
void TCPdaytimed(SOCKET);
SOCKET passiveTCP(const char *, int);

#define QLEN      5
#define WSVERS    MAKEWORD(2, 0)

/*------------------------------------------------------------
 * main -Iterative TCP server for DAYTIME service
 *------------------------------------------------------------
 */
void
main(int argc, char * argv[])
/* argc:命令行参数个数,例如:C:\>TCPdaytimed 8080, argc=2 argv[0]="TCPdaytimed",
   argv[1]="8080" */
{
    struct    sockaddr_in fsin;       /* the from address of a client */
    char * service="daytime";         /* service name or port number */
    SOCKET msock, ssock;              /* master & slave sockets */
    int    alen;                      /* from-address length */
    WSADATA wsadata;                  //Socket 的版本信息

    switch(argc) {
    case 1:                           //命令行仅文件名(即命令动词)
        break;
    case 2:                           //命令行仅一个参数
        service=argv[1];
        break;
    default:                          //其他情况
        errexit("usage: TCPdaytimed [port]\n");
    }

    if (WSAStartup(WSVERS, &wsadata) !=0)
//Winsock 服务初始化。首参数指明程序请求使用的 Socket 版本(高位字节指明副版本,低位字
//节指明主版本);次参数返回请求的 Socket 的版本信息
```

```
        errexit("WSAStartup failed\n");

    msock=passiveTCP(service, QLEN);    //创建被动的套接字,调用 passiveTCP 实现。第
//一个是字符串:服务的名字或者端口号;第二个是传入连接的请求队列所需的长度
    while (1) {
        alen=sizeof(struct sockaddr);
        ssock=accept(msock, (struct sockaddr * )&fsin, &alen);
        if (ssock==INVALID_SOCKET)
            errexit("accept failed: error number %d\n",
                GetLastError());
        TCPdaytimed(ssock);
        (void) closesocket(ssock);    //调用 close 是从容关闭:TCP 保证所有的数据可靠交
                                      //付给客户(连接终止前收到确认)
    }
//在循环中,使用 accept 从主套接字得到一个连接(accept 完成三次握手过程)
//对于新的连接服务器调用过程 TCPdaytimed 进行处理
//处理完毕继续循环,再次调用 accept 阻塞
//循环实现就足够了,服务器忙时,其他的请求可以排队
}//main()


/* ------------------------------------------------------------------
 * TCPdaytimed - do TCP DAYTIME protocol
 * ------------------------------------------------------------------
 */
//从其他机器上获得另一个系统当前的日期和时间
Void   TCPdaytimed(SOCKET fd)
{
    char  *pts;                      /* pointer to time string */
    time_t  now;                     /* current time */

    (void) time(&now);
    pts=ctime(&now);
    (void) send(fd, pts, strlen(pts), 0);
    printf("%s", pts);
}
```

(2) 客户端程序。

```
/* TCPdtc_client.cpp -main, TCPdaytime */

#include<stdlib.h>
#include<stdio.h>
#include<winsock2.h>

void TCPdaytime(const char * , const char * );
void errexit(const char * , …);
```

```c
SOCKET connectTCP(const char *, const char *);

#define LINELEN        128
#define WSVERS         MAKEWORD(2, 0)

/*------------------------------------------------------------
 * main - TCP client for DAYTIME service
 *------------------------------------------------------------
 */
int
main(int argc, char * argv[])              /* usage: TCPdaytime [host [port]]\n */
{                                          /* host 可以为服务器的 IP 地址或域名, port 可
                                              以为服务器监听的端口号或服务名 */
    char * host="localhost";               /* host to use if none supplied */
    char * service="daytime";              /* default service port */
    WSADATA wsadata;

    switch(argc) {
    case 1:
        host="localhost";
        break;
    case 3:
        service=argv[2];                   /* FALL THROUGH */
    case 2:
        host=argv[1];
        break;
    default:
        fprintf(stderr, "usage: TCPdaytime [host [port]]\n");
        exit(1);
    }

    if (WSAStartup(WSVERS, &wsadata)!=0)   /* 启动某版本的 DLL */
        errexit("WSAStartup failed\n");
    TCPdaytime(host, service);             /* 建立连接并传输数据 */
    WSACleanup();                          /* 卸载某版本的 DLL */
    printf("按任意键继续…");
    getchar();
    return 0;                              /* exit */
}

/*------------------------------------------------------------
 * TCPdaytime - invoke Daytime on specified host and print results
 *------------------------------------------------------------
 */
void
```

```
TCPdaytime(const char * host, const char * service)
{
    char buf[LINELEN+1];                    /* buffer for one line of text */
    SOCKET s;                               /* socket descriptor */
    int   cc;                               /* recv character count */

    s=connectTCP(host, service);            /* 建立连接 */

    cc=recv(s, buf, LINELEN, 0);
    while(cc!=SOCKET_ERROR && cc >0) {
        buf[cc]='\0';                       /* ensure null-termination */
        (void) fputs(buf, stdout);
        cc=recv(s, buf, LINELEN, 0);
    }
    closesocket(s);
}
```

(3) 程序运行。

为了运行程序,须先编译程序:在 Visual C++ 下建立 dsw 文件,然后生成并运行(按 Ctrl+F5 键)。使用套接字函数的程序链接时需要加载 ws2_2.lib,即在工程设置/Link/General/对象/库模块中加入 ws2_2.lib。

运行程序时要先运行服务器程序:在命令窗口中输入 TCPdtc_server server_ip [server_port]\n;在另一台计算机上运行 TCPdtc_client server_ip [server_port]\n。如果程序没有回应,可能是防火墙引起服务器的监听端口关闭。在程序运行时可以启动 Wireshark 捕获数据包,通过分析可以展示 C/S 的连接过程。

【例 3-2】 将网卡的工作模式设置为混杂模式。网卡的混杂模式是网络分析的需要。Linux 已经提供了设置网卡为混杂模式的命令,实际上也可自行编写程序实现。虽然只是一个本地应用,因涉及网络接口,也要使用 socket 编程。

(1) 程序清单。

```
/*------------------------------------------------------------
 * 程序:makprom
 * 功能:设置网卡为混杂模式
 *------------------------------------------------------------
 */
#include<cstdio.h>
#include<sys/ioctl.h>
#include<cstdlib.h>
#include<sys/socket.h>
#include<cstring.h>
#include<linux/in.h>
#include<linux/if_ether.h>
#include<unistd.h>
#include<net/if.h>
```

```c
int main(int argc, char **argv) {
  int sock, n;
  struct ifreq ethreq;    //网络接口结构
  if ((sock=socket(PF_PACKET, SOCK_RAW, htons(ETH_P_ALL)))<0) {
    perror("socket");
    exit(1);
  }
  /* Set the network card in promiscuos mode */
  strncpy(ethreq.ifr_name,"eth0",IFNAMSIZ);    //把网络设备的名字填充到ifr结构中
  if (ioctl(sock,SIOCGIFFLAGS,&ethreq)==-1) {    //获取接口标志
    perror("ioctl");
    close(sock);
    exit(1);
  }
  ethreq.ifr_flags |=IFF_PROMISC;  //获取接口标志后将其设置成混杂模式。用|是因为必须
                                   //在保留原来设置的情况下,在标志位中加入"混杂"模式
  if (ioctl(sock,SIOCSIFFLAGS,&ethreq)==-1) {    //将标志位设置写入
    perror("ioctl");
    close(sock);
    exit(1);
  }
  printf("Success' to set eth0 to promiscuos mode…\n");
  return 0;
}
```

(2) 运行程序。

先编译程序,命令如下:

gcc makprom.c -o makprom

执行命令:

sudo ./makprom

可通过 ifconfig 命令查看当前网卡的工作模式是否被设置为 promiscuos。

实验 3-1 TCP 通信程序设计

【实验名称】

基于 TCP 的聊天程序设计。

【实验原理】

在使用 Winsock 控件时,首先需要考虑使用什么协议。可以使用的协议包括 TCP 和 UDP。两种协议之间的重要区别在于它们的连接状态。

TCP 协议是一种有连接协议,可以将其与电话系统相比。在开始数据传输之前,通信双方必须先建立连接。

UDP 协议是一种无连接协议,两台计算机之间的传输类似于传递邮件:消息从一台计算机发送到另一台计算机,但是两者之间没有明确的连接。另外,单次传输的最大数据量取

决于具体的网络环境。

(1) 实现思想。

Internet 上的聊天程序一般都是以服务器提供服务端连接响应。使用者通过客户端程序登录到服务器，就可以与登录在同一服务器上的用户交谈。这是一个面向连接的通信过程。因此程序要在 TCP/IP 环境下实现服务器端和客户端两部分程序。

(2) 服务器端工作流程。

服务器端通过 socket() 系统调用创建一个 Socket 数组后（即设定了接受连接客户的最大数目），与指定的本地端口绑定 bind()，就可以在端口进行侦听 listen()。如果有客户端连接请求，则在数组中选择一个空 Socket，将客户端地址赋给该 Socket，然后登录成功的客户就可以在服务器上聊天了。

(3) 客户端工作流程。

客户端程序相对简单，只需要建立一个 Socket 与服务器端连接，成功后即可通过该 Socket 发送和接收数据。

【实验目的】

选择一个操作系统环境（Linux 或者 Windows），编制 TCP/IP 通信程序，完成一定的通信功能。了解 TCP/IP 通信协议原理及 Winsock 控件的使用方法；使用 TCP/IP 协议进行相互直接的发送和接收等。

【实验要求】

(1) 登录功能。客户端登录到聊天服务器，服务器管理所有登录的客户，并将客户列表发送给各个客户显示。

(2) 客户可以通过服务器转发，实现一对一和多对多聊天。

(3) 实现呼叫功能。当客户端程序连接服务器时，通过服务器搜索所要呼叫的客户，如果检测到此用户且该用户正处于联网状态，则服务器通知此用户的客户端程序响应主叫方客户端程序，然后在主叫方和被叫方建立连接后，双方就可以聊天或进行其他的通信。

(4) 客户端程序应该可以实时显示目前其他用户的状态（例如好友信息上、下线）。

(5) 界面友好，能够建立至少 1 个群组，能够加入群实现群聊，要求有留言功能且能进行文件传输。

(6) 实验时，请运行 Wireshark 软件，对通信时的数据包进行跟踪分析。

实验 3-2　UDP 通信程序设计

【实验名称】

基于 UDP 丢包统计程序设计。

【实验目的】

选择一个操作系统环境（Linux 或者 Windows），编制 UDP/IP 通信程序，完成一定的通信功能。

【实验要求】

在发送 UDP 数据包时做一个循环，连续发送 100 个数据包；在接收端统计丢失的数据包。

实验时，请运行 Wireshark 软件，对通信时的数据包进行跟踪分析。

【实验思考】

（1）说明在实验过程中遇到的问题和解决方法。

（2）给出程序详细的流程图和对程序关键函数的详细说明。

（3）使用 Socket API 开发通信程序中的客户端程序和服务器程序时,各需要哪些不同的函数?

（4）解释 connect()、bind()等函数中 struct sockaddr * addr 参数各个部分的含义,并用具体的数据举例说明。

（5）说明面向连接的客户端和面向非连接的客户端在建立 Socket 时有什么区别。

（6）说明面向连接的客户端和面向非连接的客户端在收发数据时有什么区别。面向非连接的客户端又是如何判断数据发送结束的?

（7）比较面向连接的通信和无连接通信,它们各有什么优点和缺点?适合在哪种场合下使用?

（8）实验过程中使用 Socket 时是工作在阻塞方式还是非阻塞方式?通过网络检索阐述这两种操作方式的不同。

实验 3-3　网络嗅探器设计

【实验名称】

网络嗅探器设计。

【实验环境】

详细说明运行的操作系统和网络平台。

【实验目的】

用原始套接字捕获所有经过本地网卡的数据包,并从中分析出协议、IP 源地址、IP 目的地址、TCP 源端口号、TCP 目的端口号以及数据包长度等信息。

【实验原理】

嗅探器作为一种网络通信程序,是通过对网卡的编程实现网络通信的,对网卡的编程是使用通常的套接字(Socket)方式进行。但是,通常的套接字程序只能响应与自己硬件地址相匹配的或是以广播形式发出的数据帧,对于其他形式的数据帧(如已到达网络接口却非发给此地址的数据帧),网络接口在验证到投递的地址并非自身地址之后将不引起响应,即应用程序无法收到达的数据包。而网络嗅探器的目的恰恰在于从网卡接收所有经过它的数据包,这些数据包既可以是发给它的也可以是发往别处的。显然,要达到此目的就不能再让网卡按通常的正常模式工作,而必须将其设置为混杂模式。在混杂模式下,网卡能够接收一切通过它的数据,而不管该数据是否是传给它的。

编程实现时,这种对网卡混杂模式的设置是通过原始套接字实现的,这也有别于通常使用的数据流套接字和数据报套接字。设置混杂模式后就可以开始对网络数据包进行嗅探了,其中对数据包的获取仍像流式套接字或数据报套接字那样通过 recv()函数完成。但是与其他两种套接字不同的是,原始套接字此时捕获到的数据包并不仅仅是单纯的数据信息,而是包含有 IP 首部、TCP 首部等信息包的最原始的数据信息,这些信息保留了它在网络传输时的原貌。通过对这些在低层传输的原始信息的分析可以得到有关网络的一些信息。由于这些数据经过了网络层和传输层的封闭,因此需要根据其附加的帧头对数据包进行分析。

数据包的总体结构如图 3-5 所示。

数据包		
IP首部	TCP首部(或其他信息首部)	数据

图 3-5　数据包的总体结构

数据在从应用层到达传输层时,将添加 TCP 首部或是 UDP 首部。其中 UDP 首部比较简单,由一个 8B 的首部和数据部分组成,具体格式如图 3-6 所示。

16位	16位
源端口	目的端口
UDP长度	UDP校验和

图 3-6　UDP 数据包段头结构

而 TCP 首部则比较复杂,以 20 个固定字节开始,在固定首部后面还可以有一些长度不固定的可选项,图 3-7 给出 TCP 首部的格式组成。

16位							16位
源端口							目的端口
顺序号							
确认号							
TCP首部长度	(保留)7位	URG	ACK	PSH	RST	SYN	FIN	窗口大小
校验和							紧急指针
可选项(0或更多的32位字)							
数据(可选项)							

图 3-7　TCP 数据段头结构

在网络层,还要给 TCP 数据包添加一个 IP 首部以组成 IP 数据包。IP 首部以大端点机次序传送,从左到右,版本字段的高位字节优先传输(SPARC 是大端点机;Pentium 是小端点机)。如果是小端点机,就要在发送和接收时先行转换然后才能进行传输。IP 数据段头格式如图 3-8 所示。

16位			16位	
版本	IIL	服务类型	总长	
标识			标志	分段偏移
生存时间		协议	头校验和	
源地址				
目的地址				
选项(0或更多)				

图 3-8　IP 数据段报头结构

在明确了以上几个数据段头的组成结构后,就可以对捕获到的数据包进行分析了。

【实验内容及步骤】

包括主要程序流程和函数说明,程序分工说明。

【实验结果】

请自行填写。

【实验中的问题及心得】

请自行填写。

【实验思考】

在本实验的基础上,实现一个 Sniffer 程序捕捉用户名和密码,若捕获到密码则在屏幕上面显示,同时输出源计算机和目的计算机的 IP 地址,遇到其他信息则进行简单的抛弃而不做任何处理。

实验 3-4 停等协议通信

【实验名称】

利用停止等待协议传输数据文件。

【实验环境】

详细说明运行的操作系统、网络平台、机器的 IP 地址。

【实验目的】

深入理解停止等待协议的主要特点和工作过程。

【实验原理】

停等 ARQ 是最简单且最基本的数据链路层协议。假定传送的数据不会产生差错,但接收方接收数据的速率不一定能够跟上发送方发送数据的速率。为使接收方的接收缓冲区在任何情况下都不会溢出,最简单的情况就是发送方每发送一帧就暂停下来,接收方收到数据帧后就交给主机,然后发送一个确认信息给对方,表示接收的任务已完成。这时,发送方才发送下一个数据帧。在这种情况下,接收方的接收缓冲区的大小只要能够装下一个数据帧即可。显然,用这样的方法收、发双方可以同步得很好。由接收方控制发送方的数据流量是计算机网络中流量控制的一个重要方法。

假定数据帧在主机 A 与主机 B 的传输过程中出现了差错。由于通常都在数据帧中加上了循环冗余校验 CRC,所以主机 B 很容易检验出收到的数据帧是否会有差错。当发现差错时,主机 B 就向主机 A 发送一个否认帧 NAK,以表示主机 A 应当重发出现差错的数据帧。如多次出现差错,就要多次重发数据帧,直至收到主机 B 发来的确认帧 ACK 为止。为此,在发送端必须暂时保存已发送过的数据帧的副本。当通信质量太差时,主机 A 在重发一定的次数后即不再进行重发,而是将此情况向上一层报告。

主机 B 收不到主机 A 发来的数据帧,这种情况称为帧丢失。发送帧丢失时主机 B 不会向主机 A 发送任何应答帧。如果主机 A 要等到主机 B 的应答信息后再发送下一个数据帧,那么将永远等待下去,于是就出现了死锁现象。同理,若主机 B 发过来的应答帧丢失,也会出现这种死锁现象。要解决死锁问题,可在主机 A 发送完一个数据帧时就启动一个超时定时器。若在超时定时器所设置的定时时间 t 结束后仍收不到主机 B 的任何应答帧,则主机 A 就重传前面所发送的这一数据帧。超时定时器设置值时,若定时时间选得太短,则还没有收到应答帧就重发了数据帧;若定时时间选得太长,则要白白浪费许多时间。一般可将定时时间选为略大于从发完数据帧到收到应答帧所需的平均时间。

如果丢失的是应答帧,超时重发将使主机 B 收到两个相同的数据帧。由于主机 B 无法识别重复的数据帧,因而在主机 B 收到的数据中出现了另一种差错:重复帧。要解决重复帧的问题,必须使每个数据帧带上不同的发送序号。每发送一个新的数据帧就把它的发送序号加 1。若主机 B 收到发送序号相同的数据帧,就表明出现了重复帧。主机 B 应当丢弃此重复帧,并向主机 A 发送一个确认帧 ACK,因为主机 B 已经知道主机 A 还没有收到上一次发过去的确认帧 ACK(有可能此确认帧在传输过程中出错)。

【实验内容及步骤】

包括主要程序流程和函数说明,程序分工说明。

【实验结果】

请自行填写。

【实验中的问题及心得】

请自行填写。

实验 3-5　GBN 协议编程

【实验原理】

GBN 即 Go Back N protocol(或称连续 ARQ、Go-BACK-N ARQ、退回 N),意思是当出现差错必须重传时,要向回走 N 个帧,然后再开始重传。

当接收方检测出失序的信息帧后,要求发送方重发最后一个正确接收的信息帧之后的所有未被确认的帧;或者当发送方发送了 N 个帧后,若发现该 N 帧的前一个帧在计时器超时后仍未返回其确认信息,则该帧被判为出错或丢失,此时发送方就不得不重新发送出错帧及其后的 N 帧。对接收方而言,由于这一帧出错,就不能以正常的序号向它的高层递交数据,对其后发送来的 N 帧也可能都不能接收而丢弃。GO-BACK-N 操作过程如图 3-9 所示。图 3-9 中假定发送完 8 号帧后,发现 2 号帧的确认返回信号在计时器超时后还未收到,则发送方只能退回到 2 号帧开始重发之后所有已发的数据。

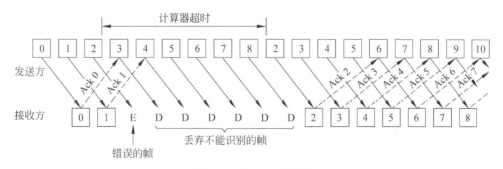

图 3-9　GBN 工作原理

还有另一种情况:2 号数据帧丢失,3~5 号数据帧虽然正确传送到节点 B,但也不得不被丢弃。在节点 A 发送 5 号数据帧的过程中,超时定时器设定的超时时间到。因此,在 5 号数据帧发送完毕后,就回到 2 号数据帧进行重传。

【实验要求】

(1) 体现链路层和网络层的控制流作用。例如在网络层出现突发数据时,链路层窗口会填满;网络层流量稀少时,链路层窗口数据较少。

(2) 已发送未确认的 frame,允许发送 frame,在发送窗口中用不同的颜色表示。

(3) 要求体现发送方发送 frame,frame 在信道上传播,frame 到达接收方,接收方发送 ACK,接收方滑动窗口。

(4) 要求体现发送方接收 ACK,发送方滑动窗口。

(5) 要求体现 frame 丢失或者损坏的情况。

(6) 要求体现 ACK 丢失或者损坏的情况。

(7) 要求可以配置 rtt 时间,即从发送 frame x 出去到接收到 frame x 的确认的时间,要有默认值。

(8) 要求可以调整发送方超时的时间,要有默认值。

(9) 要求可以配置发送方窗口大小和序列号大小,能够体现使用全部序列号空间时产生的问题,能够体现避免该问题的配置。

(10) 界面直观,简单易懂,演示过程中可以随时停止。

【实验内容及步骤】

包括主要程序流程和函数说明,程序分工说明。

【实验结果】

请自行填写。

【实验中的问题及心得】

请自行填写。

实验 3-6　IPv4 组播通信

【实验原理】

(1) 组播地址。

IP 组播技术是一种允许一台或多台主机(组播源)发送单一数据包到多台主机的 TCP/IP 网络技术。当需要将一个节点的信号传送到多个节点时,无论是采用重复点对点通信方式还是采用广播方式,都会严重浪费网络带宽,因此组播技术应运而生。组播能使一个或多个组播源只把数据包发送给特定的组播组,而只有加入该组播组的主机才能接收到数据包。

使用同一个 IP 组播地址接收组播数据包的所有主机构成了一个主机组,也称为组播组。一个组播组的成员是随时变动的,一台主机可以随时加入或离开组播组,组播组成员的数目和所在的地理位置也不受限制,一台主机也可以属于几个组播组。此外,不属于某一个组播组的主机也可以向该组播组发送数据包。

IP 组播通信必须依赖于组播地址,组播地址都是一些特殊的 IP 地址,组播地址的最高 4 位都是 1110,它的范围是 11100000～11101111,即 224～239。因此组播地址的范围为 224.0.0.0～239.255.255.255,属于 IP 分类中的 D 类地址,并被划分为局部链接组播地址、预留组播地址和管理权限组播地址三类。

在这些地址中,并不是所有地址都是用户可用的,它们中有一些属于保留地址。

① 局部链接组播地址,范围是 224.0.0.0～224.0.0.255,这部分地址一般是分配给特

定协议作为它的组播信息的分发。例如224.0.0.1是组播中所有成员,224.0.0.2是组播中所有路由器,224.0.0.9是RIPv2组播更新的地址,而224.0.0.5和224.0.0.6用作OSPF状态更新,224.0.0.10是思科私有协议EIGRP用于作为组播路由信息更新的地址,224.0.0.13是表示所有PIM(Protocol Independent Multicast,协议无关组播)的路由器。

② 预留组播地址,范围是224.0.1.0~238.255.255.255,可用于全球范围(如Internet)或网络协议。

③ 本地管理组地址,范围是239.0.0.0~239.255.255.255,这个地址范围用于作为私人组播领域的管理权限地址,类似于私有IP地址,不能用于Internet,可限制组播范围。

上述都是由第三层地址表示的,但是到了数据链路层还需要第二层地址进行传输。因此组播寻址有专门的物理地址用于组播,对以太网而言,开头是01-00-5E。

(2) IP组播地址与以太网硬件组播地址的映射方法。

以太网硬件地址是48位,而IP地址是32位,有效IP组播地址是28位,以太网支持IP组播地址到以太网组播地址的映射,它们之间的映射主要规则如下。

将IP组播地址的低23位简单地代替特定的以太网地址01.00.5e.00.00.00(十六进制)中的低23位,然后把这23位前面的一位置0,MAC地址的前24位必须为01-00-5E。

例如:IP组播地址224.205.155.110对应的二进制为11100000.11001101.10011011.01101110,这一串二进制数的后23位的十六进制是4D 9B 6E,组播MAC标识为01-00-5E,于是最终映射到以太网的地址为01-00-5E-4D-9B-6E。

按此规则,IP组播地址范围为224.0.0.0~239.255.255.255,映射到以太网组播地址为01.00.5E.00.00.00~01.00.5E.7F.FF.FF。

这种映射地址的方法有三个优点:第一,方法简单,便于计算和实现;第二,可以包括绝大部分组播地址;第三,IP组播地址映射后仅使用以太网地址的固定部分,有利于排错和查找,不易与其他使用以太网的协议发生冲突和干扰。

在IP组播地址映射到以太网地址的过程中,有可能出现多个不同的IP组播地址映射到了相同的以太网地址。例如,IP组播地址225.118.100.100和226.246.100.100映射到以太网的地址均为01.00.94.118.100.100,这主要是由于IP组播地址的有效位为28位,而映射到以太网时仅取低23位(第9~31位),高5位(实际是IP组播地址的第4~8位)的地址信息在映射过程中实际上没有使用且被丢掉了,这样如果低23位地址信息一样,则不管高5位地址的值是多少,其映射的以太网地址都是一样的,如图3-10所示。

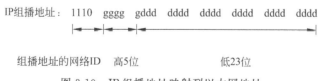

图3-10 IP组播地址映射到以太网地址

高9位映射时信息均被丢掉,映射时直接代替特定以太网地址的低23位。但实际上,任意两个IP组播地址映射到以太网地址时,其地址相同的概率很低。

(3) 组播的工作过程。

在局域网内,源主机的网络接口将到目的主机的数据包发送到高层,这些数据包中的目的地址是物理接口地址或广播地址。如果主机已经加入到一个组播组中,主机的网络接口就会识别出发送到该组成员的数据包。因此,如果主机接口的物理地址为 80-C0-F6-A0-4A-B1,其加入的组播组为 224.0.1.10,则发送给主机的数据包中的目的地址一定是下面三种类型之一。

接口地址:80-C0-F6-A0-4A-B1

广播地址:FF-FF-FF-FF-FF-FF

组播地址:01-00-5E-00-01-0A

广域网中,路由器必须支持组播路由。当主机中运行的进程加入到某个组播组中时,主机向子网中的所有组播路由器发送 IGMP(Internet 分组管理协议)报文,告诉路由器凡是发送到该组播组的组播报文都必须发送到本地的子网中,这样主机的进程就可以接收到报文了。子网中的路由器再通知其他的路由器,这些路由器就知道该将组播报文转发到哪些子网中去。子网中的路由器也向 224.0.0.1 发送一个 IGMP 报文(224.0.0.1 代表组中的全部主机),要求组中的主机提供组的相关信息。组中的主机收到这个报文后,都各自将计数器的值设为随机值,当计数器递减为 0 时再向路由器发送应答。这样就防止了组中所有的主机同时向路由器发送应答而造成网络拥塞。主机向组播地址发送一个报文作为对路由器的应答,组中的其他主机一旦收到这个应答报文,就不再发送应答报文了。因为组中的主机向路由器提供的都是相同的信息,所以子网路由器只需得到组中一个主机提供的信息即可。

如果组中的主机都退出了,路由器就收不到应答,因此路由器认为该组目前没有主机加入,于是停止到该子网报文的路由。IGMPv2 的解决方案是:组中的主机在退出时向 224.0.0.2 发送报文通知组播路由器。

(4) 应用编程接口(API)。

对组播选项所进行的操作只需 5 个新的套接字操作。函数 setsockopt()及 getsockopt()用于建立和读取这 5 个选项的值。表 3-2 中列出了组播的可选项,并列出其数据类型和描述。

表 3-2 组播可选项列表

IPv4 选项	数据类型	描述
IP_ADD_MEMBERSHIP	struct ip_mreq	加入到组播组中,用 setsockopt()函数发送该选项。该选项类型是 ip_mreq 结构,它的第一个字段 imr_multiaddr 指定了组播组的地址,第二个字段 imr_interface 指定了接口的 IPv4 地址
IP_ROP_MEMBERSHIP	struct ip_mreq	从组播组中退出,数据结构 ip_mreq 的使用方法与上面相同
IP_MULTICAST_IF	struct ip_mreq	指定提交组播报文的接口,该选项可以修改网络接口,在结构 ip_mreq 中定义新的接口
IP_MULTICAST_TTL	u_char	设置组播报文的数据包的 TTL(生存时间)。默认值是 1,表示数据包只能在本地的子网中传送
IP_MULTICAST_LOOP	u_char	使组播报文环路有效或无效。组播组中的成员自己也会收到它向本组发送的报文。该选项用于选择是否激活这种状态

在<linux/in.h>头文件中定义了ip_mreq结构:

```
struct ip_mreq {
struct in_addr imr_multiaddr;    /* IP multicast address of group */
struct in_addr imr_interface;    /* local IP address of interface */
};
```

在头文件中组播选项的值为

```
#define IP_MULTICAST_IF 32
#define IP_MULTICAST_TTL 33
#define IP_MULTICAST_LOOP 34
#define IP_ADD_MEMBERSHIP 35
#define IP_DROP_MEMBERSHIP 36
```

(5) 组播通信实验。

下面通过Linux下的一个简单的实验实现简单的组播通信:由一个进程向一个组播组发送报文,组播组中的相关进程接收报文,并将报文显示到屏幕上。

例中代码实现了一个服务进程,它将标准输入接口输入的信息全部发送到组播组224.0.1.1。将信息发送到组播组不需要特别的操作,只要设置好组播组的目的地址即可。若在实验过程中Loopback和TTL这两个选项的默认值不适合应用程序,可以加以调整。

先编写服务器端程序,将标准输入端口的输入发送到组播组224.0.1.1。

```
#include<sys/types.h>
#include<sys/socket.h>
#include<netinet/in.h>
#include<arpa/inet.h>
#include<string.h>
#include<stdio.h>
#define MAXBUF 256
#define PUERTO 5000
#define GRUPO "224.0.1.1"
int main(void) {
    int s;
    struct sockaddr_in srv;
    char buf[MAXBUF];
    bzero(&srv, sizeof(srv));
    srv.sin_family=AF_INET;
    srv.sin_port=htons(PUERTO);
    if (inet_aton(GRUPO, &srv.sin_addr) <0) {
        perror("inet_aton");
        return 1;
    }
    if ((s=socket(AF_INET, SOCK_DGRAM, 0)) <0) {
        perror("socket");
        return 1;
```

```
        }
        while (fgets(buf, MAXBUF, stdin)) {
            if (sendto(s, buf, strlen(buf), 0,(struct sockaddr *)&srv, sizeof(srv)) <0) {
                perror("recvfrom");
            } else {
                fprintf(stdout, "Enviado a %s: %s", GRUPO, buf);
            }
        }
    }
```

接着编写客户端程序，它负责接收由服务程序发送到组播组中的信息，将收到的报文在标准输出设备中显示。程序中唯一与接收 UDP 报文过程的不同是它设置了 IP_ADD_MEMBERSHIP 选项。

```
#include<sys/types.h>
#include<sys/socket.h>
#include<netinet/in.h>
#include<arpa/inet.h>
#include<stdio.h>
#define MAXBUF 256
#define PUERTO 5000
#define GRUPO "224.0.1.1"
int main(void) {
    int s, n, r;
    struct sockaddr_in srv, cli;
    struct ip_mreq mreq;
    char buf[MAXBUF];
    bzero(&srv, sizeof(srv));
    srv.sin_family=AF_INET;
    srv.sin_port=htons(PUERTO);
    if (inet_aton(GRUPO, &srv.sin_addr) <0) {
        perror("inet_aton");
        return 1;
    }
    if ((s=socket(AF_INET, SOCK_DGRAM, 0)) <0) {
        perror("socket");
        return 1;
    }
    if (bind(s, (struct sockaddr *)&srv, sizeof(srv)) <0) {
        perror("bind");
        return 1;
    }
    if (inet_aton(GRUPO, &mreq.imr_multiaddr) <0) {
        perror("inet_aton");
        return 1;
    }
```

```
    mreq.imr_interface.s_addr=htonl(INADDR_ANY);
    if (setsockopt(s,IPPROTO_IP,IP_ADD_MEMBERSHIP,&mreq,sizeof(mreq))<0) {
        perror("setsockopt");
        return 1;
    }
    n=sizeof(cli);
    while (1) {
        if ((r=recvfrom(s, buf, MAXBUF, 0, (struct sockaddr *)&cli, &n)) <0) {
        perror("recvfrom");
        } else {
            buf[r]=0;
            fprintf(stdout, "Mensaje desde %s: %s",inet_ntoa(cli.sin_addr), buf);
        }
    }
}
```

【实验目的】

理解组播通信的概念及原理,比较组播通信方式和通常的单播通信方式有何不同。理解组播通信的实现,通过编制简单的利用组播方式通信的应用程序加深对组播的理解。

【实验要求】

编写一个使用组播的应用程序。包括一个组播发送程序和组播接收程序。实现服务器端输入信息,通过组播发送给客户端。要给出程序详细的流程图和对程序的详细介绍和说明。

实验时请运行 Wireshark 软件对通信时的数据包进行跟踪分析。

【实验思考】

(1) 思考组播通信较之单播通信的优缺点,考虑可以使用组播通信的场合,举例说明。

(2) 考虑组播通信在发送和接收数据的安全性方面的问题。例如,任意用户可以向指定的组播地址发送干扰数据,没有授权的用户可以毫无限制地接收组播数据等。

实验 3-7 应用层组播

【实验目的】

应用层组播解决方案的基本功能是建立一棵有效的应用层组播树。本实验目的在于通过在真实网络环境中编写应用层组播树协议,测试协议是否能在有限时间内建立合理有效的应用层组播树,从而实现应用层组播传输。组播树的拓扑结构以可见的方式输出显示,以便了解组播树的建立情况。

【实验原理】

应用层组播直接基于端主机构造组播网络,通过端主机而非路由器以单播方式相互复制并向接收者转发报文,目的是将组播部署为一种叠加于 IP 网络之上的服务性网络。相比 IP 组播,应用层组播不需要改变下层网络基础设施,可以直接利用现有的网络设备和传输技术在应用层达到组播的目的。

在实际应用时,端系统实现组播功能可以避开 IP 组播的许多难题。例如,应用层组播的状态在主机系统中维护,不需要路由器保持组的状态,解决了业务的扩展性问题,网络可以支持大量的组播组;应用层组播应用可以随时部署,不需要网络设备的升级和功能扩展;应用层组播可以使简化组播的控制和可靠等功能得以实现。

下面以图 3-11 说明组播的工作原理。图 3-11 中有一个节点 RP(Rendezvous Point,称为汇聚点),假设 RP 的 IP 信息可被任何想要加入组播的节点所知。新节点 NEW 要加入组播时,首先联系 RP,即向 RP 发送请求加入消息,RP 收到加入请求后,向其所有子节点通告 NEW 的信息(包括 NEW 的请求消息),所有子节点收到后,继续将该通告信息转发给它们各自的子节点,此过程一直持续直到所有的叶子节点收到通告信息为止。

凡是收到通告信息的节点,都会向 NEW 节点发送邀请信息,然后 NEW 节点选择第一个邀请信息的发送者作为自己的上游节点(父节点)。组播树的根节点不但是数据源,而且也是组的管理中心。

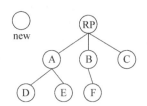

图 3-11 组播树

(1) 加入组。

如图 3-11 所示,要加入组的节点发送一个消息到根节点,根节点收到入组请求后,向其子节点发送一个消息,满足条件的子节点向新来节点发送邀请入组消息,新来节点根据接收的消息时间先后顺序,按某种约定的策略尝试加入到组播树中。

(2) 退出组。

节点在退出前向父节点发送一个退出消息表明自己要退出组播树,同时向自己的子节点发送消息表明要它们重新连接;父节点在收到消息后向退出节点发送退出确认消息,子节点在收到重新连接消息后重新向根节点发出加入组播树的请求。

组播通信的一个特点就是节点退出群组后组播树需要立即重构。

(3) 数据的发送。

当节点加入组播组后,就能够收到从根节点发送的数据。在一个组播组中,数据是沿着根节点自顶向下到达其他子节点的。每个子节点都从其父节点接收数据,并把它发送给所有的子节点。

(4) 组播树。

随着节点的加入将逐步形成一棵树,这棵树称为组播树(或称转发树)。组播树中的一条链路代表两个成员之间的一条单播连接。数据信息沿着组播树进行分发,而控制信息则通过会话控制器与各个成员之间的单播连接进行传输。

组播树在整个网络中选一个 RP(如图 3-11 所示),所有的组播报文都需要从该节点进行传送。RP 是预先设定的,承担转发所有的多播报文的责任。所有要发送组播报文的源主机在发送组播报文前,都需要到 RP 上进行注册,RP 成为了转发树的根节点。组播树拓扑结构需要不断维护,在有新的节点加入或有节点退出时要能及时更新组播树的拓扑结构,以保持组播树的正确性。

【实验内容】

编写一个使用应用层组播的应用程序,包括一个组播树建立程序、组播发送程序和组播接收程序。实现服务器端输入信息,通过组播发送给客户端。要给出程序详细的流程图和对程序的详细介绍和说明。

实验要求把多台机器连接搭建成一个局域网,模拟组播网络环境。参与实验的计算机应不少于 4 台,并指定其中 1 台作为服务器(RP),网络中各个节点向服务器发出连接申请。通过对节点间的拓扑结构的观测和记录,测试组播协议的有效性和效率,并在拓扑结构稳定后,检验各个节点间通信的性能并绘制拓扑结构图。

实验时请运行 Wireshark 软件对通信时的数据包进行跟踪分析。

【实验结果】

通过对该实验的多次重复实验,并在不同数量、不同底层网络形态的环境下实验,验证本应用层组播协议的性能。当网络中某个节点使用该应用层组播协议发出消息时,该组内的其他所有节点都能收到该消息,并返回一个确认信息,通过确认信息确定该局域网的节点并输出拓扑结构图。

习 题 3

1. ping 程序的设计与实现。ping 命令是使用频率极高的一个网络测试命令,用于测试从一个主机到另一个主机间的网络是否可达。Windows 自带的 ping 命令具有强大的功能,它有很多选项用于实现不同的测试目的。请模仿 Windows 的 ping 命令,实现一个简单的 ping 命令。要求:

(1) 程序能实现基本的 ping 操作,发送 ICMP 回显请求报文,接收应答报文。

(2) 能记录路由。程序须提供"-r"选项,用于记录从源主机到目的主机的路由。

(3) 能输出用户帮助。程序须提供"?"选项,显示程序提供的选项以及选项格式等。

2. 编写一个能够发现路径 MTU 的 Traceroute 程序。

3. 设计一个能捕获网络中的 IP 数据包的程序,该程序能解析数据包的内容,并将结果显示在标准输出上,同时写入日志文件中。

程序的具体要求如下:

(1) 以带参数的命令行形式运行,如 ipparse logfile,其中 ipparse 是程序名,而 logfile 则代表记录结果的日志文件。

(2) 在标准输出和日志文件中写入捕获的 IP 包的版本、首部长度、服务类型、数据包总长度、数据包标识、分段标志、分段偏移值、生存时间、上层协议类型、头校验和、源 IP 地址和目的 IP 地址等内容。

(3) 程序有键盘中止功能。如当接收到键盘输入 Ctrl+C 时能正常退出。

4. UDP 组播程序编程实验。实验由 Sender 和 Receiver 两个程序组成,Sender 用户从控制台上输入多播发送数据,Receiver 端都要求加入同一个多播组,完成接收 Sender 发送的多播数据。

要求:

(1) 主机间 UDP 的性能测试之一:回程延迟时间。

(2) 服务器端能从客户端接收数据并立即将接收到的数据原样返回给客户端。

(3) 客户端能向服务器端发送数据,然后立即接收从服务器端原样返回的数据。

(4) 修改服务器端程序,打开广播插口选项,实现组播。

请写出测试数据(应准备多组数据)和预期结果;提供算法分析和流程图、源程序(加注释)。

5. 交换机 MAC 地址表的形成过程动态演示。

交换机根据数据帧中封装的目的 MAC 地址做出转发数据的决定。交换机在转发数据前必须知道它的每个端口所连接的主机的 MAC 地址，构建出一个 MAC 地址表，以便做出正确的转发决定。当交换机从某个端口收到数据帧后，读取数据帧中封装的目的 MAC 地址信息，然后查阅事先构建的 MAC 地址表，找出和目的地址相对应的端口，从该端口把数据转发出去，其他端口不受影响。交换机在地址表中找不到目的地址和端口的相对应记录时，则会把数据向除了数据来源端口外的其他所有端口转发，所以广播数据会被交换机转发到其所有端口，使得和交换机相连的设备处于同一个广播域内。该过程如图 3-12 所示。

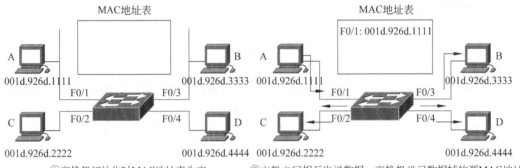

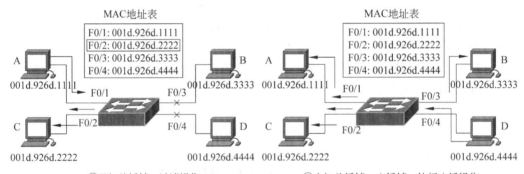

图 3-12 交换机 MAC 地址表的形成过程

当交换机启动时，初始的 MAC 地址表为空。此时，主机 A 向主机 C 发送一个数据帧（每个数据帧中都包含有源 MAC 地址和目的 MAC 地址），当该数据帧从 F0/1 端口进入交换机后，交换机通过检查数据帧中的源 MAC 地址字段，将该字段的值（主机 A 的 MAC 地址）放入 MAC 地址表中，并把它与 F0/1 端口对应起来，表示 F0/1 端口所连接的主机是 A。在 MAC 地址表中没有关于目的 MAC 地址（主机 C 的 MAC 地址）的条目，因此交换机将此帧向除了 F0/1 端口以外的所有端口转发。从而保证工作站 C 能收到该帧。其他接口的传送过程相同。

请编写程序，动态地显示交换机 MAC 表形成过程。

第4章 网 络 安 全

网络安全是互联网应用所面临的重要问题。本章主要从防火墙、ARP 欺骗、盗链与防盗链技术、"蜜罐"技术、入侵检测技术等实验说明网络安全与防御。

网络安全是指网络系统的硬件、软件及其系统中的数据受到保护,不因偶然或者恶意的原因而遭受到破坏、更改、泄露,系统连续可靠正常地运行,网络服务不中断。网络安全从其本质上而言就是网络上的信息安全。从广义而言,凡是涉及网络上信息的保密性、完整性、可用性、真实性和可控性的相关技术和理论都是网络安全的研究领域。

网络的安全是指通过采用各种技术和管理措施,使系统正常运行,从而确保网络数据的可用性、完整性和保密性。然而来自网络的安全威胁是实际存在的,特别是在网络上运行关键业务时,网络安全是首先要解决的问题。

构建网络安全系统,主要是进行认证、加密、监听、分析、记录等工作,一个全方位的安全体系应该包括以下功能。

访问控制:通过对特定网段、服务建立的访问控制体系,将绝大多数攻击阻止在到达攻击目标之前。常用于系统管理员控制用户对服务器、文件夹、文件等网络资源的访问。

检查安全漏洞:通过对安全漏洞的周期检查,发现可能存在的系统漏洞,在被攻击者发现和利用之前就将其修补好,即使攻击者到达攻击目标,也可使绝大多数攻击无效。

攻击监控:通过对特定网段和服务建立的攻击监控体系,可实时检测出绝大多数攻击,并采取相应的行动(如断开网络连接、记录攻击过程、跟踪攻击源等),从而避免非授权的访问。

加密通信:主动的加密通信可使攻击者不能了解和修改敏感信息。

认证:良好的认证体系可防止攻击者假冒合法用户。

备份和恢复:良好的备份和恢复机制可在攻击造成损失时尽快地恢复数据和系统服务。

一般需要构建多层防御,攻击者在突破第一道防线后,延缓或阻断其到达攻击目标。同时隐藏内部信息,使攻击者不能了解系统内部的基本情况。

围绕网络安全问题目前已经有许多解决办法,例如数据加密技术和防火墙技术等。数据加密是对网络中传输的数据进行加密,到达目的地后再解密还原为原始数据,目的是防止非法用户截获后盗用信息。防火墙技术通过对网络的隔离和限制访问等方法控制网络的访问权限。此外还有"蜜罐"技术、入侵检测等技术。

4.1 Linux 防火墙配置

防火墙是保护主机和网络安全的一种重要设施,Linux 自带的 iptables 防火墙功能非常丰富,是 Linux 系统构建防火墙的首选。

防火墙是必不可缺的防御机制,它只允许合法的网络流量进出系统,而禁止其他任何网络流量。为了确定网络流量是否合法,防火墙依靠它所包含的由网络或系统管理员预定义的一组规则。这些规则告诉防火墙某个流量是否合法,以及对于来自某个源、前往某个目的地或具有某种协议类型的网络流量要做些什么。"配置防火墙"就是指添加、修改和除去这些规则。

网络流量由 IP 信息包以流的形式从源系统传输到目的地系统的一些小块数据组成。这些信息包有首部,即在每个包前面所附带的一些数据位,它们包含有关信息包的源、目的地和协议类型的信息。防火墙根据一组规则检查这些首部,以确定接收哪个信息包以及拒绝哪个信息包,此过程称为信息包过滤。

4.1.1 netfilter/iptables

netfilter/iptables IP 信息包过滤系统是一种功能强大的工具,可用于添加、编辑和除去规则,这些规则是在进行信息包过滤时防火墙所遵循和组成的规则。这些规则存储在专用的信息包过滤表中,而这些表集成在 Linux 内核中。

在信息包过滤表中,规则被分组放在所谓的链(Chain)中。iptables 组件是一种工具,也称为用户空间,它使插入、修改和除去信息包过滤表中的规则变得容易。通过使用用户空间,可以构建自己的定制规则,并存储在内核空间的信息包过滤表中。这些规则告诉内核对来自某些源、前往某些目的地或具有某些协议类型的信息包做些什么。

如果某个信息包与规则匹配,那么使用目标 ACCEPT 允许该信息包通过。还可以使用目标 DROP 或 REJECT 阻塞并丢弃信息包。根据规则所处理的信息包的类型,可以将规则在链中分组。处理入站信息包的规则被添加到 INPUT 链中,处理出站信息包的规则被添加到 OUTPUT 链中,处理正在转发的信息包的规则被添加到 FORWARD 链中。这三条链是基本信息包过滤表中内置的默认主链。

另外还有其他许多可用的链的类型(如 PREROUTING 和 POSTROUTING),以及提供用户定义的链。每条链都可以有一个策略,它定义"默认目标",即要执行的默认操作,当信息包与链中的任何规则都不匹配时执行此操作。建立规则并将链放在适当的位置之后,就可以开始进行真正的信息包过滤工作了。这时内核空间从用户空间接管工作。当信息包到达防火墙时,内核先检查信息包的首部信息,尤其是信息包的目的地,这个过程称为路由。

netfilter 是 Linux 核心中的一个通用架构,它提供了一系列的"表"(Tables),每个表由若干"链"(Chains)组成,而每条链中可以由一条或数条规则(Rule)组成。因此,可以理解 netfilter 是表的容器,表是链的容器,而链又是规则的容器,如图 4-1 所示。

系统默认的表为 filter,该表中包含了 INPUT、FORWARD 和 OUTPUT 共三条链。每条链中可以有一条或数条规则,每条规则都定义为"如果数据包头符合这样的条件,就这样处理这个数据包"。当一个数据包到

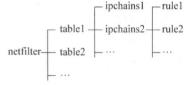

图 4-1 netfilter 总体结构

达一条链时,系统就会从第一条规则开始检查,看是否符合该规则所定义的条件。如果满足条件,系统将根据该条件规则所定义的方法处理该数据包;否则继续检查下一条规则。最后,如果该数据包不符合该链中所有规则的话,系统就会根据该链预先定义的策略处理该数

据包。

数据包在 filter 表中的流程如图 4-2 所示。有数据包进入系统时,系统首先根据路由表决定将数据包发给哪一条链,有三种可能情况。

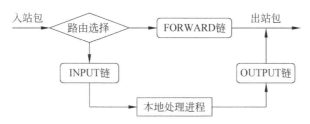

图 4-2 数据包在 filter 表中的流程

(1) 如果数据包的目的地址是本机,则系统将数据包送往 INPUT 链,如果通过规则检查,则该包被发给相应的本地进程处理;如果未通过规则检查,系统就会将该包丢掉。

(2) 如果数据包的目的地址不是本机,即该包将被转发,则系统将数据包送往 FORWARD 链;如果通过规则检查,则该包被发给相应的本地进程处理;如果未通过规则检查,系统就会将该包丢掉。

(3) 如果数据包是由本地系统进程产生的,则系统将其送往 OUTPUT 链;如果通过规则检查,则该包被发给相应的本地进程处理;如果未通过规则检查,系统就会将该包丢掉。

4.1.2 建立规则和链

防火墙提供有关对来自某个源、前往某个目的地或具有特定协议类型的信息包要执行的指令、规则以控制信息包的过滤。使用 netfilter/iptables 系统提供的特殊命令 iptables,建立这些规则,并将其添加到内核空间的特定信息包过滤表内的链中。关于添加、除去、编辑规则的命令的一般语法如下:

```
iptables [-t table] command [match] [target]
```

各部分命令详解如下。

(1) -t tables:此选项允许使用标准表之外的任何表。表是包含仅处理特定类型信息包规则和链的信息包过滤表。有三种可用的表选项:filter、nat 和 mangle。

该选项不是必需的,如果未指定,则 filter 表用于一般的信息包过滤,它包含 INPUT、OUTPUT 和 FORWARD 链。nat 表用于要转发的信息包,它包含 PREROUTING、OUTPUT 和 POSTROUTING 链。如果信息包及其头部内进行了任何更改,则使用 mangle 表。该表包含一些规则标记用于高级路由的信息包,该表包含 PREROUTING 和 OUTPUT 链。

(2) command:这条命令中具有强制性的 command 部分,它是 iptables 命令的最重要部分,它告诉 iptables 命令要做什么,例如插入规则、将规则添加到链的末尾或删除规则。

以下是最常用的一些命令:

① -A 或 -append:该命令将一条规则附加到链的末尾。

示例:

```
$iptables -A INPUT -s 205.168.0.1 -j ACCEPT
```

该示例命令将一条规则附加到 INPUT 链的末尾,确定来自源地址 205.168.0.1 的信息包可以 ACCEPT。

② -D 或-delete:通过用-D 指定要匹配的规则或者指定规则在链中的位置编号,该命令从链中删除该规则。下面的示例显示了这两种方法。

示例:

```
$iptables -D INPUT --dport 80 -j DROP
$iptables -D OUTPUT 3
```

第一条命令是从 INPUT 链中删除规则,它指定 DROP 前往 80 端口的信息包。第二条命令只是从 OUTPUT 链中删除编号为 3 的规则。

③ -P 或-policy:该命令设置链的默认目标,即策略。所有与链中任何规则都不匹配的信息包都将被强制使用此链的策略。

示例:

```
$iptables -P INPUT DROP
```

该命令将 INPUT 链的默认目标指定为 DROP。这意味着将丢弃所有与 INPUT 链中任何规则都不匹配的信息包。

④ -N 或-new-chain:用命令中所指定的名称创建一条新链。

示例:

```
$iptables -N allowed-chain
```

⑤ -F 或-flush:如果指定链名,该命令删除链中的所有规则;如果未指定链名,该命令删除所有链中的所有规则。此参数用于快速清除。

示例:

```
$iptables -F FORWARD
$iptables -F
```

⑥ -L 或-list:列出指定链中的所有规则。

示例:

```
$iptables -L allowed-chain
```

(3) match:可选部分,指定信息包与规则匹配所应具有的特征(如源和目的地址、协议等)。匹配分为两大类:通用匹配和特定协议的匹配。这里主要讨论可用于采用任何协议的信息包的通用匹配。下面是一些重要且常用的通用匹配及其示例和说明。

① -p 或-protocol:该通用协议匹配用于检查某些特定协议。协议示例有 TCP、UDP、ICMP、用逗号分隔的任何这三种协议的组合列表以及 ALL(用于所有协议)。ALL 是默认匹配,可以使用!符号,它表示不与该项匹配。

示例:

```
$iptables -A INPUT -p TCP, UDP
$iptables -A INPUT -p ! ICMP
```

在上述示例中,两条命令都执行同一任务,它们指定所有 TCP 和 UDP 信息包都将与该规则匹配。通过指定!ICMP,允许所有其他协议(在这种情况下是 TCP 和 UDP),而将 ICMP 排除在外。

② -s 或-source:该源匹配用于根据信息包的源 IP 地址与它们匹配。该匹配还允许对某一范围内的 IP 地址进行匹配,可以使用!符号,表示不与该项匹配。默认源匹配与所有 IP 地址匹配。

示例:

```
$iptables -A OUTPUT -s 192.168.1.1
$iptables -A OUTPUT -s 192.168.0.0/24
$iptables -A OUTPUT -s ! 203.16.1.89
```

第二条命令指定该规则与所有来自 192.168.0.0 到 192.168.0.255 的 IP 地址范围的信息包匹配。第三条命令指定该规则将与除了来自源地址 203.16.1.89 外的任何信息包匹配。

③ -d 或-destination:该目的地匹配用于根据信息包的目的地 IP 地址与它们匹配。该匹配还允许对某一范围内 IP 地址进行匹配,可以使用!符号,表示不与该项匹配。

示例:

```
$iptables -A INPUT -d 192.168.1.1
$iptables -A INPUT -d 192.168.0.0/24
$iptables -A OUTPUT -d ! 203.16.1.89
```

④ --in-interface/-i 或--out-interface/-o:指定网络接口,从 NAT 的原理可以看出,对于 PREROUTING 链,只能用-i 指定进来的网络接口;而对于 POSTROUTING 和 OUTPUT 链只能用-o 指定出去的网络接口。

示例:

```
$iptables -t nat -A POSTROUTING -s 192.168.1.0/24 -o eth0 -j SNAT --to 1.2.3.4
```

更改所有来自 192.168.1.0/24 的数据包的源 IP 地址为 1.2.3.4。

⑤ --source-port/--sport 和--destination-port/--dport:指定端口。

示例:

```
$iptables -t nat -A POSTROUTING -s 192.168.1.0/24 -o eth0 -j SNAT --to 1.2.3.4
```

(4) target:目标是由规则指定的操作,对与那些规则匹配的信息包执行这些操作。除了允许用户定义的目标之外,还有许多可用的目标选项。

下面是常用的一些目标及其示例和说明。

ACCEPT:当信息包与具有 ACCEPT 目标的规则完全匹配时会被接收(允许它前往目的地),并且它将停止遍历链(虽然该信息包可能遍历另一个表中的其他链,并且有可能在那里被丢弃)。该目标被指定为-j ACCEPT。

DROP:当信息包与具有 DROP 目标的规则完全匹配时会阻塞该信息包,并且不对它做进一步处理。该目标被指定为-j DROP。

REJECT:该目标的工作方式与 DROP 目标相同,但优于 DROP。和 DROP 不同,

REJECT 不会在服务器和客户机上留下死套接字。另外,REJECT 将错误消息发回给信息包的发送方。该目标被指定为-j REJECT。

示例:

```
$iptables -A FORWARD -p TCP --dport 22 -j REJECT
```

RETURN:在规则中设置的 RETURN 目标让与该规则匹配的信息包停止遍历包含该规则的链。如果链是如 INPUT 之类的主链,则使用该链的默认策略处理信息包。它被指定为-jump RETURN。

示例:

```
$iptables -A FORWARD -d 203.16.1.89 -jump RETURN
```

还有许多用于建立高级规则的其他目标,如 LOG、REDIRECT、MARK、MIRROR 和 MASQUERADE 等。

【例 4-1】 filter 表的防火墙应用。

设有 1 台 Linux 服务器,利用 iptables 作为防火墙,要求自定义一条名为 MYCHAIN 的新链,实现只允许开放本机的 HTTP 服务,其余协议和端口均拒绝。

解答:一般情况下,为了 iptables 规则编辑的方便,通常采用脚本程序实现具体的防火墙规则。设防火墙脚本文件名是 newchain.sh,为实现上述要求,其内容设置如下:

```
#!/bin/sh
iptables -F                          #清空 filter 表中的规则
iptables -X                          #删除 filter 表中自定义的链

iptables -N MYCHAIN                  #自定义名字为 MYCHAIN 的链
iptables -A MYCHAIN -p tcp --dport 80 -j ACCEPT
            #在 MYCHAIN 链追加一条规则,功能为接收协议为 tcp 且目的端口为 80 的数据包
iptables -A MYCHAIN -j RETURN
            #在 MYCHAIN 链追加一条规则,返回到调用该链处的下一条规则
iptables -P INPUT DROP               #将 INPUT 的默认处理策略设置为 DROP
iptables -A INPUT -i lo -j ACCEPT    #接收本机环回测试的数据包进入
iptables -A INPUT -j MYCHAIN         #在 INPUT 链中追加一条规则,功能为跳转到 MYCHAIN 链中执
                                     #行其中的规则
iptables -A INPUT -p tcp --dport 22 -j LOG --log-prefix "<--my GO ON-->"
#在 INPUT 链中追加一条规则,功能是将访问本机 TCP 22 端口的数据包记录到日志中,并在日志中
#加上前缀"<--my GO ON-->"
iptables -A OUTPUT DROP              #设置 OUTPUT 链的默认处理策略为 DROP
iptables -A OUTPUT -p tcp --sport 80 -j ACCEPT  #在 OUTPUT 链中追加一条规则,放行协
                                                #议为 TCP 且源端口为 80 的数据包
iptables -L
```

上述配置完成后,存入文件 newchain.sh。可通过执行如下脚本验证:

```
#./newchain.sh
```

本例中前两条规则实现了清空 filter 表中的所有规则并删除所有自定义的链,这样做

的目的是为了设置一个"干净"的环境,以利于后续脚本中规则正确地发挥作用。

4.1.3 其他 NAT 配置

1. 源 NAT(SNAT)

例如,更改所有来自 192.168.1.0/24 的数据包的源 IP 地址为 1.2.3.4,命令如下:

```
#iptables -t nat -A POSTROUTING -s 192.168.1.0/24 -o eth0 -j SNAT --to 1.2.3.4
```

这里需要注意的是,系统在路由及过滤等处理直到数据包要被送出时才进行 SNAT。有一种 SNAT 的特殊情况是 IP 欺骗(Masquerading),通常建议在使用拨号上网或合法 IP 地址不固定的情况下使用。例如:

```
#iptables -t nat -A POSTROUTING -o ppp0 -j MASQUERADE
```

可以看出,此时没有必要显式地指定源 IP 地址等信息。

2. 目的 NAT(DNAT)

例如,更改所有来自 192.168.1.0/24 的数据包的目的 IP 地址为 1.2.3.4,命令如下:

```
#iptables -t nat -A PREROUTING -s 192.168.1.0/24 -i eth1 -j DNAT --to 1.2.3.4
```

这里需要注意的是,系统是先进行 DNAT,然后才进行路由及过滤等操作。有一种 DNAT 的特殊情况是重定向(Redirection),此时就相当于将符合条件的数据包的目的 IP 地址改为数据包进入系统时的网络接口的 IP 地址。通常是在与 squid 配置形成透明代理时使用。假设 squid 的监听端口是 3128,可以通过以下语句将来自 192.168.1.0/24 且目的端口为 80 的数据包重定向到 squid 监听端口:

```
#iptables -t nat -A PREROUTING -i eth1 -p tcp -s 192.168.1.0/24 --dport 80 -j REDIRECT --to-port 3128
```

实验 4-1 Linux 防火墙设计

【实验目的】

(1) 了解防火墙的功能和原理。

(2) 熟悉 Linux 下防火墙的配置。

【实验设备】

(1) 硬件:计算机 4 台(其中 1 台配置双网卡)、交换机 1 台、Internet 接入点 1 个。

(2) 操作系统:具有双网卡并安装 Linux 操作系统的计算机 1 台;其他 3 台计算机安装 Windows(或 Linux)操作系统。

【实验内容】

(1) 防火墙原理。

(2) netfilter/iptables 命令的使用。

(3) 构建一个小型私有网络。

(4) 实现私有网络访问外部网络。

(5) 通过 Linux 服务器实现防火墙功能。

【实验拓扑】

本实验拓扑结构如图 4-3 所示。

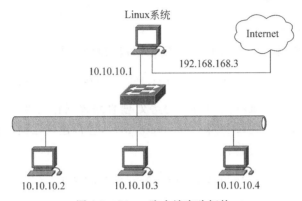

图 4-3　Linux 防火墙实验拓扑

【实验要求】

设计一个防火墙,用于保护服务器和内部网络的安全性,但是要提供访问 Internet 的足够功能。

实验要求:

第一部分:实现列出的所有功能,每个功能至少可由一条命令实现。

第二部分:自己设计一个防火墙。

【实验步骤】

实验第一部分。

步骤 1:Linux 服务器网卡地址配置。

外部网卡地址:192.168.168.3;子网掩码:255.255.255.0;网关:192.168.168.1。

内部网卡地址:10.10.10.1;子网掩码:255.255.255.0;网关:无。

3 台计算机:子网掩码 255.255.255.0;网关:10.10.10.1。

步骤 2:实现内部网络访问外部网络功能。

用 root 账号登录 Linux 系统,启动"系统设置"中"网络"选项,将其打开,进行网络配置。如果网卡已经配置就不必做下面的配置。

配置外部网卡:选定 eth0,单击"编辑"按钮,设置 IP 地址为 192.168.168.3,网关为 192.168.168.1,子网掩码为 255.255.255.0。

配置内部网卡:选定 eth1,单击"编辑"按钮,设置 IP 地址为 10.10.10.1,子网掩码为 255.255.255.0。

用 iptables 实现 NAT 功能。

(1) 启动"系统工具"栏,选择"终端"选项,打开终端控制器。

(2) 配置 NAT 功能,实现内部网络能够访问外部网络。

配置命令:(注意大小写和空格以及命令的先后顺序)

① #modprobe ip_tables　　　　　　　　!装载 ip_tables 模块

② #iptables -F　　　　　　　　　　　　!清空 filter 表

③ #iptables -t nat -F　　　　　　　　　!清空 nat 表

④ #iptables -A FORWARD -s 10.10.10.0/24 -j ACCEPT
!转发所有来自10.10.10.0网段的数据包到外部网络
⑤ #iptables -A FORWARD -i eth0 -m state --state ESTABLISHED,RELATED -j ACCEPT
!允许所有已经建立连接的数据包从外部网络进入内部网络,即内部网络向外部网络发出
!请求,外部网络返回的数据包就可以通过防火墙
⑥ #iptables -t nat -A POSTROUTING -o eht0 -s 10.10.10.0/24 -j MASQUERADE
!将所有来自内部网络的数据包的 IP 地址由 10.10.10.* 换成 192.168.168.3
⑦ #echo >1 /proc/sys/net/ipv4/ip_forward !启动 ip_forward 功能

(3) 设置3台计算机的IP网络配置,用ping命令测试网络的连通性。

(4) 将第4行(即配置命令④)中10.10.10.0/24改为10.10.10.32/28,对应网关改为10.10.10.33,将计算机的IP地址更改为10.10.10.1、10.10.10.34、10.10.10.97,测试各台计算机与网络的连通性,解释上面出现的现象。

步骤3：实现简单的防火墙功能(注意：例中站点为说明方便,实验时可自行另外指定)。

下面的功能测试所用的站点：www.sysu.edu.cn、www.sina.com.cn、bbs.sysu.edu.cn、ftp.sysu.edu.cn。若没有特意指明禁止所有流量,则表示其他流量均可以访问。测试www服务部分时,浏览器不设置代理服务器,每个功能单独测试,做完一个功能便删除该命令。

(1) 控制内部网络访问外部网络。

数据流方向：内部网络→外部网络。

① 禁止内部网络访问外部站点 www.sydu.edu.cn 的所有流量。
② 禁止内部网络访问外部站点 www.sysu.edu.cn 的 WWW 服务流量。
③ 禁止内部网络访问外部站点 ftp.sysu.edu.cn 的 FTP 流量。
④ 禁止内部网络访问外部站点 bbs.sysu.edu.cn 的 Telnet 量。
⑤ 禁止内部网络访问外部站点 202.116.64.1 的 DNS 流量。
⑥ 禁止内部网络访问外部站点 202.116.64.1 的 ping 流量。

将上面的内部网络改为内部网络某台主机、外部站点改为其他 Internet 站点测试。

数据流方向：外部网络→内部网络。

① 禁止外部站点 www.sysu.edu.cn 访问内部网络的所有流量。
② 禁止外部站点 www.sysu.edu.cn 访问内部网络的 WWW 服务流量。
③ 禁止外部站点 ftp.sysu.edu.cn 访问内部网络的 FTP 流量。
④ 禁止外部站点 bbs.sysu.edu.cn 访问内部网络的 Telnet 流量。
⑤ 禁止外部站点 202.116.64.1 访问内部网络的 DNS 流量。
⑥ 禁止外部站点 202.116.64.1 访问内部网络的 ping 流量。

将上面的内部网络改为内部网络某台主机、外部站点改为其他 Internet 站点测试。

(2) 控制服务器访问外部网络(允许内部网络访问外部网络流量通过)。

数据流方向：服务器→外部网络。

① 禁止服务器访问外部站点 www.sysu.edu.cn 的所有流量。
② 禁止服务器访问外部站点 www.sysu.edu.cn 的 WWW 服务流量。
③ 禁止服务器访问外部站点 ftp.sysu.edu.cn 的 FTP 流量。
④ 禁止服务器访问外部站点 bbs.sysu.edu.cn 的 Telnet 流量。

⑤ 禁止服务器访问外部站点 202.116.64.1 的 DNS 流量。
⑥ 禁止服务器访问外部站点 202.116.64.1 的 ping 流量。
将上面的外部站点改为其他 Internet 站点测试。

数据流方向：外部网络→服务器。
① 禁止外部站点 www.sysu.edu.cn 访问服务器的所有流量。
② 禁止外部站点 www.sysu.edu.cn 访问服务器的 WWW 服务流量。
③ 禁止外部站点 ftp.sysu.edu.cn 访问服务器的 FTP 流量。
④ 禁止外部站点 bbs.sysu.edu.cn 访问服务器的 Telnet 流量。
⑤ 禁止外部站点 202.116.64.1 访问服务器的 DNS 流量。
⑥ 禁止外部站点 202.116.64.1 访问服务器的 ping 流量。
将上面的外部站点改为其他 Internet 站点测试。

实验第二部分：请参照第一部分的实验内容，自定规则，自行设计一个有特色的防火墙，并写出设计思路，进行实验测试，给出测试截图。

4.2 ARP 欺骗

在 TCP/IP 协议的网络环境下，一个 IP 包的传输路线主要由路由器的路由表决定。而当 IP 包到达该网络后，由哪台主机响应该 IP 包却是由该 IP 包中所包含的硬件 MAC 地址识别。即只有主机的硬件 MAC 地址和该 IP 包中的硬件 MAC 地址相同的主机才会应答该 IP 包。网络中每台主机都有可能发送 IP 包，因此在每台主机的内存中，都有一个 ARP 转换表。通常这是动态的转换表（该表也可以手工添加静态条目），即该表会被主机在一定的时间间隔后刷新。这个时间间隔就是 ARP 高速缓存的超时时间（参见第 1 章 ARP 命令相关内容）。

主机在发送一个 IP 包之前，它要到该转换表中寻找和 IP 包对应的硬件 MAC 地址，如果没有找到，就刷新自己的 ARP 缓存，然后发出一个 ARP 广播包。

4.2.1 同一网段的 ARP 欺骗

3 台主机的 IP 地址和 MAC 地址如图 4-4 所示。

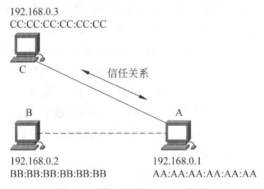

图 4-4 同一网段的 ARP 欺骗

一个位于主机 B 的入侵者想非法进入主机 A，假设主机 A 上安装有防火墙。通过收集资料主机 B 知道主机 A 的防火墙只对主机 C 有信任关系(例如主机 A 对主机 C 开放了 Telnet 23 端口)。于是主机 B 决定使用 Telnet 进入主机 A。

对主机 B 而言,必须让主机 A 相信主机 B 就是主机 C,假设主机 A 和主机 C 之间的信任关系是建立在 IP 地址之上的。如果仅把主机 B 的 IP 地址改成和主机 C 的一样,就会产生 IP 冲突问题而使接口不能正常工作。如果能让主机 C 脱离网络,主机 B 改为主机 C 的 IP 地址是可行的,在只认 IP 地址的情况下主机 B 就可以成功地通过 23 端口 Telnet 到主机 A 上面,从而成功绕过防火墙的限制。

然而,如果主机 A 和主机 C 之间的信任关系是建立在硬件地址的基础上,则上面的做法不能达到目的。需要用 ARP 欺骗的手段让主机 A 把自己的 ARP 缓存中关于 192.168.0.3 映射的硬件地址改为主机 B 的硬件地址。

入侵者可以制造一个 arp_reply 的响应包,发送给想要欺骗的主机,而这是可以实现的,因为协议并没有规定必须在接收到 arp_echo 后才可以发送响应包,目前这类软件工具很多。入侵者也可以直接用 Sniffer Pro(或科来网络分析软件)捕获一个 ARP 响应包,然后进行冒名顶替式地修改,之后再将包发送到网络上。

这样入侵者就可以通过虚假的 ARP 响应包修改主机 A 上的动态 ARP 缓存以达到欺骗的目的。

该过程具体的步骤概括如下:

(1) 入侵者先研究 192.168.0.3 这台主机,发现这台主机的漏洞。
(2) 根据发现的漏洞使主机 C 死机,暂时停止工作。
(3) 这段时间里,入侵者把自己的 IP 地址改成 192.168.0.3。
(4) 入侵者用工具发一个源 IP 地址为 192.168.0.3、源 MAC 地址为 BB:BB:BB:BB:BB:BB 的包给主机 A,要求主机 A 更新自己的 ARP 转换表。
(5) 主机 A 更新了 ARP 表中关于主机 C 的 IP 与 MAC 对应关系。
(6) 防火墙失效,入侵的 IP 地址变成合法的 MAC 地址,即可建立 Telnet 会话。

以上是在同一网段发生的 ARP 欺骗。

4.2.2 不同网段的 ARP 欺骗

主机 A、C 位于同一网段而主机 B 位于另一网段,3 台机器的 IP 地址和硬件地址如图 4-5 所示。

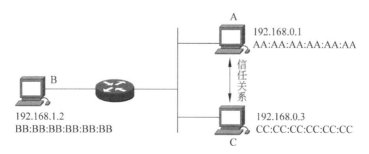

图 4-5 不同网段之间的 ARP 欺骗

在这种情况下,位于 192.168.1.0 网段的主机 B 要冒充主机 C 欺骗主机 A,显然用上面的办法即使欺骗成功,在主机 B 和主机 A 之间也无法建立 Telnet 会话,因为路由器不会把主机 A 发给主机 B 的包向外转发,路由器会发现地址在 192.168.0.x 网段之内。

这就涉及另外一种欺骗方式:ICMP 重定向。把 ARP 欺骗和 ICMP 重定向结合在一起就可以基本实现跨网段欺骗的目的。

ICMP 重定向报文是 ICMP 控制报文中的一种。在特定的情况下,当路由器检测到一台主机使用非优化路由时,它会向该主机发送一个 ICMP 重定向报文,请求主机改变路由。路由器也会把初始数据报向它的目的地转发。入侵者正是利用 ICMP 重定向报文达到欺骗的目的。

下面是结合 ARP 欺骗和 ICMP 重定向进行攻击的步骤。

(1) 修改 TTL。TTL 定义一个 IP 包在网络上能存活的时间,默认值为 128(Windows XP)。入侵者为了使自己发出的非法 IP 包能在网络上的存活时间更长一点,以利于包的充分广播,可把 TTL 改成 255。

(2) 下载一个可以自由制作包的工具或有改包、发包功能的抓包软件(例如 Sniffer Pro)。

(3) 寻找主机 C 的漏洞,利用该漏洞使主机 C 宕机。

(4) 主机 A 在该网络找不到原来的 192.168.0.3 后,将更新自己的 ARP 对应表。而主机 B 发送一个源 IP 地址为 192.168.0.3、硬件地址为 BB:BB:BB:BB:BB:BB 的 ARP 响应包。

(5) 至此,每台主机都知道一个新的 MAC 地址对应 192.168.0.3,ARP 欺骗完成。但是,每台主机都只会在局域网中寻找这个地址而不会把发送给 192.168.0.3 的 IP 包交给路由。于是主机 B 还要构造一个 ICMP 的重定向广播包。

(6) 主机 B 定制一个 ICMP 重定向包告诉网络中的主机:"到 192.168.0.3 的路由最短路径不是局域网,而是路由,请主机重定向路由路径,把所有到 192.168.0.3 的 IP 包交给路由"。

(7) 主机 A 接收这个合理的 ICMP 重定向,于是修改自己的路由路径,把对 192.168.0.3 的通信都交给路由器。

(8) 入侵者可以在路由外收到来自路由内的主机的 IP 包,主机 B 可以开始 Telnet 到主机 A 的 23 端口。

实际上,上面的设想只是一种理想的情况,主机许可接收的 ICMP 重定向包其实有很多的限制条件,这些条件使 ICMP 重定向变得非常困难。

TCP/IP 协议实现中关于主机接收 ICMP 重定向报文主要有下面几条限制。

(1) 新路由必须是直达的。

(2) 重定向包必须来自去往目标的当前路由。

(3) 重定向包不能通知主机用自己作路由。

(4) 被改变的路由必须是一条间接路由。

由于有这些限制,所以 ICMP 欺骗实际上很难实现。但是入侵者也可以主动地根据上面的思路寻找一些其他的方法。更为重要的是,知道了这些欺骗方法的危害性,就可以采取相应的防御办法。

4.2.3 ARP 欺骗的防御

知道了 ARP 欺骗的方法和危害,就可以采取一些针对性的防御方法。

(1) 不要把网络安全信任关系建立在 IP 地址或硬件 MAC 地址的基础上(RARP 同样存在欺骗的问题),理想的关系应该建立在 IP+MAC 基础上。

(2) 设置静态的 MAC 与 IP 对应表,不要让主机刷新设定好的转换表。

(3) 除非很有必要,否则停止使用 ARP,将 ARP 作为永久条目保存在对应表中(例如在 Linux 下可以用 ifconfig -arp 命令使网卡驱动程序停止使用 ARP)。

(4) 使用代理网关发送外出的信息。

(5) 修改系统拒收 ICMP 重定向报文(例如在 Linux 下可以通过在防火墙上拒绝 ICMP 重定向报文或者修改内核选项重新编译内核拒绝接收 ICMP 重定向报文;在 Windows 下可以通过防火墙和 IP 策略拒绝接收 ICMP 报文)。

由于 ARP 协议的种种弊端,IPv6 已经不再采用 ARP 协议。

实验 4-2 ARP 测试与防御

【实验名称】

ARP 测试与防御。

【实验目的】

使用交换机的 ARP 检查功能,防止 ARP 欺骗攻击。

【技术原理】

ARP(Address Resolution Protocol,地址解析协议)是一个位于 TCP/IP 协议栈中的低层协议,负责将某个 IP 地址解析成对应的 MAC 地址。

(1) 对路由器 ARP 表的欺骗。

捕获网关数据。它通知路由器一系列错误的内网 MAC 地址,并按照一定的频率不断进行,使真实的地址信息无法通过更新保存在路由器中,结果路由器的所有数据只能发送给错误的 MAC 地址,造成正常计算机无法收到信息。

(2) 对内网计算机的网关欺骗。

伪造网关。其原理是建立假网关,让被它欺骗的计算机向假网关发数据,而不是通过正常的路由器途径上网。在计算机看来就是无法连网(网络掉线)。

交换机的 ARP 检查功能可以检查端口收到的 ARP 报文的合法性,并可以丢弃非法的 ARP 报文,防止 ARP 欺骗攻击。

【实验拓扑】

本实验的拓扑结构如图 4-6 所示。

【实验设备】

交换机 1 台,计算机 2 台且其中 1 台需要安装 ARP 欺骗攻击工具 WinArpSpoofer(测试用),路由器 1 台(作为网关)。

【实验步骤】

步骤 1:配置 IP 地址,测试网络连通性。

按照拓扑图正确配置计算机、攻击机、路由器的 IP 地址,使用 ping 命令验证设备之间

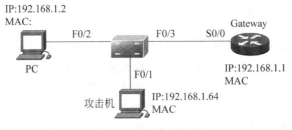

图 4-6 ARP 实验拓扑

的连通性,保证可以互通。查看计算机本地的 ARP 缓存,ARP 表中存有正确的网关的 IP 与 MAC 地址绑定,在命令窗口中执行 arp -a 命令。

步骤 2:在攻击机上运行 WinArpSpoofer 软件(在网络上下载)后,在界面"Adapter"选项卡中选择正确的网卡后,WinArpSpoofer 会显示网卡的 IP 地址、掩码、网关、MAC 地址以及网关的 MAC 地址信息。

步骤 3:配置 WinArpSpoofer。

在 WinArpSpoofer 界面中选择 Spoofing 标签,打开 Spoofing 选项卡。

在 Spoofing 选项卡中,取消选中 Act as a Router(or Gateway)while spoofing 选项。如果选中,软件还将进行 ARP 中间人攻击。单击选中 Gateway,配置完毕后,单击 OK 按钮。

步骤 4:使用 WinArpSpoofer 进行扫描。

单击工具栏中的 Scan 按钮,软件将扫描网络中的主机,并获取其 IP 地址、MAC 地址等信息。

步骤 5:进行 ARP 欺骗。

单击工具栏中的 Start 按钮,软件将进行 ARP 欺骗攻击。

步骤 6:欺骗验证测试。

(1) 通过使用 Wireshark 捕获攻击机发出的报文,可以看出攻击机发送了经过伪造的 ARP 应答(Reply)报文。

(2) 使用计算机 ping 网关的地址,发现无法 ping 通。查看计算机的 ARP 缓存,可以看到计算机在收到了伪造的 ARP 应答报文后更新了 ARP 表,表中的条目为错误的绑定,即网关的 IP 地址与攻击机的 MAC 地址进行了绑定。这可在命令窗口中执行 arp -a 命令进行显示。

步骤 7:配置 ARP 检查,防止 ARP 欺骗攻击。

在交换机连接攻击者计算机的端口上启用 ARP 检查功能,防止 ARP 欺骗攻击。

```
Switch(config)#interface fastethernet 0/1
Switch(config-if)#switchport port-security
Switch(config-if)#switchport port-security mac-address [MAC] ip-address [IP]
          !将攻击者的 MAC 地址与其真实的 IP 地址绑定(MAC、IP 以实际值代入)
```

步骤 8:防御验证测试。

启用 ARP 检查功能后,当交换机端口收到非法 ARP 报文后,会将其丢弃。这时在计算机上查看 ARP 缓存,可以看到 ARP 表中的条目是正确的,且计算机可以 ping 通网关。

注意:由于计算机之前缓存了错误的 ARP 条目,所以需要等到错误条目超时或者使用 arp

-d 命令进行手动删除之后,计算机才能解析出正确的网关 MAC 地址。

4.3 盗链与反盗链技术

盗链指此内容不在自己服务器上,而通过技术手段绕过别人投放的有广告利益的最终页面,直接在自己的有广告利益的页面上向最终用户提供此内容。盗链导致被盗链站的直接经济损失、服务器外来压力以及盗链网站利用非正当手段获得其他利益(包括网友信任度以及广告投资等)。

打个比方,盗链就如同盗打电话,在别人家的电话线上接一台电话,供其他人盗打,而电话费则由被盗打的人支付。

网站盗链大量消耗被盗链网站的带宽,使网站不能获得点击率,严重损害了被盗链网站的利益。常见的盗链有图片盗链、音频盗链、视频盗链、文件盗链等。

4.3.1 盗链原理

网络上之所以有盗链,主要缘于 HTTP 的请求/应答机制。一般被浏览的页面并不是一次就将全部内容传送到客户端。如果客户端请求的是一个带有许多图片和其他信息的页面,那么最先的一个 HTTP 请求被传送回来的是该页面的 HTML 文本。客户端浏览器对这段文本解释执行时,发现其中还有其他文件,就会再发送一个(或者多个)HTTP 请求。这些请求被服务器处理后后续图片(文件)才会被传送到客户端,并由浏览器将这些图片(或其他信息)放置到页面上。即一个完整的页面往往要经过发送多个 HTTP 请求才能够被完整地显示,这种机制使盗链成为可能。如果网站中并没有页面中的内容(例如图片信息),盗链者完全可以在自己的页面中嵌入其他网站的链接,并将链接显示在自己的页面上,从而达到盗链的目的。这样没有任何资源的网站利用了其他网站的资源给浏览者展示,提高了自己的访问量且难以被浏览者发现。

为了盗链,盗链者一般会在后台设置专门程序,以便在 Internet 上捕获有用的链接,然后存储到自己的数据库中。而对于普通用户(通常是下载用户)的每次访问,盗链者首先在已有数据库中查询,被查询到的 URL 就是被盗链的对象。由于对文件的访问已经被浏览器屏蔽,所以普通用户感觉不到所访问的链接是被盗取的链接。实际上一些下载软件就是通过这种方法大幅提高下载速率。

4.3.2 反盗链技术

反盗链就是反对盗链技术给提供商造成损失的一个技术。反盗链的目的在于保护自己的服务器资源特别是网络带宽不被非法滥用,避免不法网站的侵扰。常见的反盗链技术有以下几种。

1. 不定期更名文件或者目录

不定期地更改文件或者目录的名称是最原始的反盗链的方式,可以比较有效地防止盗链。这种方法一般工作量比较大。但是批量的文件改名完全可以自动化,而且也比较容易实现。

但是这种方法未必有效。如果只是文件更名,文件内容在更名前后是不变的,盗链者还是可以通过 MD5 码识别不同名的同一文件,因为它们的 MD5 码是相同的。

如果可能,可以在不影响文件实质内容的前提下对原文件内容进行一些小的修改,例如对电影文件(或 MP3 文件)可修改标题和作者(哪怕仅加入或减少一个空格或更改标点符号);对压缩包则可采取在压缩包上加注解的方法,这样就会改变原有文件的 MD5 码。但是,如果这样的文件被下载后再发布到其他网站,其 MD5 码就不唯一了。

2. 限制引用页

这种反盗链原理是服务器获取用户提交信息的网站地址,然后和真正的服务端的地址相比较,如果一致则表明是站内提交或者为自己信任的站点提交,否则视为盗链。例如对于 Apache 网站的反盗链技术,一般可通过判断 REFERER 变量的值判断图片或资源的引用是否合法,只有在设定范围内的 REFERER,才能访问指定的资源,从而实现了反盗链的目的。

REFERER、COOKIES 设置都是目前网络上广泛采用的反盗链方法,这两种方法最大的缺陷就是盗链者可以轻易将其模仿。

3. 文件伪装

文件伪装是目前使用最多的一种反盗链技术,一般会结合服务器端动态脚本(PHP/JSP/ASP)。实际上用户请求的文件地址只是一个经过伪装的脚本文件,这个脚本文件会对用户的请求做认证,一般会检查 Session,Cookie 或 HTTP_REFERER 作为判断是否为盗链的依据。而真实的文件实际隐藏在用户不能够访问的地方,只有用户通过验证以后才会返回给用户。

4. 身份认证

这种反盗链方式先从客户端获取用户信息,每次客户端开启一个网页时,客户端和服务器之间都会产生一个会话连接,每个会话连接都由一个独立的 Session ID 表示。因此在服务器上就可以利用 Session ID 进行反盗链技术。首先,在用户浏览到网站首页时产生一个 Session ID,之后用户发送对网络资源的请求都带有该 Session ID。Session ID 可作为身份验证,只有当认证成功以后,服务端才会把用户需要的文件传送给客户。

必须注意的是,任何反盗链机制都不是百分之百可靠,只要是公开的资源就有可能被盗链。实际上,通常只需要保护重要的文件,而多数文件并没有必要反盗链。网站上的文件被相互引用是很正常的事情,没有必要针对网站上的所有文件采用反盗链技术。

实验 4-3 分析某下载软件的盗链行为

【实验名称】

分析某高速下载软件的盗链行为。

【实验内容】

某下载软件有非常快的下载速度。经观察,该款软件在下载过程中产生了两个临时文件:一个是未完成的 TD 文件,另一个是保存资源地址的 CFG 文件。两个文件的文件名称相同,但文件大小有显著差别:TD 文件实际上就是下载文件,其大小与下载文件一样;而 CFG 文件仅有几千字节。为了进一步研究此款软件的下载机理,在下载某文件过程中(例如 QQ2011_Trial.exe 文件),在下载至约 10% 时暂停下载,然后用记事本打开 CFG 文件,得到内容如下:

```
---------------CFG 文件内容---------------
L              x      追      「                              G
http://ftpcnc-p2sp.pconline.com.cn/pub/download/201010/QQ2011_Trial.exeC
http://dl.pconline.com.cn/html_2/1/105/id=9294&pn=0&linkPage=1.html    」 ↓
      蜴       墟  Y   W 廥     €    W0[     ?     W0b         W 麕
€      W0f            W 弍      €        W0y     ?         W0         ?
W0    G    ?        掩
      G    http://ftpcnc-p2sp.pconline.com.cn/pub/download/201010/QQ2011_Trial.exe」
蜴          ?           peer://000B2F59DB42BD3Q@183.5.122.171:13735/-     W※a
@「      W※ n         W※ w         W※ {          W※ ~
W※  「    +    peer://001921052665HBB4@59.42.114.184:7946/-      W※ c    €「
W※ h      「      W※ k        W※ s       W※ |            W※
」     -    peer://0019D271766AE4EQ@124.126.150.211:8967/|     W※ Z      €
W※       「    W※ i           W※ m     「     W※ u                「
peer://001BB97E5201S8YQ@222.71.206.64:11642/」     W※ [     @     W※ g    「
W※ p             「           W※
peer://0025564B72D8EYMQ@125.77.11.212:10806/「    W※ y        @
peer://00269E86201DHLXQ@182.240.64.188:12602/「    W※ q        €「
peer://00EA010AF5DBK1QQ@121.32.101.93:12723/「    W※ 」             *
peer://00FF7CCFEF09MOU4@116.24.182.209:80/|     W※ e          W※ |
W※ t       「       W※ }        W※                              +
peer://F0DEF17474C6FDDQ@116.21.21.23:23041/「     W※        @「           +
骻铱?菖玕???S 蓳←
w 覆 U2Z 濮逺    杍 5?」 ?  q?勿 oX?-怛」庯 it」    ?弥??n※ 絙傡辇=蛛↓
#       您 「⊥；絢鴎 v| 磊瓣罐潸↓                                     ∧
「     ftpcnc-p2sp.pconline.com.cn "↓
---------------CFG 文件内容---------------
```

【实验要求】

仔细观察 CFG 文件内容，内容中除一些乱码外，还有很多 IP 地址，且这些 IP 地址都与资源文件有关。这些 IP 地址的地理位置可以通过网站 www.ip138.com 查询到。请任选其中几个 IP 地址，查看它们位于哪些地方。

试根据这些信息分析：

(1) 该款软件的资源为何这样分布？是否有盗链嫌疑？

(2) 该下载软件是如何获得这么多资源文件链接的？

(3) 源文件的源网站是哪一个？

(4) 列举出可能利用盗链加速下载速度的知名下载软件。你认为盗链是一种正面行为还是负面行为？

(5) 结合百度、谷歌等搜索引擎以及网站互相引用等情况，讨论盗链的利与弊。

4.4 蜜罐技术

蜜罐（Honeypot）是一种在互联网上运行的计算机系统，它被伪装成一个实际目标，是专门为吸引并诱骗试图非法闯入他人计算机系统的人（如黑客）而设计的。蜜罐系统是一个包含漏洞的诱骗系统，它通过模拟一台或多台易受攻击的主机，给攻击者提供一个容易攻击的目标。蜜罐的另一个用途是拖延攻击者对真正目标的攻击，让攻击者在蜜罐上浪费时间，同时收集与攻击和攻击者有关的信息，以改进防御能力。简单地说，蜜罐就是诱捕攻击者的一个陷阱。例如，提示访问者输入用户名和口令，从而吸引黑客进行登录尝试。

蜜罐的主要技术有网络欺骗、端口重定向、报警、数据控制和数据捕获等。

蜜罐的检测价值在于它的工作方式。由于蜜罐既没有任何产品性功能,也没有任何授权的合法访问,所以在任何时间来自任何地方对蜜罐的任何访问都有可能是非法的可疑行为。蜜罐的工作方式同 NIDS(网络入侵检测系统)等其他的传统检测技术正好相反,NIDS 不能解决的问题,蜜罐却能轻易解决。

蜜罐有如下特点:

(1) 蜜罐不是一个单一的系统,而是一个网络,是一种高度相互作用的蜜罐,装有多个系统和应用软件。

(2) 所有放置在蜜罐内的系统都是标准的产品系统,即真实的系统和应用软件,而不是仿效的。

(3) 数据量小。蜜罐能采集的信息量由自身能提供的手段以及攻击行为数量决定。蜜罐仅仅收集那些对它进行访问的数据。这就使得蜜罐收集信息更容易,分析也更为方便。

(4) 减少误报率。蜜罐能显著减少误报率。任何对蜜罐的访问都是未授权的、非法的,这样蜜罐检测攻击就非常有效,从而大大减少了错误的报警信息,甚至可以避免。这样网络安全人员就可以集中精力采取其他的安全措施。

(5) 捕获漏报。蜜罐可以很容易地鉴别与捕获针对它的新的攻击行为。由于针对蜜罐的任何操作都不是正常的,这样就使得任何新的、以前没有出现过的攻击很容易暴露。

(6) 资源最小化。蜜罐所需要的资源很少,即使工作在一个大型网络环境中也是如此。

(7) 解密。无论攻击者对连接是否加密,蜜罐都可以捕获攻击者的行为。

蜜罐主机可以部署在防火墙外面(Internet)、DMZ(非军事区)、防火墙后面(Intranet),如图 4-7 所示。

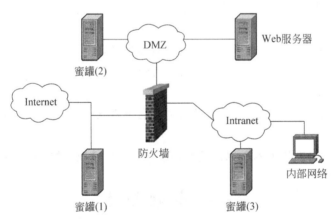

图 4-7　蜜罐主机的布置

在图 4-7 中,蜜罐可以被视为位于内部网之外的一个单独网络设备,这样可以在不增加内网威胁程度的前提下运行一个蜜罐。

实验 4-4　简单蜜罐陷阱的配置

【实验名称】

简单蜜罐陷阱的配置。

【实验内容】

Linux 的超级管理员账号是 root,黑客入侵的一个途径就是获得 root 的口令。一旦拥有 root 的口令,黑客就可以以 root 身份合法登录。实际上黑客也有可能"暗渡陈仓":先以普通用户身份登录,然后用 su 命令转换成 root 身份。因此做好这方面的防范尤为重要。

根据蜜罐的原理,可以设置一个简单的蜜罐陷阱,使黑客以 root 身份登录的企图化为泡影。为此,应考虑可能情况:当黑客以 root 身份登录时;当黑客用 su 命令转换成 root 身份时;当黑客以 root 身份成功登录后一段时间内。

对这三种情况分别设置相应的蜜罐,让黑客误入其中,这样就可以大大提高入侵的难度。

(1) 黑客以 root 身份登录的陷阱设置。

通常情况下,登录 Linux 系统时只需输入用户名和口令,系统验证若正确就能顺利进入系统。因此可以在进入环节设置陷阱。例如,当黑客已获取正确的 root 口令,并以 root 身份登录时,在此设置一个提示:"输入的口令错误",并让用户重输用户名和口令。当然,这只是一个迷惑,而真正的合法用户只要输入一个正确密码就可通过。不明就里的黑客却因此掉入这个陷阱,不断地输入 root 用户名和口令,得到的是口令错误的提示,从而使其怀疑所获口令的正确性,放弃入侵的企图。

为了实现这样的陷阱设置,只需在 root 用户的环境配置文件. profile(位于/etc/. profile)中加一段脚本即可,必要时还可以在这段脚本中触发其他入侵检测与预警控制程序。脚本如下:

```
#/root/.profile
echo "The password you enter is wrong. Please enter again."
echo -n "Password: "
read pass
while [[ "$pass" != "654321" ]]; do
    echo "The password you enter is wrong. Please enter again."
    echo -n "Password: "
    read pass
done
```

实际上每个登录的用户都会执行这段脚本,如果输入的密码不是 654321,则不能顺利进入系统,因而有二次密码的作用。为了使脚本不被中止执行(例如^c),可在其中嵌入一段代码,以屏蔽可能的中止键。

(2) 黑客用 su 命令转换成 root 身份的陷阱设置。

为防止黑客通过 su 命令转换成 root 身份,必须在此设置陷阱:当黑客使用 su 命令并输入正确的 root 口令时令其报错,使其误认为口令错误而放弃入侵企图。为此,可以在系统的/etc/profile 文件中设置一个 alias,把 su 命令重新定义成转到普通用户的情况即可。例如 alias su="su rootuser"。这样,当使用 su 命令时,系统判断的是 rootuser 的口令,而不是 root 的口令,一般不能匹配。即使输入 su root 也是错误的,从而屏蔽了转向 root 用户的可能性。

(3) 黑客以 root 身份成功登录后一段时间内的陷阱设置。

假设前两种设置都失效了,黑客已经成功登录,就必须启用登录成功的陷阱:一旦 root 用户登录,就可以启动一个计时器,正常的 root 登录能停止计时,而非法入侵者因不知道何处有计时器,便无法停止计时。如果到了规定的时间仍未终止计时器,可认为是黑客入侵,需要触发必要的控制程序,如关机处理等,以免造成损害,等待系统管理员进行善后处理。脚本如下:

```
#.testfile
times=0
while [ $times -le 30 ] ;do
sleep 1
times=$((times+1))
done
halt /* 30s 时间到,触发入侵检测与预警控制 */
```

将该程序放入/root /.bashrc 中后台执行:

```
#root .bashrc
….
sh .testfile&
```

该程序系统管理员可用 jobs 命令检查到,然后用 kill %n 命令将它停止。

【实验总结】

从上述三种陷阱的设置可以把握这样的规律:改变正常的运行状态,设置虚假信息,使入侵者落入陷阱,从而触发入侵检测与预警控制程序。

4.5 入侵检测技术

入侵检测(Intrusion Detection)对系统的运行状态进行监视。它通过从计算机网络或计算机系统的关键点收集信息并进行分析,从中发现网络或系统中是否有违反安全策略的行为和被攻击的迹象,以保证系统资源的机密性、完整性和可用性。

目前大部分入侵检测产品是基于网络(也称 NIDS)的,用于实时监视网段中的各类数据包,对每个数据包或可疑的数据包进行分析,能够检测来自网络的攻击。

入侵检测系统包括三个功能部件:信息收集、信息分析、结果处理。

(1) 信息收集。

入侵检测的第一步是信息收集,收集内容包括系统、网络、数据及用户活动的状态和行为,需要在计算机网络系统中的若干不同关键点(不同网段和不同主机)收集信息。从一个来源的信息中有可能看不出疑点,因此要尽可能扩大检测范围。入侵检测很大程度上依赖于收集信息的可靠性和正确性,要保证用于检测网络系统的软件的完整性,特别是入侵检测系统软件本身应具有相当强的坚固性,防止被篡改而收集到错误的信息。

网络入侵检测系统可能会将大量的数据传回分析系统中,在一些系统中监听特定的数据包会产生大量的分析数据流量。

信息收集的来源包括:系统或网络的日志文件,网络流量,系统目录和文件的异常变化,程序执行中的异常行为等。

(2) 信息分析。

① 模式匹配：模式匹配就是将收集到的信息与已知的网络入侵和系统误用模式数据库进行比较，从而发现违背安全策略的行为。

② 统计分析：统计分析方法首先给系统对象（如用户、文件、目录和设备等）创建一个统计描述，统计正常使用时的一些测量属性（如访问次数、操作失败次数和延时等）。

③ 完整性分析：常用于事后分析。

(3) 结果处理。

控制台按照告警根据预先定义的响应采取相应措施，可以是重新配置路由器或防火墙、终止进程、切断连接、改变文件属性，也可以只是简单的告警。

实验 4-5　入侵检测实验

【实验名称】

入侵检测实验（木马的检测与清除）。

【实验目的】

(1) 通过实验深入理解入侵检测系统的原理和工作方式。

(2) 熟悉入侵检测工具 Sax2 在 Windows 操作系统中的安装、配置和入侵检测方法。

【实验原理】

入侵检测系统通过对计算机网络或计算机系统中的若干关键点收集信息并对其进行分析，从中发现网络或系统中是否有违反安全策略的行为和被攻击的迹象。入侵检测被认为是防火墙之后的第二道安全闸门，在不影响网络性能的情况下能对网络进行监测，从而提供对内部攻击、外部攻击和误操作的实时保护。

入侵检测的实现技术可分为两类：一种基于标志(signature-based)，另一种基于异常情况(anomaly-based)。

对于基于标志的检测技术而言，首先要定义违背安全策略的事件的特征，如网络数据包的某些头信息。检测主要判别这类特征是否在所收集到的数据中出现。此方法非常类似杀毒软件。

而基于异常的检测技术则是先定义一组系统"正常"情况的数值，如 CPU 利用率、内存利用率、文件校验和等，然后将系统运行时的数值与所定义的"正常"情况比较，得出是否有被攻击的迹象。这种检测方式的核心在于如何定义所谓的"正常"情况。

Sax2 是一个专业的入侵检测和预防系统（IDS），用于检测入侵和攻击、分析和管理网络、捕获实时数据包，Sax2 擅长网络监控，是先进的协议分析专家和自动检测工具。

【实验内容】

(1) 下载并安装 Sax2（萨客嘶）入侵检测系统，掌握主要功能。

(2) 启动 Sax2 入侵检测系统，进行长时间的监控。

(3) 将 Sax2 入侵检测系统切换至 EVENTS 页面，如果网络中存在灰鸽子木马（或其他木马）通信，系统将立即报警并中断木马通信，如图 4-8 所示。

(4) 切换到事件日志中查找目标地址，找到感染灰鸽子病毒的计算机，例如图 4-8 中的 192.168.1.2，一般都是内网地址。然后使用灰鸽子专用清除工具清除灰鸽子。

(5) 分析运行状态窗口，统计信息、会话、事件及日志内容。

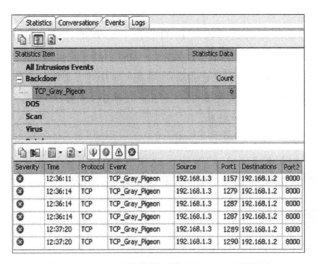

图 4-8　Sax2 入侵检测系统 "EVENTS" 页面

（6）分析入侵检测结果，对系统的安全现状进行评估。

本实验中，灰鸽子是国内一个著名的后门程序。灰鸽子变种木马运行后，会自动复制到 Windows 目录下，并自行将安装程序删除，修改注册表，将病毒文件注册为服务项实现开机自启。木马程序还会注入所有的进程中，隐藏自我，防止被杀毒软件查杀并自动开启浏览器，以便与外界进行通信，侦听黑客指令，在用户不知情的情况下连接黑客指定站点，盗取用户信息并下载其他特定程序。

为完成本实验，需下载一个灰鸽子（测试用）。为防止传播，最好在局域网（或虚拟机）环境中进行实验。

习　题　4

1. ping 是一个命令行工具，常用于检测主机之间是否连通。但 ping 使用时也暴露了被测试主机的一些 IP 信息，这些信息有可能被黑客利用。如何实现在线连通且对方 ping 时却显示不能 ping 通？即如何防止被别人 ping 到？请列举出 4 种方法。

2. 在早期阶段，由于路由器对包的最大尺寸都有限制，许多操作系统对 TCP/IP 栈的实现在 ICMP 包上都是规定上限（　　　），并且在对包的标题头进行读取之后，要根据该标题头里包含的信息为有效载荷生成缓冲区。当产生畸形的声称自己的尺寸超过 ICMP 上限的包，即加载尺寸超过 64K 上限时，就会出现内存分配错误，导致 TCP/IP 堆栈崩溃，致使接收方死机，这就是典型的死亡之 ping（ping of death：对目的 IP 地址不停地 ping 探测从而导致目的主机网络瘫痪。常见工具有蜗牛炸弹、AhBomb 等）。
　　A. 32767　　　　　B. 131072　　　　　C. 65500　　　　　D. 14336

3. ping 是一个测试程序，如果 ping 运行正确，基本上就可以排除网络访问层、网卡、MODEM 的输入输出线路、电缆和路由器等存在的故障，从而减小了问题的范围。但由于可以自定义所发数据报的大小及无休止地高速发送，ping 也被某些别有用心的人作为 DDoS（拒绝服务攻击）的工具，这是一种 DoS（Denial of Service）的攻击。攻击并不是为了窃取计算机上的资料,只是要令别人的机器瘫痪而已。而威力更强的 DDoS(Distributed Denial of Service)则是多人一起使用 DoS 攻击同一目标。例如 Yahoo 就曾经被黑客利用数百台可以高速接入互联网的计算机连续发送大量 ping 数据报而瘫痪。讨论如何防止此类攻击。

4. 在如图 4-9 所示的基于网络入侵检测系统的基本机构图中,对应Ⅰ、Ⅱ、Ⅲ模块的名称是(   )。

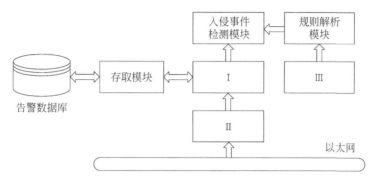

图 4-9　基于网络入侵检测系统的基本机构

　　A. 数据包捕获模块、网络协议分析模块、攻击特征库
　　B. 网络协议分析模块、数据包捕获模块、攻击特征库
　　C. 攻击特征库、网络协议分析模块、数据包捕获模块
　　D. 攻击特征库、数据库捕获模块、网络协议分析模块

5. 下列关于入侵检测系统探测器获取网络流量的方法中,错误的是(   )。
　　A. 利用交换设备的镜像功能　　　　B. 在网络链路中串接一台分路器
　　C. 在网络链路中串接一台集线器　　D. 在网络链路中串接一台交换机

6. 网络安全策略设计的重要内容之一是确定当网络安全受到威胁时应采取的应急措施。当发现网络受到非法侵入与攻击时,所能采取的行动方案基本上有两种:保护方式与跟踪方式。请根据对网络安全方面知识的了解,讨论以下几个问题:

(1) 当网络受到非法侵入与攻击时,网络采用保护方式时应该采取哪两个主要的应急措施?

(2) 什么情况适应于采用保护方式(试列举出 3 种情况)?

(3) 当网络受到非法侵入与攻击时,网络采用跟踪方式时应该采取哪两个主要的应急措施?

(4) 什么情况适应于采用跟踪方式(试列举出 3 种情况)?

7. 盗链与反盗链实验。
收集和阅读网络上关于盗链的相关资料,在充分讨论的基础上,提出反盗链的方法。
实验要求:
(1) 提出反盗链的方法。

(2) 实验拓扑。

(3) 请演练盗链实验过程(包括编码、使用工具、截图、说明、验证过程等)。

(4) 请演练实施防御后反盗链实验过程(包括编码、使用工具、截图、说明、验证过程等)。

(5) 实验中遇到的难题和体会。

8. SQL 注入攻击检测实验。

(1) SQL 注入攻击。

一部分程序员在编写 B/S 模式代码时,没有对用户输入数据的合法性进行判断,使应用程序存在安全隐患。恶意攻击者通过向服务器提交一段特殊的数据库查询代码,在这种情况下,服务器会返回相应的结果,从而泄露服务器的某些敏感信息,这就是所谓的 SQL 注入攻击。由于 SQL 注入是从正常的 Web 端口进行访问,表面上看起来它和正常情况下访问网页没有任何区别,隐蔽性强且不易被发现,所以目前网络中的主流防火墙都不会对 SQL 注入攻击进行报警。

(2) SQL 注入攻击的危害。

SQL 注入攻击主要危害包括:未经授权修改数据库中的数据;未经授权获得网站的后台管理权限;未经授权恶意篡改网页内容;网页挂马攻击;XSS 攻击;未经授权获得整台服务器的控制权;未经授权添加、删除、修改服务器的系统账号等。

(3) 使用 Sax2 检测并还原 SQL 注入攻击流程。

虽然防火墙不能对 SQL 注入攻击进行报警,但 Sax2 的 IDS 软件可以对其进行有效检测。

SQL 注入攻击的一般步骤是:判断环境寻找注入点、判断数据库类型、猜解数据表、猜解字段、猜解内容。在这个过程中,猜解数据表、猜解字段、猜解内容这三个步骤是 SQL 注入攻击的重点。

请通过 Sax2 进行 SQL 注入攻击检测实验,写出实验步骤,并配以必要的截图。

9. 网络安全访问控制设计与配置。

已知某公司内部网络与外部网通过路由器互连,内部网络采用路由器自带过滤功能实现网络安全访问控制,如图 4-10 所示。

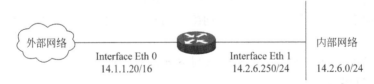

图 4-10 某公司网络结构

为了保证内部网络和路由器的安全,特定义如下安全策略。

(1) 只禁止指定的主机收集 SNMP 管理信息。

(2) 禁止外部 ping 包流量通过(可延伸为禁止来自外部网的非法通信流通过)。

(3) 禁止内部主机登录 QQ(可延伸为禁止来自内部网的非法通信流通过)。

(4) 只允许指定的主机远程访问路由器。

请给出在路由器上实现该公司的安全策略配置文件。

10. 设防火墙主机上的 2 块网卡分别连接 2 个网段,其中网卡 eth3 用于连接外网,其 IP 地址为 172.18.187.254/24,网卡 eth2 用于连接内网,其 IP 地址为 192.168.2.1/24。内网有 1 台服务器,其 IP 地址为 192.168.2.2,计划开放该服务器的 SSH 服务、WWW 服务和 FTP 服务,为了安全起见,在防火墙上设置只允许 FTP 服务采用被动模式工作。网络拓扑如图 4-11 所示。

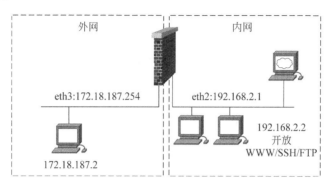

图 4-11 利用 iptables 实现防火墙

要求利用 iptables 充当网关防火墙,保护内网主机。写出基于 iptables 的解决方案。

11. 网络安全检测系统的设计与实现。要求:

(1) 以目前网络信息扫描的各种方法为基础,构建合理的系统安全信息数据库。

(2) 基于系统安全(漏洞)信息,采用模拟攻击的方法,检查攻击的结果(成功与否)。

(3) 对系统安全评定级别,评定级别采用 A、B、C、D、E 这 5 级,A 为安全最佳,其他次之。同时给出补救措施。

(4) 要求系统要有伸缩性:信息扫描的方法或攻击的方法可不断增加。

(5) 系统总体结构要设计合理,模块之间的关系要清晰。

(6) 要求系统界面友好、操作方便、运行效率高。

作业设计报告的内容主要包括:系统方案、功能与指标、实现原理、软件流程;系统测试方案、测试设备、测试数据、结果分析、实现功能、特色;应用资料与参考文献、源代码和程序清单等。

第 5 章 双绞线实验

本章主要介绍双绞线、双绞线跳线、RJ-45 连接器、网络模块以及跳线与模块制作标准,并提供了制作实例。

5.1 双 绞 线

双绞线(Twisted Pairwire,TP)是综合布线工程中最常用的一种传输介质。双绞线由两根绝缘铜导线按照一定的密度相互绞缠在一起,这样可以降低信号干扰的程度,因为如果外界电磁信号在两根导线上产生的干扰信号大小相等而相位相反,它们就会相互抵消。把一对或多对双绞线放在一个绝缘套管中构成双绞线电缆,在局域网中常用的五类、六类、七类双绞线就是由四对双绞线组成的。

双绞线与其他传输介质相比,虽然在传输距离、信道宽度和数据传输速度等方面均受到一定的限制,但由于价格较为低廉,电缆线比较柔软,便于在墙角等不规则地方布线,且其性能方面的局限性在一般快速以太网中影响甚微,所以目前双绞线仍是企业局域网中首选的传输介质。

双绞线可分为非屏蔽双绞线(Unshielded Twisted Pair,UTP)和屏蔽双绞线(Shielded Twisted Pair,STP)两种,如图 5-1 所示。所谓的屏蔽就是指在网线内部信号线的外面包裹着一层金属网,在屏蔽层外面才是绝缘外皮,屏蔽层可以有效地隔离外界电磁信号的干扰。屏蔽双绞线在线径上要明显粗于非屏蔽双绞线,而且由于它具有较好的屏蔽性能,所以也具有较好的电气性能。但由于屏蔽双绞线的价格较非屏蔽双绞线贵,且非屏蔽双绞线的性能对于普通的企业局域网而言影响不大,所以在企业局域网组建中所采用的通常是非屏蔽双绞线。

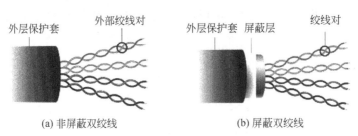

图 5-1 非屏蔽双绞线和屏蔽双绞线

如果要实现全双工 10Gbps 速率传输,则只能采用屏蔽双绞线,如七类双绞线。七类双绞线是一种屏蔽双绞线,六类双绞线通常也建议采用屏蔽双绞线。

目前双绞线已生产到了七类线,双绞线各类型大致如下。

一类线:ANSI/EIA/TIA-568A 标准中最原始的非屏蔽双绞铜线电缆,但它开发之初的目的并不是用于计算机网络数据通信,而是用于电话语音通信,不适合传输数据,主要用于 20 世纪 80 年代初之前的电话线缆。

二类线：ANSI/EIA/TIA-568A 和 ISO 二类/A 级标准中第一个可用于计算机网络数据传输的非屏蔽双绞线电缆，传输频率为 1MHz，用于语音传输和最高传输速率 4Mbps 的数据传输，常见于使用 4Mbps 规范令牌传递协议的旧令牌网。

三类线：ANSI/EIA/TIA-568A 和 ISO 三类/B 级标准中专用于 10BASE-T 以太网络的非屏蔽双绞线电缆，传输频率为 16MHz，传输速度可达 10Mbps。

四类线：ANSI/EIA/TIA-568A 和 ISO 四类/C 级标准中用于令牌环网络的非屏蔽双绞线电缆，传输频率为 20MHz，传输速度达 16Mbps。主要用于基于令牌的局域网和 10BASE-T/100BASE-T。

五类线：ANSI/EIA/TIA-568A 和 ISO 五类/D 级标准中用于运行 CDDI（CDDI 是基于双绞铜线的 FDDI 网络）和快速以太网的非屏蔽双绞线电缆，传输频率为 100MHz，传输速度可达 100Mbps。

超五类线：ANSI/EIA/TIA-568B.1 和 ISO 五类/D 级标准中用于运行快速以太网的非屏蔽双绞线电缆，传输频率为 100MHz，传输速度可达 100Mbps。与五类线缆相比，超五类在近端串扰、串扰总和、衰减和信噪比四个主要指标上均有较大改进。

六类线：ANSI/EIA/TIA-568B.2 和 ISO 六类/E 级标准中规定的一种非屏蔽双绞线电缆，主要应用于百兆位快速以太网和千兆位以太网中。因其传输频率可达 200～250MHz，是超五类线带宽的 2 倍，最大速度可达 1Gbps，可满足吉比特以太网需求。

超六类线：六类线的改进版，同样是 ANSI/EIA/TIA-568B.2 和 ISO 六类/E 级标准中规定的一种非屏蔽双绞线电缆，主要应用于吉比特以太网。在传输频率方面与六类线一样，也是 200～250MHz，最大传输速度可达 1Gbps，然而在串扰、衰减和信噪比等方面有较大改善。

七类线：ISO 七类/F 级标准中最新的一种双绞线，它主要是为了适应十吉比特以太网技术的应用和发展。但它不再是一种非屏蔽双绞线，而是一种屏蔽双绞线，所以它的传输频率至少可达 600MHz，是六类线和超六类线的 2 倍以上，传输速率可达 10Gbps。

表 5-1 列出了各类线缆的主要区别。

表 5-1 各类线缆

UTP 线缆类别	用途	说明
一类线缆	电话	不适合传输数据
二类线缆	令牌环网	支持 4Mbps 的令牌环网
三类线缆	电话和 10BASE-T	20 世纪 80 年代以广泛使用的二类线缆为基础的 10BASE-T 网络出现
四类线缆	令牌环网	支持 16Mbps 的令牌环网
五类线缆	以太网	支持 10BASE-T、100BASE-T
超五类线缆	以太网和 FDDI	使用与五类线缆相同的介质，但要经过更严格的端接和线缆测试，支持吉比特以太网
六类（超六类）线缆	以太网	支持 1Gbps 的以太网，也可用六类线缆建立 10Gbps 以太网
七类线缆	以太网	支持十吉比特以太网，传输速率可达 10Gbps

由表 5-1 可见,随着网络技术的发展和应用需求的提高,双绞线传输介质标准也得到了进一步的发展与提高,而且这一介质标准还有继续发展的空间。在这些不同的标准中,它们的传输带宽和速率也相应得到了提高,比如七类线已经可以支持吉比特以太网的传输。

虽然双绞线的类型至今已有七大类,但在实际的企业局域网组建中,目前主要应用的还是中间的两大类,即五类和六类。七类线主要应用于大型企业网络中,可以支持十吉比特以太网,网络构建成本较为昂贵。

在五类和六类中又可细分为五类、超五类、六类、超六类四种。虽然在性能指标上这四个小类有所差异,但大体上这四个小类的双绞线都差不多,而且在局域网组建中基本上都是采用非屏蔽类型。

超五类双绞线标准于 1999 年正式发布。与五类双绞线一样,它也有屏蔽双绞线(STP)与非屏蔽双绞线(UTP)两类。图 5-2 所示的分别就是超五类屏蔽与非屏蔽双绞线。

(a) 屏蔽　　　　　　(b) 非屏蔽

图 5-2　超五类屏蔽与非屏蔽双绞线

超五类非屏蔽双绞线的最大传输距离为 100m。如果要增加传输距离,在两段双绞线之间可安装中继器,最多可安装 4 个中继器。4 个中继器可连接 5 个网段,因而最大传输距离可达 500m。

五类屏蔽双绞线外面包有一层屏蔽用的金属膜,有较好的抗干扰性能。但应用的条件比较苛刻,屏蔽双绞线的屏蔽作用只在整个电缆均有屏蔽装置并且两端正确接地的情况下才起作用。整个系统的屏蔽器件包括电缆、插座、水晶头和配线架等,同时建筑物需要有良好的地线系统。但是在实际施工时,很难全部完善接地,从而使屏蔽层本身成为最大的干扰源,甚至导致性能远不如非屏蔽双绞线。一般除非有特殊需要,在综合布线系统中通常只采用非屏蔽双绞线。

六类线除了像五类线那样具有用单一屏蔽层包裹四对芯线的屏蔽线以外,还有一种既采用统一屏蔽层,又在各芯线对分别采用一个屏蔽层的双屏蔽线,如图 5-3(a)所示。六类非屏蔽双绞线的各项参数都有大幅提高,带宽也扩展至 250MHz 或更高。六类双绞线在外形和结构上与五类或超五类双绞线都有一定的差别,不仅增加了绝缘的十字骨架,将双绞线的四对线分别置于十字骨架的四个凹槽内,而且电缆的直径也更粗,相互缠绕更密。

七类线全部采用双屏蔽的屏蔽双绞线,如图 5-3(b)所示。双屏蔽双绞线主要用于对性能和安全性要求较高的领域,如吉比特或十吉比特骨干网,或者一些特殊的行业,如电信、证券和金融等。

在传统以太网和快速以太网中,有两个与双绞线有关的标准:10BASE-T 和

(a) 六类线　　　　　　　　(b) 七类线

图 5-3　六类和七类双屏蔽层双绞线

100BASE-TX。

10BASE-T 双绞线以太网是 1990 年通过的以太网标准。10BASE-T 使用三类或三类以上非屏蔽双绞线为传输介质,采用星状拓扑结构,中央节点通常为集线器或交换机,用 RJ-45 模块作为连接器。10BASE-T 表示传输速率为 10Mbps,采用基带信号传输,使用的传输介质为双绞线。

在 10BASE-T 的有关布线标准中,网段最大允许距离为 100m、每个网段允许有 1024 个站点、保持了 10BASE-5 的 4 中继器/5 网段的设计能力、使用 RJ-45 连接器。引脚 1 和引脚 2 用于传输,引脚 3 和引脚 6 用于接收。

100BASE-TX 快速以太网使用两对 UTP(五类或五类以上)或两对 150Ω 的 STP 作为传输介质,其中一对用于发送数据,另一对用于接收数据,因而 100BASE-TX 是全双工的系统,其最大网段长度为 100m。100BASE-TX 快速以太网和 10BASET 一样,也使用 8 针 RJ-45 连接器。

5.2　RJ-45 连接器

双绞线采用的是 RJ-45 连接器,又称其为"水晶头"。RJ-45 连接器之所以被称为水晶头,是因为它的外表晶莹透亮,由金属片和塑料构成。制作网线所需要的 RJ-45 连接器的前端有 8 个凹槽,简称"8P"(Position,位置),凹槽内的金属触点共有 8 个,简称"8C"(Contact,触点),因此 RJ-45 连接器有"8P8C"的别称。特别需要注意的是 RJ-45 连接器的引脚序号,将水晶头有塑料弹簧片的一面朝下,有引脚的一面向上,金属片面对自己时,引脚序号从左至右是 1~8,如图 5-4 所示。在五类水晶头中,还有一类 8P8C 短身连接器,如图 5-5 所示。

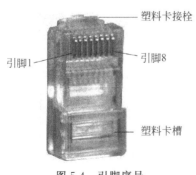 

图 5-4　引脚序号　　　　　　　　图 5-5　8P8C 短身连接器

从侧面观察 RJ-45 连接器可以看到平行排列的金属片一共有 8 片,每片金属片前端都有一个突出的透明框部分,从外表来看就是一个金属接点。

RJ-45 连接器按金属片的形状划分,有二叉式 RJ-45 连接器与三叉式 RJ-45 连接器,如图 5-6 所示。二叉式的金属片只有两个侧刀,三叉式的金属片则有三个侧刀(为保证性能,有的采用镀金三叉簧片)。通常金属片含铜纯度越高,通信品质越好;镀金层越厚,抗氧化能力越强。金属片的前端有一小部分穿出 RJ-45 连接器的塑料外壳,形成与 RJ-45 插槽接触的金属脚。在压接网线的过程中,金属片的侧刀必须刺入双绞线的芯线,并与芯线的铜质导线内芯接触,以连通整个网络。一般地,RJ-45 连接器的金属脚叉数目越多,与导线内芯接触的面积便越大,导通的效果也越明显,因此三叉式比二叉式更适合高速网络。

(a) 二叉式

(b) 三叉式

图 5-6 常见的二叉式 RJ-45 连接器和三叉式 RJ-45 连接器

普通五类水晶头有屏蔽式与非屏蔽式两类。屏蔽式连接器如图 5-7 所示。图 5-7(a)是全屏蔽式连接器,图 5-7(b)是半屏蔽式连接器。屏蔽式连接器带有金属屏蔽层,不会被外部的电磁干扰,其网线接法与非屏蔽式连接器相同。屏蔽线一般要使用屏蔽式连接器,非屏蔽线如果使用屏蔽式连接器,只能当作普通连接器使用。

(a) 全屏蔽式

(b) 半屏蔽式

图 5-7 屏蔽连接器

六类连接器与五类和超五类连接器的外观基本相同,总体符合 RJ-45 标准,外壳材质为聚碳酸酯,极片为表面镀金的铜镍合金。六类连接器一般用于吉比特以太网,因此铜芯比较粗。六类连接器的芯线是分两排错层排列,上下各 4 根芯线,如图 5-8(a)所示。六类屏蔽连接器如图 5-8(b)所示,七类连接器如图 5-8(c)所示。五类水晶头一般用于兆比特以太网,通常为直线排列。由于六类线的线径比五类线的粗,所以水晶头也不相同。

(a) 分体式六类水晶头　　　(b) 六类屏蔽连接器　　　(c) 七类连接器

图 5-8　三种连接器

每根双绞线跳线的两端各需要安装一个连接器,以便插在以太网卡与交换机的 RJ-45 接口上。连接器质量的优劣不仅是网线能否制作成功的关键之一,也在很大程度上影响着网络的传输速率。质量差的连接器主要表现为金属脚是镀铜的,容易生锈,进而造成接触不良,使网络不通;或塑料扣位扣不紧(通常是变形所致),也容易造成接触不良而导致网络中断。

RJ-45 连接器的塑料扣位可以通过保护套防止接头在拉扯时造成接触不良或折断。使用保护套时,需要在压接 RJ-45 接头之前将胶套插在双绞线电缆上,如图 5-9 所示。

图 5-9　RJ-45 连接器的保护套

注意:在制作跳线时,线缆的外皮必须有一小部分伸入 RJ-45 连接器中,即图 5-9 中标明的圆圈处,且芯线要插入到连接器的顶端。

5.3　双绞线跳线的制作标准和跳线类型

每根双绞线中都有 8 根芯线,芯线的排列顺序必须遵循一定的规律,否则就会导致链路的连通性故障或影响网络传输速率。

5.3.1　T568-A 标准与 T568-B 标准

目前常用的布线标准有两个,即 EIA/TIA T568-A 和 EIA/TIA T568-B。这两个标准最主要的差别就是芯线序列的不同,如图 5-10 所示。

这两种颜色代码之间的唯一区别就是橙色和绿色芯线对的互换。由于向后兼容性问题,T568-B 配线图是首选的配线图。T568-A 配线图被标注为可选,但现在仍未被广泛使用。

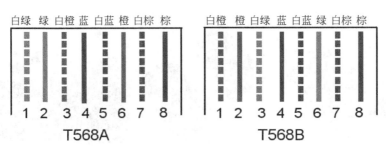

图 5-10 EIA/TIA T568-A 与 EIA/TIA T568-B 标准的芯线排列顺序

在这两个标准中,本质的问题是要保证 1/2 芯线对、3/6 芯线对、4/5 芯线对、7/8 芯线对均是一个绕对。在一个综合布线工程中可采用任何一种标准,但所有的布线设备及布线施工必须采用同一标准。通常情况下,在布线工程中较多采用 EIA/TIA T568-B 打线方法。

5.3.2 跳线线序

双绞线的连接方法主要有两种:直通线缆和交叉线缆。所谓直通和交叉是关于线的排列次序,线序不能随意改动,否则难以保证线缆的最佳抗干扰性能。例如,从上述连接标准来看,1 和 2 是一对线,3 和 6 是一对线。但如果将以上规定的线序弄乱(如:将 1 和 3 这对线用作发送,将 2 和 4 这对线用于接收),那么这些连接导线的抗干扰能力就会下降,误码率就可能增大,从而无法保证以太网的正常工作。

5.3.3 直连线和交叉线

按照双绞线两端线序的不同,一般划分为两类双绞线:一类两端线序排列一致,称为直连线;另一类改变线的排列顺序,称为交叉线。这两类线型适用于不同的场合,对于如图 5-12 所示的连接情况,由图 5-11 中引脚的功能可知,图 5-12(a)必须使用直连线,图 5-12(b)只能使用交叉线。

网络接口卡RJ-45引脚功能

引脚位	功能	功能代码
1	发送	Tx+
2	发送	Tx−
3	接收	Rx+
4	保留	
5	保留	
6	接收	Rx−
7	保留	
8	保留	

(a)

网络交换机插口引脚功能

引脚位	功能	功能代码
1	接收	Rx+
2	接收	Rx−
3	发送	Tx+
4	保留	
5	保留	
6	发送	Tx−
7	保留	
8	保留	

(b)

图 5-11 引脚功能

如果在线缆一端用 T568-A 标准,另一端用 T568-B 标准,这种 T568-A/T568-B 混用的特殊接线方式就是交叉线接法。线缆两端采用同一种接法的跳线则为直连线。

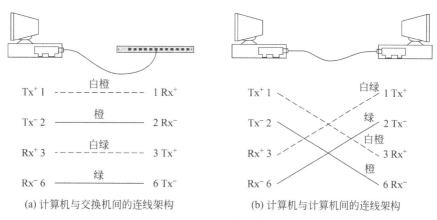

(a) 计算机与交换机间的连线架构　　　(b) 计算机与计算机间的连线架构

图 5-12　连线架构

实验 5-1　双绞线跳线的制作和测试

【实验目的】

掌握双绞线跳线的制作和测试过程。

【实验内容】

掌握双绞线制作过程中的剥线、理线、插线、压线以及测线；测线主要是检验制作的双绞线是否能正确连通。

【实验步骤】

（1）材料准备。

五类双绞线一根、RJ-45 连接器两个和一把专用的压线钳，如图 5-13 所示。

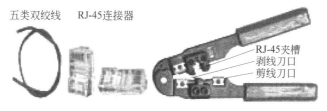

图 5-13　材料准备

（2）剥线。

用压线钳的剥线刀口将五类双绞线的外保护套管划开（注意不要将里面的双绞线的绝缘层划破），刀口距五类双绞线的端头至少 2cm，将划开的外保护套管剥去（旋转、向外抽），如图 5-14 所示。

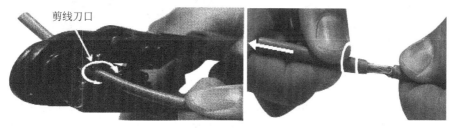

图 5-14　剥线

(3) 理线。

将线缆中露出的 4 对双绞线的线序调整为左一橙、左二蓝、左三绿、左四棕顺序,按照 EIA/TIA T568-B 标准(白橙、橙、白绿、蓝、白蓝、绿、白棕、棕)和芯线颜色将芯线按规定的顺序排好,同时将 8 根芯线平整地平行排列,导线间不留空隙,用压线钳的剪线刀口将 8 根芯线剪断,并将裸露线缆处修剪约为 1.2cm 长。剪断电缆线时一定要剪得很整齐,不要剥开每根芯线的绝缘外层,如图 5-15 所示。

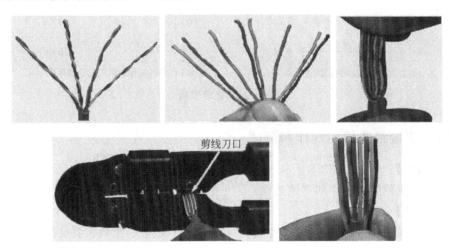

图 5-15 理线

(4) 插线。

将剪齐的芯线放入 RJ-45 连接器,直到各根芯线都插到连接器的底部(从连接器的端面若能看见全部 8 根铜线的亮截面,说明已经插到底部),不能弯曲。线缆的外保护套管最后应在 RJ-45 连接器内的凹陷处被压实。如果线缆的外保护套管的尾端不在连接器内部,则无法良好固定,如图 5-16 所示。

(5) 压线。

将 RJ-45 连接器放入压线钳的压头槽内,用力压下插头,插头的 8 个引脚接触点就穿过芯线的绝缘外层,分别与 8 根芯线紧紧地压接在一起,构成传导路径,如图 5-17 所示。

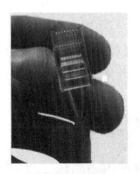

图 5-16 插线

图 5-17 压线

双绞线压制时,除了要求导电部分压接到位以外,线缆外保护套管应压接在插头内,如图 5-18 所示。这样线缆所受的外应力主要由外保护套管承担,而不会对芯线造成直接押拉与弯折。合格的跳线与插头结合处,至少应能承受约 9kg 的拉力。

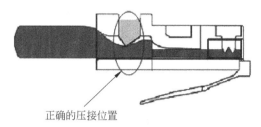

图 5-18 双绞线压接位置

至此已经完成了线缆一端的连接器制作,用同样的方法制作另一端的连接器,如图 5-19 所示。

图 5-19 压线后的连接器

制作双绞线交叉线的步骤和操作要领与制作直通线一样,只是交叉线的两端一端采用 EIA/TIA 568-B 标准,另一端采用 EIA/TIA 568-A 标准。

(6) 测线。

制作完成双绞线后需要检测它的连通性,以确定是否有连接故障。通常使用电缆测试仪进行检测,这是比较便宜的专用网络测试仪器。一般测试仪一组有两个:其中一个为信号发射器(主端),另一个为信号接收器(远端),双方各有 8 个指示灯以及至少 1 个 RJ-45 插槽,如图 5-20 所示。

图 5-20 电缆测试仪

测试时将双绞线两端的连接器分别插入主端和远端的 RJ-45 端口,将开关开至"ON"(开关"ON"为正常测试速度,"S"为慢速测试速度),正常情况下测试仪指示灯将从 1~8 逐个顺序闪亮。

测试时一般会出现如下情况。

① 直通连线的测试:测试直通连线时,主端的指示灯应该从 1~8 逐个顺序闪亮,而远端的指示灯也应该从 1~8 逐个顺序闪亮。此现象说明直通线的连通性良好,否则连线出错。

② 交叉线连线的测试：测试交叉连线时，主端的指示灯应该从 1~8 逐个顺序闪亮，而远端的指示灯应该是按照 3、6、1、4、5、2、7、8 的顺序逐个闪亮。此现象说明交叉连线的连通性良好，否则连线出错。

③ 若网线两端的线序不正确（如反接、错对、串绕等，如图 5-21 所示），主端的指示灯仍然从 1~8 逐个闪亮，只是远端的指示灯不能按照①和②的顺序闪亮，这种情况需要重新制作连线。

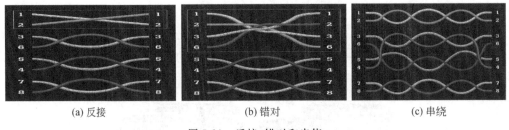

(a) 反接　　　　　　　　(b) 错对　　　　　　　　(c) 串绕

图 5-21　反接、错对和串绕

5.4　信息模块

信息模块采用绝缘位移式连接技术（IDC）设计而成，属于中间连接器，可以安装在墙面或桌面上，具有更高的稳定性和耐用性。连接器上有与单根电缆导线相连的接线块（狭槽），通过打线工具或者特殊的连接器帽盖将双绞线压到接线块内。双绞线芯线与信息模块的接线块连接时，应按照色标要求的顺序进行卡接。使用时只需用一根直连双绞线即可与信息模块另一端通过双绞网线所连接的设备连接，非常灵活。

RJ-45 信息模块前面插孔内有 8 个芯线针触点，分别对应着双绞线的 8 根芯线；其后部两边各分列 4 个打线柱，外壳为聚碳酸酯材料，打线柱内嵌有连接各线针的金属夹；通用线序色标清晰地标注于模块两个侧面上，分两排排列：A 排表示 T586-A 线序模式，B 排表示 T586-B 线序模式。这是最普通的、需打线工具打线的 RJ-45 信息模块。

信息模块和网线连接器采取同一种端接方式，主要是为了保证网络的高性能。信息模块各引脚的对应顺序如图 5-22 所示。信息模块各线槽中都有相应的颜色标注，因此只需要选择相应的端接方式，然后按照模块上的颜色标注把相应的芯线卡入相应的线槽中即可。

信息模块按打线方法可以分为两种：一种是需要手工打线的传统方式，打线时需要专门的打线工具，制作起来比较麻烦；另一种是无须任何模块打线工具的新型方式，只需要把相应的双绞芯线卡入相应的位置，然后用手轻轻一压即可，使用起来非常方便、快捷。

免打线型 RJ-45 信息模块无须打线工具，可以准确快速地完成端接，它没有打线柱，而是在模块的内部有两排各 4 个的金属夹，锁扣机构集成在扣锁帽内，色标标注在扣锁帽后端。端接时，用剪刀剪出约 4cm 长的芯线，按色标将芯线放进相应的槽位并扣上，再用钳子压一下扣锁帽即可（有些可以用手压下并锁定）。扣锁帽确保铜线全部端接并防止滑动，扣锁帽多为透明，以方便观察芯线与金属夹的连接情况，如图 5-23 所示。

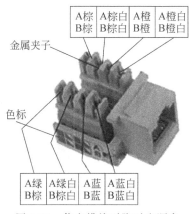

图 5-22 信息模块引脚对应顺序

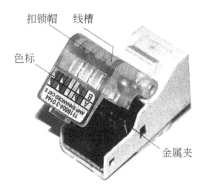

图 5-23 免打线型 RJ-45 信息模块

信息模块按所连接的电缆分类,可分为五类、超五类和六类模块;按屏蔽方式分类,可分为屏蔽式、非屏蔽式模块,如图 5-24 与图 5-25 所示。

(a) 非屏蔽式超五类模块　　　　(b) 屏蔽式超五类模块

图 5-24 非屏蔽式和屏蔽式超五类模块

(a) 非屏蔽式六类模块　　　　(b) 屏蔽式六类模块

图 5-25 非屏蔽式和屏蔽式六类模块

信息模块安装在墙面或桌面上,配套的组件包括面板与底盒。面板是用来固定信息模块的,单口面板中只能安装一个信息模块,提供一个 RJ-45 网络接口;双口面板中可以安装两个信息模块,提供两个 RJ-45 网络接口,如图 5-26 所示。面板中的模块扣位用于放置制

(a) 平口一位面板　　(b) 斜口一位面板　　(c) 斜口二位面板　　(d) 墙面底盒

图 5-26 面板与底盒

作好的信息模块,通过两边的扣位固定,如图 5-27 所示。图 5-28 是安装在地面上的弹启式插座,如安装在墙面上,则需要用底盒。

图 5-27　面板中的模块扣位　　　　　图 5-28　弹启式地面插座

实验 5-2　信息模块的压制和测试

【实验目的】

掌握信息模块的制作和测试过程。

【实验内容】

掌握打线型 RJ-45 信息模块的安装。信息模块的制作过程可分为剥线、理线、压线以及测线;测线主要是检验制作的信息模块是否能正确连通。

【实验步骤】

(1) 材料准备。

一根五类双绞线、一个 RJ-45 模块和一把专用的压线钳及模块面板等,如图 5-29 所示。图 5-29 中的最右侧是一个剥线工具,可方便地剥去 UTP/STP 网线的外绝缘皮,同时也可兼作压线工具使用。

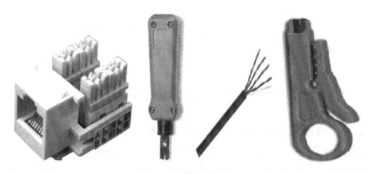

图 5-29　材料准备

(2) 剥线。

用剥线工具或压线钳将双绞线线头长 10cm 左右的外绝缘皮剥去,如图 5-30 所示。

(3) 理线。

把剥开双绞线线芯按线对分开,为了便于区分,此时最好不要剥开各芯线线对,而是在压相应芯线时再剥开。按照信息模块上所标注的色标选择线序模式,将剥开处与模块后端面平行,旋开绞线对,稍用力将芯线压入相应的线槽内,如图 5-31 所示。

信息模块上会同时标记有 TIA 568-A 和 TIA 568-B 两种芯线颜色线序,应当根据布线

图 5-30　剥线

设计时采用的标准与其他连接的设备采用相同的线序。

(4) 压线。

全部芯线都嵌入后即可用打线钳把芯线逐根进一步压入线槽中。注意将打线工具的刃口朝外,将模块放在槽口上,垂直槽口用力按下,听到"咔嗒"一声即可,如图 5-32 所示。最后剪掉模块外多余的线缆。

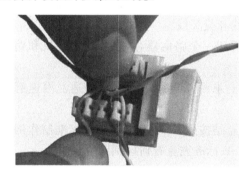

图 5-31　将双绞线压入打线槽　　　　图 5-32　使用打线钳打线

打线时务必选用有质量保证的打线钳,否则一旦打线失败会对模块造成不必要的损害。

(5) 测线。

制作好信息模块后应该测试一下其连接是否良好,可用万用表进行测量。把万用表的档位置于"×10"的电阻挡,将万用表的一个表针与网线另一端的相应芯线接触,万用表另一端的笔接触信息模块上压入相应颜色芯线的卡线槽边缘(注意不是接触芯线),如果阻值很小,则证明信息模块连接良好,否则再用打线钳压一下相应芯线,直到通畅为止。

由于信息模块与相连接的跳线均要求是直连线,测试时也可使用电缆测试仪。将两根直连跳线接入信息模块的两端,跳线的另外两端分别接入电缆测试仪的主端与远端,主端与远端的指示灯若从 1~8 顺序闪亮,则信息模块是连通的,否则要重新制作。

(6) 安装。

将制作好的模块按图 5-33 所示(注意模块与扣位所对应的方向)扣入到模块面板的模块扣位中,扣好后检查

图 5-33　将制作好的模块扣入到面板的模块扣位中

面板的网络接口位是否正确(可用水晶头试接,若顺利接入即为正确)。

最后将面板与底盒合起并对准孔位,在螺钉固定孔位中用底盒所带的螺钉把两者固定,至此完成了一个模块的制作。

以上介绍的是传统模块的制作方法,而新型的、无须手工打线的模块的制作过程则相对简单。

习 题 5

1. 熟悉本章介绍的各种网线制作工具,在实验中记录各种实验现象。
2. 双绞线的线缆顺序是否可以改变?如果不按照标准制线,会产生什么问题?双绞线长度超过 100m 便不能通信的原因是什么?
3. 将 4 对双绞线进行排序时,可以选择浅色的 4 根线作参照对象,每一股双绞线内的 8 根线也均要求浅色线排列在左、深色线排列在右,请问需将哪根线进行跳线才能满足 EIA/TIA 568-B 规范标准要求的线序?
4. 对于主机来说,交换机和路由器都属于异种设备,为什么交换机用直连线而路由器用交叉线?为什么目前的设备可以任意使用直连线和交叉线?
5. 如果只有直连线若干,同时还有一个交换机和一个路由器,如果要建立主机和路由器之间的连接,可以采取什么办法?
6. 若要使制作的双绞线可以连接上网,最低要求哪几号线必须确保畅通?网速有何局限?
7. 试用实验中介绍的双绞线理序、整理技巧,总结按照 EIA/TIA 568-A 标准制作网线时的操作技巧。EIA/TIA 568-A 与 EIA/TIA 568-B 标准究竟有何区别?
8. 如何将双绞线的 8 根线对应到信息模块的接线槽中?
9. 在信息模块的制作过程中容易出现哪些问题?
10. 比较信息模块与 RJ-45 连接器制作的方法与步骤,总结操作要领。

第6章 交换机技术

本章主要介绍交换机技术，包括 VLAN 概念、VLAN 配置、VLAN 间路由技术、端口镜像、生成树、端口聚合等，并提供了相关实例。

6.1 交换机技术基础

6.1.1 以太网交换机

在计算机网络系统中，交换机工作在 OSI 模型中的第二层（数据链路层），所以又称二层交换机，它是一种基于 MAC 地址识别且能够完成数据帧封装、转发功能的网络设备。交换机可以在传统的 LAN 中消除竞争和冲突，数据帧通过一个无冲突的交换矩阵到达目的端口。以太网交换机类似于一台专用的计算机，它由中央处理器（CPU）、随机存储器（RAM）和接口组成，适用于连接工作站、服务器、路由器和其他交换机，其主要作用是快速高效、准确无误地转发数据帧。

6.1.2 交换机的工作原理

在网络通信中，交换机中的数据不是发往所有的端口，而是发往目的端口。交换机检查收到的所有数据帧，根据交换机中的地址表决定将帧发往哪个目的端口。因此，交换机在初始化后通过自学习形成一个 MAC 地址表，根据 MAC 地址表实现对数据帧的过滤和转发，减少错误数据帧的发生概率。也就是说，交换机执行两个基本操作：一是交换数据帧，将从某一端口收到的数据帧转发到该帧的目的端口；二是维护交换操作，构造和维护动态 MAC 地址表。

1. 交换数据帧

交换机接收到数据帧后，先将其由串行代码转化为并行代码，暂时存储在交换机的快速缓存 RAM 中，交换机的 CPU 开始根据数据帧中的目的 MAC 地址对交换表进行查询。确定目的端口后，交换机在源端口与目的端口之间建立虚连接，然后将以并行代码形式存储在 RAM 中的数据帧转化为串行代码，并发送到目的端口。

从交换操作过程中可以看到，数据帧的转发基于交换机内的 MAC 地址表。由此可见，建立和维护 MAC 地址表是交换机隔离冲突域的重要功能，也是交换机进行数据帧通信的基础。

2. 构造和维护 MAC 地址表

在交换机内的 MAC 地址表中，每一条表项存储着一个连接在交换机端口上的设备的 MAC 地址及其相应的端口号。MAC 地址表的建立和维护过程如下。

当交换机接收到从端口发来的一个数据帧时，首先检查该帧的源和目的 MAC 地址，然后与系统内部的动态 MAC 地址表进行比较，若数据帧的源 MAC 地址不在该表中，则将该源 MAC 地址及其对应的端口号加入到 MAC 地址表中；若目的 MAC 地址在该表中，则将数据帧发送到相应的目的端口；反之，则将该数据帧发送到所有其他端口；当目的主机对源主机进行回应时，则将目的 MAC 地址加入到 MAC 地址表中。交换机不断循环这个过程，最终收集到全网的 MAC 地址信息。

例如，在交换机加电启动进行初始化时，其 MAC 地址表为空。自检成功后，交换机开始侦测各端口连接的设备，如图 6-1 所示，一旦 A、B、C 互相访问或 A、B、C 访问 F，期间的数据流必然会以广播的形式被交换机接收。当交换机接收到数据后，首先将数据帧的源 MAC 地址保存，如果在交换机内部的存储器中没有 A、B、C、F 的 MAC 地址，交换机会自动将这些地址记录并存储下来，同时将这些 MAC 地址所表示的设备和交换机的端口对应。保存下来的这些信息构成了 MAC 地址表。

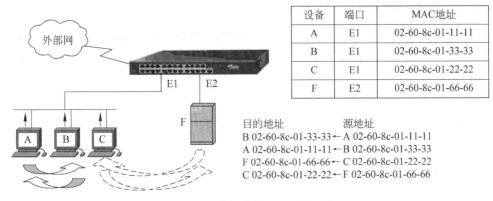

图 6-1　交换机维护 MAC 地址表

当计算机和交换机加电、断电或迁移时，网络的拓扑结构会随之改变。为了处理动态拓扑问题，每当增加 MAC 地址表项时，均在该项中注明帧的到达时间。每当目的地已在表中的帧到达时，将以当前时间更新该项。这样，从表中每项的时间即可知道该机最后帧到来的时间。交换机中有一个进程会定期地扫描 MAC 地址表，清除时间早于当前时间若干分钟的全部表项。因此，如果从一个物理网段上卸下一台计算机，连接到另一个物理网段上，则在几分钟内它即可重新开始正常工作而无须人工干预。此算法意味着如果某台计算机在几分钟内无动作，那么发给该计算机的帧将被洪泛（Flood）到交换机中除了该帧进入端口外的所有其他端口，直至该计算机自己发送出一帧为止。

由于交换机中的内存有限，能够记忆的 MAC 地址数也有限，因此交换机设定了一个自动老化时间，若某个 MAC 地址在设定时间内不再出现，交换机将自动把该 MAC 地址从地址表中清除。当该 MAC 地址再次出现时，将被当作新地址处理。交换机可以进行全双工传输，可以同时在多对结点之间建立临时专用通道，形成立体交叉的数据传输通道结构。

交换机学习端口连接的机器的 MAC 地址会被写入地址表，因此地址表的大小直接影响交换机的接入容量。交换机一般都含有专门处理数据包转发的 ASIC（Application Specific Integrated Circuit）芯片，因此转发速度很快。各个厂商采用的 ASIC 芯片的不同将直接影响产品的性能。

6.1.3 交换机的基本功能

交换机的基本功能如下。

(1) 地址学习(Address Learning)。交换机具有地址学习的功能。

(2) 转发/过滤决定(Forward/Filter Decisions)。交换机在进行转发/过滤操作时,遵循以下规则:

① 如果数据帧的目的 MAC 地址是广播地址或组播地址,则向交换机所有端口转发(数据帧源端口除外)。

② 如果数据帧的目的地址是单播地址,但该地址并不在 MAC 地址表中,那么也向所有的端口转发(数据帧源端口除外)。

③ 如果数据帧的目的地址在 MAC 地址表中,那么就根据地址表转发到相应的端口。

④ 如果数据帧的目的地址与数据帧的源地址在同一个物理网段上,则丢弃该数据帧,不做交换。

(3) 避免环路(Loop Avoidance)。交换机通过使用生成树协议避免环路。

(4) 交换机的主要性能指标。交换机的主要性能指标包括:端口数量、背板带宽、延时、扩展性、机架插槽数与扩展槽数、三层交换技术、芯片、管理功能、单/多 MAC 地址类型以及光纤解决方案等。

6.1.4 交换机的交换方式

1. 直通方式

直通方式(Cut-through)是指在输入端口检测到一个数据帧,当读取到其目的 MAC 地址时立刻按照数据帧的目的 MAC 地址从 MAC 地址表中查找相应的输出端口,并在输入/输出交叉处接通,将数据帧直通到相应的端口,实现交换功能且无须读取到帧的完整内容再转发。

优点:由于无须存储,延时时间短,交换速度快。

缺点:因为数据帧内容没有被交换机保存下来,所以无法检查所传送的数据帧是否有误,不能提供错误检测能力。由于没有缓存,所以不能将具有不同速率的输入/输出端口直接接通,而且容易丢帧。

2. 存储转发方式

存储转发方式(Store&Forward)是计算机网络领域中应用最为广泛的方式。交换机将收到的一个完整的数据帧先存入缓存,然后进行 CRC(循环冗余码校验)检查,对错误帧进行处理后再取出数据帧的目的 MAC 地址,通过检查 MAC 地址表找出该数据帧的输出端口。

优点:所有的正常帧均可以通过,而残帧和异常帧均被交换机隔离。可以对进入交换机的数据帧进行错误检测,有效地改善网络性能。它支持不同速度的端口间的转换,保持高速端口与低速端口间的协同工作。

缺点:在数据处理时延时较长。

3. 碎片隔离

碎片隔离(Fragment Free)是一种介于前两者之间的解决方案,也称为无碎片直通转发。它检查数据帧的长度是否够 64B,如果小于 64B,则是冲突造成的帧碎片,被认为是错误帧并丢弃该帧;如果大于 64B,则发送该帧。这种方式不提供数据校验。它的数据处理速度比存储转发方式快,但比直通方式慢。采用这种方式,所有的正常帧和异常帧均可以通过,而残帧将被隔离。

优点:交换速度较快,能有效降低错误帧的转发概率。

缺点:长度大于 64B 的错误帧仍会被转发,转发延时时间大于直通转发方式。

6.1.5 交换机的分类

交换机的分类方式如下。

(1) 按网络覆盖范围划分可分为广域网交换机和局域网交换机。

(2) 按传输介质和传输速度划分可分为以太网交换机、快速以太网交换机、吉比特(千兆)以太网交换机、十吉比特(十千兆)以太网交换机和 ATM 交换机等。

(3) 按交换机工作的协议层次划分可分为第二层交换机、第三层交换机、第四层交换机和第七层交换机。

(4) 按交换机的结构划分可分为固定端口交换机和模块化交换机。

(5) 按网络互连三层模型划分可分为核心层交换机、汇聚层交换机和接入层交换机。

(6) 按外观划分可分为机箱式交换机、机架式交换机和桌面型交换机。

交换机的分类形式还有按交换机的应用规模层次划分、按是否支持网管功能划分、按是否可以进行堆叠划分等。

6.1.6 交换机的接口与连接线缆

1. 交换机的接口类型

交换机的接口类型主要有控制台(Console,用于配置)、光纤接口和 RJ-45 接口,如图 6-2 所示。

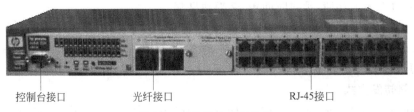

图 6-2 交换机的接口类型

2. 交换机的端口配置线缆

交换机的端口配置线缆(连接控制台接口)有 4 种,分别适用于不同的接口组合,如图 6-3 所示。

3. 交换机的以太网端口

交换机的端口主要有以太网端口、快速以太网端口、吉比特以太网端口和控制台端口,目前多数设备的控制台端口采用 RJ-45 接口。交换机的端口数量有 24 口、32 口等,通常在端口上有编号,例如 24 口的编号是 1~24。由于一些交换机有多种模块(如图 6-2 所示的光纤模块),为便于识别,端口编号要加上模块号(或称插槽号),即模块在插槽上的编号,静态

(a) DB9—DB9(线缆两端为母头)　　(b) DB9—DB9(线缆一端为母头，另一端为公头)

(c) RJ-45—DB9(转换器+反转线缆)　　(d) DB9—RJ-45(线缆)

图 6-3　配置线缆

模块(主板上接口的槽号)编号为 0。交换机上的插槽如同计算机主板上的插槽一样，可便于用户扩充各种接口。预留的插槽越多，用户扩充的余地就越大，一般来说，交换机的插槽数量不能少于两个。

所以，交换机端口的编号以"插槽号/端口在插槽上的编号"的形式编排，例如端口所在的插槽编号为 0，端口在插槽上的编号为 3，则端口对应的接口编号为 0/3。管理交换机时，百兆快速以太网端口 0/3 的端口名为 fastethernet 0/3，常简写为 f0/3；千兆以太网端口 0/3 的端口名为 gigabitethernet 0/3，简写为 gi0/3(有的厂商简写为 g0/3)。

6.1.7　交换机配置基础

交换机是可以不进行配置就直接使用的设备。在这种情况下，交换机只能起到一个最基本的功能：数据交换。如果要求交换机实现更多的功能，就必须对交换机进行配置管理。

交换机分为带外管理与带内管理。交换机为用户提供了 4 种管理方式(又称访问方式)：通过带外对交换机进行管理；通过 Telnet 对交换机进行远程管理；通过 Web 对交换机进行远程管理；通过 SNMP 工作站对交换机进行远程管理。

第一种方式需要将交换机的控制台端口与计算机的串口直接相连后才能实现。首次配置交换机或者无法进行带内管理时，只能采用第一种方式。

1. 带外管理

带外管理方式(Out-band Management)一般利用 Windows 自带的超级终端程序完成。

(1) 用连接线缆将交换机与计算机连接。

(2) 打开与交换机相连的计算机，进入 Windows 操作系统。

(3) 单击"开始"按钮，在"程序"菜单的"附件"选项中单击"超级终端"(若没有可到网络上自行下载)，对超级终端进行初始设置。

(4) 在"名称"栏中输入一个名称(可以任意输入),在"图标"栏中选择一个图标,然后单击"确定"按钮。

(5) 在"连接时使用"下拉列表框中根据具体情况选择恰当的方式,如选择与交换机相连的计算机的串口 COM1。单击"确定"按钮。

(6) 设置波特率(每秒位数)为 9600,数据位为 8,奇偶校验为"无",停止位为 1,数据流控制为"无"。单击"确定"按钮,如果正常则可以开始配置交换机了。

Windows 的超级终端在每次使用时都要进行一些设置(目前的 Windows 版本已经不提供超级终端),很不方便。实际上可以使用终端仿真程序 VanDyke SecureCRT,它比 Windows 的超级终端更加实用。SecureCRT 是综合性的工具,可以代替本地超级终端和 Telnet,还可以提供加密的 SSH 连接,而且支持 Telnet 和 SSH 等多种登录方式。可在该软件的官方网站(http://www.vandyke.com/download/index.html)下载最新版本。

2. 带内管理

带内管理方式可以使连接在交换机上的某些设备具备管理交换机的功能,其物理连接是用双绞线将交换机与管理计算机相连,一般有以下 3 种方式。

(1) 通过 Telnet 管理交换机。

Telnet 协议是一种远程访问协议,通过它可以登录到远程计算机、网络设备或专用 TCP/IP 网络。采用 Telnet 方式应具备如下条件:

① 交换机配置了管理 VLAN 的 IP 地址。

② 作为 Telnet 客户端的主机 IP 地址与其所管理的交换机的管理 VLAN 的 IP 地址在相同网段,否则可以通过路由器等设备到达交换机管理 VLAN 的 IP 地址。

(2) 通过 HTTP 管理交换机。

采用 HTTP 方式(即 Web 方式)应具备如下条件:

① 交换机支持 HTTP 方式。

② 交换机配置管理了 VLAN 的 IP 地址。

③ 交换机有 IP 地址。

④ 作为 Web 访问的主机 IP 地址与交换机的 IP 地址在相同的网段,且具有可连通性。

⑤ 作为 Web 访问的主机所在的 VLAN 属于管理 VLAN。

(3) 通过网管软件管理交换机。

采用网管软件管理交换机应具备如下条件:

① 交换机支持 SNMP 或 RMON 管理协议,支持网管软件。

② 交换机配置了管理 VLAN 的 IP 地址。

③ 安装有网管软件的主机 IP 地址与交换机的 IP 地址在相同的网段。

④ 安装有网管软件的主机所在的 VLAN 属于管理 VLAN。

6.1.8 交换机的命令模式

交换机的配置和管理可以通过多种方式实现,可以使用命令行形式或菜单形式,也可以使用 Web 浏览器形式或专门的网管软件。

不同的命令需要在不同的命令模式下使用,才能完成各个命令的配置功能。模式是针对不同的配置要求实现的。一旦与网络设备建立连接,即进入普通用户模式。在这种模式下,只能查看网络设备的运行状态和简单的统计信息。如果要进行更多的操作,就必须进入特权用户模式,进入时一般需要有管理账号和密码。在特权用户模式下可以通过命令 configure terminal 进入全局配置模式等,也就是说输入不同的配置命令就可以进入相应的配置模式,不同的模式对应不同的命令集,只有进入相关模式后才可以执行相应的配置命令。

1. 命令模式

命令模式分为用户模式、特权模式、全局配置模式、接口配置模式和 VLAN 配置模式。

（1）用户模式。提示符：>,在此模式下能进行基本测试和显示系统信息。

（2）特权模式。提示符：#,验证设置命令的结果。该模式可设置口令保护。在用户模式下使用 enable 命令进入特权模式。

（3）全局配置模式。提示符：(config)#,配置影响整台交换机的全局参数。在特权模式下使用 configure terminal 命令进入全局配置模式。

（4）接口配置模式。提示符：(config-if)#,配置交换机的各种接口。在全局配置模式下使用 interface 命令进入接口配置模式。

（5）VLAN 配置模式。提示符：(config-vlan)#,配置 VLAN 参数。在全局配置模式下使用 vlan vlan_id 命令进入 VLAN 配置模式。

2. 交换机的基本配置命令

交换机的基本配置命令包括：给交换机命名、限制到交换机的访问、设置访问交换机的口令和划分特权级别、定义三层交换机的 IP 地址、设置子网掩码及默认网关、设置系统的日期和时间、显示交换机的系统信息、验证连通性和保存配置等。

6.2 VLAN 技术

6.2.1 基本概念

虚拟局域网(Virtual Local Area Network,VLAN)是一种通过将局域网内的设备逻辑地划分成一个个网段,从而实现虚拟工作组的技术。它可以很好地解决传统网络存在的网络结构、安全性、冗余路径等诸多问题。利用交换机可以实现 VLAN,但并不是所有的交换机都具有 VLAN 功能。

一个 VLAN 组成一个逻辑子网,即一个逻辑广播域,它可以覆盖多个网络设备,允许处于不同网络位置的网络用户加入到同一个逻辑子网中。IEEE 于 1999 年颁布了用以标准化 VLAN 实现方案的 IEEE 802.1q 协议标准草案。

VLAN 是为解决以太网的广播问题和安全性而提出的一种协议,它在以太网帧的基础上增加了 VLAN 首部,用 VLAN ID 把用户划分为更小的工作组,限制不同工作组间的二层互访,每个工作组就形成一个虚拟局域网。虚拟局域网的主要特点是可以限制广播范围,形成虚拟工作组,动态管理网络。

每一个 VLAN 都包含一组有相同需求的工作站,与物理上形成的 LAN 有相同的属性。但由于它是逻辑地划分而不是物理地划分,所以这些工作站不一定属于同一个物理 LAN 网段。一个 VLAN 内部的广播和单播流量都不会转发到其他 VLAN 中,从而有助于控制流量、减少设备投资、简化网络管理和提高网络的安全性。

如图 6-4 所示,VLAN 10、VLAN 20 和 VLAN 30 分别处于广播域 1、广播域 2 和广播域 3 中,各域中的广播帧只在各自的域中广播,互不干扰。

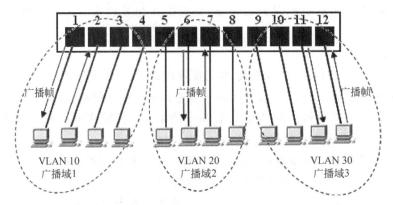

图 6-4 交换机收到广播帧后,只转发到属于同一 VLAN 的其他端口

VLAN 的主要特征如下。

(1) VLAN 不受网络物理位置的限制,可跨越多个物理网络和多台交换机,可将网络用户按功能划分为多个逻辑工作组,每一组为一个 VLAN。

(2) VLAN 可隔离广播信息,每个 VLAN 为一个广播域,可以通过划分 VLAN 的方法限制广播域,以防止广播风暴的发生。如果要实现不同 VLAN 之间的主机通信,则必须通过一台路由器或者三层交换机实现。

(3) 划分 VLAN 可有效提升带宽,可以将网络上的用户按业务功能划分为多个逻辑工作组,每一组为一个 VLAN。这样,日常绝大部分的通信交流信息被限制在一个 VLAN 内部,使带宽得到有效利用。

(4) VLAN 由软件实现定义与划分,建立与重组 VLAN 十分灵活。当一个 VLAN 中出现增加、删除和修改时,用户不必在物理位置上调整网络。

6.2.2 VLAN 的分类

VLAN 在交换机上的实现方法大致被划分为 4 类。

(1) 基于端口划分的 VLAN。此方法的优点是在定义 VLAN 成员时非常简单,只需将所有的端口都定义为相应的 VLAN 组即可,且适用于任何大小的网络。例如可以指定交换机 1 的 1~6 端口和交换机 2 的 1~4 端口为同一 VLAN,即同一 VLAN 可以跨越数个以太网交换机,IEEE 802.1q 标准规定了依据以太网交换机的端口划分 VLAN 的国际标准。此方法的缺点是用户从一个端口迁移到另一个端口时必须重新定义。

(2) 基于 MAC 地址划分 VLAN。此方法的优点是当用户物理位置移动时,VLAN 不用重新配置。缺点是在初始化时,所有的用户都必须进行配置,如果用户较多,配置非常繁琐,通常适用于小型局域网。

(3) 基于网络层协议划分 VLAN。可分为 IP、IPX、AppleTalk 等 VLAN。此方法的优点是当用户的物理位置改变时,既不需要重新配置所属的 VLAN,也不需要附加的帧标签来识别 VLAN,可以减少网络的通信量。其缺点是效率低,因检查 IP 帧头而增加了延时时间。

(4) 根据 IP 组播划分 VLAN。此方法是将一个 IP 组播组划分为一个 VLAN,主要适用于将不在同一地理范围内的局域网用户组成一个 VLAN。

以上划分方法中(1)是静态 VLAN,其余的是动态 VLAN。基于端口的静态 VLAN 是划分虚拟局域网最简单、最有效的方法,它实际上是某些交换机端口的集合,只需要管理和配置交换机端口,而不必理会交换机端口连接什么设备。

6.2.3 VLAN 数据帧的标识

由于不同交换机上的不同端口可以属于同一个 VLAN,交换机需要在一条中继链路上识别发送和接收的帧是哪一个 VLAN 的帧,因此要给在中继链路上传输的每个帧分配一个用户唯一定义的 VLAN 号。如果此帧还要发给另外的中继链路,VLAN 标识会留在帧头中,直到该帧被发送到一条接入链路,交换机才会把 VLAN 标识删除。

最具代表性的 VLAN 数据帧标识方法是虚拟桥接局域网标准 IEEE 802.1q。此协议定义了同一 VLAN 跨越交换机通信桥接的规则以及正确标识 VLAN 的帧格式。IEEE 802.1q 标准使用一种内部标记 tag 机制,该机制将标记插入到帧内,重新计算帧校验序列。每个标记包含 4B,其中 VPID 是 2B 的协议标识符,其值为 0x8100,它标识了该数据帧承载的 IEEE 802.1q 标准的 tag 信息;VCI 是 2B 的控制信息,包含 3 位用户优先级、1 位规范格式指示(默认值为 0,表示以太网)和 12 位的 VLAN 标识符。

基于 IEEE 802.1q 标准的 tag VLAN 用 VID 划分不同的 VLAN,当数据帧通过交换机时,交换机会根据数据帧中的 tag 的 VID 信息,标识它们所在的 VLAN,这使得所有属于该 VLAN 的数据帧(不管是单播帧、多播帧还是广播帧)都被限制在该逻辑 VLAN 内传输。

数据帧的一般格式如图 6-5 所示。

前导帧	隔符	目的MAC地址	源MAC地址	类型	数据部分	帧检测序列
7B	1B	6B	6B	2B	46~1500B	4B

图 6-5 数据帧的一般格式

采用 IEEE 802.1q 方法标识的数据帧格式如图 6-6 所示。

前导帧	隔符	目的MAC地址	源MAC地址	VPID	VCI	类型	数据部分	帧检测序列
7B	1B	6B	6B	2B	2B	2B	46~1500B	4B

图 6-6 采用 IEEE 802.1q 方法标识的数据帧格式

比较图 6-5 和图 6-6 可见,一般的数据帧与 IEEE 802.1q 数据帧格式上的区别是后者增加了 VPID 和 VCI 字段,共 4B。以太网数据帧最大长度是 1518B,加上 4B 的标识符后,长度增加到 1522B。

6.2.4 VLAN 中的端口

VLAN 以 VLAN ID 标识,ID 的取值范围为 1~4094。一台交换机最多支持 250 个 VLAN,其中,VLAN 1 是出厂默认设置的 VLAN,如果不另外配置的话,所有与交换机连接的设备都属于 VLAN 1。VLAN 1 是不可删除的 VLAN。

VLAN 端口有两种类型：一种是 Access 端口，它只能属于一个 VLAN，并且通过手工设置指定 VLAN。此端口既不能直接从另一个 VLAN 接收信息，也不能向其他 VLAN 发送信息；另一种是 Trunk 端口，在默认情况下属于本交换机所有 VLAN，它既能够转发所有 VLAN 的帧，也可以通过设置许可 VLAN 列表加以限制。

1. 交换机的 Access 端口

每个 Access 端口只能属于一个 VLAN，Access 端口仅传输属于此 VLAN 的帧。

下面代码段将端口 0/10 作为 Access 端口加入 VLAN 20：

```
Switch#configure terminal
Switch(config)#interface gigabitethernet0/10
Switch(config-if)#switchport mode access
Switch(config-if)#switchport access vlan 20
Switch(config-if)#end
```

2. 交换机的 Trunk 端口

Trunk 端口通常用于交换机之间（或者交换机和其他网络设备之间）的连接，以保证在跨越多台交换机上建立的同一个 VLAN 的成员能够相互通信，其中交换机之间互连用的端口即为 Trunk 端口。Trunk 端口同时可以承载带 VLAN 和不带 VLAN 的报文。交换机的 Trunk 端口不属于某个 VLAN，而是可以承载所有 VLAN 的帧，帧的格式是国际标准协议 IEEE 802.1q。与一般的交换机的级联不同，Trunk 端口基于 OSI 模型第二层。

在图 6-7 中，两台交换机之间的连线属于 Trunk 模式，交换机 A 和交换机 B 上的 Red VLAN 端口内的成员能够相互通信。

图 6-7 跨交换机 VLAN 之间的 Trunk 模式

在默认条件下，Trunk 端口会转发交换机上存在的所有 VLAN 的数据，传输多个 VLAN 的信息，实现同一 VLAN 跨越不同的交换机。图 6-8 所示为多个 VLAN 跨越多台交换机的情况。

6.2.5 VLAN 的基本配置

基于端口的 VLAN 在实现上包括两个步骤：建立 VLAN（用 VLAN ID 标识）；将交换机的端口指定到相应的 VLAN 下。

1. 创建和修改 VLAN

通过 vlan vlan-id 命令创建或者修改 VLAN。其中，vlan-id 是输入的 VLAN ID，取值范围为 1~4094。如果输入的是新的 vlan-id，则会创建 VLAN；如果输入的是已经存在的 vlan-id，则修改 VLAN。

vlan vlan-id 命令执行于全局配置模式下，是进入 VLAN 配置模式的导航命令。例如

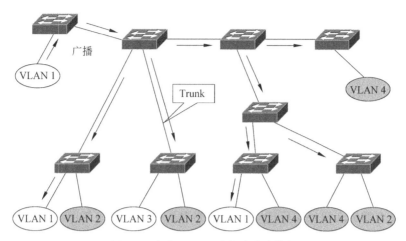

图 6-8　多个 VLAN 跨越多台交换机

要创建 VLAN 10,执行如下：

Switch(config)#vlan 10

2. 删除 VLAN

通过 no vlan vlan-id 命令删除 VLAN。默认的 VLAN 不能被删除。

3. 将 Access 端口分配给指定 VLAN

通过 switchport access vlan vlan-id 命令将某个指定的端口分配给 VLAN,如果将端口分配给不存在的 VLAN,那么这个 VLAN 将自动被创建。

例如,将交换机的端口 0/5 指定到 VLAN 10 的配置命令如下：

Switch(config)#interface gigabitethernet 0/5
Switch(config-if)#switchport access vlan 10

4. 将端口从 VLAN 中移出

下面是一个将端口从 VLAN 中移出的示例：

Switch(config)#interface gigabitethernet 0/15
Switch(config-if)#switchport trunk allowed vlan remove 2

5. 显示 VLAN 信息

通过 show vlan[id vlan id]命令显示所有或指定 VLAN 的信息。

显示所有的 VLAN：

Switch#show vlan

显示指定的 VLAN：

Switch#show vlan id　<1-4094>

例如：

show vlan id 10

将显示如下信息：

```
VLAN Name                          Status    Ports
--------------------------------------------------------------
10 VLAN 0010                       STATIC
```

信息显示含义：有一个 VLAN，其 VLAN ID 为 10，名(Name)为 VLAN 0010(此名字是自动形成的，可用命令"name 新名"重新命名)；Ports 项为空，表示该 VLAN 无端口加入。

VLAN 的名字都只是本地标志。两台交换机相连，其中一台交换机上所配置 VLAN 的名字对另一台交换机毫无意义，区分不同 VLAN 的是 VLAN ID。

6. 显示交换机 MAC 地址表的记录

对于网络交换机来说，MAC 地址表是其能否正确转发数据包的关键，MAC 地址表显示了主机的 MAC 地址与以太网交换机端口的映射关系，指出数据帧去往目的主机的方向。当以太网交换机收到一个数据帧时，它将收到数据帧的目的 MAC 地址与 MAC 地址表进行查找匹配。如果在 MAC 地址表中没有相应的匹配项，则向除了接收端口外的所有端口广播该数据帧，称为洪泛，洪泛操作广播的是普通数据帧而非广播帧。当 MAC 地址表中有匹配项时，交换机将把该数据帧转发到相应的端口。

交换机还将检查收到的数据帧的源 MAC 地址，并查找 MAC 地址表中与之相匹配的项。如果没有，交换机将记录该 MAC 地址和接收该数据帧的端口并激活一个计时器，这个过程被称为地址学习。计时器可以通过配置交换机的 Age-Time 选项设置，通过该选项可以指定计时器的时间长度。当计时器到期时，该项记录将从 MAC 地址表中删除。如果接收的数据帧的源 MAC 地址在 MAC 地址表中有匹配项，交换机将复位该地址的计时器。当设备复位后，设备学习到的所有动态地址都将丢失，设备需要重新学习这些地址。

如果交换机不能正确学习 MAC 地址，则会导致数据包丢失以及洪泛现象。大量洪泛现象的发生会影响交换机的转发性能，类似广播风暴对交换机的影响。

与交换机 MAC 地址有关的指令如下：

查看 MAC 地址表：show mac-address-table

配置 MAC 地址表记录的生存时间(默认为 300s)：mac-address-table aging-time [0 | 10-1000000]

当设置值为 0 时，地址老化功能将被关闭，学习到的地址将不会被老化。

删除设备上所有的动态地址：clear mac-address-table dynamic

删除一个特定 MAC 地址：clear mac-address-table dynamic address mac-address

查看 MAC 地址表记录的生存时间：show mac-address-table aging-time

7. 跨交换机的 VLAN 配置命令

在 VLAN 配置中，使用 switchport 命令指定一个二层接口的模式，可以指定该接口为 access port 或 trunk port。

Port VLAN 与 Tag VLAN 的区别如下：

(1) 如果一个 switch port 的模式是 Access，则该接口只能为一个 VLAN 的成员，可以使用 switchport access vlan 命令指定该接口是哪一个 VLAN 的成员，这种方式称为 Port

VLAN。

（2）如果一个 switch port 的模式是 Trunk，则该接口可以是多个 VLAN 的成员，这种配置被称为 Tag VLAN。Tag 为标签，最常应用在跨交换机创建 VLAN 中。Tag VLAN 用一条链路连接两台交换机，并且设置此链路属于所有 VLAN。配置 Tag VLAN 的端口要求数据传输速率至少为 100Mbps，该链路称为 Trunk 主干链路。

（3）Port VLAN 端口用于连接一台主机，Tag VLAN 端口用于交换机间的级联。

（4）数据从 Port VLAN 端口转发时不带有 Tag 标签，从 Tag VLAN 端口转发时带有 Tag 标签。

当数据转发到交换机的端口时，交换机决定数据送达目的端口是否需要加标签。交换机在从 Trunk 端口转发数据前会给数据分配 Tag 标签，在到达另一台交换机后，再剥去此标签。如果交换机收到带有 Tag 标签的数据包，而接收数据的端口不属于配置带有该 Tag (VLAN ID)标签的 VLAN 时，那么交换机将丢弃该数据包，如图 6-9 所示。

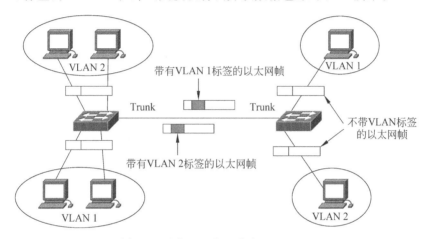

图 6-9 只有 Trunk 上才有 VLAN ID

可以通过 switchport mode trunk 命令把普通的以太网端口设置为 Trunk 端口。

Trunk 端口默认可以传输本交换机支持的所有 VLAN，也可以通过设置端口的许可 VLAN 列表限制某些 VLAN 的流量不能通过此 Trunk 端口。在 Trunk 端口修改许可 VLAN 列表的命令如下：

```
switchport trunk allowed vlan { all | [add | remove | except]} vlan-list
```

参数 vlan-list 可以是一个 VLAN，也可以是一系列 VLAN。这些 VLAN 以小的 VLAN ID 开头、以大的 VLAN ID 结尾，中间用"-"连接，如 10-20。all 表示许可 VLAN 列表包含所有支持的 VLAN；add 表示将指定 VLAN 列表加入许可 VLAN 列表；remove 表示将指定 VLAN 列表从许可 VLAN 列表中删除；except 表示将除了列出的 VLAN 列表外的所有 VLAN 加入许可 VLAN 列表。

实验 6-1 单交换机实现 VLAN

【实验目的】

理解 Port Vlan 的配置，通过划分 Port VLAN 实现本交换机端口隔离。

【技术原理】

虚拟局域网是指在一个物理网段内进行逻辑地划分以构成若干个虚拟局域网。VLAN 最大的特性是不受物理位置的限制,可以进行灵活地划分。VLAN 具备了一个物理网段所具备的特性。相同 VLAN 内的主机可以互相直接访问,不同 VLAN 间的主机之间的互相访问必须经过路由设备进行转发。广播数据包只能在本 VLAN 内进行传输,不能传输到其他 VLAN 中。

Port VLAN 是实现 VLAN 的方式之一,其利用交换机的端口进行 VLAN 的划分,一个端口只能属于一个 VLAN。

【实验设备】

交换机 1 台,计算机 3 台。

【实验拓扑】

本实验的拓扑结构如图 6-10 所示。

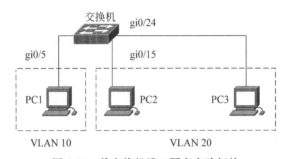

图 6-10　单交换机端口隔离实验拓扑

【实验步骤】

分析:图 6-10 中同一台交换机上的 PC1、PC2、PC3 原来互连互通,本实验通过建立 VLAN 让处于不同 VLAN 的计算机互相隔离。一般最常使用的测试工具是命令行的 ping 命令。

开始本实验之前,确保 PC1、PC2、PC3 是连通的,以便与实验后的情况做对比。

步骤 1:在未划分 VLAN 前测试 3 台计算机的连通状态。

(1) 用命令行 netsh 命令配置网卡 IP。

```
PC1   192.168.10.10   255.255.255.0
PC2   192.168.20.20   255.255.255.0
PC3   192.168.30.30   255.255.255.0
```

用命令行 netsh 命令验证配置;执行 PC1、PC2、PC3 两两互 ping,观察是否可以连通并分析原因。

(2) 重新配置网卡 IP。

```
PC1   192.168.10.10   255.255.255.0
PC2   192.168.10.20   255.255.255.0
PC2   192.168.10.30   255.255.255.0
```

执行 PC1、PC2、PC3 两两互 ping,观察是否可以连通并分析原因。

(3) 查看交换机的 VLAN 配置情况,在全局配置模式下输入命令 show vlan,记录实验结果。

(4) 查看交换机的地址表,对结果进行说明。

步骤 2：创建 VLAN。

```
S#configure terminal                              !进入交换机全局配置模式
S#hostname Switch
Switch(config)#vlan 10                            !创建 VLAN 10
Switch(config-vlan)#name test10                   !将 VLAN 10 命名为 test10
Switch(config)#vlan 20                            !创建 VLAN 20
Switch(config-vlan)#name test20                   !将 VLAN 20 命名为 test20
```

通过上述命令在交换机上创建了两个虚拟局域网。可通过下列命令显示目前交换机上的配置情况。

```
Switch#show vlan                                  !查看已配置的 VLAN 信息
```

所显示的信息是先前的操作结果。请与步骤 1 中(3)的实验结果进行比较。

测试此时 PC1、PC2 与 PC3 的连通情况。

步骤 3：将端口分配到 VLAN。

```
Switch(config-vlan)#exit                          !返回上一级模式
Switch(config)#interface gigabitethernet 0/5
Switch(config-if)#switchport  access vlan 10      !将端口 0/5 加入 VLAN 10 中
Switch(config-if)#interface gigabitethernet 0/15,0/24
Switch(config-if)#switchport  access vlan 20
                                                  !将端口 0/15 和端口 0/24 加入 VLAN 20 中
```

这样,端口 0/5 与端口 0/15 和端口 0/24 就分属两个不同的虚拟局域网。对此,可再次验证如下：

```
Switch#show vlan
```

注意两个 show vlan 命令所显示信息的差别。

步骤 4：实验验证。

启动监控软件 Wireshark,用 ping 命令查看 3 台主机的连通性并观察：

(1) PC1 与 PC2、PC3 能否连通?

(2) 能否监控到 PC1、PC2(PC3)的 ICMP 包?

(3) 在捕获的数据包中有没有包含 VLAN ID? 说明原因。

(4) 查看交换机的地址表,说明其与实验开始时有什么不同。清除地址表,适当更改网线接口,然后观察与分析地址表的形成与变化过程(配合 Wireshark 分析洪泛现象)。

【实验思考】

(1) 在实验开始执行了 hostname Switch 命令,这是一个改名命令。每个交换机(路由器)都有一个由厂家设定的默认名称,可以通过 hostname 命令设置符合特定要求的交换机(路由器)名称。交换机(路由器)对具体的命名规则没有限制。但是,如果交换机(路由器)

的名称能够反映其物理位置,则会给网络管理带来更多的便利。通过这种方式配置的名称只在局部起作用,并不会影响交换机(路由器)的名称查找工作,也不会影响交换机(路由器)在网络上的正常运行。

(2) 在 Packet Tracer 环境中配置本实验。在模拟环境中配置设备与在实体环境中配置有什么明显差别?模拟环境能否完全代替实体环境?

实验 6-2　跨交换机实现 VLAN

【实验目的】

理解跨交换机之间 VLAN 的特点。使在同一 VLAN 内的计算机系统能跨交换机进行相互通信,而在不同 VLAN 的计算机系统不能进行相互通信。

【技术原理】

Tag Vlan 是基于交换机端口的一种类型,主要用于实现跨交换机的相同 VLAN 内的主机之间可以直接访问,同时对不同 VLAN 的主机进行隔离。Tag Vlan 遵循 IEEE 802.1q 协议标准。在利用配置了 Tag Vlan 的端口进行数据传输时,需要在数据帧内添加 4B 的 802.1q 标签信息,用于标识该数据帧属于哪个 VLAN,以便于在端交换机接收到数据帧后进行准确的过滤。

【实验设备】

交换机 2 台,计算机 3 台。

【实验拓扑】

本实验的拓扑结构如图 6-11 所示。

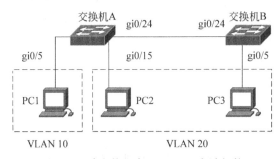

图 6-11　跨交换机实现 VLAN 实验拓扑

【实验步骤】

分析:图 6-11 中跨交换机上的 PC1、PC2、PC3 原来互连互通,本实验通过建立 VLAN 让跨交换机上处于不同 VLAN 的主机互相隔离。一般最常使用的测试工具是命令行的 ping 命令。

步骤 1:实验前的测试。

(1) 实验开始时,用 netsh 命令将 PC1、PC2、PC3 的网卡分别配置如下 IP、掩码:

```
PC1    192.168.10.10    255.255.255.0
PC2    192.168.10.20    255.255.255.0
PC3    192.168.10.30    255.255.255.0
```

验证 3 台主机是否可以两两互相 ping 通。

(2) 记录交换机 A 和交换机 B 的 VLAN 信息。

步骤 2：在交换机 A 上创建 VLAN 10，并将端口 0/5 划分到 VLAN 10 中。

```
SwitchA#configure terminal                          !进入全局设置模式
SwitchA(config)#vlan 10                             !建立 VLAN 10
SwitchA(config-vlan)#name sales                     !将 VLAN 10 命名为 sales
SwitchA(config-vlan)#exit                           !返回全局配置模式
SwitchA(config)#interface gigabitethernet 0/5       !进入端口 0/5
SwitchA(config-if)#switchport access vlan 10
                                                    !将端口配置到 VLAN 10(PC1 加入 VLAN 10)
```

验证测试：

(1) 在交换机 A 上通过命令 show vlan id 10 验证是否已创建 VLAN 10，查看端口 0/5 是否已划分到 VLAN 10 中。

(2) 检查 PC1、PC2、PC3 此时的连通情况。

步骤 3：在交换机 A 上创建 VLAN 20，并将端口 0/15 划分到 VLAN 20 中。

```
SwitchA(config)#vlan 20
SwitchA(config-vlan)#name technical
SwitchA(config-vlan)#exit
SwitchA(config)#interface gigabitethernet 0/15
SwitchA(config-if)#switchport access vlan 20        !PC2 加入 VLAN 20
```

验证测试：

(1) 在交换机 A 上通过命令 show vlan id 20 验证是否已创建 VLAN 20，查看端口 0/15 是否已划分到 VLAN 20 中。

(2) 检查 PC1、PC2、PC3 此时的连通情况。

步骤 4：将交换机 A 与交换机 B 相连的端口（假设为端口 0/24）定义为 Tag VLAN 模式。

```
SwitchA(config)#interface gigabitethernet 0/24
SwitchA(config-if)#switchport mode trunk            !将端口 0/24 设置为 Tag VLAN 模式
```

验证测试：端口 0/24 已被设置为 trunk 模式。

```
SwitchA#show interfaces gigabitethernet 0/24 switchport
```

信息显示：端口 0/24 已打开（Enabled 表示已打开），模式为 trunk。

验证测试：检查 PC1、PC2、PC3 此时的连通情况。

步骤 5：在交换机 B 上创建 VLAN 20，并将端口 0/5 划分到 VLAN 20 中。

```
SwitchB#configure terminal
SwitchB(config)#vlan 20
SwitchB(config-vlan)#name technical
SwitchB(config-vlan)#exit
SwitchB(config)#interface gigabitethernet0/5
SwitchB(config-if)#switchport access vlan 20        !PC3 加入 VLAN 20
```

验证测试：
(1) 验证已在交换机 B 上创建 VLAN 20，查看端口 0/5 的划分情况。
(2) 检查 PC1、PC2、PC3 此时的连通情况。

步骤 6：将交换机 B 与交换机 A 相连的端口（假设为端口 0/24）定义为 Tag VLAN 模式。

```
SwitchB(config)#interface gigabitethernet 0/24
SwitchB(config-if)#switchport mode trunk
```

步骤 7：验证 PC2 与 PC3 能互相通信，但 PC1 与 PC3 不能互相通信。

启动监控软件 Wireshark，用 ping 命令测试 3 台主机的连通性，并进行以下观察：
(1) 主机之间能否互相通信？
(2) 能否监测到 PC1、PC2、PC3 的 ICMP 包？
(3) 能否捕获到 Trunk 链路上的 VLAN ID？请讨论原因。
(4) 查看交换机的地址表。清除地址表，适当更改、增加网线接口，然后观察与分析地址表的形成与变化过程（配合 Wireshark 分析洪泛现象）。show mac-address-table 命令显示的 MAC 地址与在命令提示符下通过 ipconfig/all 命令显示的 MAC 地址是否相同？
(5) 判断实验是否达到预期目标。

【实验思考】

(1) 实验时，要注意两台交换机之间相连的端口应该设置为 Tag VLAN 模式。配置时要注意区别每个操作模式下可执行的命令种类。交换机不可以跨模式执行命令，返回上级模式一般用 exit 命令。交换机端口在默认情况下是开启的（up 表示开启状态，down 表示关闭状态）。一般配置好 IP 地址后要用 no shutdown 命令开启端口，这样才能使物理设备端口正常通信。
(2) 为什么不同的 VLAN 之间不能直接互相通信？
(3) 说明 VLAN 技术中的 Trunk 模式端口的用途和特点。
(4) 如何查看 Trunk 端口允许哪些 VLAN 通过？
(5) 实验开始前要先确定 3 台主机处于同一个网段内，为什么要这样限定？

6.2.6 三层交换机 VLAN 间路由

通过 VLAN 划分网络虽然可以解决端口的隔离，实现信息安全和避免广播风暴，但是有时既希望隔离又希望进行互通，这种情况下就要在划分 VLAN 的同时为不同 VLAN 建立互相访问的通道。如果要使分属不同 VLAN 的主机能够互相通信，就必须在不同的 VLAN 间进行路由。

在局域网内的通信必须在数据帧头中指定通信目标的 MAC 地址。为了获取 MAC 地址，TCP/IP 协议下使用的是 ARP 协议。ARP 解析 MAC 地址的方法是广播，如果广播报文无法到达，那么就无法解析 MAC 地址，即无法直接通信。如果计算机分属不同的 VLAN，那么就意味着分属不同的广播域，自然收不到彼此的广播报文。因此，属于不同 VLAN 的计算机之间就无法直接互相通信。

为了能够在 VLAN 间通信,需要利用 OSI 参考模型中网络层的信息(IP 地址)进行路由。路由功能一般主要由路由器提供,或由带有路由功能的交换机(即三层交换机)实现。

三层交换机可以看成是二层交换机外加路由模块,实际上生产厂商也是通过将路由模块内置于交换机中实现三层功能的。在传输数据包时先发向路由模块,由其提供路由路径,然后再由交换机转发相应的数据包。路由是属于 OSI 参考模型中第三层(网络层)的功能,直接根据第三层(网络层)IP 地址完成端到端的数据交换,因此带有第三层路由功能的交换机被称为三层交换机。

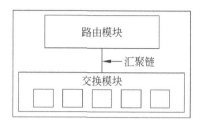

图 6-12 三层交换机的内部结构

三层交换机的内部结构如图 6-12 所示。

在三层交换机内分别设置了交换机模块和路由器模块;而内置的路由模块与交换模块相同,均使用 ASIC 硬件处理路由。三层交换机上配置了虚端口地址,各 VLAN 中的主机将三层交换机上相应 VLAN 的虚端口地址作为本 VLAN 网关,数据到达三层交换机后利用路由功能转发到其他 VLAN。与传统的路由器相比,三层交换机可以实现高速路由。由于路由与交换模块是汇聚链接的,属于内部连接,所以能确保很大的带宽。

假设有如图 6-13 所示的 4 台计算机与三层交换机互连。当使用路由器连接时,一般需要在 LAN 端口上设置对应各 VLAN 的子端口;而三层交换机则是在内部生成 VLAN 端口(VLAN 端口用于各 VLAN 收发数据)。

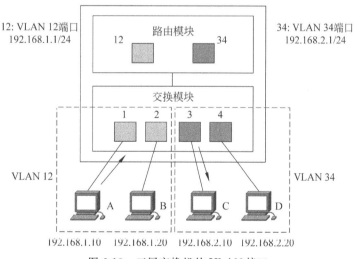

图 6-13 三层交换机的 VLAN 接口

(1) 计算机之间通信时,如果通信双方属于同一个 VLAN,则不存在 VLAN 间的路由问题。

例如,在图 6-13 中,当计算机 A 与计算机 B 通信时,目的地址为 B 的数据帧首先被发到交换机,通过检索同一 VLAN 的 MAC 地址列表发现计算机 B 连在交换机的端口 2 上,因此将数据帧转发给端口 2。

(2) 计算机之间通信时,如果通信双方不属于同一个 VLAN,则要解决 VLAN 间的路由问题。

例如,在图 6-13 中,计算机 A 与计算机 C 通信时的路由过程大致如下:

① 针对目的 IP 地址,计算机 A 可以判断出通信对象不属于同一个网络,因此向默认网关发送数据(Frame 1)。

② 交换机在检索 MAC 地址列表后,经由内部汇聚链接,将数据帧转发给路由模块。在通过内部汇聚链路时,数据帧被附加上属于 VLAN 12 的 VLAN 识别信息(Frame 2)。

③ 路由模块在收到数据帧时,先根据数据帧附加的 VLAN 识别信息分辨出它属于 VLAN 12,据此判断由 VLAN 12 端口负责接收并进行路由处理。由于目标网络(192.168.2.0/24)直连路由器且对应 VLAN 34,因此会从 VLAN 34 端口经由内部汇聚链路转发回交换模块。在通过汇聚链路时,数据帧被附加上属于 VLAN 34 的识别信息(Frame 3)。

④ 交换机收到此数据帧后,检索 VLAN 34 的 MAC 地址列表,确认需要将它转发给端口 3。由于端口 3 是通常的访问链接,因此转发前会先将 VLAN 识别信息去除(Frame 4)。最终,计算机 C 成功地接收到交换机转发来的数据帧。全部过程如图 6-14 所示。

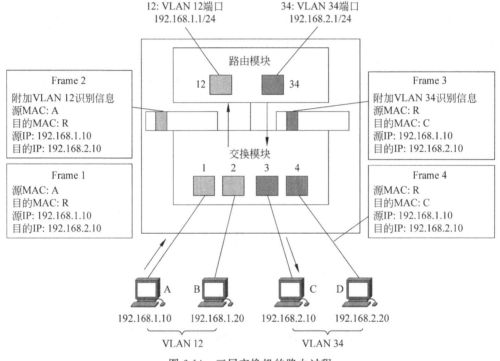

图 6-14　三层交换机的路由过程

综上所述,在进行 VLAN 间通信时,即使通信双方都连接在同一台交换机上,也必须经过"发送方→交换模块→路由模块→交换模块→接收方"这样一个流程。

实际配置时,三层交换机可以通过 SVI(Switch Virtual Interfaces,交换虚拟端口)进行 VLAN 之间的 IP 路由。一般要求在一台交换机中,不同 VLAN 必须配置成不同子网段的 IP 地址,不能把两个 VLAN 配置成同一个 IP 地址。

在全局配置模式下创建虚拟端口,再配置虚拟端口的 IP 地址和子网掩码。配置的命令序列如下:

```
SwitchA(config)#interface vlan 10                    !创建虚拟端口 VLAN 10
SwitchA(config-if)#ip address 192.168.10.254 255.255.255.0
                                                     !配置虚拟端口的 IP 地址及子网掩码
SwitchA(config-if)#no shutdown                       !打开虚拟端口
```

删除此虚拟接口的命令是 no interface vlan 10。

实验 6-3　通过三层交换机实现 VLAN 间路由

【实验目的】

通过三层交换机实现 VLAN 间互相通信。

【技术原理】

在交换网络中，通过 VLAN 对一个物理网络进行逻辑划分，不同的 VLAN 之间是无法直接访问的，必须通过三层的路由设备进行连接。三层交换机和路由器具有网络层功能，能够根据 IP 包头信息进行路由和转发，从而实现不同网段之间的访问。

三层交换机采用 SVI 方式实现 VLAN 间互连。SVI 是为交换机中的 VLAN 创建的虚拟接口，该接口需要配置 IP 地址，三层设备会自动产生该接口 IP 所在网段的直连路由信息。

【实验设备】

交换机 2 台，计算机 3 台。

【实验拓扑】

本实验拓扑结构如图 6-15 所示。

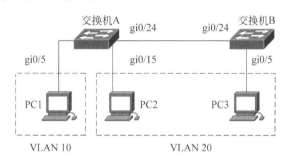

图 6-15　三层交换机实现 VLAN 间互相通信实验拓扑

【实验步骤】

分析：本实验的预期是将图 6-15 中的 3 台计算机，划分进不同的 VLAN，并让处于不同 VLAN 的计算机互相隔离。然后启用三层交换机的路由功能，让已经隔离的计算机能互相通信(例如，隔离后 PC1 能 ping 通 PC2、PC3)。

步骤 1：

(1) 用跳线将图 6-15 所示的拓扑连接好；使用 netsh 命令配置 PC1、PC2、PC3 的 IP 地址和子网掩码。

```
PC1:192.168.20.10 255.255.255.0
PC2:192.168.10.20 255.255.255.0
PC3:192.168.10.30 255.255.255.0
```

测试 PC1、PC2 与 PC3 的连通性。注意 PC1 的网段不同于 PC2 和 PC3，请讨论原因。

(2) 使用 show ip route 命令查看三层交换机的路由表,并记录。

步骤 2:在交换机 A 上创建 VLAN 10,并将端口 0/5 划分到 VLAN 10 中。

```
SwitchA#configure terminal                          !进入全局配置模式
SwitchA(config)#vlan 10                             !创建 VLAN 10
SwitchA(config-vlan)#name technical                 !将 VLAN 10 命名为 technical
SwitchA(config-vlan)#exit
SwitchA(config)#interface gigabitethernet 0/5       !进入接口配置模式
SwitchA(config-if)#switchport access vlan 10        !将端口 0/5 划分到 VLAN 10(PC1)
SwitchA(config-if)#exit
SwitchA(config)#exit
```

步骤 3:在交换机 A 上创建 VLAN 20,并将端口 0/15 划分到 VLAN 20 中。

```
SwitchA#configure terminal
SwitchA(config)#vlan 20                             !创建 VLAN 20
SwitchA(config-vlan)#name sales                     !将 VLAN 20 命名为 sales
SwitchA(config-vlan)#exit
SwitchA(config)#interface gigabitethernet 0/15      !进入接口配置模式
SwitchA(config-if)#switchport access vlan 20        !将端口 0/15 划分到 VLAN 20(PC2)
SwitchA(config-if)#exit
SwitchA(config)#exit
```

步骤 4:将交换机 A 上与交换机 B 相连的端口(假设为端口 0/24)定义为 Tag VLAN 模式。

```
SwitchA#configure terminal
SwitchA(config)#interface gigabitethernet 0/24      !进入接口配置模式
SwitchA(config-if)#switchport mode trunk            !将端口 0/24 设为 Tag VLAN 模式
SwitchA(config-if)#exit
SwitchA(config)#exit
```

步骤 5:在交换机 B 上创建 VLAN 20,并将端口 0/5 划分到 VLAN 20 中。

```
SwitchB#configure terminal
SwitchB(config)#vlan 20
SwitchB(config-vlan)#name sales                     !将 VLAN 20 命名为 sales
SwitchB(config-vlan)#exit
SwitchB(config)#interface gigabitethernet 0/5       !进入接口配置模式
SwitchB(config-if)#switchport access vlan 20        !将端口 0/5 划分到 VLAN 20(PC3)
SwitchB(config-if)#exit
SwitchB(config)#exit
```

步骤 6:将交换机 B 上与交换机 A 相连的端口(假设为端口 0/24)定义为 Tag VLAN 模式。

```
SwitchB(config)#interface gigabitethernet 0/24
SwitchB(config-if)#switchport mode trunk
SwitchB(config-if)#exit
```

```
SwitchB(config)#exit
```

步骤 7：测试。

(1) 测试 PC2 与 PC3 的连通性。

(2) 测试 PC1 与 PC2 的连通性。

(3) 使用 show ip route 命令查看三层交换机的路由表，并与步骤 1 比较。

步骤 8：设置三层交换机 VLAN 间的通信。

将交换机 A 配置成具有路由器的功能，配置不同 VLAN 接口的地址。

```
SwitchA#configure terminal
SwitchA(config)#interface vlan 10                    !创建虚拟接口 VLAN 10
SwitchA(config-if)#ip address 192.168.20.254 255.255.255.0
                                                     !配置虚拟接口 VLAN 10 的地址为 192.168.20.254
SwitchA(config-if)#exit
SwitchA(config)#interface vlan 20                    !创建虚拟接口 VLAN 20
SwitchA(config-if)#ip address 192.168.10.254 255.255.255.0
                                                     !配置虚拟接口 VLAN 20 的地址为 192.168.10.254
SwitchA(config-if)#exit
SwitchA(config)#exit
```

讨论：虚拟接口 VLAN 10 与虚拟接口 VLAN 20 的 IP 地址能不能在同一个网段？回答步骤 1 提出的问题。

步骤 9：将 PC2 和 PC3 的默认网关设置为 192.168.10.254，将 PC1 的默认网关设置为 192.168.20.254。

步骤 10：实验测试。使用 ping 命令查看不同 VLAN 内的主机能否互相 ping 通。

启动监控软件 Wireshark，互相 ping 2 台计算机并观察：

(1) 计算机之间是否连通？

(2) 能否监控到 PC1、PC2、PC3 的 ICMP 包？

(3) 使用 show ip route 命令查看三层交换机的路由表，并与步骤 1 比较。

(4) 在命令提示符窗口下使用 route print 命令能否查看到实验设置的路由？

(5) 由本实验能得到什么结论？

【实验思考】

(1) 实验用到了三层交换机的路由功能，为什么在 VLAN 配置好 IP 地址之后，不同的 VLAN 间(PC1 和 PC2)就可以相互通信了？

(2) 请使用 show ip route 命令查看三层交换机的路由表，并说明每个条目代表什么。

6.2.7 单臂路由实现 VLAN 间路由

通过三层交换机实现 VLAN 间通信，无须额外增加路由器设备，方法简单可行。如果仅有二层交换机，实现 VLAN 间路由就必须借助路由器实现。实际上，这台路由器相当于三层交换机的路由模块，只是将其放置于交换机的外部。

路由器的路由功能表现为数据报从一个接口进来然后再从另一个接口出去。如果在路由器与交换机之间通过一条主干链路实现通信或数据转发，那么这条主干链路(称为 Trunk

链路)与交换机相连,即路由器仅用一个接口实现数据的输入/输出。需要路由的数据包会通过此链路到达路由器,经过路由后再通过同一链路返回交换机并进行转发,如图 6-16 所示。

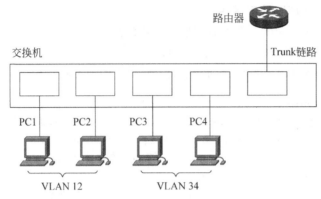

图 6-16　单臂路由实现 VLAN 间的数据转发

这种方法被形象地称为"单臂路由"。单臂路由是指数据包从路由器的同一个接口进出,而不像传统网络拓扑中数据包从路由器的某个接口进入,然后从另一个接口离开。单臂路由时,所有数据包的进出都要通过路由器的同一端口实现数据转发。单臂路由是 VLAN 间通信的一种非常实用的解决方案,因为它从主要数据通道中去除了处理更加密集、等待时间更长的路由功能。相对于其他方案而言,单臂路由器的另一个优点是其配置和管理都不太复杂。

单臂路由结构将尽可能多的通信量保持在单臂路由器之外,路由器不需要处理大部分通信量。为了保证这一点,优化 VLAN 的配置以最小化虚拟局域网之间的通信量(即穿过单臂路由器的通信量)十分关键。

单臂路由也导致了网络中的单点失效,甚至会使单臂路由器的"单臂"演变成为瓶颈,这种情况在有大量对等网络通信量的网络中经常发生。

单臂路由的一般配置步骤如下:

(1) 配置各计算机的 IP 地址、子网掩码、默认网关。

(2) 配置交换机,划分 VLAN 和添加端口,设置 Trunk。

(3) 配置路由器,划分子接口,封装 dot1q 协议,配置 IP 地址。

(4) 检查路由器的路由表。

(5) 测试网络连通性。

子接口的形式是 interface.sub-port,例如端口 0/0.5 和端口 0/0 是路由器端口,端口 5 是交换机端口。

dot1q 协议就是 802.1q 协议,是 VLAN 的一种封装方式("dot"表示".",简写形式为 dot1q)。dot1q 协议是各类产品的 VLAN 通用协议模式,是一种普遍使用的标准,适用于所有交换机与路由设备。

实验 6-4　单臂路由实现 VLAN 间路由

【实验目的】

掌握如何在路由器端口上划分子接口,封装 dot1q 协议,实现 VLAN 间的路由。

【实验拓扑】

本实验的拓扑结构如图 6-17 所示。

【实验设备】

路由器 1 台,交换机 1 台,计算机 3 台。

【实验原理】

在交换网络中,通过 VLAN 对一个物理网络进行逻辑划分,不同的 VLAN 之间是无法直接访问的,必须通过三层的路由设备进行连接。一般利用路由器或三层交换机实现不同 VLAN 之间的互相访问。

将路由器和交换机相连,采用 IEEE 802.1q 协议启动路由器上的子接口成为干道模式,就可以实现 VLAN 之间的通信。

路由器可以从某一个 VLAN 接收数据包,并将比数据包转发到另一个 VLAN。要实现 VLAN 间的路由,必须在路由器的物理接口上启用子接口并封装 802.1q 协议,使每个子接口都充当 VLAN 网段中主机的网关,从而实现不同 VLAN 间的通信。

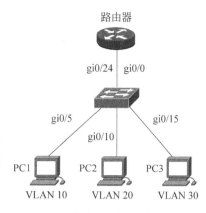

图 6-17　单臂路由实现 VLAN 间路由实验拓扑

【实验步骤】

分析:本实验的预期是将图 6-17 中的计算机划分进不同的 VLAN,让处于不同 VLAN 的计算机互相隔离。然后在路由器连接交换机的接口上划分子接口,给相应的 VLAN 配置 IP 地址,借助路由器实现 VLAN 间的路由。

步骤 1:

(1) 一般计算机的 IP 地址可设置如下。

	PC1	PC2	PC3
IP 地址	192.168.10.2	192.168.20.2	192.168.30.2
网关	192.168.10.1	192.168.20.1	192.168.30.1

(2) 测试 PC1、PC2 与 PC3 的连通性。注意 PC1、PC2 与 PC3 的网段各不相同,请讨论原因。

(3) 查看路由表:使用 show ip route 命令查看交换机的 VLAN 配置并记录。

步骤 2:在交换机上创建 VLAN 10,并将端口 0/5 划分到 VLAN 10 中。

```
Switch#configure terminal                                    !进入全局设置模式
Switch(config)#vlan 10                                       !建立 VLAN 10
Switch(config-vlan)#exit                                     !返回全局配置模式
Switch(config)#interface gigabitethernet 0/5                 !进入端口 0/5
Switch(config-if)#switchport access vlan 10                  !将端口配置到 VLAN 10

Switch(config)#vlan 20                                       !建立 VLAN 20
Switch(config-vlan)#exit
Switch(config)#interface gigabitethernet 0/10
Switch(config-if)#switchport access vlan 20
```

```
Switch(config)#vlan 30                                    !建立 VLAN 30
Switch(config-vlan)#exit
Switch(config)#interface gigabitethernet 0/15
Switch(config-if)#switchport access vlan 30
```

步骤 3：将交换机上与路由器相连的端口（假设为端口 0/24）定义为 Tag VLAN 模式。

```
Switch(config)#interface gigabitethernet 0/24             !进入接口配置模式
Switch(config-if)#switchport mode trunk                   !将端口 0/24 设置为 Tag VLAN 模式
Switch(config-if)#exit
Switch (config)#exit
```

步骤 4：路由器配置。

```
Router(config)#interface gigabitethernet 0/0
Router(config-if)#no ip address                           !删除该接口的所有 IP 地址
Router(config-if)#exit
Router(config)#interface gigabitethernet 0/0.5            !进入子接口(注意格式)
Router(config-subif)#description vlan 10
               !对子接口进行描述,表示在此设备上配置有虚拟局域网,此接口属于 VLAN 10
Router(config-subif)#encapsulation dot1Q 10               !对接口封装 802.1q 协议,并定义
                                                          !VID(VID 对应相应的 VLAN)
Router(config-subif)#ip address 192.168.10.1 255.255.255.0
Router(config-subif)#exit
Router(config)#interface gigabitethernet 0/0.10
Router(config-subif)#description vlan 20                  !对子接口进行描述
Router(config-subif)#encapsulation dot1Q 20
Router(config-subif)#ip address 192.168.20.1 255.255.255.0
Router(config-subif)#exit
Router(config)#interface gigabitethernet 0/0.15
Router(config-subif)#description vlan 30                  !对子接口进行描述
Router(config-subif)#encapsulation dot1Q 30
Router(config-subif)#ip address 192.168.30.1 255.255.255.0
Router(config-subif)#end
```

步骤 5：实验测试。

启动监控软件 Wireshark,计算机之间两两互 ping,观察并思考下列问题。

(1) 计算机之间能否连通？

(2) 能否监控到 PC1、PC2、PC3 的 ICMP 包？

(3) 使用 show ip route 命令查看路由器的路由表,查看交换机的 VLAN 配置,并与步骤 1 比较。

(4) 能否捕获到 dot1q 协议？如果能抓到,试分析 dot1q 协议的结构。

从上述测试结果可以看到,通过在路由器上配置单臂路由,可实现不同 VLAN 之间的主机通信。实验时,注意在给路由器的子接口配置 IP 地址之前,必须先封装 dot1q 协议,各个 VLAN 内的主机。要以相应 VLAN 子接口的 IP 地址作为网关。

实验中使用到的子接口是逻辑接口,并非实际存在的物理接口,但其功能和物理接口相同。当一个物理接口被当作多个逻辑接口使用时,通常需要在该接口上启用子接口。通过多个逻辑子接口实现物理接口以一当多的功能。

在实验中还使用了接口描述。接口描述虽然对路由器的工作没有实际影响,但是可以方便对路由器的维护。如果使用了恰当的描述,那么在查看路由器中的相关信息时,就可以知道路由器的某个接口的用途。

由于单臂路由数据包的进出都使用同一个接口,必然对该路由器的硬件要求比较高,所以在实际使用中一般选择稳定和内存较大的路由器。

【实验思考】
(1) 为什么称本实验拓扑的路由器为单臂路由器?
(2) 为什么单臂路由器要使用子接口?
(3) 单臂路由器的子接口共用一个 MAC 吗?

6.3 端口聚合

6.3.1 基本概念

端口聚合(Aggregating Port,简称 AP)又称端口捆绑。端口聚合是指将多个端口聚合在一起形成一个聚合组,以实现将输入/输出的负荷分担在各成员端口中,同时也提供了更高的连接可靠性。端口聚合服务的上层实体将同一聚合组内的多条物理链路视为一条逻辑链路,从整体上看,一个聚合组形同一个端口。

端口聚合是在 MAC 子层和物理层之间的一个小的层次,即数据链路层和物理层之间的一个层次。为了不改变以太网的协议栈,将链路聚合归结为数据链路层,因此端口聚合也称为链路聚合。

通过端口聚合既实现了各个聚合端口的负荷分担以及同组成员之间的动态备份,同时也增加了链路带宽,又不会形成环路。捆绑后的带宽是每个独立端口的带宽总和,如图 6-18 所示。当端口上的流量增加而成为限制网络性能的瓶颈时,采用支持该特性的交换机可以轻而易举地增加网络的带宽。例如,可以将 2～4 个 100Mbps 的端口连接在一起组成 200～400Mbps 的连接。因此端口聚合是在交换机和网络设备之间比较经济的增加带宽的方法。

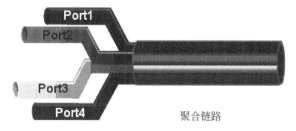

图 6-18 捆绑后的带宽是每个独立端口的带宽总和

端口聚合支持流量平衡,可以把流量均匀地分配给各成员链路。由于汇聚功能实现了链路备份,当聚合组中的一条成员链路断开时,系统会将该成员链路的流量自动分配到聚合组中的其他有效成员链路。端口聚合技术不是简单地将以太网帧进行分解,而是选择参与端口聚合中的一个物理链接将全部以太网帧发送出去,所以端口聚合的过程就是将需要发送的以太网帧分发到某一端口。同样,在另一端就是将不同端口发送过来的以太网帧合并,如同于一个端口收到的数据。

使用端口聚合的限制条件如下:

(1) AP 成员端口的端口速率必须一致。

(2) 二层端口只能加入二层 AP,三层端口只能加入三层 AP;包含成员端口的 AP 端口不允许改变二层/三层属性。

(3) AP 不能设置端口安全功能。

(4) 若端口加入 AP,则端口的属性将被 AP 的属性所取代。

(5) 若端口从 AP 中删除,则端口的属性将恢复为其加入 AP 前的属性。

6.3.2 端口汇聚配置命令

1. 创建 AP

在全局配置模式下使用命令 interface aggregateport n (n 为 AP 号)直接创建一个 AP(如果 AP n 不存在)。

2. 将端口加入 AP

```
(config)#interface gigabitethernet 0/1
(config-if)#port-group port-group-number
```

表示将端口 0/1 加入 port-group-number 指定的 AP 中。如果此 AP 不存在,则同时创建此 AP。

3. 将物理端口退出 AP

在端口配置模式下使用 no port-group 命令将物理端口退出 AP。

将普通端口加入某个 AP 端口,然后该端口又从 AP 端口退出时,普通端口上原先相关的配置一般恢复为默认配置。不同功能对 AP 端口成员的原有配置的处理方式有所不同,因此在端口从 AP 端口退出后,应查看并确认端口的配置。

4. 配置三层 Aggregate Port

默认情况下,Aggregate Port 是二层的 AP。如果要配置三层 AP,操作与配置二层 AP 相同,然后增加 IP 配置。例如:

```
(config)#interface aggretegateport 3
(config-if)#no switchport                          !声明三层端口
(config-if)#ip address 192.168.1.1 255.255.255.0
(config-if)#end
```

通过 port-group 命令将三层端口加入 AP 时,如果该 AP 不存在,则不能成功加入。所以,必须先创建该三层 AP 端口,再将各三层端口加入。

创建三层 AP 端口后,即可向该 AP 端口添加成员端口。例如将端口 0/1-3 加入三层 AP 2:

```
(config)#interface range gigabitethernet 0/1-3
```

```
(config-if)#no switchport
(config-if)#port-group 2
```

5. 显示 Aggregate Port

```
#show aggregateport [port-number]{load-balance| summary}
```

例如,显示 AP 设置:

```
#show aggregateport load-balance
```

显示结果:

```
Load-balance : Source MAC address
```

观察 AP 的汇总信息:

```
#show aggregateport 1 summary
```

显示结果:

```
AggregatePort MaxPorts SwitchPort Mode Ports
------------------------------------
Ag1 8 Enabled ACCESS
```

6.3.3 配置 Aggregate Port 的流量平衡

流量平衡又称负载均衡。流量平衡建立在现有网络结构之上,它通过一种廉价、有效、透明的方法扩展网络设备和服务器的带宽并增加吞吐量,加强了网络数据处理能力,提高了网络的灵活性和可用性。

流量平衡有两方面的含义。一方面,它将大量的并发访问或数据流量分担到多台节点设备上分别处理,减少了用户等待响应的时间;另一方面,它将单个重负载的运算分担到多台节点设备上做并行处理,每个节点设备处理结束后,将结果汇总返回给用户,系统处理能力得到大幅度提高。实际上,当存在多个不同的源地址或目的地址的连接使网络流量增大而出现瓶颈时,链路的分流功能才能起作用。

聚合端口的流量平衡模式有多种,可以根据报文的源 MAC 地址、目的 MAC 地址、源 MAC 地址+目的 MAC 地址、源 IP 地址、目的 IP 地址以及源 IP 地址+目的 IP 地址等特征值把流量平均地分配到 AP 的成员链路中,其设置方式的命令是 aggregateport load-balance,此命令可查看实际采用的流量平衡模式。聚合端口的流量平衡模式默认是依据源和目的地址。

源 MAC 地址流量平衡是根据报文的源 MAC 地址把报文分配到 AP 的各个成员链路中。不同源 MAC 地址的报文,其转发的成员链路不同,而相同源 MAC 地址的报文,则向同一个成员链路转发。

目的 MAC 地址流量平衡是根据报文的目的 MAC 地址把报文分配到 AP 的各个成员链路中。相同目的 MAC 地址的报文从同一个成员链路转发,不同目的 MAC 地址的报文则从不同的成员链路转发。

源 MAC 地址+目的 MAC 地址流量平衡是根据报文的源 MAC 地址和目的 MAC 地

址把报文分配到 AP 的各个成员链路中。具有不同的源 MAC 地址＋目的 MAC 地址的报文可能被分配到同一个 AP 的成员链路中。

源 IP 地址或目的 IP 地址流量平衡是根据报文源 IP 地址或目的 IP 地址进行流量分配。不同源 IP 地址或目的 IP 地址的报文通过不同的成员链路转发,相同源 IP 地址或目的 IP 地址的报文则通过相同的成员链路转发。该流量平衡模式用于三层报文,如果在此流量平衡模式下收到二层报文,则自动根据二层报文的源 MAC 地址或目的 MAC 地址进行流量平衡。

源 IP 地址＋目的 IP 地址流量平衡是根据报文源 IP 地址和目的 IP 地址进行流量分配。该流量平衡模式用于三层报文,如果在此流量平衡模式下收到二层报文,则自动根据二层报文的 MAC 地址进行流量平衡。具有不同的源 IP 地址＋目的 IP 地址的报文可能被分配到同一个 AP 的成员链路中。

使用中应根据不同的网络环境设置合适的流量分配方式,以便能把流量较均匀地分配到各个链路上,充分利用网络的带宽。

在图 6-19 中,交换机通过 AP 与路由器进行通信,所有内网中的设备(如图 6-19 中左面的 4 台计算机)以路由器为网关,所有外网(如图 6-19 中右面的 2 台计算机)经路由器发出的报文的源 MAC 地址都是网关的 MAC 地址。为了让路由器与其他主机之间的通信流量能由其他链路分担,应设置为根据目的 MAC 地址进行流量平衡;而在交换机处,则需要设置为根据源 MAC 地址进行流量平衡。

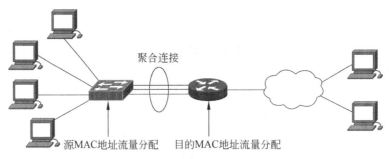

图 6-19 AP 流量平衡示意

在配置模式下,配置 AP 流量平衡的命令如下:

(config)#aggregateport load-balance {dst-mac | src-mac | src-dst-mac | dst-ip | src-ip | ip }

花括号内是选择使用的算法:

dst-mac:根据输入报文的目的 MAC 地址进行流量分配。在 AP 各链路中,目的 MAC 地址相同的报文被分配到相同的成员链路,目的 MAC 地址不同的报文被分配到不同的成员链路。

src-mac:根据输入报文的源 MAC 地址进行流量分配。在 AP 各链路中,来自不同 MAC 地址的报文被分配到不同的成员链路,来自相同 MAC 地址的报文使用相同的成员链路。

ip:根据源 IP 地址与目的 IP 地址进行流量分配。不同的源 IP-目的 IP 对的流量通过不同的成员链路转发,同一源 IP-目的 IP 对的流量通过相同的成员链路转发。

dst-ip:根据输入报文的目的 IP 地址进行流量分配。在 AP 各链路中,目的 IP 地址相同的报文被分配到相同的成员链路,目的 IP 地址不同的报文被分配到不同的成员链路。

src-ip:根据输入报文的源 IP 地址进行流量分配。在 AP 各链路中,来自不同 IP 地址的报文被分配到不同的成员链路,来自相同的 IP 地址的报文使用相同的成员链路。

src-dst-mac:根据源 MAC 地址与目的 MAC 地址进行流量分配。不同的源 MAC-目的 MAC 对的流量通过不同的成员链路转发,同一源 MAC-目的 MAC 对的流量通过相同的成员链路转发。

要将 AP 的流量平衡设置恢复到默认值,可以在全局配置模式下使用 no aggregateport load-balance 命令。

实验 6-5　端口聚合配置实验

【实验目的】

理解链路聚合的配置及原理。

【技术原理】

端口聚合(Aggregate-port)又称链路聚合,是指在物理上将两台交换机之间的多个端口连接起来,将多条链路聚合成一条逻辑链路以增大链路带宽,解决交换网络中因带宽引起的网络瓶颈问题。多条物理链路之间能够相互冗余备份,其中某条链路断开不会影响其他链路正常转发数据。

端口聚合遵循 IEEE 802.3ad 协议的标准。

【实验设备】

交换机 2 台,计算机 2 台,直连线 4 根。

【实验拓扑】

本实验的拓扑结构如图 6-20 所示。

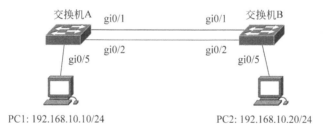

PC1: 192.168.10.10/24　　　　　PC2: 192.168.10.20/24

图 6-20　端口聚合实验拓扑

按照拓扑图连接网络时注意,2 台交换机都配置完端口聚合后再将 2 台交换机连接起来。如果先连线再配置会造成广播风暴,影响交换机的正常工作。

【实验步骤】

分析:本实验的预期是将图 6-20 中 2 台交换机的 2 个各 1000M 的端口聚合成 2000M 的链路。在增加交换机之间的传输带宽的同时,实现链路冗余备份。

步骤 1:按图 6-20 所示连接好网络拓扑,注意 2 台交换机之间只接 1 根跳线(如端口 0/1)。

实验前的带宽验证：

在 PC2 上建立一个共享目录（如 d：\share），并启动 Wireshark 抓包软件，选中监控对象，将界面停留在 Capture Interfaces 窗口上（如图 6-21 所示），观察此时数据包的传输情况。

图 6-21　监控数据包

在 Windows 中，共享目录（如 d：\share）在命令提示符窗口的建立过程如下：

```
md d:\share                                          在 D 盘建立文件夹 share
net user myuser 159357 /add                          建立用户 myuser,口令是 159357
net share myshare=d:\share  /grant:myuser,full  建立 d:\share 的共享名为 myshare,访
问用户 myuser,权限 full(注意在"/"前有一个空格)
```

在 PC1 上选择一个文件包（文件大小一般需较大，如视频文件），在"开始"中"搜索程序和文件"的对话框中输入"\\192.168.10.20\myshare"，输入用户名/口令，即可进入共享文件夹。将文件包复制到 PC2 的共享文件夹中，注意观察包数量的变化，记录 Packets、Packets/s 的代表值。如果要计算传送时间，可以单击"Start"按钮，通过记录传送第一帧的开始时间以及最后一帧的结束时间的差，计算传送文件所用时间，填入表 6-1 中"端口聚合前"的相应列中，以便与实验后的数据进行比较。

表 6-1　端口聚合实验

测　试　项	端口聚合前	端口聚合后
端口速度		
聚合端口理论最大传输速度(包/秒)		
聚合端口实测最大传输速度(包/秒)		
传输时间(秒)		
聚合端口的流量平衡模式		

如果是百兆交换机，则接口使用 fastethernet。

步骤 2：交换机 A 的基本配置。

```
SwitchA(config)#vlan 10
SwitchA(config-vlan)#name sales
SwitchA(config-vlan)#exit
SwitchA(config)#interface gigabitethernet 0/5
SwitchA(config-if)#switchport access vlan 10
```

步骤 3：在交换机 A 上配置聚合端口。

```
SwitchA(config)#interface aggregateport 1          !创建聚合端口 AG1
SwitchA(config-if)#switchport mode trunk           !配置 AG 模式为 Trunk
SwitchA(config-if)#exit
SwitchA(config)#interface  range gigabitethernet 0/1-2    !进入端口 0/1 和端口 0/2
SwitchA(config-if-range)#port-group 1              !配置端口 0/1 和端口 0/2 属于 AG1
```

测试：验证端口 0/1 和端口 0/2 属于 AG1。

```
SwitchA#show aggregatePort 1 summary               !查看端口聚合组 1 的信息
```

步骤 4：交换机 B 的基本配置。

```
SwitchB(config)#vlan 10
SwitchB(config-vlan)#name sales
SwitchB(config-vlan)#exit
SwitchB(config)#interface gigabitethernet 0/5
SwitchB(config-if)#switchport access vlan 10
```

测试：验证已在交换机 B 上创建了 VLAN 10，并已将端口 0/5 划分到 VLAN 10 中。

```
SwitchB#show vlan id 10
```

步骤 5：在交换机 B 上配置聚合端口。

```
SwitchB(config)#interface aggregateport 1          !创建聚合端口 AG1
SwitchB(config-if)#switchport mode trunk           !配置 AG 模式为 Trunk
SwitchB(config-if)#exit
SwitchB(config)#interface range gigabitethernet 0/1-2    !进入端口 0/1 和端口 0/2
SwitchB(config-if-range)#port-group 1              !配置端口 0/1 和端口 0/2 属于 AG1
```

测试：验证端口 0/1 和端口 0/2 属于 AG1。

```
SwitchB#show aggregatePort 1 summary
```

按图 6-20 所示网络拓扑，连接 2 台交换机之间的另一根跳线（如端口 0/2）。

步骤 6：验证。

(1) 如同步骤 1，在 PC1 上传送文件包，注意观察包数量的变化，记录数据传送时间，填入表 6-1 中并回答：链路聚合的带宽是否增大？如果没有增大，分析原因并提出解决办法。

(2) 在本实验中，如何判断哪条链路正在传输数据？

(3) 链路聚合的动态备份：当交换机之间的一条链路断开时，PC1 与 PC2 仍能互相通信。

```
C:\>ping 192.168.10.20 -t                          !在 PC1 的命令行方式下验证能否 ping 通 PC2
```

将两根跳线中的任何一根拔掉后，发现计算机间还可以正常通信，此现象是否说明链路聚合的动态备份有效？拔线过程中有无丢包现象？

(4) 重做步骤 5 验证(1)，监控窗口停留在如图 6-21 所示上，在数据传送过程中，交替拔掉端口 1（或 2）的线，观察 Packets 与 Packets/s 是否有变化？

(5) 查看聚合端口：show interfaces aggregateport 1。

(6) 查看成员端口：show interfaces gigabitethernet 0/1。

(7) 查看端口状态：show interfaces status。

(8) 查看成员端口的速率流量：show interfaces counters rate/summary。

【实验思考】

(1) 在 2 台交换机上各增加 1 台计算机(PC3、PC4)，然后让 PC1 与 PC2、PC3 与 PC4 同时传输数据，观察聚合端口的流量平衡情况。

(2) 如何验证聚合端口的流量平衡模式？

(3) 链路聚合会在什么情况下起分流作用？

6.4 端 口 镜 像

6.4.1 基本概念

端口镜像(Switched Port Analyzer,SPAN)是指将交换机的一个或数个指定端口(镜像源端口,也称被监控口)的报文复制一份到其他端口(镜像目的端口,也称监控口),目的端口与数据监测设备相连,在监控端利用数据监测设备分析复制到目的端口的报文,进行网络监控(如流量观测)和故障排除(如故障定位)。

SPAN 分成三种：SPAN、RSPAN 和 VSPAN。SPAN 是指源和目的端口都在同一台交换机上；RSPAN 指目的和源端口不在同一台交换机上；VSPAN 可以为全部或数个 VLAN 制作镜像到一个目的端口。

通过 SPAN 可以监控所有进入源端口和从源端口输出的帧,包括路由输入帧。但 SPAN 并不影响源端口和目的端口的交换,它只是将所有进入源端口和从源端口输出的帧原样复制了一份到目的端口。

6.4.2 本地端口镜像

端口镜像会话是目的端口和源端口的组合,可以监控单个或多个端口的输入、输出和双向帧。Switched Port、Routed Port 和 AP 都可以配置为源端口和目的端口。

可以将 SPAN 会话配置在 Disabled Port 上,SPAN 并不会立刻发生作用,而是等到将目的和源端口启用后。通过 show monitor session session_number 命令可显示 SPAN 会话的操作状态,SPAN 会话在加电后并不会立刻生效,而是直到目的端口处于可操作状态后再生效。

1. 帧类型

SPAN 会话包含以下帧类型。

接收帧：所有源端口接收到的帧都将被复制一份到目的端口。在一个 SPAN 会话中,可监控一个或几个源端口的输入帧。某些原因(如端口安全)可能会导致从源端口输入的帧被丢弃,但并不影响 SPAN 的功能。

发送帧：所有从源端口发送的帧都将被复制一份到目的端口。在一个 SPAN 会话中,可监控一个或几个源端口的输出帧。某些原因可能会导致从其他端口发送到源端口的帧被丢弃,则该帧不会发送到目的端口。某些原因可能会导致发送到源端口的帧的格式改变,例如源端口输出经过路由之后的帧,帧的源 MAC 地址、目的 MAC 地址、VLAN ID 以及 TTL 发生变化,同样,复制到目的端口的帧的格式也会变化。

双向帧:包括接收帧与发送帧。在一个 SPAN 会话中,可监控一个或几个源端口的输入帧和输出帧。

2. 源端口

源端口是 Switched Port、Routed Port 或 AP,该端口被监控用作网络分析。在一个 SPAN 会话中,可以监控输入、输出和双向帧,对源端口的最大个数不做限制。源端口有以下特性:

(1) 可以是 Switched Port、Routed Port 或 AP。

(2) 不可以同时为目的端口。

(3) 可以指定被监控帧的输入或输出方向。

(4) 源端口和目的端口既可以处于一个 VLAN 也可以不处于一个 VLAN 中。

3. 目的端口

SPAN 会话有一个目的端口,用于接收源端口的帧副本。目的端口可以是 Switched Port、Routed Port 或 AP。

4. 配置 SPAN

创建一个 SPAN 会话并指定监控口和被监控口。

(1) 指定源端口。对于 interface-id,必须指定相应的端口号。

```
(config)#monitor session session_number source interface interface-id [,|-] {both|rx|tx}
```

(2) 指定目的端口。对于 interface-id,必须指定相应的端口号。添加 switch 参数将支持镜像目的端口交换功能。

```
(config)#monitor session session_number destination interface interface-id [switch]
```

(3) 删除 SPAN 会话。

对于已建立的 SPAN 会话,可使用(config)# no monitor session session_number 命令删除。若要删除所有 SPAN 会话,可使用(config)# no monitor session all 命令。

(4) 删除源端口或目的端口。

删除源端口:

```
(config)#no monitor session session_number source interface interface-id
```

删除目的端口:

```
(config)#no monitor session session_number destination interface interface-id
```

例如:创建一个 SPAN 会话 1,设置将端口 1 的帧镜像到端口 8。

```
(config)#monitor session 1 source interface gigabitethernet 0/1 both
(config)#monitor session 1 destination interface gigabitethernet 0/8
```

创建情况可使用 show monitor session 1 命令验证。

(5) 显示 SPAN 状态。

使用 show monitor 特权命令可显示当前 SPAN 配置的状态。

例如：

```
#show monitor session 1                                    !显示 SPAN 会话 1 的当前状态
```

实验 6-6　交换机端口镜像配置

【实验目的】

了解交换机端口镜像功能，掌握端口镜像的配置方法。

【技术原理】

根据交换机的转发原理，交换机在收到一个数据帧后，使用该数据帧的目的 MAC 地址，通过查找 MAC 地址表可以将数据帧转发给目的主机。这时，如果该 MAC 地址已经存在于 MAC 地址表中，则交换机上连接的其他主机是无法接收到该帧的。如图 6-22(a)所示，主机 A 和主机 B 之间的数据流，主机 C 是无法接收到的，即使在主机 C 上安装了网络协议分析软件，也不能捕获主机 A 和主机 B 之间的数据。

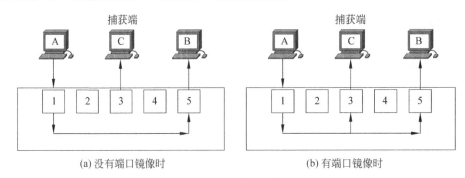

(a) 没有端口镜像时　　　　　　　　　　(b) 有端口镜像时

图 6-22　端口镜像

但有时出于特定目的(如要监控特定主机的流量、部署 IDS 或者进行网络故障排查)需要使用交换机的端口镜像功能，以便能够捕获到转发给不同目的主机的流量，对某些可疑端口进行监控，同时又不影响被监控端口的数据交换。如图 6-22(b)所示，可以将连接主机 A 和主机 B 的端口镜像到连接主机 C 的端口上。这样，主机 A 和主机 B 之间的数据就可以被主机 C 捕获到了。

实际上，端口镜像就是把交换机一个或多个端口(源端口)的流量(包括发送和接收的流量)完全复制一份并发送给另外一个端口(目的端口)，以便目的端口的主机可以收到源端口的所有进出数据帧，达到集中使用数据捕获软件进行数据分析和监视的目的。在此期间目的端口不能收发自己的数据帧，完全作为源端口的镜像存在。

端口镜像的数据流主要分为三类。

(1) 输入数据流(RX)：指被源端口接收进来，其数据副本发送至监控端口的数据流。

(2) 输出数据流(TX)：指从源端口发送出去，其数据副本发送至监控端口的数据流。

(3) 双向数据流(Both)：以上两种数据流的综合。

在交换机上配置端口镜像需要在全局模式下进行，包括两个步骤：配置源端口和配置

目的端口,命令格式如下:

```
Switch(config)#monitor session session_number source/destination interface type
    interface-id [rx/tx/both]
```

其中:

monitor session:配置端口镜像的命令关键字。

session-number:端口镜像的会话号,依据不同的设备型号所支持的会话数不同。

source/destination:指明后续的端口号是端口镜像的源端口还是目的端口。

interface type interface-id:指定端口号,即镜像的源端口或者目的端口。如果指定的是源端口,交换机将把此端口的流量复制一份。可以输入多个端口,用逗号(,)隔开,连续的用连字符(-)连接。如果指定的是目的端口,那么在源端口被复制的流量会从此端口发出去。注意,目的端口号不能被包含在源端口的范围内。

rx/tx/both:可选项,在配置端口镜像的源端口时使用,表示复制源端口双向(both)、仅输入(rx)或仅输出(tx)的流量,默认是双向。

在配置端口镜像任务时应遵循以下原则:

(1) 对数据进行监控分析的设备应连接在监控端口上。

(2) 聚合链路端口只能作为端口镜像任务的源端口。

(3) 在设置端口为源端口时,如果没有指定数据流的监控方向,则默认为双向。

(4) 当端口镜像任务含有多个源端口时,这些端口可以来自不同的 VLAN。

(5) 取消某一个端口镜像任务的命令是:no monitor session session-number。

(6) 取消所有端口镜像任务的命令是:no monitor session all。

在配置镜像端口的过程中,还应考虑到数据流量过大时,设备的处理速度及端口数据缓存的大小,要尽量减少被监控数据包的丢失。

【实验拓扑】

本实验的拓扑结构如图 6-23 所示。

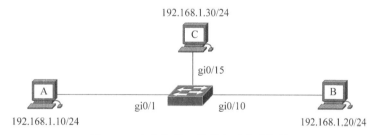

图 6-23　交换机端口镜像配置实验拓扑

【实验步骤】

分析:本实验的预期是在如图 6-23 所示的实验拓扑图中,在交换机上配置端口镜像,将端口 0/1(或 0/10)数据复制一份到端口 0/15,使主机 C 上的嗅探软件 Wireshark 能捕获到主机 A 和主机 B 之间的数据并分析捕获到的数据包。

步骤 1:按照拓扑图完成交换机和计算机的连接。

(1) 为主机配置同一网段的 IP 地址。在主机上运行 ipconfig /all 命令,记录主机的

MAC 地址,如下所示:

主机	A	B	C
IP	192.168.1.10/24	192.168.1.20/24	192.168.1.30/24
MAC	00-1D-92-6D-2C-A5	00-1D-92-6D-2C-13	00-1D-92-6E-2E-FC

(2) 在主机 C 上运行 Wireshark,单击工具栏上的"开始捕获"按钮;从主机 A ping 主机 B,可以看到主机 A 的 Windows 系统会发出 4 个 ping 包,并收到主机 B 的 4 个响应数据包。

观察:主机 C 能捕获到从主机 A 发送到主机 B 的 ICMP 报文吗?

步骤 2:在交换机上配置端口镜像。

按照拓扑图,将主机 A 连接到交换机的端口 0/1,将主机 B 连接到交换机的端口 0/10,将主机 C 连接到交换机的端口 0/15。在交换机上配置:

```
Switch(config)#monitor session 1 source interface gigabitethernet 0/1 both
                                          !配置源端口为端口 0/1,监控双向数据流
Switch(config)#monitor session 1 destination interface gigabitethernet 0/15
                                          !配置目的端口为端口 0/15
Switch(config)#show monitor              !查看镜像配置
```

步骤 3:在主机 C 上运行 Wireshark 捕获数据包。

在主机 A ping 主机 B 的同时,在主机 C 上运行 Wireshark,单击工具栏上的"开始捕获"按钮;在 ping 命令运行结束后,单击工具栏上的"结束"按钮,停止捕获。

观察:主机 C 能捕获到主机 A 和主机 B 的数据包吗?与步骤 1 有什么不同?

步骤 4:对捕获到的数据包进行分析。思考:

(1) 为什么捕获到的 ICMP 数据包是 8 个?

(2) 数据包中的源和目的地址与步骤 0 中得到的是否一致?

步骤 5:在交换机中将主机 A 和主机 B 所在端口划分到 VLAN 10 中,将主机 C 所在端口划分到 VLAN 20 中。重复上面的实验,结果如何?

【实验思考】

(1) 查看交换机的配置,通过 show run 命令可看到配置中增加了条目:

```
monitor session 1 destination interface gigabitethernet 0/15
monitor session 1 source interface gigabitethernet 0/1 both
```

将交换机中的端口镜像配置清除:

```
Switch(config)#no monitor session 1
```

此时从主机 A ping 主机 B,在主机 C 上用网络协议分析软件进行捕获,会发现无法捕获到主机 A 和主机 B 之间的单播数据包。

(2) 如果只想捕获主机 A 发出的数据包,应该在交换机上如何配置端口镜像?

(3) 这时如果用 ping 命令从主机 C 查看主机 A,是否能连通?

(4) 根据端口镜像实验讨论交换机交换数据的安全性问题。

6.4.3 基于 VLAN 的镜像

基于 VSPAN(VLAN SPAN)的镜像是指将某些 VLAN 的数据流作为数据源镜像到目

的设备的目的端口。源 VLAN 是被监控的 VLAN,可以对通过该 VLAN 所有端口的报文进行监控和分析。可以使用一个或多个 VLAN 作为监控的源。源 VLAN 中的所有端口成为源端口。

VSPAN 的配置一般有三个环节:

(1) 指定源 VLAN。

可以指定某个(或某些)VLAN 作为镜像的数据源,这个(或这些)VLAN 不能是 Remote VLAN。

指定某个 VLAN 时:

```
Switch(config)#monitor session session_number source vlan vlan-id  [rx | tx | both]
```

指定某些 VLAN 时:

```
Switch(config)#monitor session session-num filter vlan vlan-id-list
```

(2) 指定目的端口。

```
Switch(config)#monitor  session session_number destination interface interface-id {dot1q|isl}
```

(3) 显示 SPAN 状态。

```
Switch(config) # show monitor session session_number
```

6.4.4 远程端口镜像

远程端口镜像(RSPAN)是 SPAN 的扩展,能够远程监控多台设备,每个 RSPAN Session 建立于用户指定的 RSPAN VLAN 内。远程镜像突破了被镜像端口和镜像端口必须在同一台设备上的限制,使被镜像端口和镜像端口间可以跨越多个网络设备。RSPAN 实现的功能是将所有的被镜像报文通过特殊的 RSPAN VLAN 传递到远端的镜像端口,典型应用拓扑如图 6-24 所示。

图 6-24 RSPAN 典型应用拓扑

图中各交换机的角色分为三种:源交换机、中间交换机、目的交换机。

(1) 源交换机:被监测的端口所在的交换机,负责将源端口的报文复制一份并从源交换机的输出端口输出,通过 Remote VLAN 进行转发,传输给中间交换机或目的交换机。

(2) 中间交换机:网络中处于源交换机和目的交换机之间的交换机,通过 Remote VLAN 把镜像流量传输给下一个中间交换机或目的交换机。如果源交换机与目的交换机直接相连,则不存在中间交换机。

(3) 目的交换机:远程镜像目的端口所在的交换机,将从 Remote VLAN 接收到的镜像流量通过镜像目的端口转发给监控设备。

每台交换机上参与 RSPAN 的端口如表 6-2 所示。

表 6-2 参与 RSPAN 的端口及作用

交换机	参与镜像的端口	作 用
源交换机	源端口	被监测的用户端口,通过本地端口镜像把用户数据报文复制到指定的输出端口或者反射端口,源端口可以有多个
	反射端口	反射端口用于"一对多镜像",从镜像源端口进入交换机的数据报文,通过反射端口的"反射",从输出端口输出。反射端口无法作为正常的端口转发流量,所以建议将没有使用的、处于 DOWN 状态的端口配置为反射端口,且不要在该端口上添加其他配置
	输出端口	将镜像报文发送到中间交换机或者目的交换机
中间交换机	普通端口	将镜像报文发送到目的交换机。建议在中间交换机上配置 2 个 Trunk 端口并和两侧的设备相连
目的交换机	源端口	接收远程镜像报文
	镜像目的端口	远程镜像报文的监控端口

在 RSPAN 会话中,源端口上的数据流被监控,用于网络分析或故障排查。在单个 RSPAN 会话中,用户可以监控输入、输出或双向数据流,且源端口的个数没有限制。

输出端口将 RSPAN 镜像数据流从源设备的输出端口向中间设备广播出去。

对于 Remote VLAN,RSPAN 镜像的数据流通过 Remote VLAN 进行广播,该 VLAN 只传输镜像报文,不能用来承载正常的业务数据。所有被镜像的报文通过该 VLAN 从源交换机传递到目的交换机的指定端口,实现在目的交换机上对源交换机的远程端口的报文进行监控的功能。

RSPAN 会话支持多个目的设备,在每个目的设备上支持一个目的端口。为支持一对多镜像,需要在源设备上使用如下命令配置反射端口:

```
(config)#monitor session session_num destination remote vlan remote_vlan-id reflector-port interface interface-name [switch]
```

配置远程源镜像组的 Remote VLAN 和远程反射端口,反射端口必须加入 Remote VLAN,Switch 关键字表示目的端口参与交换。

(1) 配置源设备。

```
(config)#vlan vlan-id 进入 Vlan                !进入配置模式
(config-Vlan)#remote-span                      !设置 VLAN 为 Remote-span VLAN
(config-Vlan)#exit                             !退到全局配置模式
(config)#monitor session session_num remote_source   !配置远程源镜像
(config)#monitor session session-num source interface interface-name[rx | tx | both]
                          !配置远程镜像源端口(源端口的 rx 和 tx 可以配置到同一个
                          !目的端口,也可以配置到不同的目的端口,但每一个只能配置到一个目的端口)
(config)#monitor session session_num destination remote vlan remote_vlan-id [reflector-port] interface interface-name [switch]
                          !配置远程源镜像组的 Remote VLAN 和远程反射端口必须加
```

```
!入 Remote VLAN,Switch 关键字表示目的端口参与交换
(config)# monitor session session_number source interface interface-id rx
acl name
                              !设定需要镜像的数据流所匹配的 acl name
```

（2）配置中间交换机。

RSPAN 会话的中间交换机确保远程镜像 VLAN 内的报文传递，其配置过程如下：

```
(config)#vlan vlan-id                  !进入 VLAN 配置模式
(config-Vlan)#remote-span              !设置 VLAN 为 Remote-span VLAN
(config-Vlan)#exit                     !退到全局配置模式
```

（3）配置目的交换机。

```
(config)#vlan vlan-id                  !进入 VLAN 配置模式
(config-Vlan)#remote-span              !设置 VLAN 为 Remote-span VLAN
(config-Vlan)#exit                     !退到全局配置模式
(config)#monitor session session-num remote-destination  !配置远程目的镜像
(config)#monitor session session-num destination remote vlan vlan-id interface
interface-name [switch]
            !配置 Remote VLAN 和远程镜像目的端口,Switch 关键字表示目的端口参与交换
(config)#interface interface-name      !进入远程镜像目的端口
(config-if)#switchport access vlan vid | switchport trunk native vlan vid
            !表示 Remote-span VLAN 的 VID,如果目的端口是 Access 端口,则把它加入
!Remote-span VLAN,如果目的端口是 Trunk 端口,则把它加入 Remote-span VLAN,并且将
!Remote-span VLAN 设置成为它的 Native VLAN
```

实验 6-7 交换机端口远程镜像

【实验目的】

了解交换机远程端口镜像功能，掌握端口远程镜像的配置方法。

【实验拓扑】

本实验拓扑结构如图 6-25 所示。

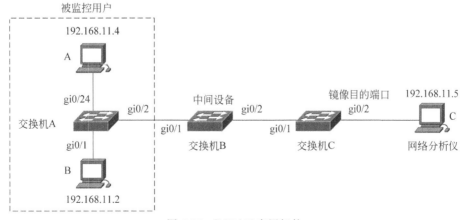

图 6-25 RSPAN 应用拓扑

【配置步骤】

分析：本实验的预期是实现跨交换机的端口镜像，即用户 C 能监听到用户 A 与用户 B 之间的通信。为此需明确以下的配置要点。

(1) 在源设备(交换机 A)、中间设备(交换机 B)、目的设备(交换机 C)上配置 Remote VLAN。

(2) 在源设备上，配置直连用户的端口(端口 0/1 和端口 0/24)为源端口，与中间设备相连的端口(端口 0/2)为输出端口，并配置输出端口可交换功能。

(3) 在中间设备上，与源设备、目的设备相连的端口(端口 0/1 和端口 0/2)仅需配置为普通端口。

(4) 在目的设备上，与中间设备相连的端口(端口 0/1)作为源端口，仅需配置为普通端口，与网络分析仪相连的端口(端口 0/2)配置为镜像目的端口，并配置镜像目的端口可交换功能。

步骤 1：

(1) 按照拓扑图连接设备，并配置 3 台主机的 IP 和掩码。在默认配置下，测试 3 台主机是否互通。

(2) 主机 A 和主机 B 互相 ping，在主机 C 上启动 Wireshark，能否抓取到主机 A 和主机 B 的数据包？

步骤 2：

交换机 A 的配置如下：

```
SwitchA(config)#vlan 7
SwitchA(config-vlan)#remote-span          !在交换机 A 上创建 VLAN 7，设置为 Remote VLAN
SwitchA(config-vlan)#exit
SwitchA(config)#Vlan 20
SwitchA(config)#monitor session 1 remote-source
SwitchA(config)#monitor session 1 destination remote vlan 7 reflector-port interface gigabitethernet 0/4 switch
SwitchA(config)#monitor session 1 source interface gigabitethernet 0/1 both
SwitchA(config)#interface gigabitethernet 0/2
SwitchA(config-if)#switchport mode trunk
SwitchA(config-vlan)#exit
SwitchA(config)#interface gigabitethernet 0/1
SwitchA(config-if)#switchport access vlan 20
SwitchA(config-vlan)#exit
SwitchA(config)#interface gigabitethernet 0/24
SwitchA(config-if)#switchport access vlan 20
```

交换机 B 的配置如下：

```
SwitchB(config)#vlan 7
SwitchB(config)#remote-span
SwitchB(config)#interface gigabitethernet 0/1
SwitchB(config-if)#switchport mode trunk
```

```
SwitchB(config)#no mac-address-learning
SwitchB(config)#interface gigabitethernet 0/2
SwitchB(config)#switchport mode trunk
```

交换机 C 的配置如下：

```
SwitchC(config)#vlan 7
SwitchC(config)#remote-span
SwitchC(config)#interface gigabitethernet 0/1
SwitchC(config-if)#switchport mode trunk
SwitchC(config)#monitor session 1 remote-destination
SwitchC(config)#monitor session 1 destination remote vlan 7 interface gigabitethernet 0/2 swith
```

步骤 3：查看设备的 RSPAN 信息。

```
SwitchA#show monitor
SwitchB#show monitor
SwitchC#show monitor
```

请解读显示的信息，这些信息是否与配置相符？

步骤 4：实验验证。

（1）用 ping 命令查看主机 A 是否与主机 B 相通，在主机 C 上启动 Wireshark，观察能否捕获到主机 A 和主机 B 之间的 ICMP 包。

（2）请讲述远程镜像的实验原理。

（3）反射端口 0/4 有什么作用？

6.4.5 基于流的远程端口镜像配置

远程端口镜像是对本地 SPAN 的扩展，因此 RSPAN 同样也支持基于流的镜像，基于流的 RSPAN 不影响正常通信。可以在 RSPAN 源设备上配置源端口的输入方向的 ACL（支持标准 ACL、扩展 ACL、MAC ACL、自定义 ACL），也可以在 RSPAN 目的设备上配置目的端口输出方向的端口 ACL。另外，可以在 RSPAN 源交换机上配置基于 Remote VLAN 应用输出方向的 ACL，在 RSPAN 目的交换机上配置基于 Remote VLAN 应用输入方向的 ACL。

6.5 生成树协议

6.5.1 基本概念

对二层以太网而言，两个局域网间只能有一条活动的通路，否则就会产生广播风暴。但是为了加强一个局域网的可靠性，建立冗余链路又是必要的，其中的一些通路必须处于备份状态。若网络发生故障导致另一条链路失效，相应的冗余链路就被提升为活动状态。

生成树协议（Spanning Tree Protocol，STP）是为了解决冗余网络中的广播风暴问题而产生的，是一种网桥嵌套协议。其工作原理是：生成树协议定义了一个网桥协议数据单元

(Bridge Protocol Data Unit,BPDU)的数据包,网桥用 BPDU 相互通信,并用 BPDU 的相关机制动态选择根网桥和备份网桥。由于从中心网桥到任何网段只有一条路径存在,所以网桥回路被消除。

例如,在图 6-26 中,站点 A 向站点 B 发数据,而交换机 A 和交换机 B 的地址表中都没有站点 B 的 MAC 地址。首先,数据通过网段 A 传到交换机 A 的端口 0/1 和交换机 B 的端口 0/1。因为交换机 A 和交换机 B 的地址表中都没有站点 B 的 MAC 地址,所以交换机会将数据以广播的形式向所有其他端口转发,数据会传到网段 B。因为交换机 A 中还没有站点 B 的地址,所以数据又会向其他端口转发,数据又会回到网段 A,再通过网段 A 转发,如此反复,就产生了一个环路。在广播密集型的网络中,环路会形成广播风暴,最后将网络全部堵塞。

STP 协议的作用是避免当网络中存在交换环路时产生广播风暴,确保在网络中有环路时自动切断环路;当环路消失时,自动开启原来切断的网络端口,提高了网络的可靠性。

1. 生成树的形成过程

生成树协议的工作过程如下:
(1) 通过比较交换机优先级选取根交换机(给定广播域内只有一台根交换机)。
(2) 其余的非根交换机只有一个通向根交换机的端口,该端口称为根端口。
(3) 认定网段的指派交换机。
(4) 每个网段只有一个转发端口,根交换机所有的连接端口均为转发端口。

图 6-27 是一个抑制环路的生成树。

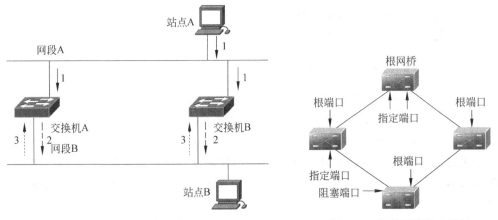

图 6-26 网络回路　　　　　　图 6-27 抑制环路的生成树

生成树协议使用生成树算法,在一个具有冗余路径的容错网络中计算出一个无环路的路径,使一部分端口处于转发状态,而另一部分端口处于阻塞状态(备用状态),以保证网络上从任何一点到另一点的路径有且只有一条,从而形成一个稳定的、无环路的生成树网络拓扑。一旦发现当前路径故障,生成树协议能立即激活相应的端口,打开备用链路,并且重新计算生成树的网络拓扑以确保网络的正常工作。因此生成树协议可令具有冗余路径的网络在具有容错能力的同时又避免了产生回环带来的不利影响。

除了根端口和指派端口外,其他端口都将置为阻塞状态。这样,在确定了根交换机、交换机的根端口以及每个网段的指派交换机和指派端口后,一个生成树的拓扑结构就确定了。

当某台交换机检测到拓扑变化时,它将向根交换机方向的指派交换机定时发送拓扑变化通知 BPDU,直至收到指派交换机发来的确认拓扑变化信息,与此同时指派交换机重复以上过程,拓扑变化的通知最终传到根交换机。根交换机将发送一段时间的配置 BPDU,所有的交换机将会收到一个或多个配置消息,并将重新确定根交换机、交换机的根端口以及每个 LAN 的指派交换机和指派端口,该生成树的拓扑结构便重新确定了。

2. BPDU 格式

在生成树算法中,BPDU 扮演重要角色。网桥之间通过传递 BPDU 提供所需信息,BPDU 格式如下:

| DMA | SMA | L/T | LLC Hearder | Payload |

其中,DMA 是目的 MAC 地址,配置消息的目的地址是一个固定的网桥组播地址(0x0180c2000000);SMA 是源 MAC 地址,即发送该配置消息的网桥 MAC 地址;L/T 是帧长;LLC Header 是配置消息固定的链路头;Payload 是 BPDU 数据,主要内容包括:

(1) 根网桥的 Identifier(RootID)。
(2) 从指定网桥到根网桥的最小路径开销(RootPathCost)。
(3) 指定网桥的 ID。
(4) 指定网桥的指定端口的 ID。

Payload 具体各字段如表 6-3 所示。

表 6-3 BPDU 报文各字段

字段名称	长度(字节)	作用
协议号	2	固定为 0
版本号	1	固定为 0
报文类型	1	配置 BPDU 或拓扑变更通告 BPDU
标记	1	用于指示与拓扑变更通告 BPDU 有关的信息
根网桥号	8	由优先级和 MAC 地址两部分组成
根路径成本	4	到根网桥的累计代价值
发送网桥 ID	8	发送此 BPDU 的网桥 ID
端口 ID	2	发送此 BPDU 的网桥的端口 ID
呼叫时间	2	两次发送 BPDU 之间的间隔,默认为 2s
转发延迟	2	端口处于侦听、学习状态的时间,默认为 15s

3. 生成树协议中的术语

交换机或网桥中的端口按照在网络拓扑中的不同作用分为下面几种类型。

根端口(Root port):提供最短路径到根网桥的端口。每台非根交换机都必须选取一个根端口。

指派端口(Designated port):每个网段通过该端口连接到根网桥。

替换端口(Alternate port):根网口的替换端口,一旦根网口失效,该端口就立刻变为根网口。

备份端口(Backup port)：指派端口的备份端口，当一个网桥有两个端口都连在一个网段上时，那么高优先级的端口为指派端口，低优先级的端口为备份端口。

非活动端口(Disable port)：当前不处于活动状态的端口，即 Operation State 为 Down 的端口。

端口优先级：在没有特别说明的情况下，端口优先级依次为根端口、指派端口、替换端口、备份端口。

4. 端口状态

生成树协议工作时，所有端口都要经过一个端口状态的建立过程，如图 6-28 所示。

生成树协议通过 BPDU 广播，确定各交换机及其端口的工作状态和角色。交换机上的端口状态分别有关闭、阻塞、侦听、学习和转发。

(1) 关闭状态(Disabled)：不收发任何报文，当端口空连接或人为关闭时处于关闭状态。

(2) 阻塞状态(Blocking)：在机器刚启动时，端口是阻塞状态(20s)，但接收 BPDU 信息。

(3) 侦听状态(Listening)：不接收用户数据(15s)，收发 BPDU，确定网桥及端口角色。

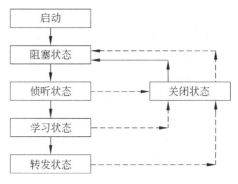

图 6-28 交换机端口的状态

(4) 学习状态(Learning)：不接收用户数据(15s)，收发 BPDU，进行地址学习。

(5) 转发状态(Forwarding)：开始收发用户数据，继续收发 BPDU 和进行地址学习，维护 STP。

端口由阻塞状态进入转发状态时要经过一定时间的延迟，延迟时间至少是配置消息传播到整个网络所需最大时间的两倍。

5. 生成树中的收敛

当网桥或交换机上的所有端口都转变为转发状态或阻塞状态时，称为收敛。在收敛完成之前，交换机不能转发任何数据。在重新转发数据之前，所有的设备都必须更新。STP 正在收敛时，所有主机的数据都会停止发送。

创建层次化的交换机网络，可以让核心交换机成为 STP 的根网桥，以使 STP 收敛得又快又好。在交换机端口上，生成树拓扑从阻塞状态到转发状态的典型收敛时间是 50s。

6. 网络拓扑树的生成及变化示例

如图 6-29 所示，假设交换机 A、交换机 B、交换机 C 的 Bridge ID 是递增的，即交换机 A 的优先级最高。交换机 A 和交换机 B 间为 1Gbps 链路，交换机 A 和交换机 C 间为 10Mbps 链路，交换机 B 和交换机 C 间为 100Mbps 链路。交换机 A 作为该网络的骨干交换机，对交换机 B 和交换机 C 都做了链路冗余。显然，当这些链路都生效时，会产生广播风暴。

假设 3 台交换机都打开了 STP，它们通过交换 BPDU 选出根桥为交换机 A。交换机 B 发现有 2 个端口都连在交换机 A 上，它将优先级最高的端口作为根端口，将另一个端口作为替换端口。而交换机 C 既可以通过交换机 B 到交换机 A，也可以直接到交换机 A，并且通过计算发现经过交换机 B 到交换机 A 的链路代价比直接到交换机 A 的低(各种链路对应的链路代价可查询内部的链路代价表),于是交换机 C 就将与交换机 B 相连的端口作为根端口,将与交换机 A 相连的端口作为替换端口。因此生成了如图 6-30 所示的结构。

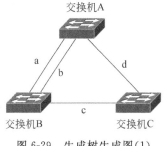

图 6-29 生成树生成图(1)

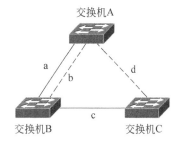

图 6-30 生成树生成图(2)

如果交换机 A 和交换机 B 之间的活动链路出现故障,备份链路就会立即产生作用,于是就生成了如图 6-31 所示的结构。

如果交换机 B 和交换机 C 之间的活动链路出现故障,交换机 C 就会自动把替换端口转为根端口,生成如图 6-32 所示的结构。

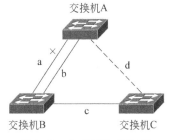

图 6-31 生成树生成图(3)

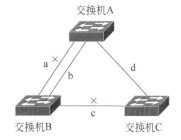

图 6-32 生成树生成图(4)

6.5.2 生成树协议的定义

生成树协议是交换机通过某种特定的算法逻辑地阻塞某些端口以避免数据转发循环,从而生成无环路的数据转发路径的二层协议。

STP 算法通过在网桥之间传递配置消息提供所需信息。根据配置消息提供的信息,通过算法采取措施避免环路。

IEEE 802.1d 标准描述了生成树算法(Spanning Tree Algorithm,STA),这是一种确保避免转发循环的机制。STA 使用网桥协议数据单元,自动配置网桥上处于转发或阻塞状态的独立端口。BPDU 是网桥发送到一个已保存的多播 MAC 地址(对于以太网,该地址是 01-80-C2-00-00-00)的消息,所有透明网桥都会侦听该地址。在阻塞状态下,端口不会获悉或转发已接收到的帧。STA 的最终结果是一个无循环的桥接环境,不管局域网的网段拓扑结构是否改变,该环境一直存在。生成树算法决定了网络链路故障的恢复时间不低于 15s。

然而,STP 存在以下不足:端口从阻塞状态进入转发状态必须经历两倍的转发延迟时间,所以网络拓扑结构改变之后需要至少两倍的转发延迟时间才能恢复连通性。如果网络中的拓扑结构变化频繁,网络会频繁地失去连通性而导致网络通信质量降低。

6.5.3 快速生成树协议

快速生成树协议(Rapid Spanning Tree Protocol,RSTP)是从 STP 发展而来的,实现的基本思想一致,在 IEEE 802.1w 标准中描述了快速生成树协议的规范。

RSTP 具备 STP 的所有功能,而当交换网络拓扑结构发生变化时,RSTP 可以更快地恢复网络的连通性。

RSTP 的改进包括以下几个方面。

(1) 如果旧的根端口已经进入阻塞状态,而且新的根端口连接的对端交换机的指定端口处于转发状态,则在新拓扑结构中的根端口可以立刻进入转发状态。发现拓扑改变到恢复连通性的时间仅数毫秒,并且无须传递配置消息。

(2) 指定端口可以通过与相连的网桥进行一次握手而快速进入转发状态。网络连通性可以在交换两个配置消息的时间内恢复,即握手的延时;最坏的情况下,握手从网络的一边开始,扩散到网络的另一边缘的网桥,网络连通性才能恢复。例如当网络直径(指任意两台终端之间连接时通过的交换机数目的最大值)为 7 时,要经过 6 次握手。

(3) 网络边缘的端口(即直接与终端相连而不与其他网桥相连的端口)可以直接进入转发状态,不需要任何延时。边缘端口的状态变化不影响网络连通性,也不会造成回路,所以进入转发状态无需延时。

STP 和 RSTP 的区别主要有配置消息报文格式不同、拓扑改变消息的传播方式不同。

实验 6-8　快速生成树协议配置

【实验目的】

理解快速生成树协议 RSTP 的配置及原理。RSTP 使网络在有冗余链路的情况下避免环路的产生,停止广播风暴等。

【技术原理】

生成树协议的作用是在交换网络中提供冗余备份链路,并且解决交换网络中的环路问题。

生成树协议利用 SPA 算法(生成树算法),在有交换环路的网络中生成一个没有环路的树形网络。运用该算法将交换网络冗余的备份链路在逻辑上断开,当主要链路出现故障时,能够自动切换到备份链路以保证数据的正常转发。

生成树协议的特点是收敛时间长。从主要链路出现故障到切换到备份链路需要 50s。

快速生成树协议在生成树协议的基础上增加了两种端口角色:替换端口和备份端口,分别作为根端口和指定端口的冗余端口。当根端口或指定端口出现故障时,冗余端口不需要经过 50s 的收敛时间,而是可以直接切换到替换端口或备份端口,从而实现 RSTP 协议的快速收敛(小于 1s)。

【实验设备】

交换机 2 台,计算机 2 台。

【实验拓扑】

本实验拓扑结构如图 6-33 所示。

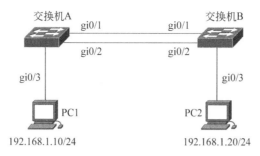

图 6-33 快速生成树实验拓扑

【实验步骤】

分析：本实验的预期是在拓扑结构存在环路的情况下，通过启用快速生成树协议，消除广播风暴，同时环路兼有冗余作用。对实验而言，必须有能直观观察风暴形成与消亡的工具。

步骤 1：为 PC1、PC2 配置 IP 地址和掩码，按照图 6-33 将设备连接起来。

在 PC1（或 PC2）上启动 Wireshark 抓包软件，选中监控对象，将界面停留在"Capture Interfaces"窗口上，如图 6-34 所示，并注意观察包数量的变化。

图 6-34 观察包数量的变化

(1) 查看两台交换机生成树的配置信息 show spanning-tree，并记录。

(2) 除保持实验网卡连通外，切断其他网络链路，在没有主动通信的情况下，观察 1~2 分钟，会有广播风暴产生吗？

(3) 观察下列两种情况，哪种情况下包增长得更快？

① 用 PC1 ping PC2（带参数-t）。

② 在 PC1 或 PC2 上 ping 一个非 PC1 与 PC2 的 IP（用参数-t）。

判断交换机是否产生广播风暴以及有无导致计算机死锁。此时若终止 ping 命令，广播风暴仍存在吗？

(4) 在进行(3)的两种操作时，在交换机上不时查看 MAC 地址表 show mac-address-table，结果如何？这是什么现象？

拔下端口 2 的跳线，继续进行以下实验。

步骤 2：交换机 A 的基本配置。

```
Switch#configure terminal
Switch(config)#hostname switchA
switchA(config)#vlan 10
switchA(config-vlan)#name sales
switchA(config-vlan)#exit
switchA(config)#interface gigabitethernet 0/3
```

```
switchA(config-if)#switchport access vlan 10
switchA(config-if)#exit
switchA(config)#interface range gigabitethernet 0/1-2
switchA(config-if-range)#switchport mode trunk
```

步骤3：交换机B的基本配置。

```
Switch#configure terminal
Switch(config)#hostname switchB
switchB(config)#vlan 10
switchB(config-vlan)#name sales
switchB(config-vlan)#exit
switchB(config)#interface gigabitethernet 0/3
switchB(config-if)#switchport access vlan 10
switchB(config-if)#exit
switchB(config)#interface range gigabitethernet 0/1-2
switchB(config-if-range)#switchport mode trunk
```

步骤4：配置快速生成树协议。

交换机A：

```
SwitchA(config)#spanning-tree                     !开启生成树协议
SwitchA(config)#spanning-tree mode rstp           !指定生成树协议的类型为RSTP
```

交换机B：

```
SwitchB(config)#spanning-tree                     !开启生成树协议
SwitchB(config)#spanning-tree mode rstp           !指定生成树协议的类型为RSTP
```

测试：用2根跳线将2台交换机按照图6-33所示连接起来。将步骤1再做一遍，比较配置前后的实验效果。生成树协议起到什么作用？

步骤5：验证测试。在一台非根交换机上执行上述命令后过5s，使用show spanning-tree interface gigabitethernet 0/1命令和show spanning-tree interface gigabitethernet 0/2命令查看，判断哪一个端口的StpPortState处于丢弃状态？哪一个端口的StpPortState处于转发状态？

```
SwitchA#show spanning-tree                        !查看交换机A生成树的配置信息

SwitchB#show spanning-tree                        !查看交换机B生成树的配置信息
```

根据以上信息，判断根交换机是交换机A还是交换机B？根端口是哪一个端口？

步骤6：设置交换机的优先级。

```
SwitchA(config)#spanning-tree  priority 4096      !设置交换机A的优先级为4096
```

步骤7：验证交换机A的优先级。

```
SwitchA#show spanning-tree                        !查看交换机A生成树的配置信息
```

实验结果显示，当有2个端口都连在1个共享介质上时，交换机会选择高优先级（数值小)的端口进入转发状态,而低优先级(数值大)的端口进入丢弃状态。如果两个端口的优先级相同,则端口号较小的端口进入转发状态。

```
SwitchB#show spanning-tree                    !查看交换机B生成树的配置信息
```

比较与步骤1中(1)的查询结果有什么区别。

步骤8:验证交换机B的端口0/1和0/2的状态。

```
SwitchB#show spanning-tree interface gigabitethernet 0/1
                                              !显示交换机B端口0/1的状态
```

请回答:(1)交换机B的端口0/1处于什么状态?
(2)端口角色是什么端口?

```
SwitchB#show spanning-tree interface gigabitethernet 0/2
                                              !显示交换机B端口0/2的状态
```

请回答:(1)交换机B的端口0/2处于什么状态?
(2)交换机B的端口0/2角色是什么端口?

步骤9:实验分析

(1)记录经过步骤7后每台交换机的BridgeAddr、Priority、DesignatedRoot、RootCost以及RootPort,并填入表6-4。

表6-4 交换机生成树信息(1)

	交换机A	交换机B
Priority(网桥优先权)		
BridgeAddr(网桥MAC地址)		
DesignatedRoot(根网桥ID)		
RootCost(到根的距离)		
RootPort(根端口)		
Designated(指定端口)		

(2)如果交换机A与交换机B的端口0/1之间的链路down掉(使用配置命令shutdown或拔掉网线),验证交换机B的端口0/2的状态,并观察状态转换时间。

端口0/1链路down掉后查看交换机B的端口0/2:

```
SwitchB#show spanning-tree interface gigabitethernet 0/2
```

说明交换机B的端口0/2从阻塞状态转换到转发状态,说明生成树协议此时启用了原先处于阻塞状态的冗余链路。状态转换时间大约2s。

判断上述结论是否正确。

(3)记录此时每台交换机的BridgeAddr、Priority、DesignatedRoot、RootCost以及RootPort,并与(1)比较,分析发生的变化。

(4)当交换机 A 与交换机 B 之间的一条链路 down 掉时,验证 PC1 与 PC2 仍能互相 ping 通,并观察 ping 的丢包情况。

以下为从 PC1 ping PC2 的结果。

C:\>ping 192.168.1.20 -t   !从 PC1 ping PC2(使用连续 ping)

拔掉交换机 A 与交换机 B 的端口 0/1(或 0/2)之间的连线,观察丢包情况。请拔线前确定哪个是根端口、哪个是阻塞端口,解析拔线后的丢包情况。

(5)记录此时每台交换机的 BridgeAddr、Priority、DesignatedRoot、RootCost 以及 RootPort,填入表 6-5 并与(1)比较,分析发生的变化。

表 6-5 交换机生成树信息(2)

	交换机 A	交换机 B
Priority(网桥优先权)		
BridgeAddr(网桥 MAC 地址)		
DesignatedRoot(根网桥 ID)		
RootCost(到根的距离)		
RootPort(根端口)		
Alternate(替换端口)		

(6)启动监控软件 Wireshark,捕获 BPDU,并进行协议分析。

【实验思考】

(1)请问该实验中有无环路?请说明判断的理由。如果存在,说明交换机是如何避免环路的?

(2)冗余链路会不会出现 MAC 地址表不稳定和多帧复制的问题?请举例说明。

(3)将实验改用 STP 协议,重点观察状态转换时间。

(4)在本实验中,开始时首先在两台交换机之间只连接一根跳线,发现可以正常 ping 通。此时在两台交换机之间多接一根跳线,发现还是可以继续正常 ping 通。请问此时有广播风暴吗?

6.5.4 多生成树协议

多生成树协议(Multiple VLAN Spanning Tree Protocol,MSTP)是为了解决传统生成树协议存在的问题。例如,传统生成树协议的 Trunk 链路上实际运行着多个 VLAN,而且所有 VLAN 共用一个生成树,无法实现不同 VLAN 在多条 Trunk 链路上的流量平衡。MSTP 使用少量资源在网络中实现多个生成树,可以在多条 Trunk 链路上实现 VLAN 级流量平衡。在 IEEE 802.1s 标准中,描述了多生成树协议的规范。

实验 6-9 多生成树协议配置

【实验目的】

在接入层和分布层交换机上配置 MSTP 并进行验证。

【实验原理】

传统的生成树协议是基于整个交换网络产生一个树形拓扑结构,所有的 VLAN 都共享一个生成树。这种结构不能进行网络流量的流量平衡,使得有些交换设备比较繁忙,而另一些交换设备又很空闲。为了解决这个问题,可以采用基于 VLAN 的多生成树协议 MSTP。

MSTP 技术可以认为是 STP 和 RSTP 技术的升级版本,除了保留低级版本的特性外,MSTP 考虑到网络中 VLAN 技术的使用,引入了实例和域的概念。实例为 VLAN 的组合,可以针对一个或多个 VLAN 进行生成树运算,从而不会阻断网络中应保留的链路,同时也可以让各实例的数据经由不同路径得以转发,实现网络中的负载分担。

【实验拓扑】

本实验采用 4 台交换机设备。PC1 和 PC3 在 VLAN 10 中,IP 地址分别为 192.168.1.10/24 和 192.168.1.30/24;PC2 在 VLAN 20 中,IP 地址为 192.168.2.10/24;PC4 在 VLAN 40 中,IP 地址为 192.168.3.10/24。

本实验拓扑结构如图 6-35 所示。

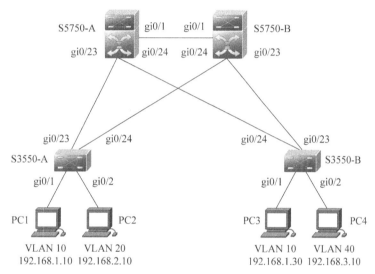

图 6-35 多生成树协议实验拓扑

【实验设备】

接入层交换机 2 台,分布层交换机 2 台。

【实验步骤】

分析:本实验的预期是在有环路的复杂树型拓扑结构中,启用多生成树协议消除广播风暴,实现网络冗余和可靠性的同时实现流量平衡。由于实验涉及多台设备的配置,可以通过监控软件观察广播风暴从产生到逐步消除的过程。在下面的实验过程中,注意回答相关问题。

步骤 1:实验前验证。

按照图 6-35 连接好拓扑结构。

配置 PC1~PC4 的 IP 地址和掩码,启动 Wireshark 监控(只监控包的数量)。

观察有无广播风暴产生?如果没有可以 ping 本地的一个 IP 地址。

回答：

PC1：有无广播风暴产生？（   ）

PC2：有无广播风暴产生？（   ）

PC3：有无广播风暴产生？（   ）

PC4：有无广播风暴产生？（   ）

原因：_____。

步骤2：配置接入层交换机 S3550-A。

```
S3550-A(config)#spanning-tree                          !开启生成树
S3550-A(config)#spanning-tree mode mstp                !配置生成树模式为 MSTP

S3550-A(config)#vlan 10                                !创建 VLAN 10
S3550-A(config)#vlan 20                                !创建 VLAN 20
S3550-A(config)#vlan 40                                !创建 VLAN 40

S3550-A(config)#interface gigabitethernet 0/1
S3550-A(config-if)#switchport access vlan 10           !分配端口 0/1 给 VLAN 10
S3550-A(config-if)#exit
S3550-A(config)#interface gigabitethernet 0/2
S3550-A(config-if)#switchport access vlan 20           !分配端口 0/2 给 VLAN 20
S3550-A(config-if)#exit
S3550-A(config)#interface gigabitethernet 0/23
S3550-A(config-if)#switchport mode trunk               !定义端口 0/23 为 Trunk 端口
S3550-A(config-if)#exit
S3550-A(config)#interface gigabitethernet 0/24
S3550-A(config-if)#switchport mode trunk               !定义端口 0/24 为 Trunk 端口
S3550-A(config-if)#exit

S3550-A(config)#spanning-tree mst configuration        !进入 MSTP 配置模式
S3550-A(config-mst)#instance 1 vlan 1,10               !配置实例 1 并关联 VLAN 1 和 VLAN 10
S3550-A(config-mst)#instance 2 vlan 20,40              !配置实例 2 并关联 VLAN 20 和 VLAN 40
S3550-A(config-mst)#name region1                       !配置域名称
S3550-A(config-mst)#revision 1                         !配置版本（修订号）
```

验证测试：

（1）验证 MSTP 配置。

```
S3550-A#show spanning-tree mst configuration           !显示 MSTP 全局配置
```

解读显示结果：_____。

（2）观察有无广播风暴产生。

回答：

PC1：有无广播风暴产生？（   ）

PC2：有无广播风暴产生？（   ）

PC3：有无广播风暴产生？（   ）

PC4：有无广播风暴产生？（   ）

原因：_____。

步骤 3：配置接入层交换机 S3550-B。

```
S3550-B(config)#spanning-tree                        !开启生成树
S3550-B(config)#spanning-tree mode mstp              !采用 MSTP 生成树模式

S3550-B(config)#vlan 10                              !创建 VLAN 10
S3550-B(config)#vlan 20                              !创建 VLAN 20
S3550-B(config)#vlan 40                              !创建 VLAN 40

S3550-B(config)#interface gigabitethernet 0/1
S3550-B(config-if)#switchport access vlan 10         !分配端口 0/1 给 VLAN 10
S3550-B(config-if)#exit

S3550-B(config)#interface gigabitethernet 0/2
S3550-B(config-if)#switchport access vlan 40         !分配端口 0/2 给 VLAN 40
S3550-B(config-if)#exit

S3550-B(config)#interface gigabitethernet 0/23
S3550-B(config-if)#switchport mode trunk             !定义端口 0/23 为 Trunk 端口
S3550-B(config-if)#exit

S3550-B(config)#interface gigabitethernet 0/24
S3550-B(config-if)#switchport mode trunk             !定义端口 0/24 为 Trunk 端口
S3550-B(config-if)#exit

S3550-B(config)#spanning-tree mst configuration      !进入 MSTP 配置模式
S3550-B(config-mst)#instance 1 vlan 1,10             !配置实例 1 并关联 VLAN 1 和 VLAN 10
S3550-B(config-mst)#instance 2 vlan 20,40            !配置实例 2 并关联 VLAN 20 和 VLAN 40
S3550-B(config-mst)#name region1                     !配置域名称
S3550-B(config-mst)#revision 1                       !配置版本(修订号)
```

验证测试：

(1) 验证 MSTP 配置。

```
S3550-B#show spanning-tree mst configuration
```

解读显示结果：_____。

(2) 观察有无广播风暴产生。

回答：

PC1：有无广播风暴产生？（   ）

PC2：有无广播风暴产生？（   ）

PC3：有无广播风暴产生？（   ）

PC4：有无广播风暴产生？（   ）

原因：_____。

步骤 4：配置分布层交换机 S5750-A。

```
S5750-A(config)#spanning-tree                          !开启生成树
S5750-A(config)#spanning-tree mode mstp                !采用 MSTP 生成树模式

S5750-A(config)#vlan 10
S5750-A(config)#vlan 20
S5750-A(config)#vlan 40

S5750-A(config)#interface gigabitethernet 0/1
S5750-A(config-if)#switchport mode trunk               !定义端口 0/1 为 Trunk 端口
S5750-A(config-if)#exit
S5750-A(config)#interface gigabitethernet 0/23
S5750-A(config-if)#switchport mode trunk               !定义端口 0/23 为 Trunk 端口
S5750-A(config-if)#exit
S5750-A(config)#interface gigabitethernet 0/24
S5750-A(config-if)#switchport mode trunk               !定义端口 0/24 为 Trunk 端口
S5750-A(config-if)#exit

S5750-A(config)#spanning-tree mst 1 priority 4096      !配置交换机 S5750-A 在实例 1 中
                                                       !的优先级为 4096,默认是 32768,值越小越优先成为该实例中的根交换机
S5750-A(config)#spanning-tree mst 2 priority 8192      !可选配置:实现备份根
S5750-A(config)#spanning-tree mst configuration        !进入 MSTP 配置模式
S5750-A(config-mst)#instance 1 vlan 1,10               !配置实例 1 并关联 VLAN 1 和 VLAN 10
S5750-A(config-mst)#instance 2 vlan 20,40              !配置实例 2 并关联 VLAN 20 和 VLAN 40
S5750-A(config-mst)#name region1                       !配置域名为 region1
S5750-A(config-mst)#revision 1                         !配置版本(修订号)
```

验证测试：

(1) 验证 MSTP 配置。

```
S5750-A#show spanning-tree mst configuration
```

解读显示结果：_____。

(2) 观察有无广播风暴产生。

回答：

PC1：有无广播风暴产生？（   ）

PC2：有无广播风暴产生？（   ）

PC3：有无广播风暴产生？（   ）

PC4：有无广播风暴产生？（   ）

原因：_____。

步骤 5：配置分布层交换机 S5750-B。

```
S5750-B(config)#spanning-tree                          !开启生成树
S5750-B(config)#spanning-tree mode mstp                !采用 MSTP 生成树模式
```

```
S5750-B(config)#vlan 10
S5750-B(config)#vlan 20
S5750-B(config)#vlan 40

S5750-B(config)#interface gigabitethernet 0/1
S5750-B(config-if)#switchport mode trunk      !定义端口 0/1 为 Trunk 端口
S5750-B(config-if)#exit
S5750-B(config)#interface gigabitethernet 0/23
S5750-B(config-if)#switchport mode trunk      !定义端口 0/23 为 Trunk 端口
S5750-B(config-if)#exit
S5750-B(config)#interface gigabitethernet 0/24
S5750-B(config-if)#switchport mode trunk      !定义端口 0/24 为 Trunk 端口
S5750-B(config-if)#exit

S5750-B(config)#spanning-tree mst 2 priority 4096   !配置交换机 S5750-B 在实例 2 中
                                                    !的优先级为 4096,默认是 32768,值越小越优先成为该域中的根交换机
S5750-B(config)#spanning-tree mst 1 priority 8192   !可选配置:备份根
S5750-B(config)#spanning-tree mst configuration     !进入 MSTP 配置模式
S5750-B(config-mst)#instance 1 vlan 1,10            !配置实例1并关联 VLAN 1 和 VLAN 10
S5750-B(config-mst)#instance 2 vlan 20,40           !配置实例2并关联 VLAN 20 和 VLAN 40
S5750-B(config-mst)#name region1                    !配置域名为 region1
S5750-B(config-mst)#revision 1                      !配置版本(修订号)
```

验证测试:

(1) 验证 MSTP 配置。

```
S5750-B#show spanning-tree mst configuration
```

解读显示结果:_____。

(2) 观察有无广播风暴产生。

回答:

PC1:有无广播风暴产生?(   )

PC2:有无广播风暴产生?(   )

PC3:有无广播风暴产生?(   )

PC4:有无广播风暴产生?(   )

原因:_____。

实验验证:

(1) 验证交换机配置的实例树(可以与前面的 STP 协议树进行对比,具体原理可参考下述代码的类似解释。由于两例中对应的 MAC 地址不相同,可能导致生成的协议树也不完全相同)。

```
S5750-A#show spanning-tree mst 1              !显示交换机 S5750-A 上实例 1 的特性
######MST 1 vlans mapped : 1,10
BridgeAddr : 00d0.f8ff.4e3f                   !交换机 S5750-A 的 MAC 地址
```

```
                Priority : 4096                                      !优先级
                TimeSinceTopologyChange : 0d:7h:21m:17s
                TopologyChanges : 0
                DesignatedRoot : 100100D0F8FF4E3F    !后 12 位是 MAC 地址,此处显示的是交换机 S5750-A
                !自身的 MAC 地址,说明交换机 S5750-A 是实例 1 的生成树的根交换机
                RootCost : 0
                RootPort : 0

                S5750-B#show spanning-tree mst 2           !显示交换机 S5750-B 上实例 2 的特性
                ######MST 2 vlans mapped : 20,40
                BridgeAddr : 00d0.f8ff.4662                   !交换机 S5750-B 的 MAC 地址
                Priority : 4096
                TimeSinceTopologyChange : 0d:7h:31m:0s
                TopologyChanges : 0
                DesignatedRoot : 100200D0F8FF4662     !交换机 S5750-B 是实例 2 的生成树的根交换机
                RootCost : 0
                RootPort : 0

                S3550-A#show  spanning-tree mst 1          !显示交换机 S3550-A 上实例 1 的特性
                ######MST 1 vlans mapped : 1,10
                BridgeAddr : 00d0.f8fe.1e49
                Priority : 32768
                TimeSinceTopologyChange : 7d:3h:19m:31s
                TopologyChanges : 0
                DesignatedRoot : 100100D0F8FF4E3F     !实例 1 的生成树的根交换机是交换机 S5750-A
                RootCost : 200000
                RootPort : Gi0/23                !对实例 1 而言,交换机 S3550-A 的根端口是端口 0/23

                S3550-A#show  spanning-tree mst 2          !显示交换机 S3550-A 上实例 2 的特性
                ######MST 2 vlans mapped : 20,40
                BridgeAddr : 00d0.f8fe.1e49
                Priority : 32768
                TimeSinceTopologyChange : 7d:3h:19m:31s
                TopologyChanges : 0
                DesignatedRoot : 100200D0F8FF4662     !实例 2 的生成树的根交换机是交换机 S5750-B
                RootCost : 200000
                RootPort : Gi0/24                !对实例 2 而言,交换机 S3550-A 的根端口是端口 0/24
```
类似的可以验证其他交换机上的配置。

与 STP/RSTP 的生成树相比,STP/RSTP 是多个 VLAN 共享一个树,而 MSTP 是一个实例生成一个树。因此 MSTP 可以充分利用所有的交换机资源,并且不像 PVST(CISCO 私有协议,其为每个虚拟局域网运行单独的生成树实例,能优化根桥的位置,能为所有的 VLAN 提供最优路径)那样占用很多的 CPU 资源(每个 VLAN 生成一个生成树),是比较高级的生成树协议。

规模很大的交换网络可以划分多个域,在每个域里可以创建多个实例。划分在同一个

域里的各台交换机必须配置相同的域名、修订号以及对应表。

交换机可以支持 65 个 MSTP 实例,其中实例 0 是默认实例,是强制存在的,其他实例可以创建和删除。将整个生成树恢复为默认状态的命令是 spanning-tree reset。

(2) 验证实例 1 中 VLAN 10 的冗余功能。

观察上面的生成树图,实例(即 VLAN 1 和 VLAN 10)的根网桥是交换机 S5750-A。断开 1 条实例 1 工作中的链路(由于不同设备的 MAC 地址不同,具体的情况可能不同),然后观察 PC1 和 PC3 的 ping 情况,可以观察到 MSTP 生成树协议也提供了链路冗余功能。

【实验思考】

MSTP 在网络中实现多个生成树,能进行流量平衡。在本实验中,如何进行流量平衡的测试?

6.5.5 生成树协议小结

STP 解决了环路问题;RSTP 增加了端口类型,能通过一次握手快速进入转发状态,解决了 STP 的收敛速度慢的问题,能更快地恢复网络连通性;MSTP 在网络中实现多个生成树,能进行流量平衡。三种生成树协议各有特点,具体可见表 6-6。

表 6-6 三种生成树协议的比较

STP 的特性	RSTP 的特性	MSTP 的特性
形成一个无环路的生成树:解决环路故障并实现冗余备份		
收敛慢	快速收敛	快速收敛
	根端口快速进入转发状态 采用握手机制实现端口的快速转发 设置边缘端口实现快速转发	形成多个生成树实现流量平衡 不同 VLAN 的流量可以按照不同的路径进行转发

6.6 交换技术的发展前景

网络技术发展迅猛,为了适应网络应用深化带来的挑战,网络的规模和速度都在急剧发展,局域网的速度已从最初的 10Mb/s 提高到 100Mb/s,千兆以太网技术也已得到了普遍应用。

二层交换机一般指基于数据链路层的转发,主要用在小型局域网中,机器数量较少(一般小于 30 台)。在这样的网络环境下,广播包影响不大,二层交换机的快速交换功能、多个接入端口和低廉价格,为小型网络用户提供了完善的解决方案。交换式局域网技术使专用的带宽为用户所独享,极大地提高了局域网传输的效率。可以说,在网络系统集成的技术中,直接面向用户的第二层交换技术已得到了较好的效果。

第三层交换技术可以处理网络第三层数据转发,是传统交换机与路由器的智能结合,也称路由交换机。在大规模局域网中,为了减小广播风暴的危害,必须把大型局域网按功能或地域等因素划分成多个小型局域网,这样必然会导致不同子网间的大量互访,而单纯使用第二层交换技术却无法实现子网间的互访。第三层交换技术是在 1997 年前后才开始出现的一种交换技术,最初是为了解决广播域的问题。经过多年发展,第三层交换技术已经成为构建多业务融合网络的主要力量。

从硬件上看,第三层交换机中与路由器有关的第三层路由硬件模块也插接在高速背板/总线上。这种方式使得路由模块可以与需要路由的其他模块高速交换数据,从而突破了传统的外接路由器接口速率的限制。三层交换机是为 IP 设计的,接口类型简单,拥有很强的三层包处理能力,价格又比具有相同速率的路由器低得多,非常适用于大规模局域网络。

第三层交换技术已经相当成熟,同时,三层交换机也从来没有停止过发展。第三层交换技术及三层交换设备的发展,必将在更深层次上推动整个社会的信息化变革,并在整个网络中获得越来越重要的地位。

具有网络服务功能的第七层交换技术可以处理网络应用层的数据转发,其通过逐层解开每个数据包的每层封装,并识别出应用层的信息,以实现对内容的识别。专门针对传输层到应用层进行管理的网络技术变得非常重要,这就是目前第七层交换技术得到发展的最根本原因。

第七层交换技术通过应用层交换机实现了所有高层网络的功能,使网络管理者能够以更低的成本更好地分配网络资源。其主要目的是在带宽应用的情况下,网络层以下不再是问题的关键,取而代之的是提高网络服务水平,完成互联网向智能化的转变。

从硬件上看,七层交换机将所有功能集中在专用的特殊应用集成电路或 ASIC 上。ASIC 比传统路由器的 CPU 便宜,而且通常分布在网络端口上,在单一设备中包含了 50 个 ASIC,可以支持数以百计的接口。新的 ASIC 允许智能交换机/路由器在所有的端口上以极快的速度转发数据,第七层交换技术可以有效地实现数据流优化和智能流量平衡。

交换技术正朝着智能化的方向演进,从最初的第二层交换发展到第三层交换,目前已经演进到网络的第七层应用层的交换。其根本目的就是在降低成本的前提下,保证网络的高可靠性、高性能、易维护、易扩展,最终达到网络的智能化管理。

习　题　6

1. 有 3 台交换机分别安装在办公楼的 1~3 层,同属于财务部门的 6 台计算机分别连接在这 3 台交换机的端口上,为了提高网络安全性和易管理性,最好的解决方案是(　　)。

　　A. 改变物理连接,将 6 台计算机全部移动到同一层

　　B. 使用路由器,并使用访问控制列表(ACL)控制计算机之间的数据流

　　C. 产生一个 VPN,并使用 VTP 通过交换机的 Trunk 端口传播给 6 台计算机

　　D. 在每台交换机上建立一个相同的 VLAN,将连接 6 台计算机的交换机端口都分配到该 VLAN 中

2. 当交换机到根网桥的间接链路出现失效故障时(如图 6-36 所示,链路 L1 失效),STP 会将交换机 C 的阻塞端口的工作状态转换为转发状态,为了省去端口状态转换等待时间,让端口直接由侦听和学习状态转换为转发状态,需配置交换机 STP 的可选功能是(　　)。

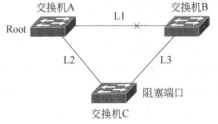

图 6-36　第 2 题拓扑结构

A. PortFast　　　　B. UplinkFast　　　C. BackboneFast　　D. BPDU Filter

3. 下列删除 VLAN 的命令中,无法执行的是(　　)。

A. no vlan 1　　　B. no vlan 2　　　C. no vlan 500　　　D. no vlan 1000

4. 下列关于 IEEE 802.1d 生成树协议的描述中错误的是(　　)。

A. STP 是数据链路层的管理协议

B. STP 运行在网桥和交换机上,通过计算建立一个稳定且无回路的树状结构网络

C. 网桥协议数据单元 BPDU 携有 Root ID、Root Pass Cost、Bridge ID 等信息

D. 通知拓扑变化的 BPDU 长度不超过 35B

5. 一台交换机的生成树优先级是 12288,若要将优先级提高一级,那么优先级的值应该设定为(　　)。

A. 4096　　　　B. 8192　　　　C. 10240　　　　D. 16384

6. 包含配置信息的配置 BPDU 数据包的长度不超过(　　)。

A. 4B　　　　　B. 15B　　　　　C. 25B　　　　　D. 35B

7. 下列关于 VLAN 标识的描述中错误的是(　　)。

A. VLAN 通常采用 VLAN 号与 VLAN 名标识

B. IEEE 802.1q 标准规定 VLAN 号用 32 位表示

C. 以太网的 VLAN 号为范围为 1~1000

D. 默认 VLAN 名根据 VLAN 号生成

8. 网络监控是否一定需要镜像交换机?没有镜像交换机的情况下如何监控上网行为?

9. 假设某企业的网络中,计算机 PC1 和 PC3 属于营销部门,PC2 和 PC4 属于技术部门,PC1 和 PC2 连接在交换机 A 上,PC3 和 PC4 连接在交换机 B 上,而 2 个部门要求互相隔离。本实验的目的是实现跨 2 台交换机将不同端口划分到不同的 VLAN。

要求:

(1) 画出拓扑图,并标明 VLAN 以及相关端口。

(2) 在实验设备上完成"跨交换机实现 VLAN"实验并测试实验网连通性。

(3) PC1 ping PC3,PC2 ping PC4,在交换机 A 的端口抓包查看报文。捕获到的报文有 VLAN ID 吗?如果没有,讨论能捕获到的方法。

10. VLAN 间路由的实验配置,实验拓扑结构如图 6-37 所示。

实验环境说明:

(1) 分别启用路由器 R1、R2 和三层交换机。

(2) 将路由器 R1 的端口 0/0 的 IP 地址设为 192.168.1.2/24,关闭路由功能,用来模拟 PC1,同时将默认网关设为 192.168.1.1。

(3) 将路由器 R2 的端口 0/0 的 IP 地址设为 192.168.0.2/24,关闭路由功能,用来模拟 PC2,同时将默认网关设为 192.168.0.1。

(4) 在三层交换机上分别划分 VLAN 14、VLAN 15 两个 VLAN,启用路由功能。

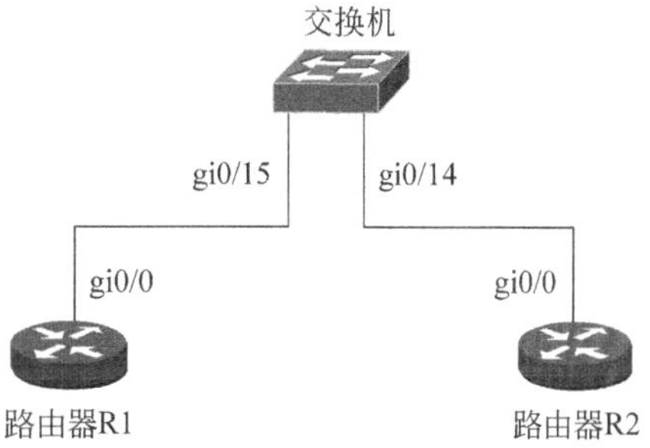

(5) 将交换机的端口 0/14 的 IP 地址设为 192.168.0.1/24,并将该端口加入到 VLAN 14 中。

图 6-37　第 10 题拓扑结构

(6) 将交换机的 0/15 端口的 IP 地址设为 192.168.1.1/24,并将该端口加入到 VLAN 15 中。

实验结果要求:在拓扑图上标出端口 IP 地址和 VLAN;写出配置序列;要求 2 台路由器可以相互 ping 通对方。

11. 在如图 6-38 所示的拓扑结构中,3 台交换机相连。将 PC1、PC2 的 IP 地址设为 192.168.1.10、192.168.1.20,通过多交换机生成树协议设置,控制三层交换机为根交换机,并且控制非根交换机的指定端口。

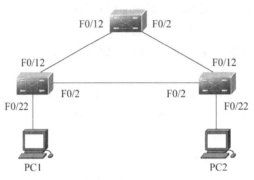

图 6-38　第 11 题拓扑结构

12. 利用三层交换机实现 VLAN 间通信。如图 6-39 所示,PC1、PC2 属于 VLAN 10,PC3、PC4 属于 VLAN 20,打开三层交换机的路由功能实现 VLAN 间的主机能够互相通信。

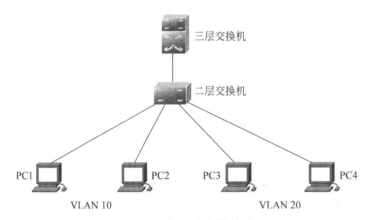

图 6-39　第 12 题拓扑结构

13. 图 6-40 是一个单臂路由拓扑结构,请完成实验,使所有主机之间可以相互 ping 通。
要求:
(1) 使用 netsh 命令配置 PC1~PC4 的 IP 地址。
(2) 给出子端口 0/1.10 与 0/1.20 的 IP 地址。
(3) 给出完整的配置过程。
(4) 交换机 1 与交换机 2 的 VLAN 有什么差别?

14. 在图 6-41 所示的网络环境中,4 台交换机环型互连,2 台计算机分别连接到交换机 B 和交换机 C 上。请按要求完成实验。

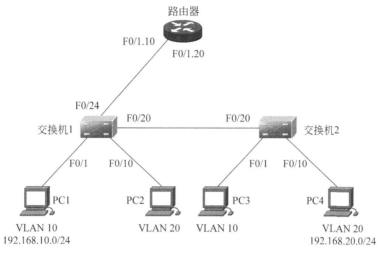

图 6-40 第 13 题拓扑结构

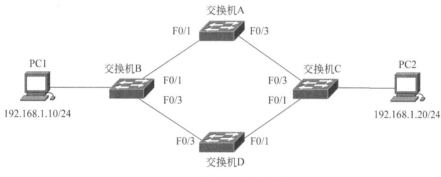

图 6-41 第 14 题拓扑结构

(1) 将交换机依次命名为交换机 A、交换机 B、交换机 C 和交换机 D。

(2) 启动 Wireshark 抓包软件,选中监控对象,将界面停留在"Capture Interfaces"窗口上,并注意观察包数量的变化。

(3) 在 PC1 上 ping PC2,注意"Capture Interfaces"窗口包数量的变化,解释其原因。

(4) 在 4 台交换机上启动 RSTP,重做(3),请解释包数量的变化原因。

(5) 请问当前哪一台交换机是根交换机?

(6) 请将交换机 D 的 priority 值设置为 4096,请问哪一台交换机是根交换机?

(7) 请在交换机 A 上查看端口 0/1 和端口 0/3,请问哪一个端口是根端口?

(8) 请将交换机 A 上的端口 0/3 的 cost 值设置为 20,交换机 A 上哪一个端口是根端口? 说明原因。

15. 某公司有研发部(PC1)和市场部(PC2)。网络描述如下: PC1 通过端口 F0/1 接入交换机 C;PC2 通过端口 F0/3 接入交换机 C;数据检测设备服务器连接在交换机 C 的端口 F0/2 上,如图 6-42 所示。网络管理员希望通过服务器对研发部和市场部收发的报文进行监控。请实现该功能。

16. 交换机综合实验。

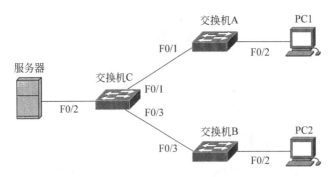

图 6-42　第 15 题拓扑结构

某公司需要搭建一个企业内部网,该公司的基本情况及需求如下:

(1) 有 4 个部门,各部门拥有的计算机数量如下:部门甲 10 台,部门乙 8 台,部门丙 12 台,部门丁 6 台。

(2) 该公司共有 2 栋楼,每栋楼都具有上述 4 个部门,各部门的计算机平均分配在 2 栋楼中。

(3) 各部门具备单独的 VLAN,并且需要通过三层交换机让各部门计算机之间能相互通信。

(4) 合理规划各部门的 IP 地址(使用 C 类地址块),要求既不浪费 IP 地址,又有一定的冗余空间。

(5) 设定三层交换机为整个网络的生成树的根交换机。

实验要求:

(1) 写出实验分析。

(2) 画出网络拓扑。

(3) 规划 IP 地址。

(4) 按要求对交换机进行配置。

注意,规划 IP 地址时需按照部门的计算机实际数量设计,实验时计算机可不按照各部门的计算机实际数量设计,例如每个 VLAN 用 1~2 台计算机表示即可。

17. MSTP 的兼容配置分析实验。

在一个复杂的拓扑结构中,如果不同交换机启用了不同的生成树协议,生成树协议如何协同工作?

如果 MSTP 交换机的邻居是 MSTP 交换机或 RSTP 交换机,它将发送 MSTP BPDU,因为 RSTP BPDU 和 MSTP BPDU 兼容。

如果 MSTP 交换机的邻居是 STP 交换机,它将发送 STP BPDU,实际上,MSTP 交换机一旦接收到 STP BPDU,它立即将自己的工作模式改变为 STP 以匹配邻居,这是因为 MSTP BPDU 不能兼容 STP BPDU。但是当邻居运行的协议改变为 RSTP 时,它不能将自己的工作模式自动更改为 MSTP,除非人工操作。MSTP 交换机为了兼容 STP 交换机,可智能更改工作模式并发送 STP BPDU。

本实验的目的是掌握 MSTP 的兼容性,熟悉 MSTP 交换机和 RSTP 交换机、MSTP 交换机和 STP 交换机的协同工作情况,验证上述结论。

在如图 6-43 所示的网络中,交换机 A 运行 STP 或 RSTP,其他交换机运行 MSTP 并在同一个区域内。

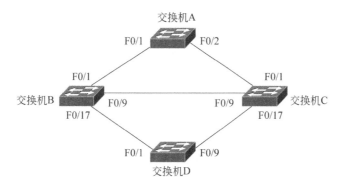

图 6-43 MSTP 兼容测试实验拓扑结构

配置要点:
(1) VLAN 和 Trunk 端口。

交换机 A:

F0/3-8 ∈ VLAN 2

F0/9-16 ∈ VLAN 3

F0/17-24 ∈ VLAN 4

F0/1-2 ∈ Trunk 端口

交换机 B:

F0/2-8 ∈ VLAN 2

F0/10-16 ∈ VLAN 3

F0/18-24 ∈ VLAN 4

F0/1,9,17 ∈ Trunk 端口

交换机 C:同交换机 B。

交换机 D:同交换机 B。

(2) 配置 MSTP 和 STP。

交换机 A 上的配置:

```
#spanning-tree
#spanning-tree mode rstp
```

交换机 B 上的配置:

```
#spanning-tree
#spanning-tree mode mstp
#spanning-tree mst configuration          !进入 MSTP 配置模式
#instance 2 vlan 2                        !配置实例 2 并关联 VLAN 2
#instance 3 vlan 3                        !配置实例 3 并关联 VLAN 3
#instance 4 vlan 4                        !配置实例 4 并关联 VLAN 4
#name test1                               !配置域名为 test1
#revision 1                               !配置版本(修订号)
```

交换机 C 上的配置：同交换机 B。

交换机 D 上的配置：同交换机 B。

(3) 查看生成树的结构,分析并掌握生成树计算的规则和原理。

查看交换机 A 上的 STP 信息,分析：

① 信息表明,交换机 A 是该生成树的根交换机吗？

② 运行 Wireshark,捕获 BPDU 报文,分析该网络中 BPDU 的收发状况（提示：如不能直接捕获报文可进行端口镜像）。

分析提示：交换机 A 仅发送 RSTP BPDU,不接收 BPDU。

③ 通过设置命令,使交换机 D 成为生成树的根交换机。再次在交换机 A 上进行报文捕获,端口 F0/1 能否接收到 MSTP BPDU？

④ 如果交换机 A 运行 STP,再次进行报文捕获,BPDU 会发生什么变化？

完成上述实验,说明 MSTP 交换机、STP 交换机以及 RSTP 交换机之间是如何协同工作的。

第 7 章 路由技术

本章介绍路由技术,包括路由概念、路由分类和路由配置。路由配置包括了静态路由和动态路由,动态路由有 RIP 路由、OSPF 路由及 OSPF 虚链路等。

7.1 路由器技术基础

7.1.1 路由的基本概念

1. 路由

路由是指通过相互连接的网络把信息从源结点传输到目标结点的活动。一般而言,在路由过程中,信息至少会经过一个或多个中间结点。路由交换发生在 OSI 参考模型的第三层(即网络层),因而路由在移动信息的过程中需要使用与交换机不同的控制信息。路由技术要解决的关键问题是如何选择某条最佳路径将信息送到目标结点。

如图 7-1 所示,路由技术实现了 PC1 和 PC2 之间的数据流动。这条数据通路的生成依赖于路由表和路由生成算法。

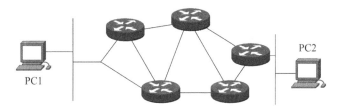

图 7-1 路由技术确保 PC1 和 PC2 之间的数据流动

2. 路由器

路由器(Router)是互联网的主要结点设备,通过运行路由算法决定数据的转发。转发策略称为路由选择(Routing),这也是路由器名称的由来。作为不同网络之间互相连接的枢纽,路由器系统构成了基于 TCP/IP 的国际互联网络的主体脉络,它的处理速度是网络通信的主要瓶颈之一,其可靠性则直接影响着网络互连的质量。

路由器实际上是一种专用计算机,和常见的计算机一样,路由器有 CPU、内存和 BOOT ROM。但路由器没有键盘、硬盘和显示器。路由器增加了 NVRAM、Flash 及各种各样的接口。IOS(Internet Operate System)是路由器、交换机等网络设备的嵌入式操作系统,它的主要功能是为收到的报文寻找正确的路径并把它们转发出去。

3. 路由表

路由表就像一张地图,标记着各种路线。信息包依靠路由表中的路线指引到达目的地,路由条目就像是如图 7-2 所示的路标。路标上标明去往目的网络的正确途径,网络层协议可以根据报文的目的地查找到对应的路由信息,把报文按正确的途径发送出去。一一般一个路由信息至少包含以下几方面内容:目的网络,用以匹配报文的目的地址进行路由选择;下一跳,指明路由的发送路径;Metric,管理距离标示路径的好坏,是进行路由选择的标准。

图 7-2　生活中的"路由表"

路由表是路由器中路由条目项的集合,这个路由表中包含有路由器掌握的目的网络地址以及通过此路由器到达这些网络的最佳路径,如某个接口或下一跳的地址。路由表的存在使数据包可以依据它进行转发。

查看 Windows 的路由表可通过在命令提示符窗口输入 route print -4 命令,即有:

```
===========================================================================
接口列表
  5...80 c1 6e e2 4b 1c ......Intel(R) 82579LM Gigabit Network Connection
  1...........................Software Loopback Interface 1
  2...00 00 00 00 00 00 00 e0 Microsoft ISATAP Adapter
  4...00 00 00 00 00 00 00 e0 Teredo Tunneling Pseudo-Interface
===========================================================================

IPv4 路由表
===========================================================================
活动路由:
    网络目标            网络掩码          网关              接口            跃点数
       0.0.0.0          0.0.0.0      192.168.1.1     192.168.1.103          20
     127.0.0.0        255.0.0.0          在链路上          127.0.0.1          306
     127.0.0.1  255.255.255.255          在链路上          127.0.0.1          306
 127.255.255.255  255.255.255.255        在链路上          127.0.0.1          306
     192.168.1.0    255.255.255.0        在链路上      192.168.1.103          276
   192.168.1.103  255.255.255.255        在链路上      192.168.1.103          276
```

192.168.1.255	255.255.255.255	在链路上	192.168.1.103	276
224.0.0.0	240.0.0.0	在链路上	127.0.0.1	306
224.0.0.0	240.0.0.0	在链路上	192.168.1.103	276
255.255.255.255	255.255.255.255	在链路上	127.0.0.1	306
255.255.255.255	255.255.255.255	在链路上	192.168.1.103	276

===

永久路由:无

在"IPv4 路由表"中,第 1 行是默认路由,第 2～4 行是本地环路,第 5 行是直连网段路由,第 6 行是本机路由,第 7 行是本机广播路由,第 7～8 行是组播路由,最后 2 行是广播路由。

7.1.2 路由器的功能

1. 协议转换

不同的路由器有不同的路由器协议,一般路由器支持多种网络协议,可以实现不同协议、不同体系结构网络之间的互连互通。如果互联的局域网采用了两种不同的协议,例如一种是 TCP/IP 协议,另一种是 SPX/IPX 协议(即 Netware 的传输层/网络层协议),由于这两种协议有许多差异,分布在互联网中的 TCP/IP(或 SPX/IPX)主机上,只能通过 TCP/IP(或 SPX/IPX)路由器与其他互联网中的 TCP/IP(或 SPX/IPX)主机通信,但不能与同一局域网中的 SPX/IPX(或 TCP/IP)主机通信。多协议路由器支持多种协议,如 IP、IPX 及 x.25 协议,能为不同类型的协议建立和维护不同的路由表。这样既能连接同一类型的网络,也能连接不同类型的网络。协议转换过程如图 7-3 所示。

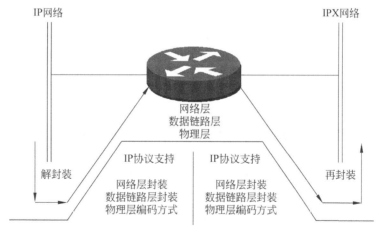

图 7-3 协议转换

2. 寻址

路由器中的寻址动作与主机中的类似,区别在于路由器不止一个出口,所以不能通过简单的配置一个默认网关解决所有数据分组的转发,必须根据目的网络的不同选择对应的出口路径,如图 7-4 所示。

3. 分组转发

路由器的主要功能是分组转发,在路由协议的支持下,路由器根据分组的目的地址将数

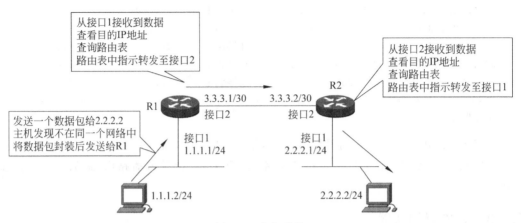

图 7-4 路由寻址

据包从最合适的端口转发出去,从而实现远程的互连互通,如图 7-5 所示。在图 7-5 中,PC1 发往 PC2 的数据包经路由算法,一个可能的最佳路径可能是 PC1→R1→R2→R5→PC2。

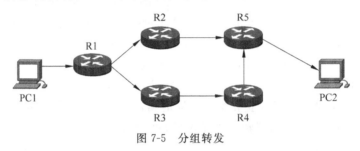

图 7-5 分组转发

7.1.3 路由器的分类

(1) 按性能档次分为高、中、低档路由器(吞吐量是其中一个主要衡量因素)。
(2) 按结构分为模块化路由器和非模块化路由器。
(3) 按功能分为骨干级路由器、企业级路由器和接入级路由器。

骨干级路由器是实现企业网络互连的关键设备,它的数据吞吐量较大。对骨干级路由器的基本性能要求是高速度和高可靠性。

企业级路由器以尽可能廉价的方法实现尽可能多的端点互连,同时还要求能够支持不同的服务质量。

接入级路由器主要应用于连接家庭或 ISP(Internet Service Provider,网络服务提供商)内的小型企业客户群体,现在的接入级路由器已经可以支持许多异构和高速端口,并能在各个端口运行多种协议。

(4) 按所处网络位置分为边界路由器和中间节点路由器。
(5) 按性能分为线速路由器和非线速路由器。

7.1.4 路由的分类

典型的路由选择方式有两种:静态路由和动态路由。

静态路由是在路由器中设置固定的路由表,由管理员负责创建和维护。除非人工干预,否则静态路由不会发生变化。

动态路由是网络中的路由器之间相互通信、传递路由信息、利用收到的路由信息更新路由表的过程,它能实时地适应网络结构的变化。如果路由更新信息表明发生了网络变化,路由选择软件就会重新计算路由并发出新的路由更新信息。

动态路由按照区域(指自治系统)划分,可分为内部网关协议(Interior Gateway Protocol,IGP)和外部网关协议(Exterior Gateway Protocol,EGP)两大类。内部交换路由选择信息的路由选择协议,如 RIP 和 OSPF 等。外部网关协议如 BGP 等,具体分类如图 7-6 所示。

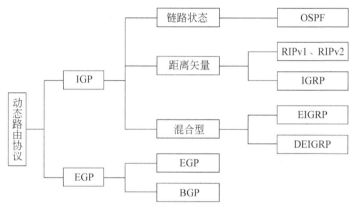

图 7-6 动态路由协议分类

静态路由和动态路由在路由器中是统一管理的,静态路由与各路由协议之间发现或者配置的路由也可以在路由协议间共享。在所有的路由中,静态路由优先级最高。当动态路由与静态路由发生冲突时,以静态路由为准。当一个分组在路由器中进行寻径时,路由器首先查找静态路由,如果查到则根据相应的静态路由转发分组,否则再查找动态路由。

7.1.5 路由器的接口和线缆

一般来说,路由器不像交换机上有那么多的接口,但路由器的接口技术比较复杂,接口类型较多。路由器的接口主要分为局域网接口、广域网接口和配置接口三类。每个接口都有自己的名字和编号,这在路由器上是有标注的。根据路由器产品的不同,其接口数目和类型也不尽相同。

1. 局域网接口

主要用于和内部局域网连接。一般是 RJ-45 的双绞线以太网接口,在拓扑图上常标记为 F0/1,在配置接口时常用 fastEthernet 0/1 表示,目前较常用的是 100Mbps 的快速以太网接口。如果是千兆端口,则标记为 gi0/1(或 g0/1,视厂商而定),在配置接口时常用 gigabitethernet 0/1 表示。另外,高级路由器还可能配备有光纤接口,以连接快速以太网或吉比特以太网交换机。

2. 广域网接口

主要用于和外部广域网连接。一般是串口(高速同步串口或同步/异步串口),拓扑图上常标记为 S1/0 或 S2/0,在配置端口时常用 serial 2/0 表示。与交换机一样,接口号由槽号/端口号组成,槽号表示该接口在路由器的哪个槽上(主板上接口的槽号为 0),端口号表示该接口在某个槽上的顺序号。

3. 配置接口

主要用于对路由器进行配置。此类接口一般指 Console 接口,该接口为异步接口,是最常用的配置接口。

图 7-7 所示是广域网接口,图 7-8 所示是局域网 RJ-45 接口和光纤接口。

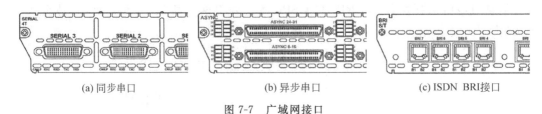

图 7-7 广域网接口

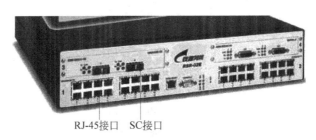

图 7-8 局域网接口

4. 连接线缆

连接线缆有 60 针的同步串口线缆和异步串行线缆,如图 7-9 所示。

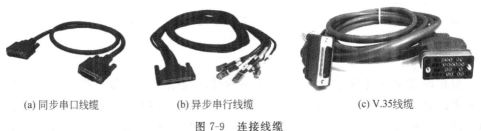

图 7-9 连接线缆

同步串口线缆通常是路由器之间的连接线;异步串行线缆俗称"八爪鱼线",一端为 68 针的 SCSI 接口,另一端分出 8 根 RJ-45 的连接线。异步串行线缆的 SCSI 接口通常用于连接网络管理设备,RJ-45 端一般用于连接被管理的网络设备的 Console 接口,具有"一拖八"的功能,如图 7-10 所示。

7.1.6 路由器配置

路由器不像交换机那样插上线路就能使用,而是需要根据所连接的网络及用户的需求进行一定的设置后才能使用,一般来说,可以用 5 种方式设置路由器,如图 7-11 所示。

(1) 通过 Console 接口进行配置。这是对路由器进行设置的主要方式。

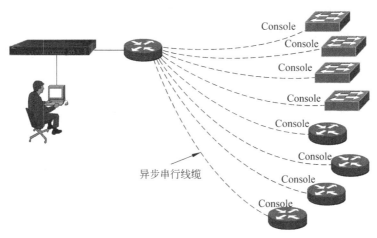

图 7-10 异步串行线缆的连接

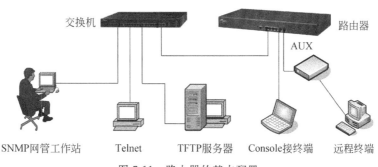

图 7-11 路由器的基本配置

（2）通过 AUX 接口连接 Modem 进行远程配置。通过电话线与远方的终端或运行终端仿真软件的计算机相连，进行远程配置。

（3）通过以太网上的 Telnet 程序进行配置。可以在网络的任意位置对路由器进行配置。

（4）通过以太网上的 TFTP 服务器进行配置。可以使用任何没有特殊格式的纯文本编辑器编辑路由器配置文件，并将其放在 TFTP 服务器的根目录下，采用手动方式或自动下载方式下载路由器配置文件。

（5）通过以太网上的 SNMP 网管工作站进行配置。需要将网络中的至少一台计算机作为网管工作站，并且需要另外购买网管软件。

这些方式中最常用的是 Console 接口和 Telnet 方式。一般路由器的第一次设置必须通过 Console 接口方式进行，之后可以通过 Telnet 方式进行远程登录、监视或修改等。

7.1.7 路由器端口配置原则

要使路由器在 IP 网络中正常工作，端口配置一般要遵循以下原则。

（1）路由器的物理网络端口通常要有一个 IP 地址。

（2）相邻路由器的相邻端口的 IP 地址必须在同一 IP 网段上。

（3）同一路由器的不同端口的 IP 地址必须在不同 IP 网段上。

除了相邻路由器的相邻端口外,所有网络中路由器所连接的网段,即所有路由器的任何两个非相邻端口都必须在不同网段上。

此外还必须考虑如何有效地利用地址空间,保证网络的可扩展性、灵活性和层次性,便于路由聚合,缩短路由表长度,网络地址应易于管理等因素。

7.1.8 路由器的常见命令模式

(1) Router＞：用户模式。

(2) Router♯：特权模式。

(3) Router(config)♯：全局配置模式。

(4) Router(config-if)♯：接口配置模式。

(5) Router(config-line)♯：线路配置模式。

(6) Router(config-router)♯：路由配置模式。

路由器的基本配置命令包括：路由器命名、端口 IP 地址配置、路由协议设置、NAT、访问控制列表等。

7.2 静态路由

7.2.1 静态路由

静态路由是在路由器中手动配置的固定路由,路由明确地指定了数据包到达目的地必须经过的路径,除非人为干预,否则静态路由不会发生变化。静态路由不会对网络的改变作出反应,因而静态路由适用于网络规模不大、拓扑结构相对固定的网络环境。

一个静态路由条目一般由三个部分组成：目的 IP 地址对应的子网、子网掩码、网关。路由器是通过 ARP 解析协议获得下一跳路由器的 MAC 地址,而 ARP 基于广播,在一般情况下路由器不会转发广播,即广播包无法通过路由。在图 7-12 中,对路由器 R3 而言,路由器 R1 和路由器 R3 才是同等级的,它只能看到路由器 R1 而不能看到路由器 R2,即其中的网关 IP 地址必须与 WAN 或 LAN 属于同一个网段。网关是静态路由条目组成的第三部分,也称下一跳地址(但没有下两跳、下三跳的说法)。在一般情况下,下一跳路由的 IP 地址与该路由器的某个端口位于同一个网段。

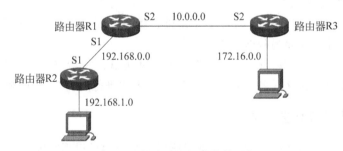

图 7-12 静态路由拓扑结构示例

路由器 R3 下的主机无法直接访问路由器 R2 下目的 IP 地址为 192.168.1.0 的子网,所以在路由器 R3 上要添加一个到目的 IP 地址为 192.168.1.0 的子网的路由条目。静态路由条目配置如下：

路由器 R1：目的 IP 地址为 192.168.1.0，子网掩码为 255.255.255.0，下一跳地址为 192.168.0.0，转发端口 S1。

目的 IP 地址为 172.16.0.0，子网掩码为 255.255.0.0，下一跳地址为 10.0.0.0，转发端口 S2。

路由器 R2：目的 IP 地址为 172.16.0.0，子网掩码为 255.255.0.0，下一跳地址为 192.168.0.0，转发端口 S1。

路由器 R3：目的 IP 地址为 192.168.1.0，子网掩码为 255.255.255.0，下一跳地址为 10.0.0.0，转发端口 S2。

【例 7-1】 设某路由器 R1 建立了如表 7-1 所示的转发表，此路由器可以直接从端口 0 和端口 1 转发分组，也可通过相邻的路由器 R2、R3 和 R4 进行转发。现共收到 5 个分组，其目的 IP 地址分别为 128.96.39.130、128.96.40.12 和 128.96.40.159，分别写出这 5 个分组的下一跳地址并说明原因。

表 7-1 例 7-1 路由表

目 的 网 络	子 网 掩 码	下一跳地址
128.96.39.0	255.255.255.128	端口 0
128.96.39.128	255.255.255.128	端口 1
128.96.40.0	255.255.255.128	路由器 R2
192.4.153.0	255.255.255.192	路由器 R3
0.0.0.0	0.0.0.0	路由器 R4

根据表 7-1 中的下一跳地址可以看出，128.96.39.0/25 和 128.96.39.128/25 是与路由器 R1 直连的两个网段，它们是 128.96.39.0/24 的两个子网。其他网段都是与路由器 R1 非直连的，还有一个默认路由。

(1) 将 128.96.39.130 与第一个路由条目的子网掩码 255.255.255.128 进行二进制按位逻辑与运算，得到的结果是 128.96.39.128，与该路由条目中的目的网络 128.96.39.0 不符；第二个路由条目的子网掩码仍然为 255.255.255.128，进行与运算得到的结果是 128.96.39.128，恰好与该路由条目中的目的网络 128.96.39.128 相符，即匹配成功。因此，下一跳地址就是该路由条目所指向的下一跳地址，即端口 1。

(2) 将 128.96.40.12 与第一个路由条目的子网掩码 255.255.255.128 进行按位逻辑与运算，得到的结果是 128.96.40.0，与该路由条目中的目的网络 128.96.39.0 显然不符；同样的方法可以看出，第二个路由条目也不符，因此不属于直连网段。接着计算非直连网段的路由条目，将 128.96.40.12 与第三个路由条目中的子网掩码 255.255.255.128 进行按位逻辑与运算，得到的结果是 128.96.40.0，正好与该路由条目中的目的网络匹配，可以作为候选之一。依此类推，发现第五个默认路由条目也符合条件，具体选择哪一个取决于谁的前缀更长。根据路由选择原理和最长前缀匹配原则(匹配查找的原则就是选择最长、最精确的子网掩码)，第三个路由条目的前缀是 25，默认路由条目的前缀是 0，因此下一跳地址是第三个路由条目中所指向的下一跳地址路由器 R2。

(3) 同理发现，128.96.40.159 与相应路由条目的子网掩码进行与运算后，只有最后的默认路由条目匹配,因此它的下一跳地址是路由器 R4。

读者可根据以上分析,画出本例的拓扑图。

实际上,任何一个数据包都与默认路由条目匹配,这是因为任何地址与 0.0.0.0 进行与运算后,得到的结果都是 0.0.0.0。因此如果路由表中存在默认路由条目,它就成为所有转发数据包的最后选择。

静态路由因为其设置简单明了,在不常变动的网络中稳定性好,排错也相对容易,所以在中小型企业甚至一些大型的园区网中也都常使用静态路由,它在实际应用中是很常见的。由于网络规模较小且不经常变动,所以静态路由是最合适的选择。

对某一台路由器而言,如果非直连网段不多并且整个网络拓扑结构基本无变化,为减少路由信息包占用过多网络带宽,可以用静态路由——指定去往所有非直连网段的路由。

7.2.2 静态路由配置步骤

静态路由的设置原理比较简单,是学习各种路由协议的基础,其一般配置步骤如下:

(1) 为路由器每个端口配置 IP 地址。
(2) 确定该路由器有哪些直连网段的路由信息。
(3) 确定网络中有哪些属于该路由器的非直连网段。
(4) 添加该路由器的非直连网段相关的路由信息。

7.2.3 静态路由配置主要命令

1. 配置静态路由

命令格式:

    ip route 目的网段 子网掩码 下一跳路由器的 IP 地址

该命令指定一条可以到达目的网络的路径。其中:目的网段指所要到达的目的网络或子网号;子网掩码指目的网络的子网掩码;下一跳路由器的 IP 地址指到达目的网络所经过的下一跳路由器端口的 IP 地址。

例如:

    Router(config)#ip route 172.16.1.0 255.255.255.0 172.16.2.1

其中,172.16.1.0 是目的网段地址(请注意最后的一个点分是 0,表示的是网段的地址,不是某个具体 IP),255.255.255.0 是子网掩码,172.16.2.1 是下一跳的 IP 地址(也称为网关,是距离该子网最近的路由器端口地址)。

2. 静态路由的删除

    Router(config)#no ip route 目的网段 子网掩码 下一跳路由器的 IP 地址

3. 默认路由

默认路由指路由器没有明确路由可用时所用的路由。默认路由属于手工设置,是一个特殊的静态路由。0.0.0.0/0 可以匹配所有的 IP 地址,属于最不精确的匹配。默认路由可以看作是静态路由的一种特殊情况,当所有已知路由信息都查不到数据包如何转发时,将按默认路由进行转发。

```
Router(config)#ip route 0.0.0.0 0.0.0.0 [转发路由器的 IP 地址/本地端口]
```
其中,第 1 个参数 0.0.0.0 代表任意地址,第 2 个参数 0.0.0.0 代表任意子网掩码。

4. 路由器端口 IP 配置

```
Router(config-if)#ip address IP 地址 子网掩码
```

5. 查看路由表

命令格式:

```
show ip route
```

此命令列出路由器的路由表。例如某个路由表如下:

```
Codes: C-connected, S-static,  R-RIP,B-BGP
       O-OSPF, IA-OSPF inter area
       N1-OSPF NSSA external type 1, N2-OSPF NSSA external type 2
       E1-OSPF external type 1, E2-OSPF external type 2
       i-IS-IS,su-IS-IS summary,L1-IS-IS level-1,L2-IS-IS level-2
       ia-IS-IS inter area, *-candidate default
Gateway of last resort is no set
①C    192.168.1.0/24 is directly connected, FastEthernet 0/1
②C    192.168.1.1/32 is local host.
③C    192.168.2.0/24 is directly connected, serial 2/0
④C    192.168.2.1/32 is local host.
⑤S    192.168.3.0/24 [1/0] via 192.168.2.2
```

这是路由选择表的当前状态,上半部是路由来源代码符号表,下半部是路由信息表。注意理解路由条目的意义:以 C 开头的是直连的路由信息;以 R 开头的是从 RIP 学习来的路由信息;以 S 开头的是静态路由信息。

条目①~⑤意义如下:

①表示以太网端口 0/1 与子网 192.168.1.0/24 的目的网络直接相连;②④表示 192.168.1.1/32 和 192.168.2.1/32 是本地主机;③表示路由器串口 2/0 与子网 192.168.2.0/24 的目的网络直接相连;⑤是静态路由信息,表示路由器可经过下一跳地址 192.168.2.2 与子网 192.168.3.0/24 的目的网络相连。

6. 相关命令

可通过下列命令查看路由器各种信息。

```
Router#show ip interface brief              !查看验证路由器端口的配置
Router#show interface serial 2/0            !查看该端口的 IP 协议相关属性
Router#show ip route                        !查看路由器路由表信息
Router#show running-config                  !显示路由器的全部配置
```

实验 7-1 静态路由

【实验目的】

掌握通过静态路由方式实现网络的连通性。

【技术原理】

路由器属于网络层设备,能够根据 IP 包头的信息选择一条最佳路径转发数据包,实现不同网段主机之间的互相访问。

路由器是根据路由表进行选路和转发的,而路由表由一条条的路由信息组成。路由表的产生方式一般有三种:

(1) 直连路由。给路由器端口配置一个 IP 地址,路由器自动产生本端口 IP 地址所在网段的路由信息。直连路由是路由器自动发现并安装的路由信息,即直连路由无须进行配置与维护。

(2) 静态路由。在拓扑结构简单的网络中,通过手工的方式配置本路由器未知网段的路由信息,从而实现不同网段之间的连接。

(3) 动态路由。由路由协议学习产生的路由。在大规模的网络中或网络拓扑相对复杂的情况下,通过在路由器上运行动态路由协议,路由器之间互相自动学习路由信息。

【实验设备】

路由器 2 台,计算机 2 台。

【实验拓扑】

本实验的拓扑结构如图 7-13 所示。

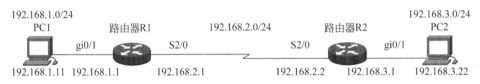

图 7-13　静态路由实验拓扑

【实验步骤】

分析:本实验的预期目标是在路由器 R1 和 R2 上配置静态路由,使 PC1 和 PC2 在跨路由器的情况下能互连互通。配置之前,应该测试 2 台计算机的连通性,以便与配置后的连通性作对比。

步骤 1:

(1) 按拓扑图上的标示,配置 PC1 和 PC2 的 IP 地址、子网掩码、网关,并测试它们的连通性。

(2) 在路由器 R1(或 R2)上执行 show ip route 命令,记录路由表信息。

(3) 在计算机的命令窗口执行 route print 命令,记录路由表信息。

步骤 2:在路由器 R1 上配置端口的 IP 地址。

```
Router1(config)#interface gigabitethernet 0/1        !进入路由器端口 0/1 的端口模式
Router1(config-if)#ip address 192.168.1.1 255.255.255.0    !配置端口的 IP 地址
Router1(config-if)#no shutdown                       !开启该端口,使端口转发数据
Router1(config-if)#exit
Router1(config)#interface serial 2/0                 !进入端口 s2/0 的端口模式
Router1(config-if)#ip address 192.168.2.1 255.255.255.0    !配置端口的 IP 地址
Router1(config-if)#no shutdown                       !开启该端口,使端口转发数据
```

验证测试:验证路由器端口的配置。

```
Router1#show ip interface brief
```
记录端口信息。注意：查看端口的状态：UP 表示开启，DOWN 表示关闭。

步骤 3：在路由器 R1 上配置静态路由。

```
Router1(config)#ip route 192.168.3.0 255.255.255.0 192.168.2.2
```

验证测试：验证路由器 R1 上的静态路由配置。

```
Router1#show ip route
```

分析路由表，表中有 S 条目吗？如果有，是如何产生的？

步骤 4：在路由器 R2 上配置端口的 IP 地址。

```
Router2#configure terminal                          !进入全局配置模式
Router2(config)#interface gigabitethernet 0/1
Router2(config-if)#ip address 192.168.3.1 255.255.255.0
Router2(config-if)#no shutdown
Router2(config)#interface serial 2/0
Router2(config-if)#ip address 192.168.2.2 255.255.255.0
Router2(config-if)#no shutdown
```

步骤 5：在路由器 R2 上配置静态路由。

```
Router2(config)#ip route 192.168.1.0 255.255.255.0 192.168.2.1
```

步骤 6：测试网络的连通性。

(1) 将此时的路由表与步骤 1 的路由表进行比较，有什么结论？
(2) 对 PC1（或 PC2）执行 traceroute 命令。
(3) 启动 Wireshark 测试连通性，分析捕获的数据包。
(4) 在计算机的命令窗口中执行 route print 命令，此时的路由表信息与步骤 1 记录的相同吗？

【实验思考】

(1) 实验中如果在步骤 5 时 ping 不通，试分析一下可能的原因。
(2) show 命令功能强大，使用灵活。写出满足下列要求的 show 命令。
① 查看关于路由器 R1 的快速以太网端口 0/1 的具体信息。
② 找出路由器 R2 所有端口上关于 IP 地址配置的信息。
③ 查看路由器 R1 的路由表，并指出哪一个路由条目是静态路由。
(3) 每个路由条目包含哪几项？分别有什么含义？
(4) 路由器中如果同时存在去往同一网段的静态路由信息与动态路由信息，路由器会采用哪一个进行转发？

7.3 RIP 路由

7.3.1 RIP 概述

路由信息协议(Routing Information Protocols，RIP)是应用较早、使用较普遍的内部网关协议(Interior Gateway Protocol,IGP)。其适用于小型同类网络,是典型的距离矢量(Distance Vector)协议,通过 UDP 交换路由信息,每隔 30s 向外发送一次更新报文。距离矢量的特点是路由器只向邻居发送路由信息报文。路由器将更新后的完整路由信息报文发送给邻居,路由器根据接收到的信息报文计算产生路由表。RIP、BGP、IGRP 都是距离矢量协议。

RIP 是基于 UDP520 号端口的应用层协议,其所接收的路由信息都封装在 UDP 的数据报文中。RIP 在 520 号端口上接收来自远程路由器的路由修改信息,并对本地的路由表做相应的修改,同时通知其他路由以达到全局路由的同步。

RIP 是以跳数衡量到达目的网络的度量值(Metric)。在 RIP 中,路由器到与它直接相连网络的跳数为 0,通过一个路由器的网络跳数为 1。RIP 规定度量值取 0~15 之间的整数,大于或等于 16 的跳数被定义为无穷大,即目的主机或网络不可达。当路由器 A 连接的网络拓扑发生改变后,路由器 A 更新路由表并在下一个发送周期通告更新后的路由表,路由器 B 收到此更新信息后更新自己的路由。路由器在更新过程中学习到新路由,如图 7-14 所示。

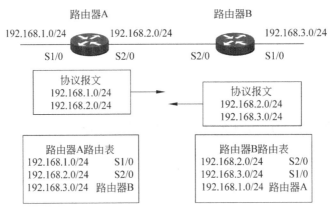

图 7-14　路由学习

图 7-14 中,路由器 A 的 2 个路由分别为 192.168.1.0/24 和 192.168.2.0/24;而在路由表中,192.168.3.0/24 这个路由是通过学习得来的。路由器 B 也大致如此。

RIP 依靠 3 种定时器维护其数据库:更新定时器(30s);路由失效定时器(180s);清除路由条目时间(240s)。

目前 RIP 有两个版本:RIPv1 和 RIPv2。RIPv1 是有类别路由协议,不支持可变长子网掩码(VLSM),以广播的形式发送更新报文,不支持认证。RIPv2 是无类别路由协议,支持 VLSM,以组播(224.0.0.9)的形式发送更新报文。组播的好处是在同一网络中没有运行 RIP 的网段可以避免接收到 RIP 的广播报文。另外,组播发送报文还可以使运行 RIPv1 的网段避免错误接收和处理 RIPv2 中带有子网掩码的路由。RIPv2 支持明文和 MD5 认证。

7.3.2　路由环路

路由环路是指数据包在一系列路由器之间不断传输却始终无法到达其预期目的网络的

一种现象。当2台或多台路由器的路由信息中存在错误地指向不可达目的网络的有效路径时,就可能发生路由环路。路由环路造成的影响包括环路内的路由器因反复收发流量而占用链路带宽、路由器的CPU因不断循环数据包而不堪重负、路由更新可能会丢失或无法得到及时处理,从而影响到网络正常收敛。

路由环路一般是由距离矢量路由协议引发的,RIP就是一种距离矢量路由协议。那么运行RIP的路由器有没有可能导致路由环路的发生?

为了说明这个问题,请考察如图7-15所示的拓扑结构。

在如图7-15所示的网络中,网络达到收敛后各路由表如图中路由器正下方所示。假设此时路由器C收到故障信息,其右侧的链路10.4.0.0网段down掉(如出现故障),于是路由器C把10.4.0.0网段设置为不可达,等待更新周期通知相邻的路由器B。

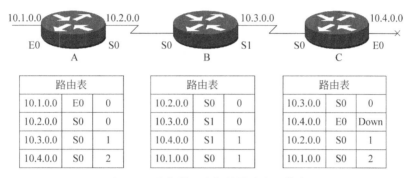

图7-15 路由器C右侧的链路出现故障

但是,如果这时相邻的路由器B的更新周期先行到来,即在路由器C发送路由更新信息给路由器B之前,路由器B先发送给路由器C,于是路由器C就会认为可以从路由器B中学习到10.4.0.0网段,同时将其度量值设置为2,如图7-16所示。

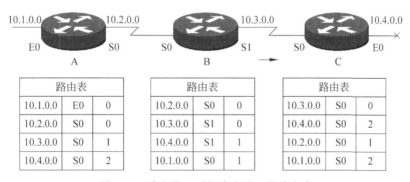

图7-16 路由器B更新路由器C的路由表

这样路由器C的路由表中关于10.4.0.0网段网络故障的信息被替换。此时路由器C发送路由更新信息给路由器B的更新周期到了,路由器C将自身的路由表信息复制后发送给路由器B,路由器B收到路由器C的路由表信息,那么路由器B的10.4.0.0网段的度量值更新为3,如图7-17所示。

这样的路由信息将继续更新相邻的路由器。至此路由环路形成,路由器C认为到达10.4.0.0网段经过路由器B,而路由器B则认为到达10.4.0.0网段经过路由器C。这样反

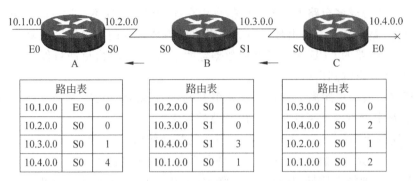

图 7-17　路由器 C 更新路由器 B 的路由表

复一段时间后,跳数的度量值将计数至很大。为了防止度量值无限增大,可以通过设置最大值限定度量值。一旦路由器计数达到该限定值,该路由就会被标记为不可达,限定值在 RIP 中被设定为 16。显然,这种设定在一定程度上限制了网络的规模。

有多种机制可以防止产生路由环路。这些机制包括定义最大度量值以防止计数至无穷大、抑制计时器、水平分割、路由毒化(毒性反转)以及触发更新。

(1) 抑制计时器:等待网络中其他路由器收敛,在该时间内不学习任何与该网络相关的路由信息(RIP 默认 180s),在倒计时期间继续向其他路由器发送毒化信息。

以上面的拓扑为例,当 10.4.0.0 网段出现故障时,则路由器 C 到该网络的路由表的度量值会被设置为最大,表示该网络已经不可达,并启动抑制时间。如果在抑制时间结束前,在路由器 C 右侧接收到到达该网络的路由,则更新路由项,因为此时网络故障已经排除,于是删除抑制时间。如果路由器 B 或其他的路由器接收到到达该网络的路由,并且新的度量值比旧的好,则更新路由项,删除抑制时间,因为此时可能有另一条不经过路由器 C 但可以到达该网络的路由器的路径。但是如果度量值没有以前的好,则不进行更新。

(2) 水平分割:路由器不能使用接收更新的同一端口通告同一网络。即路由器向外发布某网段路由信息后不再接收从反方向发布回来的同一网段的路由更新信息。

以上面的拓扑为例,路由器 C 从路由器 B 收到路由信息后,路由器 C 不能把该信息再次回传给路由器 B,这就在一定程度上避免了环路的产生。

(3) 触发更新:当得知网络拓扑结构发生改变时,不等待发送周期,而是立刻通告更新后的全部的路由表。

以上面的拓扑为例,路由器 C 接收到 10.4.0.0 网段网络故障信息后,等待更新周期到来后再通知路由器 B,结果路由器 B 的更新周期先于路由器 C 的更新周期到来,掩盖了网络的故障信息,从而形成环路。触发更新的机制正是用于解决这个问题,在收到故障信息后,不是等待更新周期的到来,而是立即发送路由更新信息。但是如果在触发更新刚要启动时收到了来自路由器 B 的更新信息,可能会导致进行错误的更新。一般可以将抑制时间和触发更新相结合,当收到故障信息后,立即启动抑制时间,在这段时间内,不会轻易接收路由更新信息,该机制就可以确保触发信息有足够的时间在网络中传播。

(4) 路由毒化:路由毒化用于在发往其他路由器的路由更新中将路由标记为不可达。标记不可达的方法是将度量值设置为最大值。对于 RIP,毒化路由的度量值为 16。

以上面的拓扑为例,10.4.0.0 网段由于链路故障而变得不可用。路由器 C 通过将度量值设置为 16 使该路由毒化,然后发送触发更新指明 10.4.0.0 网段不可达。路由器 B 处理该更新。由于度量值为 16,所以路由器 B 在其路由表中将该路由条目标记为无效。路由器 B 随后将毒化更新发送给路由器 A,更新中路由器 A 的路由表的度量值被再次设置为 16,以此表明该路由不可用。

通过这种方法,在网络上传播有关 10.4.0.0 网段的信息比等待跳数达到无穷大更加迅速,因此路由毒化可加速收敛过程。

7.3.3 有类路由与无类路由

有类路由协议在进行路由信息传递时不包含路由的掩码信息。路由器按照标准 A、B、C 类进行汇总处理。

有类路由在进行子网划分时,在同一网络内所有路由器端口的子网掩码必须相同,这可能会造成对 IP 地址的浪费,该情况如图 7-18(a)所示。

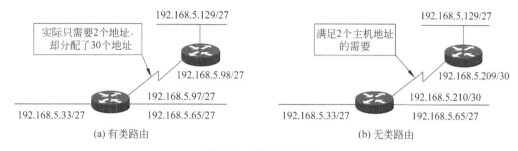

图 7-18 路由子网划分

无类路由协议在进行路由信息传递时包含子网掩码信息。在同一网络内,所有路由器端口的子网掩码可以不同,即支持变长子网掩码,因而可以充分利用可用的地址,如图 7-18(b)所示。

7.3.4 RIP 的工作过程

当某路由器刚启动 RIP 时,以广播形式向其相邻路由器发送请求报文。相邻路由器收到请求报文后,响应该请求,并回送包含本地路由信息的响应报文。

路由器收到响应报文后,修改本地路由表,同时向相邻路由器发送触发更新报文,广播路由更新信息。相邻路由器收到触发更新报文后,又向其各自的相邻路由器发送触发更新报文。在一连串的触发更新广播后,各路由器都能得到并保持最新的路由信息。同时,RIP 每隔 30s 向其相邻路由器广播本地路由表。相邻路由器在收到报文后,对本地路由进行维护,更新最佳路由,再向其各自相邻网络广播修改信息,使更新的路由最终能达到全局有效。同时,RIP 采用超时机制对过时的路由进行超时处理,以保证路由的实时性和有效性。RIP 正是通过这些机制,使路由器能够获取整个网络的路由信息。

每个运行 RIP 的路由器管理一个路由数据库,该数据库包含了到网络所有可达目的地的路由项,这些路由项包含下列信息:

(1) 目的地址(指主机或网络的地址)。
(2) 下一跳地址(指为到达目的地路由器要经过的下一个路由器地址)。
(3) 端口(指转发报文的端口)。
(4) 度量值(指本路由器到达目的地的开销,可取 0~16 之间的整数)。
(5) 定时器(路由项最后一次被修改的时间)。
(6) 路由标记(区分路由为内部路由协议路由还是外部路由协议路由的标记)。

7.3.5 路由汇总

路由汇总也被称为路由聚合(Route Aggregation)或超网(Supernetting),可以减少路由器必须维护的路由数,因为它是一种用单个汇总地址代表一系列网络号的方法。有些路由协议仅在主网络的边界汇总,而有的则可在任意边界支持路由汇总(聚合)。长度可变的子网掩码使路由协议能够在边界汇总。

有类别路由选择协议必须使用自动汇总。一些无类别路由选择协议支持自动汇总,默认为启用,但也可使用 no autosummary 路由器子命令禁用自动汇总。其他的无类别路由选择协议,如开放式最短路径优先(OSPF)协议,则不支持自动汇总。关键点是自动汇总的协议只在主类网络边界进行自动汇总。

本地 IP 路由包含所有子网,但发布出去后将汇总成一个主类网络,比如 123.123.115.1 与 123.131.233.1 会在边界上汇总成 123.0.0.0 并发布出去。

主类边界中的主类指 A、B、C 类,边界指网络地址不同的边界路由器,如处于 A 类的 122.0.0.0 与 B 类的 129.0.0.0 之间的路由器就是边界路由器,这类路由会进行自动汇总。而当网络不连续时,即同属于一个主类网络的两个子网段被其他网络分隔时,要关闭自动汇总。如 171.1.1.0/24 与 171.1.2.0/24 被 10.10.0.0/16 分隔时,不关闭自动汇总则会在两个边界都汇总成 B 类 172.1.0.0 并发布出去,这样包含目的节点为 172.1.0.0 网段地址的包不确定转发到哪个子网,导致了路由错误。

要实现路由汇总的最大化,制定细致的地址管理计划是必不可少的。

【例 7-2】 路由汇总计算。

假设路由选择表中存储了如下网络:

172.16.12.0/24
172.16.13.0/24
172.16.14.0/24
172.16.15.0/24

要计算路由器的汇总路由,需判断这些地址最左边有多少位相同。一般步骤如下:

第 1 步:将地址转换为二进制格式并将它们对齐。
第 2 步:找到所有地址中都相同的最后一位。
第 3 步:计算靠左相同的位数。

例如:172.16.12.0/24=172.16.00001100.00000000
　　　172.16.13.0/24=172.16.00001101.00000000
　　　172.16.14.0/24=172.16.00001110.00000000
　　　172.16.15.0/24=172.16.00001111.00000000

172.16.15.255/24＝172.16.00001111.11111111

可见,IP 地址 172.16.12.0～172.16.15.255 的前 22 位相同,因此最佳的汇总路由为 172.16.12.0/22。又如,下面有 4 个路由:

172.18.129.0/24
172.18.130.0/24
172.18.132.0/24
172.18.133.0/24

它们的汇总路由是 172.18.128.0/21。

使用路由汇总可以减少接收汇总路由的路由器中的路由选择条目,从而降低了占用的路由器内存和路由选择协议生成的网络流量。为支持路由汇总,必须满足下述要求。

(1) 多个 IP 地址的最左边几位必须相同。

(2) 路由选择协议必须根据 32 位的 IP 地址和最大为 32 位的前缀长度作出路由选择决策。

(3) 路由选择更新中必须包含 32 位的 IP 地址和前缀长度(子网掩码)。

路由汇总通过在网络连接断开之后限制路由通信的传播提高网络的稳定性。如果一台路由器仅向下一个下游的路由器发送汇总的路由,它就不会在广播与汇总的范围内包含具体子网有关的变化。例如,如果一台路由器仅向其邻近的路由器广播汇总路由地址 172.16.0.0/16,当它检测到 172.16.10.0/24 局域网网段中的一个故障,它将不更新邻近的路由器。

为了将子网路由自动汇总的默认特性恢复到网络级路由,使用 auto-summary 路由器配置命令。要使该特性无效并越过分类网络边界发送子网前缀路由信息,应使用此命令的 no 格式。

```
#auto-summary                        !启动路由汇总
#no auto-summary                     !关闭路由汇总
```

RIPv1 总是自动汇总。如果使用的是 RIPv2,可通过指定 no auto-summary 关闭自动汇总功能。如果在两个不相连的子网间提供路由,则必须关闭自动汇总功能。

例如,在下面的例子中关闭自动汇总网络。

```
#router rip
#version 2
#no auto-summary
```

在进行路由汇总时应该尽量使用精确的汇总条目,本着能精确汇总的条目就汇总、不能精确汇总的条目就不汇总的原则。这样在网络日后扩展和变动时能更有条理地增改路由表,减少出错的几率。另外,在越复杂、越大的网络中,汇总路由的效果就越显著。而能不能进行有效的路由汇总以及汇总的效率如何,都跟网络结构中 IP 地址网段的分布有密切关系。IP 地址的部署越连续而有条理,则路由汇总越容易也越有效,所以在部署网络时应该重视体系化编址。一般而言,在子网环境中,当网络地址是 2 的指数形式的连续区块时,路由汇总是最有效的。

7.3.6 RIP 配置步骤

(1) 开启 RIP 路由协议进程,进入 RIP 协议配置模式。

```
Router(config)#router rip
```

(2) 申请本路由器参与 RIP 协议的直连网段信息。

```
Router(config-router)#network 192.168.1.0
```

(3) 指定 RIP 的版本为 2(默认是版本 1)。

```
Router(config-router)#version 2
```

(4) 在 RIPv2 版本中关闭自动汇总。

```
Router(config-router)#no auto-summary
```

需要注意的是,RIP 任务启动后,还必须指定其工作网段,RIP 只在指定网段上的端口工作。对于不在指定网段上的端口,RIP 既不在它上面接收和发送路由,也不将它的端口路由转发出去,认为该端口不存在。

相关操作如下:
(1) 验证 RIP 的配置。

```
Router#show ip protocols
```

(2) 显示路由表的信息。

```
Router#show ip route
```

(3) 清除 IP 路由表的信息。

```
Router#clear ip route
```

(4) 在控制台显示 RIP 的工作状态。

```
Router#debug ip rip
```

(5) 取消调试。

```
Router#no debug all
```

(6) 设置水平分割。

```
Router#ip split-horizon
```

(7) 显示 RIP 的设置。

```
Router#show ip protocols
```

(8) 显示 RIP 路由表。

```
Router#show ip rip database
```

实验 7-2 RIP 路由协议

【实验目的】

掌握在路由器上配置 RIPv2。

【技术原理】

RIP 是应用较早、使用较普遍的内部网关协议,适用于小型同类网络,是典型的距离矢量协议。路由器使用路由协议进行路由信息的更新,生成和维护路由表。

RIP 是距离矢量路由协议,用跳数衡量路径开销,跳数是一个 IP 数据报到达目的节点的过程中必须经过的路由器的数目,跳数最少的路径就是最佳路径。RIP 规定最大跳数为15,跳数等于或大于 16 则被认为目的网络不可达。

RIP 有两个版本:RIPv1 和 RIPv2。

RIPv1 属于有类别路由协议,不支持 VLSM(可变长子网掩码),RIPv1 以广播的形式进行路由信息的更新,更新周期为 30s。

RIPv2 属于无类别路由协议,支持 VLSM,RIPv2 以组播的形式进行路由信息的更新,组播地址是 224.0.0.9。RIPv2 还支持基于端口的认证,提高网络的安全性。

RIP 封装结构如图 7-19 所示。

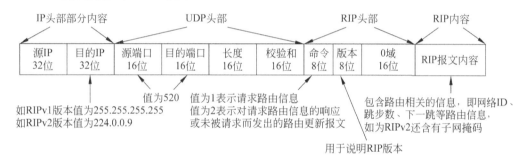

图 7-19 RIP 封装结构

【实验设备】

三层交换机 1 台,路由器 2 台。

【实验拓扑】

本实验以 2 台路由器和 1 台三层交换机为例。交换机上划分有 VLAN 10 和 VLAN 50,其中 VLAN 10 用于连接路由器 R1,VLAN 50 用于连接校园网主机。

路由器分别命名为 R1 和 R2,路由器之间的串口采用 V35 DCE/DTE 电缆连接,DCE 端连接到路由器 R1。其拓扑结构如图 7-20 所示。

PC1 的 IP 地址和默认网关分别为 192.168.5.11 和 192.168.5.1,PC2 的 IP 地址和默认网关分别为 192.168.3.22 和 192.168.3.1,子网掩码都是 255.255.255.0。

【实验步骤】

分析:本实验的预期目标是通过配置动态路由协议 RIP,自动学习网段的路由信息,实现网络的互连互通。

步骤 1:

(1) 按照拓扑图配置 PC1 和 PC2 的 IP 地址、子网掩码、网关,并测试它们的连通性。

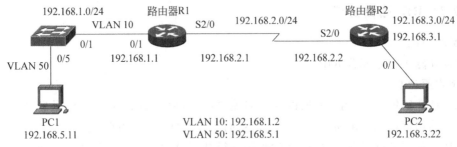

图 7-20 RIP 路由实验拓扑

(2) 在路由器 R1(或 R2)上执行 show ip route 命令,记录路由表信息。

步骤 2：三层交换机的基本配置。

```
switch#configure terminal
switch(config)#hostname S5750              !将交换机更名为 S5750
S5750(config)#vlan 10
S5750(config-vlan)#exit
S5750(config)#vlan 50
S5750(config-vlan)#exit
S5750(config)#interface gigabitethernet 0/1
S5750(config-if)#switchport access vlan 10
S5750(config-if)#exit
S5750(config)#interface gigabitethernet 0/5
S5750(config-if)#switchport access vlan 50
S5750(config-if)#exit
S5750(config)#interface vlan 10              !创建 VLAN 虚拟端口,并配置 IP 地址
S5750(config-if)#ip address 192.168.1.2 255.255.255.0
S5750(config-if)#no shutdown
S5750(config-if)#exit
S5750(config)#interface vlan 50              !创建 VLAN 虚拟端口,并配置 IP 地址
S5750(config-if)#ip address 192.168.5.1 255.255.255.0
S5750(config-if)#no shutdown
S5750(config-if)#exit
```

步骤 3：路由器 R1 的基本配置。

```
Router1(config)#interface gigabitethernet 0/1
Router1(config-if)#ip address 192.168.1.1 255.255.255.0
Router1(config-if)#no shutdown
Router1(config-if)#exit
Router1(config)#interface serial 2/0
Router1(config-if)#ip address 192.168.2.1 255.255.255.0
Router1(config-if)#no shutdown
```

步骤 4：路由器 R2 的基本配置。

```
Router2(config)#interface gigabitethernet 0/1
Router2(config-if)#ip address 192.168.3.1 255.255.255.0
Router2(config-if)#no shutdown
Router2(config-if)#exit
Router2(config)#interface serial 2/0
Router2(config-if)#ip address 192.168.2.2 255.255.255.0
Router2(config-if)#no shutdown
```

步骤 5：交换机 S5750 配置 RIPv2 路由协议。

```
S5750(config)#router rip                    !开启 RIP 进程
S5750(config)#version 2
S5750(config-router)#network 192.168.1.0    !申明本设备的直连网段
S5750(config-router)#network 192.168.5.0    !RIP 发布网段地址为有类地址
```

步骤 6：路由器 R1 配置 RIPv2 路由协议。

```
Router1(config)#router rip
Router1(config)#version 2
Router1(config)#no auto-summary             !关闭路由信息的自动汇总功能
Router1(config-router)#network 192.168.1.0
Router1(config-router)#network 192.168.2.0
```

步骤 7：路由器 R2 配置 RIPv2 路由协议。

```
Router2(config)#router rip
Router2(config)#version 2
Router2(config)#no auto-summary             !关闭路由信息的自动汇总功能
Router2(config-router)#network 192.168.2.0
Router2(config-router)#network 192.168.3.0
```

验证 3 台路由设备的路由表，查看是否自动学习了其他网段的路由信息。注意观察 R 标签项。

```
S5750#show ip route
```

分析交换机 S5750 的路由表，表中有 R 条目吗？是怎样产生的？

```
Router1#show ip route
```

分析路由器 R1 的路由表，表中有 R 条目吗？是怎样产生的？

```
Router2#show ip route
```

分析路由器 R2 的路由表，表中有 R 条目吗？是怎样产生的？

步骤 8：测试网络的连通性。

(1) 将此时的路由表与步骤 1 的路由表进行比较，有什么结论？

(2) 分析 traceroute PC1(或 PC2)的结果。

(3) 进行拔线实验，通过 Wireshark 测试报文变化的时间差，路由有没有出现毒性反转现象?

(4) 捕获数据包,分析 RIP 封装结构。RIP 包在 PC1 或 PC2 上能捕获到吗?如希望 2 台主机都能捕获到 RIP 包,请描述实现方法。

【实验思考】

(1) 查看交换机端口 0/1 所属 VLAN 应使用哪条命令?

(2) 如何查看 RIP 的版本号和发布到的网段?

(3) RIPv1 的广播地址是什么?RIPv2 的组播地址是什么?

(4) 使用 10.10.X.0 的 IP 地址重做本次试验,注意网段间使用不同的子网掩码。当在 RIPv1 下设置不同网段时,配置后的端口实际上获得的子网掩码是什么?配合实验分析原因。

(5) RIPv1 必须使用自动汇总,不支持不连续网络,请实验验证。RIPv2 支持不连续网络吗?

(6) RIPv1 对路由没有标记的功能,RIPv2 可以对路由打标记(tag),用于过滤和做策略。请在实验中观察和分析。

7.4 OSPF 路由

7.4.1 OSPF 概述

OSPF(Open Shortest Path First,开放式最短路径优先协议)具有安全性高、可靠性好、收敛快、无环路、支持 VLSM、可扩展性好等特点。它是 IETF(Internet Engineering Task Force,Internet 工程任务组)组织开发的一个基于链路状态的内部网关协议的典型代表,用于在单一自治系统(Autonomous System,AS)内决策路由。与 RIP 不同,OSPF 是链路状态路由协议,而 RIP 是距离矢量路由协议。

OSPF 采用 SPF(Shortest Path First)算法(也称 Dijkstra 算法)计算路由。SPF 算法是链路状态型算法,链路状态型算法对自己以及其他路由器产生的链路状态信息进行汇总,在本地生成一个链路状态数据库,通过对此数据库进行运算得到以自己为根的、到达其他各目的节点最近的一张路径图。根据算法和协议特点,这张图是无环路的,运行 SPF 算法比较消耗路由器 CPU 和内存资源。在路由器硬件配置条件一定的情况下,如果运行 OSPF 的路由器数量大到一定程度,会导致路由器负担重、路由运算慢等问题。

OSPF 网络中一旦发生任何拓扑变化,会立刻有相应类型的链路状态通告(Link State Advertisement,LSA)被发送出去。各个路由器收集 LSA 后,随即对新整理好的链路状态数据库(LSDB)重新进行 SPF 计算以生成新的路由表。根据网络规模的大小,收敛时间会略有不同。一般而言,OSPF 在小规模的网络中收敛时间可达十多秒钟(当网络中的某些路由器、直连端口、网络的状态发生了变化,导致路由发生改变,网络中路由器的路由表发生变化,重新计算出新路由表,直至稳定状态的过程称为路由的收敛过程)。

OSPF 的特性包括以下几个方面。

(1) 适应范围:支持各种规模的网络,最多可支持几百台路由器;同时 OSPF 也支持可变长子网掩码 VLSM。

（2）快速收敛：在网络的拓扑结构发生变化后立即发送更新报文,使这一变化在自治系统中同步,当网络拓扑改变后迅速收敛,协议带来的网络开销很小。

（3）无自环：由于 OSPF 根据收集到的链路状态用最短路径树算法计算路由,从算法本身保证了不会生成自环路由。在一个 OSPF 自治系统中的路由器之间不是直接传递路由信息维护路由表,而是交换链路状态通告,各路由器都维护着统一的一个链路状态数据库,同时以自己为根节点,通过计算链路开销得出自己的路由表。由于链路状态数据库是一致的,所以不存在路由环路的发生问题。

（4）区域划分：允许自治系统的网络被划分成区域管理,从而减少了占用的网络带宽。

（5）等价路由：支持到同一目的地址的多个等价路由。

（6）路由分级：使用 4 类不同的路由,按优先顺序依次是区域内路由、区域间路由、第一类外部路由、第二类外部路由。

（7）支持验证：支持基于端口的报文验证以保证路由计算的安全性,也可以防止对路由器、路由协议的攻击行为；同时 OSPF 数据包直接封装于 IP 协议之上(协议号 89)。

（8）组播发送：支持组播地址(对所有 DR/BDR 路由器的组播地址为 224.0.0.6,对所有的非 DR/BDR 路由器的组播地址为 224.0.0.5)；同时 OSPF 并不是周期性地广播路由表,节省了宝贵的带宽资源；并且 OSPF 数据包的 TTL 值被设为 1,即 OSPF 数据包只能被传送到一跳范围之内的邻居路由器。

7.4.2　Loopback 地址

本地环回端口(或地址)也称回送地址(Loopback Address)。此类端口是应用最为广泛的一种虚拟端口,几乎在每台路由器上都会使用,常作为路由器的管理地址。

在完成网络规划之后,为了方便管理,往往会为每台路由器创建一个 Loopback 端口,并在该端口上单独指定一个 IP 地址作为管理地址。管理者使用该地址对路由器进行远程登录(Telnet),该地址实际上起到了类似设备名称的功能。

例如：

```
#interface loopback  0
#ip address 10.1.1.1  255.255.255.255
```

Loopback 也用作动态路由协议 OSPF 和 BGP 的 Router ID。动态路由协议 OSPF 和 BGP 在运行过程中需要为自己指定一个 Router ID,作为此路由器的唯一标识并要求在整个自治系统内唯一。由于 Router ID 是一个 32 位的无符号整数以及 IP 地址的唯一性,所以路由器的 Router ID 通常与该设备上的某个端口的地址相同。Loopback 端口的 IP 地址通常被视为路由器的标识。

7.4.3　OSPF 数据包类型

1. OSPF 数型

OSPF 数型如表 7-2 所示。

表 7-2　OSPF 数据包类型

编号	类型	用途
1	Hello 报文	发现邻居、维持邻居关系、选举 DR/BDR
2	数据库描述报文	交换链路状态数据库 LSA 头
3	链路状态请求	请求一个指定的 LSA 数据细节
4	链路状态更新	发送被请求的 LSA 数据包
5	链路状态确认	对链路状态更新包的确认

2．OSPF 数据包头部

OSPF 数据包头部结构如图 7-21 所示。

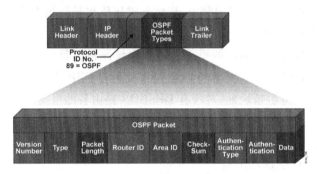

图 7-21　OSPF 数据包头部结构

3．五种类型的 OSPF 数据包

(1) Hello 数据包。Hello 数据包是编号为 1 的 OSPF 数据包。运行 OSPF 协议的路由器每隔一定时间发送一次 Hello 数据包，用于发现、保持邻居(Neighbors)关系并可以选举 DR/BDR。

(2) 链路状态数据库描述数据包。链路状态数据库描述数据包(DataBase Description，DBD)是编号为 2 的 OSPF 数据包。该数据包在链路状态数据库交换期间产生。其主要作用如下：

① 选举交换链路状态数据库过程中的主/从关系。

② 确定交换链路状态数据库过程中的初始序列号。

③ 交换所有的 LSA 数据包头部。

(3) 链路状态请求数据包。链路状态请求数据包(LSA-RED)是编号为 3 的 OSPF 数据包。该数据包用于请求在 DBD 交换过程中发现的但是本路由器中没有的或已过时的 LSA 包细节。

(4) 链路状态更新数据包。链路状态更新数据包(LSA-Update)是编号为 4 的 OSPF 数据包。该数据包用于将多个 LSA 泛洪，也用于对接收到的链路状态更新进行应答。如果一个泛洪 LSA 没有被确认，它将每隔一段时间(默认是 5s)重传一次。

(5) 链路状态确认数据包。链路状态确认数据包(LSA-Acknowledgement)是编号为 5 的 OSPF 数据包。该数据包用于对接收到的 LSA 进行确认。

4. LSA 数据包

作为一种链路状态的路由协议,OSPF 将链路状态通告传送给某一区域内的所有路由器。这一点与距离矢量路由协议不同,运行距离矢量路由协议的路由器是将部分或全部的路由表传递给与其相邻的路由器。

5. LSA 数据包类型

LSA 数据包类型如表 7-3 所示。

表 7-3 LSA 数据包类型

编号	类 型	生 成	描述和传递范围
1	路由器 LSA	每台路由器生成	描述路由器的链路状态和开销,传递到整个区域
2	网络 LSA	由 DR 生成	描述本网段的链路状态,传递到整个区域
3	网络汇总 LSA	由 ABR 生成	描述到区域内某一网段的路由,传递到相关区域
4	ASBR 汇总 LSA	由 ASBR 生成	描述到 ASBR 的路由,传递到相关区域
5	AS 扩展 LSA	由 ASBR 生成	描述到 AS 外部的路由,传递到整个 AS

6. LSA 头部

LSA 头如图 7-22 所示。

图 7-22 LSA 头部

7.4.4 OSPF 协议工作过程

第 1 步:建立路由器的邻接关系。

(1) 所谓邻接关系(Adjacency)是指 OSPF 路由器以交换路由信息为目的,在所选择的相邻路由器之间建立的一种关系。

(2) 路由器首先发送拥有自身 ID 信息(Loopback 端口或最大的 IP 地址)的 Hello 报文。与之相邻的路由器如果收到该 Hello 报文,则将该报文内的 ID 信息加入到自己的 Hello 报文内。

(3) 如果路由器的某端口收到从其他路由器发来的、含有自身 ID 信息的 Hello 报文,则它根据该端口所在网络类型确定是否可以建立邻接关系。

(4) 在点对点网络中,路由器将直接和对端路由器建立邻接关系,并且该路由器将直接进入第 3 步操作,即发现其他路由器。若为非广播多路访问网络,该路由器将进入选举步骤。

第 2 步:选举 DR/BDR。

(1) 不同类型的网络选举 DR 和 BDR 的方式不同。

(2) 非广播多路访问网络支持多个路由器，此情况下 OSPF 需要建立作为链路状态和 LSA 更新的中心节点。选举利用 Hello 报文内的 ID 值和优先权（Priority）字段值确定。优先权字段值范围为 0～255，优先权字段值最高的路由器选举为 DR。如果优先权字段值相同，则 ID 值最高的路由器选举为 DR，优先权字段值次高的路由器选举为 BDR。优先权字段值和 ID 值都可以直接设置。

第 3 步：发现路由器。

(1) 路由器与路由器之间首先利用 Hello 报文内的 ID 信息确认主/从关系，然后主/从路由器相互交换部分链路状态信息。每台路由器对信息进行分析比较，如果收到的信息有新的内容，路由器将要求对方发送完整的链路状态信息。这样路由器之间建立完全相邻关系，同时邻接路由器拥有自己独立的、完整的链路状态数据库。

(2) 在非广播多路访问网络内，DR 与 BDR 互换信息，并同时与本子网内其他路由器交换链路状态信息。

(3) 在点对点或点到多点网络中，相邻路由器之间交换信息。

第 4 步：选择适当的路由器。

(1) 当一台路由器拥有完整独立的链路状态数据库后，它将采用 SPF 算法计算并创建路由表。OSPF 路由器依据链路状态数据库的内容，独立地用 SPF 算法计算出到每个目的网络的路径，并将路径存入路由表中。

(2) OSPF 利用成本计算目的路径，成本最小者即为最短路径。在配置 OSPF 路由器时可根据实际情况（如链路带宽、时延或经济上的费用）设置链路成本大小。成本越小则该链路被选为路由的可能性越大。

第 5 步：维护路由信息。

当链路状态发生变化时，OSPF 通过泛洪过程通告网络上其他路由器。OSPF 路由器接收到包含有新信息的链路状态更新报文，将更新自己的链路状态数据库，然后用 SPF 算法重新计算路由表。在重新计算过程中，路由器继续使用旧路由表，直到 SPF 完成新的路由表计算。新的链路状态信息将发送给其他路由器。值得注意的是，即使链路状态没有发生改变，OSPF 路由信息也会自动更新，默认时间为 30 分钟。OSPF 路由器之间使用 LSA 交换各自的链路状态信息，并把获得的信息存储在链路状态数据库中。各个 OSPF 路由器独立使用 SPF 算法计算到各个目的地址的路由。

7.4.5 OSPF 区域

一个区域是指一个路由器的集合，它们有相同的拓扑数据库。OSPF 把一个 AS 分成多个区域，因为一个区域的拓扑结构对另一个区域是不可见的。该特征大幅度降低了一个 AS 中的路由信息数量，区域用于包含链路状态的更新并使管理者能建立分层网络。

运行 OSPF 的路由器可以根据其在网络中的位置和角色，对运行 OSPF 数量较大的一组路由器进行区域划分。区域划分的好处是可以让路由变化的影响范围缩小，良好地体现 OSPF 网络设计的体系化，并且可以在网络外围通过扩展新的区域增强 OSPF 网络的可扩展性。

1. OSPF 单区域运行

当运行 OSPF 协议的路由器数量少、网络结构稳定简单且鲜有变化发生时，可以使用单区域 OSPF,即将所有运行 OSPF 协议的路由器都放在骨干区域 0 中。

2. OSPF 多区域运行

当运行 OSPF 协议的路由器数量较多、网络结构复杂、设计突显层次化与体系化、网络需要良好的可扩展性且需要适应频繁出现的网络变化时,可以选择运行多区域 OSPF。根据 IP 地址与应用等的合理规划,制定出划分具备骨干区域、末节区域、完全末节区域、NSSA 等的多区域 OSPF 网络体系结构。

3. OSPF 区域分类

OSPF 区域分为标准区域、骨干区域、末节区域、次末节区域以及完全末节区域。

本章主要介绍标准区域和骨干区域。

4. 标准区域

标准区域(Standard Area)用区域号 ID 表示,ID 取值范围为 1~65535。该区域包括属于该区域的网络及相应的路由器。标准区域里的 OSPF 路由器的路由表包括区域内完整路由、区域间完整路由以及自治区域外部路由。

在 OSPF 协议的配置里,在 OSPF 进程下可以使用 network 命令添加某个(些)网段(端口与接口)到该 OSPF 进程内,并标明区域号码(非 0 区域)。

5. 标准区域配置示例

```
#router ospf 64
#network 192.168.1.0 0.0.0.255 area 1     !配置了该路由器上参与到 OSPF 路由协议中的网
                                          !络段 192.168.1.0/24 是运行在 OSPF 的标准区域
```

6. 骨干区域

骨干区域(BackBone Area)又称为核心区域,用区域号 ID 表示,ID 取值为 0。任何其他外部的通信,即跨越区域的通信流量都必须经过骨干区域的转发和过渡。该区域包括属于该区域的网络及相应的路由器,骨干区域必须是连续的,同时也要求其余区域必须与骨干区域直接相连。骨干区域一般为区域 Area 0,其主要工作是在其余区域间传递路由信息。所有的区域(包括骨干区域之间)的网络结构情况是互不可见的,当一个区域的路由信息对外广播时,其路由信息先传递至骨干区域,再由骨干区域将该路由信息向其余区域广播。

在运行的 OSPF 路由协议配置下,可以使用 network 命令添加某个(些)网段(端口与接口)到该 OSPF 进程内,并注明属于骨干区域。

骨干区域的配置示例如下:

```
#router ospf 64
#network 192.168.0.0 0.0.0.255 area 0     !配置了该路由器上参与到 OSPF 路由协议中的网
                                          !络段 192.168.0.0/24 是运行在 OSPF 的骨干区域
```

7.4.6 OSPF 配置步骤

OSPF 的基本配置步骤主要有以下 3 个:

(1) 创建 Loopback 端口,定义 Router ID。

```
RouterA(config)#interface loopback 10
```

```
RouterA(config)#ip address 192.168.100.1 255.255.255.0
```

(2) 开启 OSPF 进程。

```
RouterA(config)#router ospf 10
```

10 代表进程编号,只具有本地意义。OSPF 进程编号是内部使用标识参数。

(3) 申请直连网段。

```
RouterA(config-router)#network 10.1.1.0 0.0.0.255 area 0
```

注意反掩码和区域号。

该命令的格式如下:

network [端口 IP 地址] [通配符掩码] area [区域号]

其意义是定义了 OSPF 运行的端口和端口将驻留的 OSPF 区域,通配符掩码使用于与 IP 地址的连接中,因此使用者能够只使用一条单独的指令区分一个或更多的端口。当使用一个通配符掩码时,0 表示必须匹配,1 表示不需要匹配。

例如:

```
(config)#router  ospf  64                    !在全局配置模式下启动 OSPF 进程,进程号 64 被定义
(config-router)#network  192.1.1.10 0.0.0.0 area 1
                                             !只使 OSPF 运行到端口 192.1.1.10 上
(config-router)#network  132.1.1.10 255.255.255.255   area 1
                                             !将 OSPF 运行到所有路由器上
```

其他相关命令:

```
show ip ospf database database-summary       !显示 OSPF LS 数据库的信息汇总
show ip ospf database router                 !显示 router LSA
show ip ospf database network                !显示 network LSA
show ip ospf interface [接口名]              !显示 OSPF 的端口
show ip ospf neighbor                        !显示 OSPF 的邻居
debug ip ospf                                !debug OSPF 协议
no debug all                                 !停止所有 debug
show ip ospf interface                       !显示所有 OSPF 配置端口信息
show ip ospf database                        !查看 OSPF 的 LSDB 信息
```

实验 7-3　OSPF 单区域

【实验目的】
掌握在路由器上配置 OSPF 单区域。

【技术原理】
OSPF 协议是目前网络中应用最广泛的路由协议之一,属于内部网关路由协议,能够适应各种规模的网络环境,是典型的链路状态协议。

OSPF 路由协议通过向全网扩散本设备的链路状态信息,使网络中的每台设备最终同步到具有全网链路状态的数据库;然后路由器采用 SPF 算法,以自己为根,计算到达其他网

络的最短路径,最终形成全网路由信息。

OSPF 属于无类别路由协议,支持 VLSM,以组播形式进行链路状态通告。

在大规模的网络环境中,OSPF 支持区域的划分以将网络进行合理规划。划分区域时必须存在骨干区域。其他区域和骨干区域直接相连或者通过虚拟链路方式连接。

【实验设备】

交换机 1 台,路由器 2 台。

【实验拓扑】

本实验以 2 台路由器和 1 台三层交换机为例。交换机 S5750 上划分有 VLAN 10 和 VLAN 50,其中 VLAN 10 用于连接路由器 R1,VLAN 50 用于连接校园网主机。

将路由器分别命名为 R1 和 R2,路由器之间的串口采用 V35 DCE/DTE 电缆连接,DCE 端连接到路由器 R1(RSR20)。路由器和主机直连时既可以使用交叉线,也可以使用直通线。路由器 R1 的端口 S2/0 为 DCE 端口。

本实验拓扑结构如图 7-23 所示。

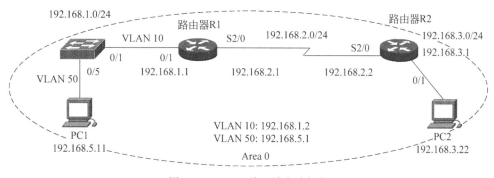

图 7-23 OSPF 单区域实验拓扑

图 7-23 中 PC1 的 IP 地址和默认网关分别为 192.168.5.11 和 192.168.5.1,PC2 的 IP 地址和默认网关分别为 192.168.3.22 和 192.168.3.1,子网掩码都是 255.255.255.0。

【实验步骤】

分析:本实验的预期目标是通过配置动态路由协议 OSPF,自动学习网段的路由信息,在区域内实现网络的互连互通。

步骤 1:

(1) 按照拓扑图配置 PC1 和 PC2 的 IP 地址、子网掩码、网关,并测试它们的连通性。

(2) 在路由器 R1(或 R2)上执行 show ip route 命令,记录路由表信息。

步骤 2:三层交换机的基本配置。

```
S5750(config)#vlan 10
S5750(config-vlan)#exit
S5750(config)#vlan 50
S5750(config-vlan)#exit
S5750(config)#interface gigabitethernet 0/1
S5750(config-if)#switchport access vlan 10
S5750(config-if)#exit
S5750(config)#interface gigabitethernet 0/5
```

```
S5750(config-if)#switchport access vlan 50
S5750(config-if)#exit
S5750(config)#interface vlan 10                    !创建 VLAN 虚拟端口,并配置 IP 地址
S5750(config-if)#ip address 192.168.1.2 255.255.255.0
S5750(config-if)#no shutdown
S5750(config-if)#exit
S5750(config)#interface vlan 50                    !创建 VLAN 虚拟端口,并配置 IP 地址
S5750(config-if)#ip address 192.168.5.1 255.255.255.0
S5750(config-if)#no shutdown
S5750(config-if)#exit
```

步骤 3:路由器 R1 的基本配置。

```
Router1(config)#interface gigabitethernet 0/1
Router1(config-if)#ip address 192.168.1.1 255.255.255.0
Router1(config-if)#no shutdown
Router1(config-if)#exit
Router1(config)#interface serial 2/0
Router1(config-if)#ip address 192.168.2.1 255.255.255.0
Router1(config-if)#no shutdown
```

步骤 4:路由器 R2 的基本配置。

```
Router2(config)#interface gigabitethernet 0/1
Router2(config-if)#ip address 192.168.3.1 255.255.255.0
Router2(config-if)#no shutdown
Router2(config-if)#exit
Router2(config)#interface serial 2/0
Router2(config-if)#ip address 192.168.2.2 255.255.255.0
Router2(config-if)#no shutdown
```

步骤 5:配置 OSPF 路由协议。交换机 S5750 配置 OSPF。

```
S5750(config)#router ospf 1                        !开启 OSPF 路由协议进程
S5750(config-router)#network 192.168.5.0 0.0.0.255 area 0
                                                   !申明直连网段信息,并分配区域号
S5750(config-router)#network 192.168.1.0 0.0.0.255 area 0
S5750(config-router)#end
```

步骤 6:路由器 R1 配置 OSPF。

```
Router1(config)#router ospf 1
Router1(config-router)#network 192.168.1.0 0.0.0.255 area 0
Router1(config-router)#network 192.168.2.0 0.0.0.255 area 0
Router1(config-router)#end
```

步骤 7:路由器 R2 配置 OSPF。

```
Router2(config)#router ospf 1
Router2(config-router)#network 192.168.2.0 0.0.0.255 area 0
```

```
Router2(config-router)#network 192.168.3.0 0.0.0.255 area 0
Router2(config-router)#end
```

步骤 8：查看验证 3 台路由设备的路由表是否自动学习了其他网段的路由信息，请注意路由条目 O 项。

```
S5750#show ip route
```

分析交换机 S5750 的路由表，表中有 O 条目吗？如果有，是怎样产生的？

```
Router1#show ip route
```

分析路由器 R1 的路由表，表中有 O 条目吗？如果有，是怎样产生的？

```
Router2#show ip route
```

分析路由器 R2 的路由表，表中有 O 条目吗？如果有，是怎样产生的？

步骤 9：测试网络的连通性。

（1）将此时的路由表与步骤 0 的路由表进行比较，有什么结论？

（2）分析 traceroute PC1（或 PC2）的执行结果。

（3）捕获数据包，分析 OSPF 头部结构。OSPF 包在 PC1 或 PC2 上能捕获到吗？如果希望 2 台主机都能捕获到，请描述方法。

（4）使用 #debug ip ospf 命令显示上述 OSPF 协议的运行情况，观察并保存路由器 R1 发送和接收的 Update 分组（可以通过改变链路状态触发），注意其中 LSA 类型；观察有无 224.0.0.5、224.0.0.6 的 IP 地址，如有请说明这两个地址的作用。

（5）本实验有没有 DR/BDR（指派路由器/备份指派路由器）？如果有，请指出 DR 与 BDR 分别是哪个设备，讨论 DR/BDR 的选举规则和更新方法（通过拔线改变拓扑，观察 DR/BDR 的变化情况）；如没有，请说明原因。

实验中在申明直连网段时，注意要写该网段的反掩码，并且必须指明所属的区域。

【实验思考】

（1）如何查看 OSPF 协议发布的网段？

（2）关于 OSPF 反掩码：反掩码可以简单地理解成掩码取反，而且不允许出现不连续的 1 和 0。例如，可以是 0.0.0.11111111，但不可以是 0.0.0.11110011，也不可以是 0.0.0.11111100。反掩码总是奇数或 0，因为其最后一位总是 1，除非全部为 0。

（3）255.255.255.255 减去子网掩码就得出反掩码。例如：子网掩码是 255.255.255.252，则 255.255.255.255－255.255.255.252 得出反掩码是 0.0.0.3。请问：192.168.2.0/28 的反掩码是多少？

实验 7-4 OSPF 多区域

【实验目的】

掌握在路由器上配置 OSPF 多区域。

【实验环境】

路由器 4 台，计算机 2 台。

【实验拓扑】

本实验的拓扑结构如图 7-24 所示。

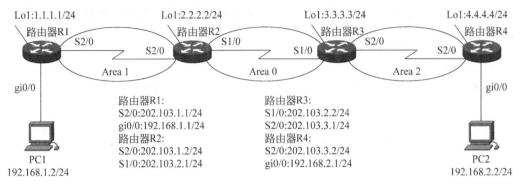

图 7-24　OSPF 多区域实验拓扑

【实验步骤】

分析：本实验的预期目标是通过配置动态路由协议 OSPF，自动学习网段的路由信息，实现多区域间网络的互连互通。

步骤 1：

（1）按照拓扑图配置 PC1 和 PC2 的 IP 地址、子网掩码、网关，并测试它们的连通性。

（2）在路由器 R1、R2、R3、R4 上执行 show ip route 命令，记录各路由器的路由表信息。

步骤 2：路由器 R1 的配置。

```
R1#configure terminal
R1(config)#interface serial 2/0
R1(config-if)#ip add 202.103.1.1 255.255.255.0
R1(config-if)#no shut
R1(config-if)#exit
R1(config)#interface gigabitethernet 0/0
R1(config-if)#ip add 192.168.1.1 255.255.255.0
R1(config-if)#no shut
R1(config-if)#exit
R1(config)#interface loopback 1
R1(config-if)#ip add 1.1.1.1 255.255.255.0
R1(config-if)#end
```

步骤 3：路由器 R2 的配置。

```
R2#configure terminal
R2(config)#interface serial 2/0
R2(config-if)#ip add 202.103.1.2 255.255.255.0
R2(config-if)#no shut
R2(config-if)#exit
R2(config)#interface serial 1/0
R2(config-if)#ip add 202.103.2.1 255.255.255.0
R2(config-if)#no shut
```

```
R2(config-if)#exit
R2(config)#interface loopback 1
R2(config-if)#ip add 2.2.2.2 255.255.255.0
R2(config-if)#end
```

步骤 4：路由器 R3 的配置。

```
R3#configure terminal
R3(config)#interface serial 1/0
R3(config-if)#ip add 202.103.2.2 255.255.255.0
R3(config-if)#no shut
R3(config-if)#exit
R3(config)#interface serial 2/0
R3(config-if)#ip add 202.103.3.1 255.255.255.0
R3(config-if)#no shut
R3(config-if)#exit
R3(config)#interface loopback 1
R3(config-if)#ip add 3.3.3.3 255.255.255.0
R3(config-if)#end
```

步骤 5：路由器 R4 的配置。

```
R4#configure terminal
R4(config)#interface serial 2/0
R4(config-if)#ip add 202.103.3.2 255.255.255.0
R4(config-if)#no shut
R4(config-if)#exit
R4(config)#interface gigabitethernet 0/0
R4(config-if)#ip add 192.168.2.1 255.255.255.0
R4(config-if)#no shut
R4(config-if)#exit
R4(config)#interface loopback 1
R4(config-if)#ip add 4.4.4.4 255.255.255.0
R4(config-if)#end
```

步骤 6：路由器 R1～R4 的路由配置。

路由器 R1：

```
R1(config)#router ospf 1
R1(config-ospf)#net 192.168.1.0 0.0.0.255 area 1
R1(config-ospf)#net 202.103.1.0 0.0.0.255 area 1
R1(config-ospf)#net 1.1.1.0 0.0.0.255 area 1
```

路由器 R2：

```
R2(config)#router ospf 2
R2(config-ospf)#net 202.103.1.0 0.0.0.255 area 1
R2(config-ospf)#net 202.103.2.0 0.0.0.255 area 0
```

```
R2(config-ospf)#net 2.2.2.0 0.0.0.255 area 0
```

路由器 R3：

```
R3(config)#router ospf 3
R3(config-ospf)#net 202.103.2.0 0.0.0.255 area 0
R3(config-ospf)#net 202.103.3.0 0.0.0.255 area 2
R3(config-ospf)#net 3.3.3.0 0.0.0.255 area 0
```

路由器 R4：

```
R4(config)#router ospf 4
R4(config-ospf)#net 202.103.3.0 0.0.0.255 area 2
R4(config-ofps)#net 192.168.2.0 0.0.0.255 area 2
R4(config-ospf)#net 4.4.4.0 0.0.0.255 area 2
```

步骤 7：实验验证。

```
R1#sh ip route
```

分析路由器 R1 的路由表，表中有几个 O 条目？是如何产生的？

```
R1#sh ip ospf nei
```

请解读邻居信息，指出路由器 R1 的邻居。

```
R2#sh ip ospf nei
```

请解读邻居信息，指出路由器 R2 的邻居。

```
R3#sh ip route
```

分析路由器 R3 的路由表，表中有几个 O 条目？是如何产生的？

```
R3#sh ip ospf nei
```

请解读邻居信息，指出路由器 R3 的邻居。

```
R4#sh ip route
```

分析路由器 R4 的路由表，表中有几个 O 条目？是如何产生的？

```
R4#sh ip ospf nei
```

请解读邻居信息，指出路由器 R4 的邻居。

步骤 8：连通性测试。

(1) 将此时的路由表与步骤 1 的路由表进行比较，有什么结论？
(2) 分析 traceroute PC1（或 PC2）的执行结果。
(3) 测试连通性。
(4) 捕获数据包，分析 OSPF 头部结构。

7.4.7 OSPF 虚连接

在 OSPF 协议中要求每个区域与骨干区域必须直接相连，但是实际组网中，网络情况非常的复杂,在划分区域时,无法保证每个区域都满足上述要求。此时就需要使用虚链接(Virtual Link)技术解决这个问题。

虚连接是指在 2 台 ABR 之间穿过一个非骨干区域(也称为转换区域,Transit Area)建立的一个逻辑上的连接通道(必须在两端的 ABR 上同时配置)。如图 7-25 所示,OSPF 虚连接将 Area X 通过转接区域 Area Y 到达骨干区域 Area 0。

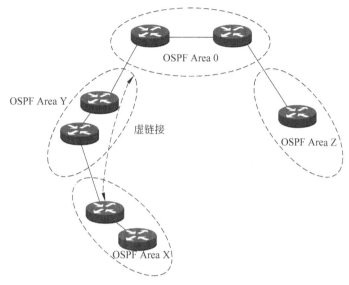

图 7-25　OSPF 虚连接

OSPF 虚连接还可以将不连续的骨干区域"弥合"起来。图 7-26 所示的 OSPF 虚连接将骨干区域 Area 0 通过转接区域 Area X 连接到骨干区域 Area 0。作为承载 OSPF 虚连接的转接区域,不能是 OSPF 的 Stub、Totally Stub 等末节区域。

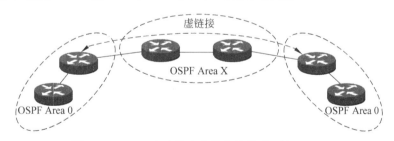

图 7-26　OSPF 虚连接弥合分离的骨干区域 Area 0

7.4.8　OSPF 的认证

OSPF 支持身份认证,以保证区域内运行 OSPF 协议路由器身份的合法性,提供 OSPF 网络安全性。OSPF 认证是由 Hello 报文里的相关字段完成的。OSPF 支持两种方式的认证:

(1) OSPF 简单明文认证。该认证方式简单,但口令在 Hello 包内以明文方式显示,安全性较低。

(2) OSPF MD5 消息摘要认证。口令不在 Hello 包内传送,安全性较高。

无论是明文认证还是 MD5 认证，在同一区域内参与认证的路由器必须配置相同的认证方式，以及对应方式下的 Key 或口令。

配置示例：

```
#interface gigabitethernet 0/0
#ip address 192.168.12.1 255.255.255.0
#ip ospf message-digest-key 1 md5 hello        !配置 MD5 认证口令
#router ospf
#network 192.168.12.0 0.0.0.255 area 0
#area 0 authentication message-digest          !配置认证方式为 MD5 方式
```

实验 7-5　OSPF 虚链路

【实验目的】

了解 OSPF 虚链路原理及配置方法。

【实验环境】

路由器 4 台，计算机 2 台。

【实验拓扑】

本实验的拓扑结构如图 7-27 所示。

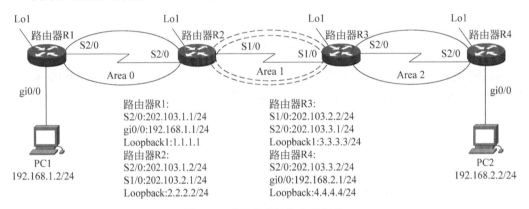

图 7-27　OSPF 虚链路实验拓扑

【实验步骤】

分析：由于非骨干区域都需要直接和骨干区域进行连接，当区域无法直接和骨干区域进行物理连接时，采用 OSPF 虚连接。本实验的预期目标是通过配置 OSPF 虚链路，将非骨干区域 Area 2 连接到骨干区域 Area 0。

步骤 1：

（1）按照拓扑图配置 PC1 和 PC2 的 IP 地址、子网掩码、网关，并测试它们的连通性。

（2）在路由器 R1、R2、R3、R4 上执行 show ip route、sh ip ospf nei 命令，记录各路由器的路由表和邻居信息。

步骤 2：路由器 R1 的配置。

```
R1#configure terminal
```

```
R1(config)#interface serial 2/0
R1(config-if)#ip add 202.103.1.1 255.255.255.0
R1(config-if)#no shut
R1(config-if)#exit
R1(config)#interface gigabitethernet 0/0
R1(config-if)#ip add 192.168.1.1 255.255.255.0
R1(config-if)#no shut
R1(config-if)#exit
R1(config)#interface loopback 1
R1(config-if)#ip add 1.1.1.1 255.255.255.0
R1(config-if)#end
```

步骤3：路由器R2的配置。

```
R2#configure terminal
R2(config)#interface serial 2/0
R2(config-if)#ip add 202.103.1.2 255.255.255.0
R2(config-if)#no shut
R2(config-if)#exit
R2(config)#interface serial 1/0
R2(config-if)#ip add 202.103.2.1 255.255.255.0
R2(config-if)#no shut
R2(config-if)#exit
R2(config)#interface loopback 1
R2(config-if)#ip add 2.2.2.2 255.255.255.0
R2(config-if)#end
```

步骤4：路由器R3的配置。

```
R3#configure terminal
R3(config)#interface serial 1/0
R3(config-if)#ip add 202.103.2.2 255.255.255.0
R3(config-if)#no shut
R3(config-if)#exit
R3(config)#interface serial 2/0
R3(config-if)#ip add 202.103.3.1 255.255.255.0
R3(config-if)#no shut
R3(config-if)#exit
R3(config)#interface loopback 1
R3(config-if)#ip add 3.3.3.3 255.255.255.0
R3(config-if)#end
```

步骤5：路由器R4的配置。

```
R4#configure terminal
R4(config)#interface serial 2/0
R4(config-if)#ip add 202.103.3.2 255.255.255.0
R4(config-if)#no shut
```

```
R4(config-if)#exit
R4(config)#interface gigabitethernet 0/0
R4(config-if)#ip add 192.168.2.1 255.255.255.0
R4(config-if)#no shut
R4(config-if)#exit
R4(config)#interface loopback 1
R4(config-if)#ip add 4.4.4.4 255.255.255.0
R4(config-if)#end
```

步骤 6：路由配置。

路由器 R1：

```
R1(config)#router ospf 1
R1(config-ospf)#net 192.168.1.0 0.0.0.255 area 0
R1(config-ospf)#net 202.103.1.0 0.0.0.255 area 0
R1(config-ospf)#net 1.1.1.0 0.0.0.255 area 0
```

路由器 R2：

```
R2(config)#router ospf 2
R2(config-ospf)#net 202.103.1.0 0.0.0.255 area 0
R2(config-ospf)#net 202.103.2.0 0.0.0.255 area 1
R2(config-ospf)#net 2.2.2.0 0.0.0.255 area 1
R2(config-ospf)#area 1 virtual-link 3.3.3.3
```

路由器 R3：

```
R3(config)#router ospf 3
R3(config-ospf)#net 202.103.2.0 0.0.0.255 area 1
R3(config-ospf)#net 3.3.3.0 0.0.0.255 area 1
R3(config-ospf)#net 202.103.3.0 0.0.0.255 area 2
R3(config-ospf)#area 1 virtual-link 2.2.2.2
```

路由器 R4：

```
R4(config)#router ospf 4
R4(config-ospf)#net 202.103.3.0 0.0.0.255 area 2
R4(config-ospf)#net 192.168.2.0 0.0.0.255 area 2
R4(config-ospf)#net 4.4.4.0 0.0.0.255 area 2
```

步骤 7：实验验证。注意做虚链路和未做虚链路时两种路由表的变化。

```
R1#sh ip route

R1#sh ip ospf nei

R2#sh ip ospf nei

R3#sh ip route
```

```
R3#sh ip ospf nei

R4#sh ip route

R4#sh ip ospf nei

R1#ping
Protocol [ip]:
Target IP address: 192.168.2.2
Repeat count [5]:
Datagram size [100]:
Timeout in seconds [2]:
Extended commands [n]: y                    !采用扩展ping命令
Source address:192.168.1.1
Time to Live [1, 64]:
Type of service [0, 31]:
Data Pattern [0xABCD]:
Sending 5, 100-byte ICMP Echoes to 192.168.2.2, timeout is 2 seconds:
  <press Ctrl+C to break >
!!!!!
Success rate is 100 percent (5/5), round-trip min/avg/max=90/90/90 ms

R4#ping
Protocol [ip]:
Target IP address: 192.168.1.2
Repeat count [5]:
Datagram size [100]:
Timeout in seconds [2]:
Extended commands [n]: y
Source address:192.168.2.1
Time to Live [1, 64]:
Type of service [0, 31]:
Data Pattern [0xABCD]:
Sending 5, 100-byte ICMP Echoes to 192.168.1.2, timeout is 2 seconds:
  <press Ctrl+C to break >
!!!!!
Success rate is 100 percent (5/5), round-trip min/avg/max=90/90/90 ms
```

7.4.9　路由重发布

在规模较大的网络中，有可能在网内使用了不止一种的路由协议。为了实现多种路由协议的协同工作，路由器通过使用路由重发布(route redistribution)将其学习到的一种路由协议的路由信息通过另一种路由协议广播出去，从而实现网络各部分的连通。这实际上要求路由器必须能同时运行多种路由协议，每种路由协议能将一种路由协议中的路由条目转换为另一种路由协议的路由条目。

以图 7-28 为例,路由 A 是边界路由器,在其上运行 OSPF/RIP 协议。路由 B 与路由 C 处于不同网络。要使路由 B 和路由 C 能够连通,路由 A 需要将路由 B 路由表上的条目 192.168.5.0 从 RIP 通告给路由 C 的路由表,同时路由 A 还需要将路由 C 路由表上的条目 172.16.0.0 从 OSPF 通告给路由 B 的路由表。上述过程就是路由重分布。注意路由必须位于路由选择表中才能被重分布。

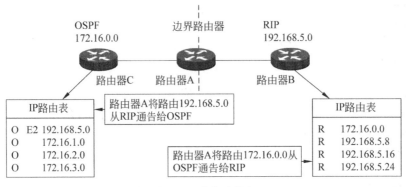

图 7-28 路由重分布

路由器 C 的路由表中的 E2 是 OSPF 重发布路由的路径类型中类型 2 的外部路径(E1 表示类型 1 的外部路径)。E1 和 E2 的差别在于对外部路径的计算方法。E1 代价值是该路由的外部代价加上到达 ASBR 路由器的路径代价之和;而 E2 在计算外部路由的度量值时不再计入到达 ASBR 路由器的路径代价。

实现重发布只能在支持相同协议栈的路由协议之间进行,配置重发布的方法随路由选择协议组合而异。

重发布分为双向重发布和单向重发布两种。双向重发布是在两个路由选择进程之间重发布所有路由;单向重发布是将一个路由传递给一种路由选择协议,同时只将通过该路由选择协议获得的网络传递给其他路由选择协议。

最安全的重发布是只在网络中一台边界路由器上进行单向重发布(如图 7-28 所示,可在边界路由器 A 上设置重发布),但可能导致网络的单点故障。如果必须在两个方向上或者多台边界路由器上执行重发布,应该调整重发布以避免次优路由选择和路由选择环路等问题。重发布的原则如下:

(1) 当重新分配路由时,必须为路由配置一个接收协议可以理解的度量值。

(2) 在多种路由协议之间,需要为路由源分配管理距离;可将管理距离看作可信度的一个量值,管理距离越小,协议的可信度越高。

(3) 在从无类别路由选择协议向有类别路由选择协议重发布时,仅在子网掩码相同的端口之间通告路由这一特性。

对重发布影响最大的协议特性是度量、管理距离、从无类别协议向有类别协议重发布。

1. 度量值

路由器在重发布时,必须给重发布而来的路由指定度量值。这种度量值被称为种子度量值或默认度量值。

当路由重发布时,要特别注意度量值,必须为路由分配一个接收协议可以理解的度量值。因为两种路由协议计算度量的方式不一致,如果不设定度量值,重发布会失败。例如,OSPF用于度量路径优劣的度量值称为代价(cost),是指从该端口发送出去的数据包的出站端口代价,而 RIP 度量值为跳数。当 RIP 路由条目被重发布进入 OSPF 时,OSPF 不理解 RIP 的度量值;同理 RIP 也不理解 OSPF 的代价,因此在向 OSPF 传递 RIP 路由前,重发布进程必须为每条 RIP 路由分配代价度量值,反之也要分配跳数值。

默认种子度量值如表 7-4 所示。

表 7-4 默认种子度量值

将路由重发布到该协议中	默认种子度量值	说 明
RIP	无论哪个协议向 RIP 中重发布,如果不设置种子度量值,那么则默认为无穷大,新的路由不会进入 RIP 区域。需要手工指定种子度量值,否则重发布的路由不会被通告。示例:redistribute ospf 110 metric 1	把直连和静态信息重发布到 RIP 时,度量值为 1
OSPF	重发布而来的路由默认为类型 2(E2),度量值为 20,BGP 向 OSPF 重发布路由的种子度量值为 1	
IS-IS	重发布而来的路由的默认度量值为 0	
BGP	重发布而来的路由保留其 IGP 路由选择度量值	
IGRP or EIGRP	和 RIP 一样,默认的种子度量值是无穷大	

使用 default-metric 命令可以改变重发布的默认度量值。

2. 管理距离

管理距离是指一种路由协议可信度。每种路由协议按可靠性从高到低,依次分配一个信任等级,该信任等级称为管理距离。可把管理距离看作可信度的一个量度,对于两种不同的路由协议到一个目的地的路由信息,路由器首先根据管理距离决定相信哪一个协议。管理距离越小,协议的可信度越高。各路由源的管理距离默认值如表 7-5 所示。

表 7-5 路由源的管理距离默认值

路 由 源	默认管理距离值	路 由 源	默认管理距离值
直连端口	0	中间系统到中间系统	115
静态路由	1	RIPv1,RIPv2	120
EIGRP 汇总路由	5	外部网管协议	140
外部 BGP	20	外部 EIGRP	170
内部 EIGRP	90	内部 BGP	200
IGRP	100	未知	255
OSPF	110		

管理距离大的路由协议向管理距离小的路由协议重发布路由可能导致环路问题,一般的解决办法是修改管理距离。

在配置路由重发布时,要注意以下三点。

(1) 找出将要进行重发布配置的边界路由器,使用 redistribute 命令指定路由源点。

(2) 选定哪个路由协议是核心或主干协议。通常是 BGP 或 OSPF。

(3) 必须为重发布的路由指定度量值。如果没有指定度量值,那么重发布到 OSPF 的路由的度量值为 20,而重发布到其他协议路由度量值的默认值为 0。IS-IS 可以理解 0 度量,但 RIP 不能理解,因为它的跳数在 1～16 之间。0 度量与 IGRP 和 EIGRP 的多度量格式也不兼容。因此 RIP、IGRP、EIGRP 都必须为重发布的路由分配合适的度量值,否则重发布将不能进行。

下例说明把 OSPF 中的路由条目重发布到 RIP 中,并且指定度量值为 1。这样,RIP 得到了 OSPF 中的所有路由条目。

```
router rip
redistribute ospf 1 metric 1
```

下例会在 OSPF 中看到从 RIP 发送过来的路由条目。

```
router ospf 1
redistribute rip subnets metric 1
```

这里使用了度量 1,并且使用了 subnets 关键词。subnets 仅当向 OSPF 重发布路由时使用,它指明子网的细节将被重发布;如没有此参数则仅重发布主网地址。

常用路由重发布的配置命令如下:

(1) 在 OSPF 中重发布 RIP。

```
Router(config-router)#redistribute rip subnets
```

(2) 在 RIP 中重发布 OSPF,需要指定度量值。

```
Router(config-router)#redistribute ospf process-id metric metric-value
```

(3) 在 OSPF 中重发布默认路由。

```
Router(config-router)#default-information originate
```

(4) 在 OSPF 中重发布直连路由。

```
Router(config-router)#redistribute connected subnets
```

(5) 在 OSPF 中重发布静态路由。

```
Router(config-router)#redistribute static subnets
```

实验 7-6 路由重发布

【实验目的】

通过路由重发布实验,了解在不同路由协议之间发布路由的原理。

【实验环境】

路由器 2 台,计算机 2 台,三层交换机 1 台。

【实验拓扑】

本实验的拓扑结构如图 7-29 所示。

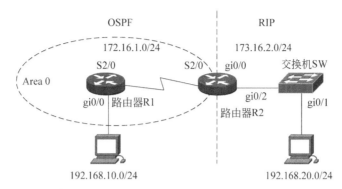

图 7-29　OSPF-RIP 路由重发布实验拓扑

【实验步骤】

分析：(请根据理解自行写出)

步骤 1：

(1) 按照拓扑图配置计算机的 IP 地址与子网掩码。

(2) 测试计算机间的连通性。

(3) 记录设备的路由表。

步骤 2：路由器 R1 关于 OSPF 协议的配置。

```
R1(config)#interface gigabitethernet 0/0
R1(config-if)#ip address 192.168.10.1 255.255.255.0
R1(config-if)#no shut
R1(config-if)#exit

R1(config)#interface Serial2/0
R1(config-if)#ip address 172.16.1.1 255.255.255.0
R1(config-if)#no shut
R1(config-if)#exit

R1(config)#router ospf  1
R1(config-router)#network 172.16.1.0   0.0.0.255   area 0
R1(config-router)#network 192.168.10.0  0.0.0.255   area 0
R1(config-router)#exit
```

(1) 查看路由器 R1 的路由表：#show ip route。

(2) 分析这时路由器 R1 的路由表项，当前能看到全网什么路由？

(3) 测试计算机间的连通性。

步骤 3：交换机 SW 关于 RIP 协议的配置。

```
SW(config)#interface gigabitethernet 0/1
SW(config)#no switchport
```

```
SW(config-if)#ip address 192.168.20.1 255.255.255.0
SW(config-if)#no shut
SW(config-if)#exit
SW(config)#interface gigabitethernet 0/2
SW(config)#no switchport
SW(config-if)#ip address 173.16.2.2 255.255.255.0
SW(config-if)#no shut
SW(config-if)#exit
SW(config)#router   rip
SW(config-router)#network 173.16.2.0
SW(config-router)#network 192.168.20.0
SW(config-router)#exit
```

(1) 查看交换机 SW 的路由表：♯show ip route。

(2) 分析这时交换机 SW 的路由表项，当前能看到全网什么路由？

(3) 测试计算机间的连通性。

步骤 4：路由器 R2 关于 OSPF 协议的配置。

```
R2(config)#interface Serial2/0
R2(config-if)#ip address 172.16.1.2 255.255.255.0
R2(config-if)#no shut
R2(config-if)#exit

R2(config)#interface gigabitethernet 0/0
R2(config-if)#ip address 173.16.2.1 255.255.255.0
R2(config-if)#no shut
R2(config-if)#exit
R2(config)#router ospf   1
R2(config-router)#network 172.16.1.0   0.0.0.255   area 0
```

(1) 查看路由器 R2 的路由表：♯show ip route。

(2) 分析这时路由器 R2 的路由表项，当前能看到全网什么路由？

(3) 测试计算机间的连通性。

步骤 5：边界路由器 R2 路由重发布。

```
R2(config-router)#redi   connect              !发布直连路由
R2(config-router)#redi   rip                  !重发布 RIP

R2(config)#router   rip
R2(config-router)#network 173.16.2.0
R2(config-router)#redi   connect              !发布直连路由
R2(config-router)#redi   ospf   1             !重发布 OSPF 路由

R2(config-router)#exit
```

(1) 查看各路由器的路由表：#show ip route。
(2) 分析这时各路由器的路由表项,讨论全网路由的连通情况。
(3) 测试计算机间的连通性。

7.5 动态路由协议小结

动态路由是指按照一定的算法,发现、选择和更新路由的过程。动态路由协议是网络设备学习网络中路由信息的方法之一,动态路由协议可以动态地随着网络拓扑结构变化,并在较短时间内自动更新路由表,使网络达到收敛状态。本章主要介绍了 RIP 和 OSPF 协议。

RIP 路由协议中用于表示目的网络远近的唯一参数为跳数,即到达目的网络所要经过的路由器个数。在 RIP 路由协议中,该参数被限制最大为 15,即 RIP 路由信息最多能传递至第 16 个路由器;由于跳数受限,RIP 只适合小规模的网络。对于 OSPF 路由协议,路由表中表示目的网络的参数为 cost,该参数为虚拟值,与网络中链路的带宽等相关,即 OSPF 路由信息不受物理跳数的限制。并且,OSPF 路由协议还支持 TOS(Type of Service)路由,因此,OSPF 适合应用于大型网络中。OSPF 协议采用路由器间建立和维护邻接关系,维护链路状态信息数据库,采用最短生成树算法,避免了路由自环。同时,OSPF 协议又采用了一些特殊的机制,保证了它在大规模网络中的可用性。

RIP 路由协议路由收敛较慢。RIP 路由协议周期性地将整个路由表作为路由信息广播至网络中,该广播周期为 30s。在一个较为大型的网络中,RIP 会产生很大的广播信息,占用较多的网络带宽资源,并且由于 RIP 30s 的广播周期影响了 RIP 路由协议的收敛,甚至会导致不收敛的现象。而 OSPF 是一种链路状态的路由协议,当网络比较稳定时,网络中的路由信息较少,并且其广播不是周期性的,因此 OSPF 路由协议在大型网络中能够较快地收敛。

以上两种协议各有特点,具体可见表 7-6。

表 7-6 OSPF 与 RIP 的比较

OSPF	RIPv1	RIPv2
链路状态路由协议	距离矢量路由协议	
没有跳数的限制	RIP 的 15 跳限制,超过 15 跳的路由被认为不可达	
支持可变长子网掩码	不支持可变长子网掩码	支持可变长子网掩码
收敛速度快	收敛速度慢	
使用组播发送链路状态更新,在链路状态变化时使用触发更新,提高了带宽的利用率	周期性广播整个路由表,在低速链路及广域网中应用将产生很大问题	

习 题 7

1. 请阅读下列文档,了解协议详细信息。

RIPv2 RFC2453

OSPFv2 RFC2328

2. 假设有一组 C 类地址为 192.168.8.0～192.168.15.0,如果用 CIDR 将这组地址聚合为一个网络,其网络地址和子网掩码应该为( )。
  A. 192.168.8.0/21   B. 192.168.8.0/20
  C. 192.168.8.0/24   D. 192.168.8.15/24

3. 若某大学分配给计算机系的 IP 地址块为 202.113.16.128/26,分配给自动化系的 IP 地址块为 202.113.16.192/26,那么这两个地址块经过聚合后的地址为( )。
  A. 202.113.16.0/24   B. 202.113.16.0/25
  C. 202.113.16.128/25   D. 202.113.16.128/24

4. 下列关于 OSPF 协议的描述中,错误的是( )。
  A. OSPF 使用分布式链路状态协议
  B. 链路状态协议"度量"主要是指费用、距离、延时、带宽等
  C. 当链路状态发生变化时用洪泛法向所有路由器发送信息
  D. 链路状态数据库中保存一个完整的路由表

5. 当路由表中包含多种路由信息源时,根据默认的管理距离值,路由器在转发数据包时,会选择的路由信息源是( )。
  A. RIP   B. IGRP   C. OSPF   D. Static

6. 在某园区网中,路由器 R1 的 GE0/1(212.112.8.5/30)端口与路由器 R2 的 GE0/1(212.112.8.6/30)端口相连,路由器 R2 的 GE0/2(212.112.8.9/30)端口与路由器 R3 的 GE0/1(212.112.8.10/30)端口相连,路由器 R3 的 GE0/2(212.112.8.13/30)端口直接与 Internet 上的路由器相连,路由器 R1 默认路由的正确配置是( )。
  A. ip route 0.0.0.0 0.0.0.0 212.112.8.6
  B. ip route 0.0.0.0 0.0.0.0 212.112.8.9
  C. ip route 0.0.0.0 0.0.0.0 212.112.8.10
  D. ip route 0.0.0.0 0.0.0.0 212.112.8.13

7. 某局域网用 1 台路由器互连 4 个子网。各子网的网络地址分别是 193.22.56.0/26、193.22.56.64/26、193.22.56.128/26 和 193.22.56.192/26。使用 RIPv1 路由协议配置参数与 RIP 的网络地址,其正确的配置是( )。
  A. network 193.22.56.0 255.255.255.192
  B. network 193.22.56.0 0.0.0.255
  C. network 193.22.56.0 255.255.255.192
   network 193.22.56.64 255.255.255.192
   network 193.22.56.128 255.255.255.192
   network 193.22.56.192 255.255.255.192
  D. network 193.22.56.0

8. 如图 7-30 所示,网络站点 A 发送数据包给站点 B,当路由器 R1 将数据包转发给路由器 R2 时,被转发数据包中封装的目的 IP 地址和目的 MAC 地址是( )。
  A. 222.4.57.2 00-d0-02-85-cd-3f   B. 222.4.57.2 00-ff-2a-3a-4b-5b
  C. 222.4.59.2 00-d0-02-85-cd-3f   D. 222.4.59.2 00-ff-2a-3a-4b-5b

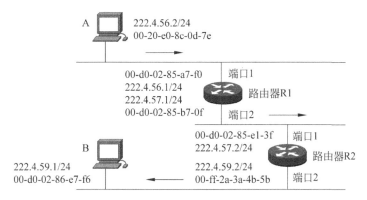

图 7-30　第 8 题拓扑结构

9. 下列路由表中错误的路由表项是(　　)。
   A. C　　212.112.7.0/24 is directly connected,212.117.7.1
   B. S　　167.105.125.128 [1/0] via 202.112.7.1
   C. O　　222.29.2.0/24 [110/3] via 162.105.1.145,00:13:43,vlan1
   D. OE1　202.37.140.0/28 [110/22] via 162.105.1.145,00:13:43,vlan

10. 请根据如图 7-31 所示的网络结构回答下列问题。

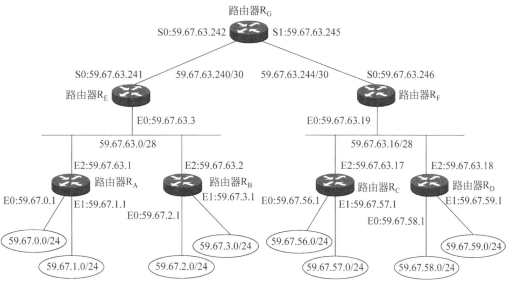

图 7-31　第 10 题拓扑结构

(1) 填写路由器 R_G 的路由表项①～⑤。

目 的 网 络	输 出 端 口	目 的 网 络	输 出 端 口
59.67.63.240/30	S0(直接连接)	③	S1
①	S1(直接连接)	④	S0
②	S0	⑤	S1

(2) 如果该网络内服务器群的 IP 地址为 59.67.57.11～59.67.57.25，并且采用一种设备能够对服务器提供如下保护措施：发送到服务器群的数据包将被进行过滤检测，如果检测到恶意数据包，系统发出警报并阻断攻击。请写出这种设备的名称，该设备应该部署在图 7-30 中的哪个设备的哪个端口？

(3) 如果将网络 59.67.59.128/25 划分 3 个子网，其中第一个子网能容纳 60 台主机，另外两个子网分别能容纳 25 台主机，请写出子网掩码及可用的 IP 地址段（注：请按子网顺序号分配网络地址）。

11. 使用如图 7-32 所示的网络，从路由器 R6～R2，RIP 倾向于选取哪一条通路？

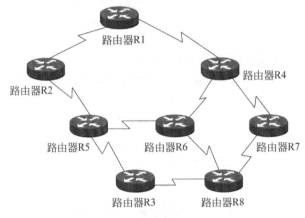

图 7-32 某网络拓扑

12. 静态路由实验。按照如图 7-33 所示的网络拓扑进行静态路由配置。

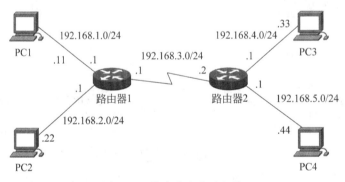

图 7-33 静态路由实验拓扑

按照拓扑图的要求完成实验设备的互连，要求任意 2 台主机之间均可用 ping 命令连通。给出路由器路由表的屏幕截图与 PCx ping PCy 的屏幕截图。

13. 网络拓扑如图 7-34 所示，在 Packet Tracer 上为 3 台路由器配置 RIPv2 协议，实现全网互通。

14. 根据如图 7-35 所示的拓扑结构，请在 2 个三层交换机上划分 VLAN，并为其分配 IP 地址，之后分别在三层交换机和路由器上配置 OSPF 协议实现 4 台计算机间的相互通信。

图 7-34 第 13 题拓扑结构

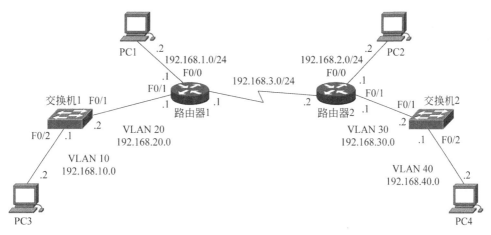

图 7-35 第 14 题拓扑结构

15. 在如图 7-36 所示的拓扑结构中配置 PC1 到 PC2 之间的静态路由并检查 PC1 与 PC2 的连通性。按顺序完成以下要求：

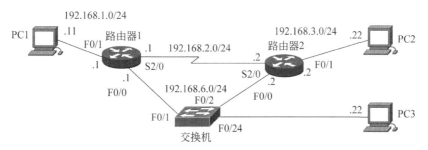

图 7-36 第 15 题拓扑结构

(1) 记录 2 台路由器的路由表。

(2) 用 PC1 ping PC2，记录交换机的 MAC 地址表。

(3) 清除 MAC 地址表，启动 Wireshark 捕获，用 PC1 ping PC2，查看 PC3 是否可以捕获到 ARP 包、Echo 请求包和 Echo 响应包。记录交换机的 MAC 地址表。

(4) 重新启动 Wireshark 捕获，用 PC2 ping PC1，查看是否可以捕获到 ARP 包、Echo 请求包和 Echo 响应包。如果有则对捕获的包截屏。查看并记录（截屏）PC1 的 ARP 缓冲区。最后，对结果进行分析。

(5) 利用 Packet Tracer 数据包的 Flash 动画功能，在模拟模式下，展示 PC1 与 PC2 间的数据包流动情况。

(6) 把交换机的端口 F0/2 镜像到端口 F0/24,再用 PC1 ping PC2。查看 PC3 是否可以捕获到 ARP 包、Echo 请求包和 Echo 响应包,如果可以捕捉到,则记录结果(截屏)。查看并记录此时交换机的 MAC 地址表。对结果进行解释说明。

(7) 将(5)重做一次。

(8) PC1 运行 ping -r 6 -l 200 192.168.3.22 和 ping -s 4 -l 200 192.168.3.22(分别带路径和时间戳 ping PC2),在 PC3 上用 Wireshark 进行观察。找出 Echo 请求分组、Echo 响应分组、Timestamp 请求分组、Timestamp 响应分组进行展开并分别截屏。

(9) 删除路由器 1 上的静态路由,并增加默认路由指向路由器 2 的以太网端口。PC1 ping PC2,用 Wireshark 进行观察并截屏。

删除路由器 2 上的静态路由,并增加默认路由指向路由器 1 的以太网端口。PC1 ping PC2,用 Wireshark 进行观察并截屏。

(10) PC1 ping 一个本拓扑结构外的 IP 地址,用 Wireshark 观察流量并截屏,对结果进行分析。

16. 在图 7-37 给定的拓扑结构中,要求:

(1) 采用 RIPv1 协议,各主机之间能 ping 通吗?

(2) 采用 RIPv2 协议,各主机之间能 ping 通吗?

(3) 分析(1)、(2)的实验结果,得出什么结论?

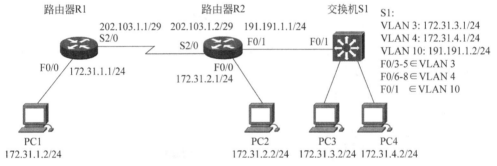

图 7-37 第 16 题拓扑结构

17. 在如图 7-38 所示的拓扑结构中实现单区域的 OSPF,使主机之间连通。

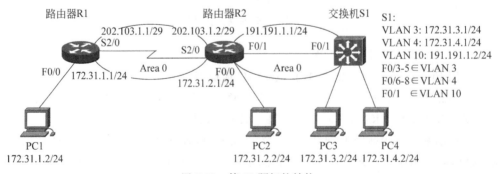

图 7-38 第 17 题拓扑结构

18. 某路由器的路由表如图 7-39 所示。

现共收到 5 个分组，其目的站 IP 地址分别如下：

(a) 135.46.63.10

(b) 135.46.57.14

(c) 135.46.52.2

(d) 192.53.40.7

(e) 192.53.56.7

Address/mask	下一跳
135.46.56.0/22	Interface 0
135.46.60.0/22	Interface 1
192.53.40.0/23	Router 1
Default	Router 2

图 7-39　第 18 题的路由器的路由表

分别写出这 5 个分组的下一跳地址并说明原因。

19. 参考图 7-40，假设路由器已经建立了路由条目。如果主机 A 要发送 3 个 UDP 数据包到主机 B，请描述从传输层到数据链路层，这 3 个数据包如何经由路由器（或主机）传递到主机 B。

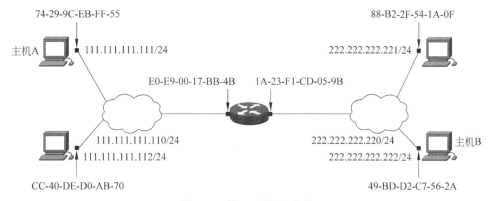

图 7-40　第 19 题拓扑结构

20. 给定如图 7-41 所示的网络拓扑结构，完成下列要求。

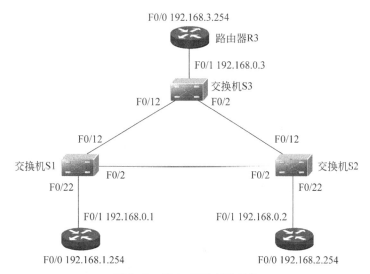

图 7-41　第 20 题的拓扑结构

(1) 按照拓扑配置路由器，测试连通性。

(2) 查看路由信息：show ip route。

(3) 添加静态路由,然后重新查看路由和测试连通性。

(4) 查看端口的统计信息:show interface fastethernet 0/0。

(5) 测试生成树协议:将交换机 S1、S2 和 S3 中的任何一条线路切断,测试连通性。

21. 如图 7-42 所示是一个单区域 OSPF 拓扑结构,请给出配置,实现互通。其中路由器的端口根据实际情况自行标出。

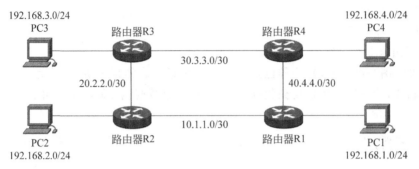

图 7-42　第 21 题的拓扑结构

22. 如图 7-43 所示是一个多区域 OSPF 拓扑结构,请给出配置,实现互通。图 7-43 中路由器的端口根据实际情况自行标出。

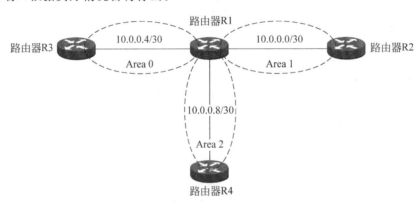

图 7-43　第 22 题的拓扑结构

23. RIP 与 OSPF 路由重发布配置实验。如图 7-44 所示,某企业拥有 4 台路由器,企业网内部采用了 OSPF 和 RIP 路由协议,在网络中有去往 200.1.1.0/24 网段的静态路由与去往 ISP 的默认路由。要求使用路由重发布,使内部网络的每台设备都能互通。图 7-44 中路由器的端口根据实际情况自行标出。

请给出配置命令,注意观察配置过程中各路由器路由表的变化,并验证网络的连通性。

24. OSPF 路由器 DR/BDR 选举实验。

选举 DR/BDR 规则:

当选举 DR/BDR 时要比较 Hello 包中的优先级(priority:设置命令 route(config-if)# ip ospf cost {priority} 0～255)。优先级最高的为 DR,次高的为 BDR,默认端口上的优先级都为 1。在优先级相同的情况下比较 Router ID,RID 最高者为 DR,次高者为 BDR。当把相应端口优先级设为 0 时,OSPF 路由器将不能再成为 DR/BDR,只能为 DROTHER。

DR/BDR 选举完成后,DROTHER 就只和 DR/BDR 在逻辑上形成邻居关系,

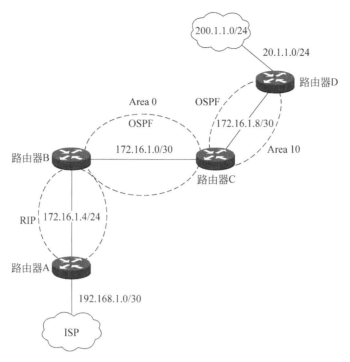

图 7-44 第 23 题的拓扑结构

DROTHER 组播链路状态信息 LSU 到 ALLDOTHER 地址 224.0.0.6,而只有 DR/BDR 监听该地址。而 DR 组播泛洪 LSU 的 Hello 包到 224.0.0.5,DROTHER 监听该地址,以使所有非 DR/BDR 的 OSPF 路由器跟踪其他邻居的信息。

关于 DR/BDR 的角色转换过程,可以建立如图 7-45 所示的实验拓扑结构,通过修改路由器的优先级观察 DR/BDR 的选举过程,同时掌握间隔的使用。

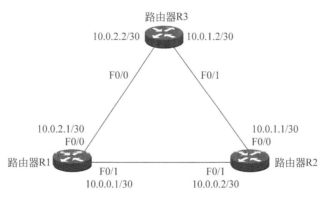

图 7-45 第 24 题的拓扑结构

在实验中,使用 debug 命令观察 OSPF 的 DR/BDR 的选举过程,然后按要求为特定的路由器的每个 OSPF 端口配置优先级,以操控它们选举。

实验要求:
(1) 配置使路由器 R1 成为网段 10.0.0.0/30 和 10.0.2.0/30 的 DR。
(2) 配置使路由器 R2 成为网段 10.0.1.0/30 的 DR。

(3) 将路由器 R3 配置为永远不能成为 DR。

实验中查看 DR/BDR 的命令是 show ip ospf neighbor。

跟踪 DR/BDR 选举过程：开启 debug ip ospf adj(可通过拔线将接口关闭)。

  当 OSPF 路由器启动并开始搜索邻居时,它先搜索活动的 DR 和 BDR。如果 DR 和 BDR 存在,路由器就接收它们。如果没有 BDR,就进行一次选举,将拥有最高优先级的路由器选举为 BDR。如果多于一台路由器拥有相同的优先级,那么拥有最高路由器 ID 的路由器将胜出。如果没有活动的 DR,BDR 将被提升为 DR,然后再进行一次 BDR 的选举。

第 8 章 访问控制列表

本章介绍有广泛用途的访问控制列表技术,包括标准访问控制列表、扩展访问控制列表、基于 MAC 的访问控制列表、基于时间的访问控制列表,并给出多个实例。

8.1 基本概念

访问控制列表(Access Control Lists,ACL)使用包过滤技术,在路由器上读取第三层或第四层包头中的信息,如源地址、目的地址、源端口、目的端口以及上层协议等,根据预先定义的规则决定哪些数据包可以接收、哪些数据包需要拒绝,从而达到访问控制的目的,如图 8-1 所示。

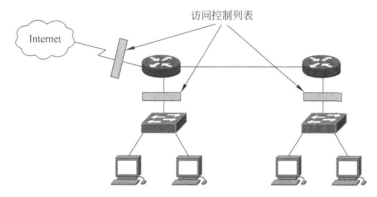

图 8-1 网络中使用 ACL

ACL 是一组规则序列。在使用 ACL 时,一般是将预先定义好的 ACL 规则设置在路由器的接口上,对接口上进方向(in)或出方向(out)的数据包进行过滤。ACL 只能过滤经过路由器的数据包,对路由器本身所产生的数据包不起作用。

ACL 的作用主要表现在两个方面:一方面保护资源节点,阻止非法用户对资源节点的访问;另一方面限制特定用户节点所能具备的访问权限。概括而言,ACL 的主要作用如下:

(1) 检查和过滤数据包。
(2) 限制网络流量,提高网络性能。
(3) 限制或减少路由更新的内容。
(4) 提供网络访问的基本安全级别。

ACL 初期仅在路由器上支持,目前已经扩展到三层交换机。基本类型的访问控制列表有标准 ACL、扩展 ACL;其他种类的访问控制列表有 MAC 扩展访问控制列表、基于时间的 ACL 等。

8.2 ACL 匹配性检查

8.2.1 ACL 的匹配过程

ACL 列表实际上是一系列判断语句的集合。当一个数据包进入路由器的某一个端口时，路由器首先检查该数据包是否可路由或可桥接，然后路由器检查是否在入站端口上应用了 ACL。如果没有应用，数据包就被直接送到目的端口转发。

如果端口上有 ACL，被过滤的数据包会逐一和这些语句的条件进行顺序比较以找出符合条件的数据包。当数据包不能符合某条语句的条件时，它将与下一条语句的条件进行比较，直到符合某一条语句的条件为止。如果一个数据包与所有的语句的条件都不能匹配，那么在 ACL 的最后有一条隐含的语句，它将会强制性地把这个数据包丢弃。由于数据包是自上而下地按照语句的顺序逐一与 ACL 的语句进行比较，一旦它符合某一条语句的条件，即可决定是让该数据包通过还是被丢弃，而不再让数据包向下与剩余的列表语句进行比较。因此，ACL 的语句顺序极为重要。

ACL 匹配性检查如图 8-2 所示。

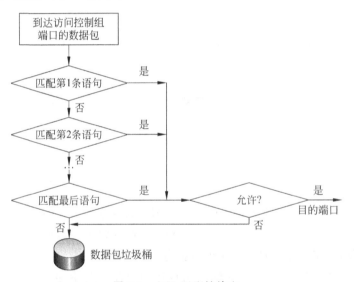

图 8-2 ACL 匹配性检查

8.2.2 配置 ACL 的基本原则

在实施 ACL 的过程中，应当遵循如下两个基本原则。

(1) 最小特权原则。只给受控对象完成任务所必须的最小权限。

(2) 最靠近受控对象原则。在检查 ACL 规则时采用自上而下的逐条检测，只要发现符合条件就立即处理，而不继续检测下面的 ACL 语句。

访问控制列表的过滤基于地址匹配的条件，最终对给定的地址作出"允许"或者"拒绝"的判断，配置 ACL 需要注意以下规则。

(1) 所有的访问控制列表最后都存在一个隐含的全部拒绝(deny any)的条件，所以在

ACL 列表中至少要有一条允许的语句。

（2）访问控制列表为顺序执行方式，因此 ACL 的语句顺序决定了对数据包的控制顺序。当路由器决定某一数据包是被转发还是被阻塞时，会按照各项描述语句在 ACL 中的顺序，根据各描述语句的判断条件，对数据包进行检查，一旦找到了某一匹配条件就结束比较过程，不再检查以后的其他条件判断语句。

（3）访问控制列表应按一定的顺序，从特殊到一般配置，先拒绝特定主机，然后再执行一般条件的过滤操作。

（4）表中新的列表项总是加在访问控制列表的最后，这意味着不可能改变已有访问控制列表的功能。如果必须改变，只有先删除已存在的 ACL，然后创建一个新 ACL，将新 ACL 应用到相应的端口上。可以使用 no access-list x 命令删除整个列表，但不能有选择的删除或者添加条目。即列表只能一次性删除，不能逐条语句删除。

（5）没有任何定义的访问控制列表可以允许所有数据。

（6）配置访问控制列表，应先配置好列表再加载到相应的进程上（即先行编辑好列表）。

（7）把最有限制性的语句放在 ACL 语句的首行或语句中靠前的位置上，把"全部允许"或者"全部拒绝"这样的语句放在末行或接近末行，可以防止出现诸如本该拒绝（允许）的数据包被允许（拒绝）的情况。安全过滤通常是阻止入站访问，数据过滤一般采用出站过滤或者禁止通过某条链路的方式。

（8）删除访问控制列表时需要注意，如果某个列表挂接在实际接口上，删除列表后，默认的全部拒绝规则会阻断该接口的所有数据流量。

最广泛使用的访问控制列表是 IP 访问控制列表，IP 访问控制列表工作于 TCP/IP 协议组。按照访问控制列表检查 IP 数据包参数的不同，可以将其分成标准 ACL 和扩展 ACL 两种类型。

8.2.3 通配符掩码

在访问控制列表中，通过通配符掩码和 IP 地址的配合使用指定什么样的流量可以通过（Permitted）或者禁止（Denied）。与子网掩码不同的是，子网掩码由左端的 255 开始（如 IP 地址是 209.165.202.129，子网掩码是 255.255.255.224），而访问控制列表的通配符掩码与子网掩码相反（如访问控制列表的掩码是 0.0.0.255），这种掩码通常称为反掩码（Inverse Mask）或通配符掩码。当十进制的掩码被转换为二进制时（表现为 0 或 1），就可以被用于决定什么样的流量应该被禁止或允许通过。0 表示它所对应的 IP 地址位一定要被精确匹配，而 1 表示所对应的 IP 地址位应该被忽略。下面的例子用于说明访问控制列表的概念。

例如：

网络地址：10.1.1.0（流量）

通配符掩码：0.0.0.255

网络地址（二进制）：00001010.00000001.00000001.00000000

掩码（二进制）：00000000.00000000.00000000.11111111

根据给定的二进制的掩码，可见前三个 8 位数组必须被精确地匹配给网络地址（00001010.00000001.00000001），而最后的一个 8 位数组是应该被忽略的（.11111111）。因此所有的流量以 10.1.1 开始，直到最后八个应该被忽略的位址。根据该掩码，网络地址

10.1.1.1～10.1.1.255(10.1.1.x)都会被处理。

在通配符掩码中有两种比较特殊,分别是 any 和 host。any 可以表示任何 IP 地址,host 表示一台主机。例如:

```
Router(config)#access-list 10 permit 0.0.0.0 255.255.255.255
```

等同于

```
Router(config)#access-list 10 permit any
```

而

```
Router(config)#access-list 10 permit 172.16.30.22 0.0.0.0
```

等同于

```
Router(config)#access-list 10 permit host 172.16.30.22
```

利用通配符配置标准访问列表允许访问的 IP 地址范围。例如,标准访问列表允许 IP 地址范围从 172.16.30.64～172.16.30.127 的设备访问,命令为

```
Router(config)#access-list 1 permit 172.16.30.64 0.0.0.63
```

通配符掩码是一个 32 位的二进制数,0 表示"检查相应位",1 表示"忽略相应位"。通配符掩码与 IP 地址成对出现。ACL 使用通配符掩码标志一个或多个地址是被允许或被拒绝。

8.2.4 入站过滤分组和出站过滤分组

应用一个 IP 访问列表到一个端口,涉及两个参数:in 和 out,它们分别表示入站过滤分组和出站过滤分组。in 表示在入站方向上应用,out 表示在出站方向上应用。入站或出站都以路由器为基准,进入路由器为入站,离开路由器为出站。

命令格式:

```
ip access-group {access-list-name | access-list-number} {in | out}
```

例如:

```
(config)#interface gigabitethernet 0/1          !进入端口 0/1
(config-if)#ip access-group 1 out               !在该端口的出站方向上设置访问控制列表
```

8.3 标 准 ACL

8.3.1 标准 ACL 的工作过程

标准 ACL 只使用源地址进行过滤,表明是允许还是拒绝,如图 8-3 所示。

8.3.2 标准 ACL 的配置

标准 ACL 的命令格式如下:

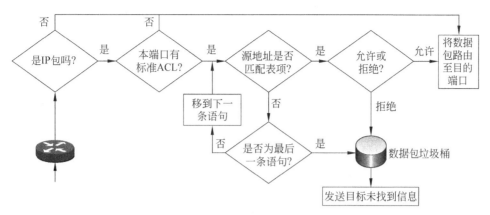

图 8-3 标准 ACL 的工作过程

access-list access-list-number {deny | permit} source [source-wildcard][log]

配置标准 ACL 时,access-list 命令可使用表 8-1 的参数。

表 8-1 标准 ACL 命令参数

参　　数	描　　述
access-list-number	访问控制列表表号,用于指定入口属于哪一个访问控制列表。对于标准 ACL 而言,是一个 1~99 或 1300~1999 之间的数字
deny	如果满足测试条件,则拒绝从该入口进入的通信流量
permit	如果满足测试条件,则允许从该入口进入的通信流量
source	数据包的源地址,可以是网络地址或主机 IP 地址,关键字 any 作为 0.0.0.0 与 255.255.255.255 的源地址和源地址通配符的缩写
source-wildcard	(可选项)通配符掩码,用于与源地址一起决定哪些位需要匹配,关键字 any 作为 0.0.0.0 与 255.255.255.255 的源地址和源地址通配符的缩写
log	(可选项)生成相应的日志消息,用于记录经过 ACL 入口的数据包的情况

例如,标准 ACL(以源 IP 地址为匹配原则):

(config)#access-list 1 deny 172.16.1.0 0.0.0.255

!拒绝来自 172.16.1.0 网段的流量通过

(config)#access-list 1 permit 172.16.2.0 0.0.0.255

!允许来自 172.16.2.0 网段的流量通过

配置 ACL 时,若只想对其中部分 IP 进行限制访问时,必须配置允许其他 IP 流量通过。否则,设备只会对限制 IP 进行处理,不会对非限制 IP 进行允许通过处理。

配置时一般需要如下两个步骤。

第 1 步:使用 access-list 命令创建访问控制列表。

(config)#access-list access-list-number { permit | deny } source [source-wildcard] [log]

第 2 步:使用 ip access-group 命令把访问控制列表应用到某端口。

(config-if)#ip access-group access-list-number { in | out }

实验 8-1 利用标准 IP 访问列表进行网络流量的控制

【实验目的】

掌握路由器上标准 IP 访问列表的规则及配置,实现网段间互相访问的安全控制。

【技术原理】

IP ACL(IP 访问控制列表或 IP 访问列表)实现对流经路由器或交换机的数据包根据一定的规则进行过滤,从而提高网络可管理性和安全性。

IP ACL 分为两种:标准 IP 访问列表和扩展 IP 访问列表。

标准 IP 访问列表可以根据数据包的源 IP 地址定义规则,进行数据包的过滤。

扩展 IP 访问列表可以根据数据包的源 IP 地址、目的 IP 地址、源端口、目的端口、协议定义规则,进行数据包的过滤。

IP ACL 基于端口进行规则的应用,分为入栈应用和出栈应用。入栈应用是指由外部经该端口进入路由器时进行数据包的过滤;出栈应用是指路由器从该端口向外转发数据时进行数据包的过滤。

IP ACL 的配置有两种方式,分别为按照编号的访问列表以及按照命名的访问列表。

标准 IP 访问列表编号的范围是 1~99 与 1300~1999,扩展 IP 访问列表编号的范围是 100~199 与 2000~2699。

【实验设备】

路由器 2 台,主机 3 台。

【实验拓扑】

本实验的拓扑结构如图 8-4 所示。PC1 代表经理部的主机,PC2 代表销售部门的主机,PC3 代表财务部门的主机。经理部、财务部门和销售部门分属不同的 3 个网段,3 个部门之间用路由器进行信息传递。为安全起见,要求销售部门不能访问财务部门,但经理部可以访问财务部门。

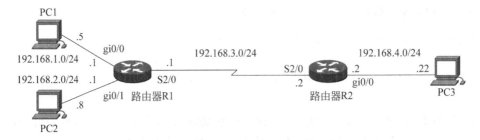

图 8-4 标准 IP 访问列表实验拓扑

【实验步骤】

分析:本实验的预期目标是在全网连通的情况下,使 PC2 不能访问 PC3,而 PC1 可以访问 PC3。实验时必须先确定采用的路由协议(静态/动态),在做好基本配置后,按预先的要求配置 ACL,并在路由端口上应用 ACL。

步骤 1：
（1）按照拓扑图配置各主机的 IP 信息。
（2）验证：在未配置 ACL 时，路由器上有无默认的 ACL？

步骤 2：路由器 R1 的基本配置。

```
Router1(config)#interface gigabitethernet 0/0        !进入快速以太网端口 0/0 配置模式
Router1(config-if)#ip add 192.168.1.1 255.255.255.0  !为端口配置 IP 地址
Router1(config-if)#no shutdown
Router1(config-if)#interface gigabitethernet 0/1
Router1(config-if)#ip add 192.168.2.1 255.255.255.0
Router1(config-if)#no shutdown
Router1(config-if)#interface serial2/0
Router1(config-if)#ip add 192.168.3.1 255.255.255.0
Router1(config-if)#no shutdown
Router1(config-if)#end
```

测试：通过 show ip interface brief 命令观察端口状态。

步骤 3：路由器 R2 的基本配置。

```
Router2(config)#interface gigabitethernet 0/0
Router2(config-if)#ip add 192.168.4.2 255.255.255.0
Router2(config-if)#no shutdown
Router2(config-if)#exit
Router2(config-if)#interface serial 2/0
Router2(config-if)#ip add 192.168.3.2 255.255.255.0
Router2(config-if)#no shutdown
Router2(config-if)#end
```

测试：通过 show ip interface brief 命令观察端口状态。

步骤 4：路由器 R1 配置静态路由。

```
Router1#show ip route                                !路由器上有无路由表？
Router1(config)#ip route 192.168.4.0 255.255.255.0 serial 2/0
Router1#show ip route                                !路由器上有无路由表？路由表中有无静态路由？
```

步骤 5：路由器 R2 配置静态路由。

```
Router2#show ip route                                !路由器上有无路由表？
router2(config)#ip route 192.168.1.0 255.255.255.0 serial 2/0
router2(config)#ip route 192.168.2.0 255.255.255.0 serial 2/0
Router2#show ip route                                !路由器上有无路由表？路由表中有无静态路由？
```

步骤 6：在配置标准 IP 访问控制列表之前，需要验证实验网络的连通性。
PC1 和 PC3 互 ping（双向），PC2 和 PC3 互 ping（双向），PC1 和 PC2 互 ping，此时如果配置正确则可以正常通信（ping 通）。

步骤 7：配置标准 IP 访问控制列表。

```
Router2(config)#access-list 1 deny 192.168.2.0 0.0.0.255
                                        !拒绝来自192.168.2.0网段的流量通过
Router2(config)#access-list 1 permit 192.168.1.0 0.0.0.255
                                        !允许来自192.168.1.0网段的流量通过
```

步骤8：验证测试。

```
Router2#show access-lists 1
```

显示结果是否符合预期？

步骤9：在端口下应用访问控制列表。

```
Router2(config)#interface gigabitethernet 0/0
Router2(config-if)#ip access-group 1 out     !在端口下访问控制列表出栈流量调用
```

步骤10：验证测试。

```
Router2#show ip interface gigabitethernet 0/0    !查看访问控制列表在端口上的应用
```

步骤11：验证测试。
192.168.2.0网段的主机能否ping通192.168.4.0网段的主机？
192.168.1.0网段的主机能否ping通192.168.4.0网段的主机？
192.168.4.0网段的主机能否ping通192.168.2.0网段的主机？
PC1和PC3互ping：
PC1和PC3(ping 192.168.4.22)、PC3和PC1(ping 192.168.1.5)能否ping通？
PC2和PC3互ping：
PC2和PC3(ping 192.168.4.22)、PC3和PC2(ping 192.168.2.8)能否ping通？
PC1和PC2互ping：
PC1和PC2(ping 192.168.2.8)、PC2和PC1(ping 192.168.1.5)能否ping通？
请讨论实验结果。

实验时，注意访问控制列表的通配符掩码实际是反掩码。标准控制列表要应用在尽可能靠近目的地址的端口。请用show running-config命令查看路由器1和路由器2的全部配置，并理解配置内容。

【实验思考】

(1) 绑定ACL时，Router2(config-if)#ip access-group 1 in能ping通吗？有什么区别？
(2) 查看相应ACL访问控制列表绑定的端口，应使用哪条show命令？
(3) ACL语句的匹配过程是怎样的？若所有语句都不匹配，数据包将被如何处理？
(4) 如果在路由器2的端口s2/0配置标准ACL控制，应该如何配置？如果在路由器1上配置ACL，又该如何配置？

8.4 扩展ACL

8.4.1 扩展ACL的工作过程

扩展ACL比标准ACL更常用。扩展ACL既可检查分组的源地址和目的地址，也可检查协议类型和 TCP(或 UDP)的端口号,还可以拒绝或允许协议集中的某些协议。只有每个条件都匹配时,才会执行允许或拒绝的动作。使用扩展 ACL 可以实现更加精确的流量控制,如图 8-5 所示。

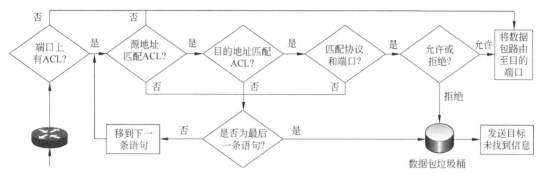

图 8-5 扩展 ACL 的工作过程

扩展 IP ACL 可以对数据包的源 IP 地址、目的 IP 地址、协议、源端口、目的端口进行检查。由于扩展 IP ACL 能够提供更多对数据包的检查项,所以扩展 IP ACL 常用于高级且复杂的访问控制。当应用 ACL 的端口接收或发送报文时,将根据端口配置的 ACL 规则对数据进行检查,并采取相应的措施允许或拒绝通过,从而达到访问控制的目的,提高网络安全性。

8.4.2 扩展 ACL 的配置

配置扩展 ACL 的命令格式如下:

access-list access-list-number {permit|deny} protocol source [source-wildcard destination destination-wildcard] [operator operand] [established][log]

access-list 的参数表见表 8-2。

表 8-2 扩展 ACL 命令参数

参 数	描 述
access-list-number	访问控制列表表号,使用一个 100～199 或 2000～2699 之间的数字标识一个扩展控制列表
deny	如果条件符合,则拒绝后面指定的特定地址的通信流量
permit	如果条件符合,则允许后面指定的特定地址的通信流量
protocol	用于指定协议类型,如 IP、ICMP、TCP 或 UDP 等
source 和 destination	数据包的源地址和目的地址,可以是网络地址或主机 IP 地址(可以使用关键字 any、host)
source-wildcard	应用于源地址的通配符掩码(可以使用关键字 any、host)
destination-wildcard	应用于目的地址的通配符掩码(可以使用关键字 any、host)
operator	(可选项)比较源和目的端口,可用的操作符包括 lt(小于)、gt(大于)、eq(等于)、neq(不等于)、range(包括的范围)。如果操作符位于源地址和源地址通配符之后,那么它必须匹配源端口。如果操作符位于目的地址和目的地址通配符之后,那么它必须匹配目的端口。range 操作符需要两个端口号,其他操作符只需要一个端口号

续表

参　　数	描　　述
operand	(可选项)指明 TCP 或 UDP 端口的十进制数字或名字,从 0~65535
established	(可选项)只针对 TCP,如果数据包使用一个已建连接(如具有 ACK 的位组),则允许 TCP 信息量通过
log	(可选项)生成相应的日志消息,用于记录经过 ACL 入口的数据包的情况

例如,扩展 ACL(以"源 IP 地址+端口号"为匹配原则):

(config)#access-list 101 deny tcp 172.16.10.0 0.0.0.255 172.16.20.0 0.0.0.255 eq ftp

该命令拒绝源地址为 172.16.10.0 网段的 IP 访问目的地址为 172.16.20.0 网段的 FTP 服务。

与标准 ACL 类似,扩展 ACL 一般配置步骤如下。

步骤 1：使用 access-list 命令创建扩展访问控制列表。

(config)# access-list access-list-number { permit | deny } protocol [source source-wildcard destination destination-wildcard] [operator port] [established] [log]

步骤 2：使用 ip access-group 命令将扩展访问控制列表应用到某端口。

(config-if)#ip access-group access-list-number { in | out }

实验 8-2　利用扩展 IP 访问列表实现应用服务的访问限制

【实验目的】

使用扩展 IP ACL 实现高级的访问控制。

【实验拓扑】

在校园网中,宿舍网、教工网和服务器区域分别属于 3 个不同的子网,3 个子网之间使用路由器进行互连。宿舍网所在的子网为 192.168.1.0/24,教工网所在的子网为 192.168.2.0/24,服务器区域所在的子网为 192.168.4.0/24。现在要求宿舍网的主机只能访问服务器区域的 FTP 服务器,而不能访问 WWW 服务器。教工网的主机可以同时访问 FTP 和 WWW 服务器。此外,除了宿舍网和教工网到达服务器区域的 FTP 和 WWW 流量以外,不允许任何其他的数据流到达服务器区域。

本实验的拓扑结构如图 8-6 所示。

【实验设备】

路由器 2 台,计算机 4 台(其中 2 台作为 FTP 和 WWW 服务器)。

【实验步骤】

分析：与此前的许多实验做法不同,实验结果不能简单地通过 ping 验证,因为本实验并不禁止 ICMP 包。按照实验要求,必须搭建 FTP 和 WWW 服务器。

FTP 和 WWW 服务器可以通过 Windows 的 IIS 建立。IIS 是 Windows 的组件,如果

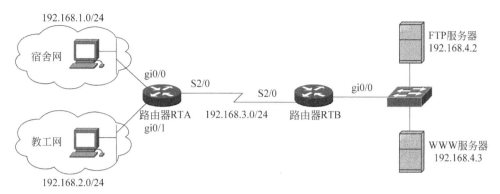

图 8-6　扩展 IP ACL 实验拓扑

没有安装,可选择"控制面板"→"程序"→"默认程序"→"程序和功能"→"打开或关闭 Windows 功能",选中"Internet 信息服务"安装。

也可安装第三方专业软件,例如 FTP 服务器可选择安装 Filezilla Server,WWW 服务器可选择 Apache Server。FTP 服务器需至少创建一个用户名和口令。

步骤 1:

(1) 配置实验主机的 IP 地址、子网掩码、网关。

(2) 检查主机与服务器的连通性。

(3) 在服务器上安装 FTP 和 WWW 服务器。

步骤 2:路由器 RTA 的基本配置。

```
RTA#configure terminal
RTA (config)#interface gigabitethernet 0/0
RTA (config-if)#ip address 192.168.1.1 255.255.255.0
RTA (config-if)#no shutdown
RTA (config-if)#exit
RTA (config)#interface gigabitethernet 0/1
RTA (config-if)#ip address 192.168.2.1 255.255.255.0
RTA (config-if)#no shutdown
RTA (config-if)#exit
RTA (config)#interface serial 2/0
RTA (config-if)#ip address 192.168.3.1 255.255.255.0
RTA (config-if)#no shutdown
RTA (config-if)#exit
```

步骤 3:路由器 RTB 的基本配置。

```
RTB#configure terminal
RTB (config)#interface serial 2/0
RTB (config-if)#ip address 192.168.3.2 255.255.255.0
RTB (config-if)#no shutdown
RTB (config-if)#exit
RTB (config)#interface gigabitethernet 0/0
```

```
RTB (config-if)#ip address 192.168.4.1 255.255.255.0
RTB (config-if)#no shutdown
RTB (config-if)#exit
```

步骤 4：查看路由器 RTA 与 RTB 的端口状态。

```
RTA#show ip interface brief
RTB#show ip interface brief
```

请问：显示结果与配置目的是否相符？

步骤 5：在路由器 RTA 与 RTB 上配置静态路由。

```
RTA (config)#ip route 192.168.4.0 255.255.255.0 serial 2/0
RTB (config)#ip route 192.168.1.0 255.255.255.0 serial 2/0
RTB (config)#ip route 192.168.2.0 255.255.255.0 serial 2/0
```

步骤 6：当前结果验证。

(1) 验证主机与服务器的连通性。

(2) 宿舍网主机和教工网主机能否登录 FTP 服务器？通过 http://192.168.4.3 能否访问 WWW 服务器？判断目前结果是否达到预期目标，并说明原因。

步骤 7：配置扩展 IP ACL。

由于扩展 IP ACL 可以对数据包中的多个元素进行检查，所以可以将其放置到距离源端口较近的位置。

```
RTA (config)#access-list 100 permit tcp 192.168.1.0 0.0.0.255 host 192.168.4.2
eq ftp
RTA (config)#access-list 100 permit tcp 192.168.1.0 0.0.0.255 host 192.168.4.2 eq
ftp-data
            !允许来自宿舍网 192.168.1.0/24 子网的到达 FTP 服务器(192.168.4.2)的流量
RTA (config)#access-list 100 permit tcp 192.168.2.0 0.0.0.255 host 192.168.4.2
eq ftp
RTA (config)#access-list 100 permit tcp 192.168.2.0 0.0.0.255 host 192.168.4.2 eq
ftp-data
            !允许来自教工网 192.168.2.0/24 子网的到达 FTP 服务器(192.168.4.2)的流量
RTA (config)#access-list 100 permit tcp 192.168.2.0 0.0.0.255 host 192.168.4.3
eq www
            !允许来自教工网 192.168.2.0/24 子网的到达 WWW 服务器(192.168.4.3)的流量
```

步骤 8：应用 ACL。

```
RTA (config)#interface serial 2/0
RTA (config-if)#ip access-group 100 out
```

步骤 9：验证测试。

(1) 宿舍网主机用步骤 1 建立的用户名登录 FTP 服务器，并通过 http://192.168.4.3 访问 WWW 服务器，判断结果是否达到预期目标。

(2) 教工网主机用步骤 1 建立的用户名登录 FTP 服务器，并通过 http://192.168.4.3

访问 WWW 服务器,判断结果是否达到预期目标。

(3) 捕获主机访问服务器时的数据包,并进行分析。

8.5 MAC 扩展访问控制列表

8.5.1 MAC 扩展访问控制列表工作过程

MAC 扩展访问控制列表的工作过程与扩展的 ACL 类似,只是匹配以 MAC 地址进行。MAC 扩展访问控制列表可根据数据包的源 MAC 地址、目的 MAC 地址、以太网协议类型设置过滤,根据设定的规则,允许或拒绝数据包通过。MAC 扩展访问控制列表可采用编号或名字进行标识,编号的取值范围是 700~799。MAC 地址采用三组十六进制数格式书写,中间以"."隔开,形如:×××.×××.×××。

基于 MAC 的 ACL 可以对数据包的源 MAC 地址、目的 MAC 地址和以太网类型进行检查,可以说基于 MAC 的 ACL 是二层的 ACL,而标准和扩展 IP ACL 是三层和四层的 ACL。由于标准和扩展 IP ACL 是对数据包的 IP 地址信息进行检查,而 IP 地址是逻辑地址,用户可以对其进行修改,所以很容易逃避 ACL 的检查。但基于 MAC 的 ACL 是对数据包的物理地址(MAC)进行检查,所有用户很难通过修改 MAC 地址逃避 ACL 的过滤。

当应用了 MAC ACL 的端口接收或发送报文时,将根据端口配置的 ACL 规则对数据进行检查,并采取相应的措施允许或拒绝通过,从而达到访问控制的目的,提高网络安全性。

MAC 扩展访问控制列表可应用于多种场合。例如在通过 shutdown 命令逻辑关闭交换机或路由器的端口时,如果该端口连接有多台下属设备,则下属设备都将无法访问网络。而通过基于 MAC 地址的访问控制管理端口,则可以只针对有问题的计算机进行逻辑封闭,使其他同样连接到该端口的计算机不受影响。

基于 MAC 的 ACL 扩展访问控制列表有两种配置方法:编号的 ACL 和命名的 ACL,二者在方式上略有差别。

8.5.2 配置命名的 MAC 扩展 ACL

MAC 访问列表的配置步骤如下:

步骤 1:定义 MAC 访问列表。

```
(config)#mac access-list extended id |name
```

其中,id 是 MAC 扩展 ACL 的编号(700~799),name 是 MAC 扩展 ACL 的名字(字母与数字组合)。id 和 name 只能指定其一,如果指定的访问列表不存在,则创建它并进入访问列表配置模式。

步骤 2:配置访问列表的规则。

```
(config-mac-nacl)#permit 规则
(config-mac-nacl)#deny 规则
```

其中,"规则"指定数据包源 MAC 地址,可以是 any(表示任意地址)或 host mac-address(表示单一地址)。

例如:

```
permit host 123.456.789 any
```

允许源 MAC 地址为 123.456.789、目的 MAC 地址为任意的帧通过。

```
deny any host 123.456.789
```

拒绝源 MAC 地址任意、目的 MAC 地址为 123.456.789 的帧通过。

```
deny host 123.456.789 any 0x0800
```

拒绝源 MAC 地址为 123.456.789、目的 MAC 地址为任意、封装了 IP 数据包的帧通过。

步骤 3:应用列表于特定端口。

```
(config)#interface interface-id                !interface 命令指定了一个端口
(config-if)#mac access-group id |name in | out
```

mac access-group 命令指定在端口上应用的访问控制列表,id 和 name 是访问列表的编号或名字,in 指定在输入流中进行过滤,out 指定在输出流中进行过滤,二者只能指定其一。

下列配置序列:

```
(config)#mac access-list extended mls1
(config-mac-nacl)#deny host 123.456.789 any
(config-mac-nacl)#permit any any
(config-mac-nacl)#exit
(config)#interface gigabitethernet 0/1
(config-if)#mac access-group mls1 in
```

定义了一个 MAC 扩展访问控制列表,它由 3 条规则组成:

(1) 拒绝源 MAC 地址为 123.456.789、目的 MAC 地址为任意的帧通过。
(2) 允许所有帧通过。
(3) 拒绝所有帧通过(由隐含的规则定义)。

全部配置可以解释为在端口 0/1 的输入流中执行包过滤,拒绝源 MAC 地址为 123.456.789 的帧通过,其余的都不受限制。

实验 8-3　配置基于 MAC 的 ACL

【实验目的】

(1) 了解 MAC 扩展访问控制列表的配置。
(2) 掌握 MAC 扩展访问控制列表的语句规则。
(3) 掌握 MAC 扩展访问控制列表的具体配置方法。

【实验拓扑】

在某公司的一个简单的局域网中,通过使用 1 台交换机提供主机及服务器的接入,并且所有主机和服务器均属于同一个 VLAN(VLAN 2)中。网络中有 3 台主机和 1 台财务服务器(Accounting Server)。现在需要实现访问控制,只允许财务部主机(192.168.1.1)访问财务服务器。

本实验的拓扑结构如图 8-7 所示。

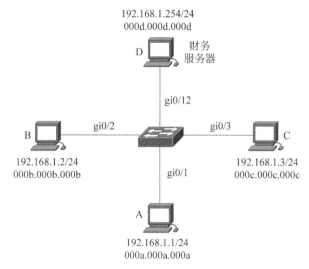

图 8-7 基于 MAC ACL 的实验拓扑

【实验设备】

交换机 1 台,计算机 4 台。

【实验步骤】

分析：(请自行分析)

步骤 1：

(1) 按图 8-7 所示的拓扑结构配置 4 台主机的 IP 地址与子网掩码。

(2) 在命令窗口下通过 ipconfig/all 命令查看各主机的 MAC 地址(物理地址项);或在交换机#模式下通过 show mac-address 命令查看各个端口连接的 MAC 地址。

本例用 000x.000x.000x 表示主机 A~D 的 MAC 地址,x 的取值范围为 a~d。配置时需要用实际查得的 MAC 地址替换。

(3) 测试主机间的连通性。

步骤 2：交换机的基本配置。

```
Switch#configure terminal
Switch(config)#vlan 2
Switch(config-vlan)#exit
Switch(config)#interface range gigabitethernet 0/1-3
Switch(config-if-range)#switchport access vlan 2
Switch(config-if-range)#exit
Switch(config)#interface gigabitethernet 0/12
Switch(config-if)#switchport access vlan 2
Switch(config-if)#exit
```

步骤 3：配置 MAC ACL。

本例中将 MAC ACL 配置在接入主机的端口的输入方向 in(一般交换机的 MAC ACL 的应用方向只能是 in)。由于只允许财务部主机访问财务服务器,所以需要在接入其他主机的端口的输入方向禁止其访问财务服务器。

```
Switch(config)#mac access-list extended deny_to_accsrv
                                                !建立 MAC 地址过滤信息 deny_to_accsrv
Switch(config-mac-nacl)#deny any host 000d.000d.000d    !拒绝到达财务服务器的所有流量
Switch(config-mac-nacl)#permit any any          !允许其他所有流量
Switch(config-mac-nacl)#exit
```

注意：deny any host 000d.000d.000d 命令是禁止所有数据源 MAC 地址为 000d.000d.000d 的主机通过该端口传输,由于任何 ACL 访问控制列表的最后都会默认添加 deny any any 命令,这样将直接禁止所有设备的通信,因此后面还要添加 permit any any 命令。

步骤 4：应用 ACL。

将 MAC ACL 应用到端口 0/2 和端口 0/3 的输入方向,以限制非财务部主机访问财务服务器。

```
Switch(config)#interface gigabitethernet 0/2
Switch(config-if)#mac access-group deny_to_accsrv in
Switch(config-if)#exit
Switch(config)#interface gigabitethernet 0/3
Switch(config-if)#mac access-group deny_to_accsrv in
Switch(config-if)#end
```

步骤 5：验证测试。

(1) 财务部主机 PC1 ping 财务服务器 PC4,可以 ping 通吗?

(2) 其他 2 台非财务部主机(PC2 和 PC3)ping 财务服务器 PC4,可以 ping 通吗? 请说明原因。

(3) 基于 MAC 的 ACL 是对数据包的物理地址进行检查,所有用户很难通过修改 MAC 地址逃避 ACL 的过滤。然而,MAC 地址可以更改吗?

实际上,可以给 MAC 更改逻辑地址,方法如下：

选择"控制面板"→"网络和 Internet"→"网络和共享中心"→"更改适配器配置"选项,右击需要修改 MAC 地址的网卡图标,并选择"属性"选项卡,在"高级"区单击"Network Address"或"网络地址"或其他名字相类似的选项；在右侧"值"的下方输入要指定的 MAC 地址值,格式是连续的 12 个十六进制数字或字母,不要输入"-"。一般确定后可生效,可通过 ipconfig/all 命令验证是否更改成功。

更为快捷的方法是在窗口任务栏右下角右击网卡图标,选择"打开网络和共享中心"选项。

不改变上述配置,在 Windows 下更改财务服务器 PC4 的 MAC 地址,一种比较简单的方法如下：

输入 000e000e000e,重做(1)～(2),此时连通情况有什么不同? 请解释原因。

(4) 捕获主机访问财务服务器时的数据包,并进行分析。

【实验思考】

基于 MAC 地址的访问控制能否防范 ARP 欺骗和蠕虫病毒？

8.6 基于时间的访问列表

8.6.1 基于时间的访问列表的工作过程

基于时间的 ACL 是在各种 ACL 规则（标准 ACL、扩展 ACL 等）的基础上增加时间段的应用规则，以实现基于时间段的访问控制。当 ACL 规则应用了时间段后，只有在此时间范围内规则才会生效。此外，只有配置了时间段的规则才会在指定的时间段内生效，其他未引用时间段的规则将不受影响。

基于时间的访问控制列表由两部分组成：第一部分是定义时间段，第二部分是用扩展访问控制列表定义规则。定义时间段的具体格式如下：

```
time-range  时间段名称(名字的长度为 1～32 个字符,不能包含空格)
absolute {start time date [end time date]| end time date }      !设置绝对时间区间(可选)
periodic day-of-the-week hh:mm to [day-of-the-week] hh:mm        !设置周期时间(可选)
periodic {weekdays | weekend |daily}hh:mm to hh:mm               !设置周期时间(可选)
```

time-range 时间段分为两种：绝对性时间段和周期性时间段。

在周期性时间段里有一些常见参数：weekdays 表示每周的工作日（周一至周五）、weekend 表示周末（周六和周日）、daily 表示每天。在使用时须注意：

（1）在定义时间端口前须先校正路由器系统时钟。

（2）time-range 端口上允许配置多条 periodic 规则（周期性时间段），在 ACL 进行匹配时，只要能匹配任一条 periodic 规则即认为匹配成功，而不是要求必须同时匹配多条 periodic 规则。

（3）设置 periodic 规则时可以按以下日期段进行设置：day of the week（星期几）、weekdays（工作日）、weekend（周末）、daily（每天）。

（4）time-range 端口上只允许配置一条 absolute 规则（绝对性时间段）。

（5）time-range 允许 absolute 规则与 periodic 规则共存，此时，ACL 必须先匹配 absolute 规则，然后再匹配 periodic 规则。

通过该时间段和扩展 ACL 的规则结合可以指定针对时间段开放的基于时间的访问控制列表。可以根据一天中的不同时间，或者根据一个星期中的不同日期，也可以二者结合起来，控制对网络数据包的转发。

基于时间的访问控制列表有一定的用途，例如在某时间段内控制在网段访问某网站（游戏、聊天），从而杜绝内网非法玩游戏、聊天等问题。

8.6.2 配置基于时间的访问列表

要使基于时间的 ACL 生效，一般需要以下配置步骤。

步骤 1：定义时间段及时间范围。

步骤 2：ACL 自身的配置，即将详细的规则添加到 ACL 中。

步骤 3：应用 ACL，将设置好的 ACL 添加到相应的端口中。

下面以 ACL 应用为例，说明如何在每周工作时间段内禁止 HTTP 的数据流。

```
Switch(config)#time-range no-http
Switch(config-time-range)#periodic weekdays 8:00 to 18:00
Switch(config)#end
Switch(config)#ip access-list extended limit_udp
Switch(config-ext-nacl)#deny tcp any any eq www time-range no-http
Switch(config)#end
Switch(config-ext-nacl)#exit
Switch(config)#interface gigabitethernet 0/1
Switch(config-if)#ip access-group no-http in
```

基于时间的 ACL 比较适合于时间段的管理，通过上面的设置使用户在工作日不能访问服务器提供的 HTTP 资源。

实验 8-4　配置基于时间的 ACL

【实验目的】

使用基于时间的 ACL 实现基于时间段的高级访问控制。

【实验拓扑】

某公司的网络中使用 1 台路由器提供子网间的互连。子网 192.168.1.0/24 为公司员工主机所在的网段，其中公司经理的主机地址为 192.168.1.254/24；子网 10.1.1.0/24 为公司服务器网段，其中有 2 台服务器、1 台 WWW 服务器(10.1.1.100/24)和 1 台 FTP 服务器(10.1.1.200/24)。现在要实现基于时间段的访问控制，使公司员工只有在正常上班时间(周一至周五 9：00～18：00)可以访问 FTP 服务器，并且只有在下班时间才能访问 WWW 服务器，而经理的主机可以在任何时间访问这 2 台服务器。

本实验的拓扑结构如图 8-8 所示。

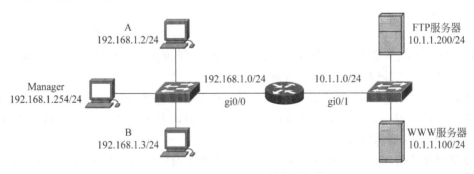

图 8-8　基于时间 ACL 的实验拓扑

【实验设备】

路由器 1 台，计算机 5 台(其中 2 台作为 WWW 服务器和 FTP 服务器)。

【实验步骤】

分析：(根据理解自行写出)

步骤1：
(1) 配置3台计算机(A、B和Manager)的IP地址、子网掩码、网关。
(2) 检查计算机与服务器的连通性。
(3) 在服务器上安装FTP服务器和WWW服务器。FTP服务器需至少创建一个用户名和口令。

步骤2：路由器的基本配置。

```
Router#configure terminal
Router(config)#interface gigabitethernet 0/0
Router(config-if)#ip address 192.168.1.1 255.255.255.0
Router(config-if)#exit
Router(config)#interface gigabitethernet 0/1
Router(config-if)#ip address 10.1.1.1 255.255.255.0
Router(config-if)#exit
```

步骤3：验证当前配置。
(1) 验证主机与服务器的连通性。
(2) 经理机和员工机能否登录FTP服务器？通过http://10.1.1.100能否访问WWW服务器？判断目前结果是否达到预期目标，并说明原因。

步骤4：配置时间段。
定义正常上班的时间段。

```
Router(config)#time-range work-time
Router(config-time-range)#periodic weekdays 09:00 to 18:00
Router(config-time-range)#exit
```

步骤5：配置ACL。
配置ACL并应用时间段，以实现需求中基于时间段的访问控制。

```
Router(config)#ip access-list extended accessctrl
Router(config-ext-nacl)#permit ip host 192.168.1.254 10.1.1.0 0.0.0.255
!允许经理的主机在任何时间访问2台服务器
Router(config-ext-nacl)#permit tcp 192.168.1.0 0.0.0.255 host 10.1.1.200 eq ftp time-range work-time
Router(config-ext-nacl)#permit tcp 192.168.1.0 0.0.0.255 host 10.1.1.200 eq ftp-data time-range work-time
!只允许员工的主机在上班时间访问FTP服务器
Router(config-ext-nacl)#deny tcp 192.168.1.0 0.0.0.255 host 10.1.1.100 eq www time-range work-time
!不允许员工的主机在上班时间访问WWW服务器
Router(config-ext-nacl)#permit tcp 192.168.1.0 0.0.0.255 host 10.1.1.100 eq www
!允许员工访问WWW服务器，但是仅当系统时间不在定义的时间段范围内时，才会执行此规则
Router(config-ext-nacl)#exit
```

步骤6：应用ACL。
将ACL应用到端口0/0的输入方向。

```
Router(config)#interface gigabitethernet 0/0
Router(config-if)#ip access-group accessctrl in
Router(config-if)#end
```

步骤7：验证测试。

在使用基于时间的 ACL 时，要保证设备（路由器或交换机）的系统时间的准确性，因为设备是根据自己的系统时间（而不是主机时间）判断当前时间是否在时间段范围内。可以在特权模式下使用 show clock 命令查看当前系统时间，并使用 clock set 命令调整系统时间。通过调整设备的系统时间实现在不同时间段测试 ACL 是否生效。

本实验分别做下列测试：

(1) 查看路由器的系统时间：使用 show clock 命令判断当前时间段。

(2) 经理的主机 Manager 使用步骤1建立的用户名登录 FTP 服务器，并通过 http://10.1.1.100 访问 WWW 服务器，在设定时间段内是否能登录和访问？

(3) 普通员工主机 A、B 分别使用步骤1建立的用户名登录 FTP 服务器，并通过 http://10.1.1.100 访问 WWW 服务器，在设定时间段内是否能登录和访问（登录 FTP 时分别通过 DOS 命令与浏览器方式，结合捕获报文分析）？

(4) 改变路由器系统时间段，在其他时间段执行(2)～(3)的测试。

(5) 捕获主机访问服务器时的数据包，并进行分析。

ACL 应用广泛，例如在 NAT、IPv4-IPv6 地址翻译、VPN 技术、QoS 中都使用了 ACL，因此需要熟练掌握。

习 题 8

1. ACL 中的反掩码和 OSPF 中的反掩码的概念是否相同？请举例说明。
2. 只封禁1台地址为 193.62.40.230 的主机的 access-list 的正确配置是（　　）。
    A. access-list 110 permit ip any any
       access-list 110 deny ip host 193.62.40.230 any
       access-list 110 deny ip any host 193.62.40.230
    B. access-list 110 deny ip host 193.62.40.230 any
       access-list 110 deny ip any host 193.62.40.230
       access-list 110 permit ip any any
    C. access-list 110 deny ip host 193.62.40.230 any
       access-list 110 deny ip any host 193.62.40.230
    D. access-list 110 deny ip host 193.62.40.230 any
       access-list 110 permit ip any any
       access-list 110 deny ip any host 193.62.40.230

3. 如果要在路由器的某端口上过滤所有端口号为1434的 UDP 数据包，那么使用的 access-list 命令是（　　）。

A. access-list 100 deny udp any any lt 1434

B. access-list 100 deny udp any any gt 1434

C. access-list 100 deny udp any any eq 1434

D. access-list 100 deny udp any any neq 1434

4. 用标准访问控制列表封禁非法地址 192.168.0.0/16 的数据包进出路由器的正确配置是（   ）。

A. access-list 110 deny 192.168.0.0 0.0.255.255

　access-list 110 permit any

B. access-list 10 deny 192.168.0.0 255.255.0.0

　access-list 10 permit any

C. access-list 50 permit any

　access-list 50 deny 192.168.0.0 0.0.255.255

D. access-list 99 deny 192.168.0.0 0.0.255.255

　access-list 99 permit any

5. 用标准访问控制列表配置 212.33.127.0/24 子网主机登录到路由器，虚拟的配置是（   ）。

A. Router(config)#access-list 10 permit 212.33.127.0 255.255.255.0

　Router(config)#line vty 0 5

　Router(config-line)#access-class 10 in

B. Router(config)#access-list 20 permit 212.33.127.0 0.0.0.255

　Router(config)#line vty 0 5

　Router(config-line)#access-class 20 in

C. Router(config)#access-list 99 permit 212.33.127.0 0.0.0.255

　Router(config)#line vty 0 5

　Router(config-line)#access-class 99 in

D. Router(config)#access-list 100 permit 212.33.127.0 0.0.0.255

　Router(config)#line vty 0 5

　Router(config-line)#access-class 100 in

6. 在如图 8-9 所示拓扑结构中，只允许网段 192.168.2.0 与 192.168.4.0 的主机进行通信，不允许 192.168.1.0 网段访问 192.168.4.0 网段的主机，请进行相关配置。

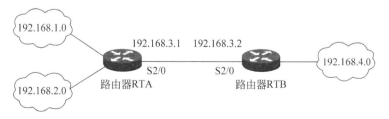

图 8-9　第 6 题实验拓扑

7. 标准访问控制列表在路由端口应用 ACL。

如图 8-10 所示,某企业销售部、市场部的网络和财务部的网络通过路由器 RTA 和 RTB 相连,整个网络配置 RIPv2 路由协议,保证网络正常通信。要求在路由器 RTB 上配置标准 ACL,允许销售部的主机 PC1 访问财务部主机,但拒绝销售部的其他主机访问路由器 RTB,允许销售部与市场部网络上所有其他流量访问财务部主机。

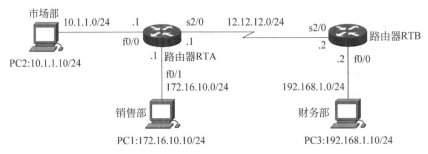

图 8-10 第 7 题实验拓扑

(1) 配置标准 ACL。

(2) 验证标准 ACL。

8. 扩展访问控制列表在路由端口应用 ACL。

如图 8-11 所示,某企业销售部的网络和财务部的网络通过路由器 RTA 和 RTB 相连,整个网络配置 RIPv2 路由协议,保证网络正常通信。

要求在路由器 RTA 上配置扩展 ACL,实现以下 4 个功能:

(1) 允许销售部网络 172.16.10.0 的主机访问 WWW 服务器 192.168.1.10。

(2) 拒绝销售部网络 172.16.10.0 的主机访问 FTP 服务器 192.168.1.10。

(3) 拒绝销售部网络 172.16.10.0 的主机 Telnet 路由器 RTB。

(4) 拒绝销售部主机 172.16.10.10 ping 路由器 RTB。

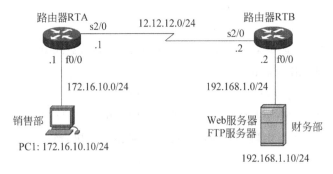

图 8-11 第 8 题实验拓扑

① 配置扩展 ACL。

② 验证扩展 ACL。

9. 如何用 ACL 实现主机 A 可以访问主机 B 的 FTP 资源,但主机 B 无法访问主机 A 的 FTP 资源?

10. 如何用 ACL 禁止 VLAN 间互相访问？请举例说明。

11. 如何在交换机上通过 MAC 地址控制部分主机对网络的访问？

12. 在如图 8-12 所示的网络结构中，路由器连接了 2 个网段，分别为 172.16.4.0/24 和 172.16.3.0/24。在 172.16.4.0/24 网段中有 1 台服务器提供 FTP 服务，IP 地址为 172.16.4.13。

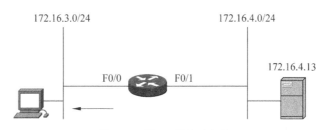

图 8-12　第 12 题实验拓扑

要求：只允许 172.16.3.0 网段的用户在周末访问 172.16.4.13 上的 FTP 资源，工作时间不能下载该 FTP 资源。

13. 如图 8-13 所示为某学校网络拓扑模拟图。接入层设备采用 S2 交换机，在接入交换机上划分了办公网 VLAN 20 和学生网 VLAN 30。为了保证网络的稳定性，接入层和汇聚层通过 2 条链路相连，汇聚层交换机采用 S3，汇聚层交换机通过 VLAN 1 中的 F0/10 端口与路由器 R0 相连，路由器 R0 通过广域网端口和路由器 R1 相连。路由器 R1 的以太网端口连接 1 台 FTP 服务器。通过路由协议，实现全网的互通。

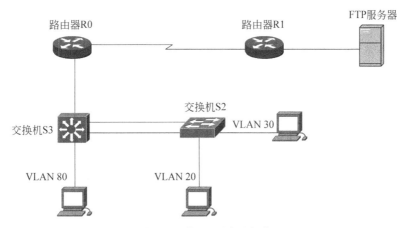

图 8-13　第 13 题实验拓扑

【实验要求】

（1）自行规划网段 IP，标出端口编号。

（2）在交换机 S3 与 S2 上创建相应的 VLAN。

① 交换机 S2 的 VLAN 20 包含端口 0/1-5。

② 交换机 S2 的 VLAN 30 包含端口 0/6-10。

③ 在交换机 S3 上创建 VLAN 80。

④ 将端口 0/18~20 与 0/22 加入到 VLAN 80。

(3) 交换机 S3 与 S2 利用端口 0/23 与 0/24 建立 Trunk 链路。

① 交换机 S2 和 S3 的端口 0/23 建立 Trunk 链路。

② 交换机 S2 和 S3 的端口 0/24 建立 Trunk 链路。

(4) 交换机 S3 与 S2 之间提供冗余链路。

① 配置快速生成树协议实现冗余链路。

② 将交换机 S3 设置为根交换机。

(5) 在路由器 R0 和 R1 上配置端口 IP 地址。

① 根据拓扑要求为每个端口配置 IP 地址。

② 保证所有配置的端口状态为 UP。

(6) 配置三层交换机的路由功能。

① 配置交换机 S3 实现 VLAN 20、VLAN 30、VLAN 80 之间的互通。

② 交换机 S3 通过 VLAN 1 中的端口 0/10 和路由器 R0 相连,在交换机 S3 上 ping 路由器 R0 的 1/0 地址,要求 ping 得通。

(7) 配置交换机的端口安全功能。

① 在交换机 S2 上设置端口 0/8 为安全端口。

② 安全地址最大数为 4。

③ 违例策略设置为 shutdown。

(8) 运用 RIPv2 路由协议配置全网路由。

在交换机 S3、路由器 R0、路由器 R1 上配置 RIPv2,使其能够学习到网络中所有网段信息。

(9) 在路由器 R0 上配置安全策略。

① 学生不可以访问服务器 1.1.1.18 的 FTP 服务。

② 学生可以访问其他网络的任何资源。

③ 对办公网的任何访问不做限制。

14. ACL 综合配置设计。

要求每 4 人 1 组,用 8 台计算机、4 台路由器、4 台交换机组网,拓扑结构如图 8-14 所示。IP 地址段分配已在图 8-14 中标出,除交换机 1 作为二层设备外,其余 3 台交换机都作为三层设备,整个拓扑采用 OSPF 协议。

实验要求:按下列要求写出配置命令序列。

(1) PC7 可以 ping 通 PC8,但是 PC3 不能 ping 通 PC8。

(2) 10.0 网段的流量无法到达 PC1。

(3) PC5 提供 Telnet 服务以及 WWW 服务,PC1 可以使用 PC5 的 Telnet 服务,但无法使用 WWW 服务。PC5 的两种服务 PC2 都不能使用,但是 PC2 可以 ping 通 PC5。

(4) PC4 不允许 13.0 和 11.0 网段的访问。

(5) 其他如无特别说明则均可正常互相通信。

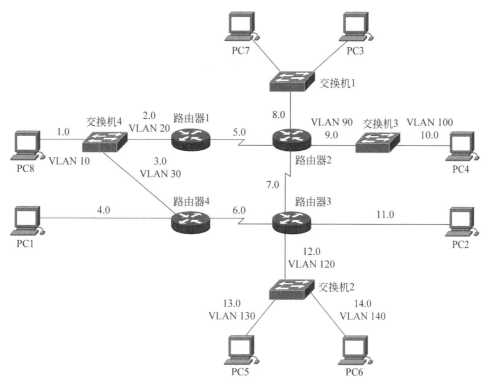

图 8-14 第 14 题实验拓扑

第 9 章 网络地址转换

本章介绍网络地址转换(Network Address Translation,NAT)技术,包括静态转换、动态转换、端口复用以及 TCP 负载均衡,并提供相关实验。

9.1 地址转换

网络地址转换最初的目的是允许把私有 IP 地址映射到外部网络的合法 IP 地址,以缓解可用 IP 地址空间不足的压力。此功能一方面节约了大量公共 IP 地址,另一方面也增加了内部网络的安全性。

私有 IP 地址是指内部网络或主机的 IP 地址(又称内网地址),公有 IP 地址是指在 Internet 上全球唯一的 IP 地址(又称外网地址)。IPv4 为私有网络预留出了三个 IP 地址块,其中 A 类:10.0.0.0~10.255.255.255;B 类:172.16.0.0~172.31.255.255;C 类:192.168.0.0~192.168.255.255。这三个范围内的地址不会在因特网上被分配,无须向 ISP 或注册中心申请而是在局域网内部自由使用。

网络地址转换技术使得一个私有网络可以通过 Internet 注册 IP 连接到外部网络,位于内部网络和外部网络中的 NAT 路由器在发送数据包之前负责把内部 IP 翻译成外部合法地址,如图 9-1 所示。内部网络的主机很少同时与外部网络通信,所以只有一部分内部地址需要转换。

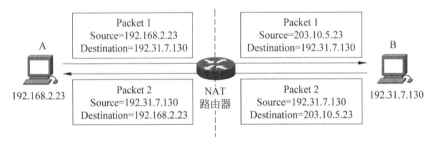

图 9-1 NAT 地址转换

网络地址转换可以采取静态转换(Static Translation)、动态转换(Dynamic Translation)以及端口地址转换(Port Address Translator,PAT)。

9.2 静态转换

9.2.1 基本概念

静态转换内部网络中的某台主机永久映射成外部网络中的某个合法 IP 地址。内部网络私有地址(内部本地地址)和外部网络合法的 IP 地址之间是一一对应关系。

例如,如果内部网络有 E-mail、WWW、FTP 服务器等可以为外部用户提供服务,那么这些服务器的 IP 地址必须采用静态地址转换,以便外部用户可以使用这些服务。

在图 9-2 中,内网服务器 10.0.0.2 被静态映射为外网 171.68.59.81。而内网主机 10.0.0.1 则被映射为外网 171.68.59.80。

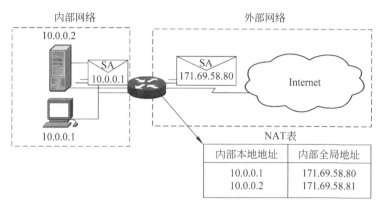

图 9-2 静态转换

9.2.2 静态转换的配置

(1) 在内部本地地址和内部全局地址之间建立静态转换。

Router(config)#ip nat inside source static local-ip global-ip

(2) 指明连接内部的端口。

Router(config-if)#ip nat inside

(3) 指明连接外部的端口。

Router(config-if)#ip nat outside

(4) 静态转换地址映射示例,如图 9-3 所示。

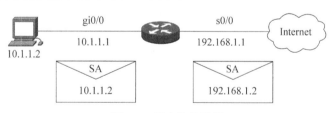

图 9-3 静态转换示例

配置序列:

interface serial 0/0
ip address 192.168.1.1 255.255.255.0
ip nat outside
interface gigabitethernet 0/0
ip address 10.1.1.1 255.255.255.0

```
ip nat inside
ip nat inside source static 10.1.1.2 192.168.1.2
```

实验 9-1　利用静态转换实现内外地址的转换

【实验目的】

配置网络地址变换,提供到公司共享服务器的可靠外部访问。

【实验拓扑】

本实验的拓扑结构如图 9-4 所示。选择 192.168.1.0/24 作为私有地址,将 192.168.1.5 和 192.168.1.6 2 台主机作为共享服务器,既需要外网能够访问,又对外部隐藏内部网络。希望用 NAT 技术处理和外部网络的连接。

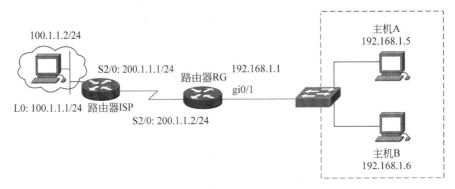

图 9-4　静态转换的拓扑结构

【实验设备】

路由器 2 台,交换机 1 台,计算机 2 台。

【实验步骤】

分析:本实验的预期目标是通过 NAT 技术在路由器上将 192.168.1.5、192.168.1.6 2 台主机静态映射到外部,从而把内网隐藏起来。由于地址的内/外部特性,不能简单地通过 ping 的方法验证连通性。可在外网采用 Telnet 的方法登录内网服务器,因而需要先行在服务器上建立登录用户。建立方法为右击"计算机"图标,在弹出的快捷菜单中选择"管理"选项,在"计算机管理"窗口中选择"本地用户和组"的"用户"项目,在"用户"上右击选择"新用户"选项。

步骤 1:

(1) 在主机 A、B 的 Windows 下建立一个用户名和口令,以便实验验证。

命令窗口方式建立用户:net user testuser 654321 /add

该命令将建立用户名为 testuser、口令为 654321 的用户。

(2) 在完成步骤 2 后,验证整个网络的连通性(须确保连通)。

(3) 查看 NAT 表:♯show ip nat translations。

步骤 2:在路由器上配置 IP 路由选择和 IP 地址。

```
RG(config)♯interface serial 2/0
```

```
RG(config-if) #ip address 200.1.1.2 255.255.255.0
RG(config)#interface gigabitethernet 0/1
RG(config-if) #ip address 192.168.1.1 255.255.255.0
RG(config)#ip route 0.0.0.0 0.0.0.0 serial 2/0


ISP(config)#interface serial 2/0
ISP(config-if) #ip address 200.1.1.1 255.255.255.0
ISP(config)#interface gigabitethernet 0/1      !用 0/1 端口代替 Lo 端口
ISP(config-if) #ip address 100.1.1.1 255.255.255.0
ISP(config)#ip route 0.0.0.0 0.0.0.0 serial 2/0
```

步骤 3：静态转换的配置。

```
RG(config)#ip nat inside source static 192.168.1.5 200.1.1.80
RG(config)#ip nat inside source static 192.168.1.6 200.1.1.81
```

步骤 4：指定一个内部端口和一个外部端口。

```
RG(config)#interface serial 2/0
RG(config-if)#ip nat outside
RG(config)#interface gigabitethernet 0/1
RG(config-if)#ip nat inside
```

步骤 5：验证测试。

(1) 在路由器 ISP 端用 Telnet(或远程桌面)登录远程主机 200.1.1.80 测试 NAT 的转换。

(2) 查看地址翻译的过程：♯debug ip nat,分析结果。

(3) 查看 NAT 表：♯show ip nat translations,分析结果。

(4) 捕获数据包,结合(2)与(3)分析 Telnet 登录时地址的转换情况。

【实验思考】

采用地址转换后,不能再进行端对端 IP 的追踪。也就是说,不能再经过网络地址转换使用 ping 和 tracert 命令,另外一些 IP 对 IP 的程序也可能无法正常运行。请思考原因。

9.3 动 态 转 换

9.3.1 基本概念

动态转换首先定义合法外部地址池,然后采用动态分配的方法映射到内部网络。动态转换是动态一对一的映射,所有被授权访问 Internet 的私有 IP 地址可随机转换为任何指定的合法 IP 地址。动态转换必须保证有足够的外网 IP 以使得内部网络中发起 Internet 连接的每个用户都能分配到合法 IP。

9.3.2 动态转换的配置

(1) 定义一个全局地址池(可选)。

```
Router(config)#ip nat pool name start-ip end-ip {netmask netmask | prefix-length prefix-length}
```

(2) 定义一个标准访问控制列表控制哪些内部地址可以被转换。

```
Router(config)#access-list access-list-number permit source [source-wildcard]
```

(3) 利用事先建立的 ACL 列表建立动态的源地址转换。

```
Router(config)#ip nat inside source list access-list-number pool name
```

(4) 动态转换地址映射示例,如图 9-5 所示。

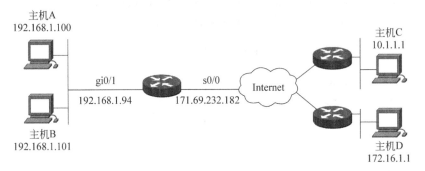

图 9-5 动态转换地址映射示例

配置序列:

```
ip nat pool nat-208 171.69.233.209 171.69.233.222 netmask 255.255.255.240
ip nat inside source list 1 pool net-208
interface serial 0/0
ip address 171.69.232.182 255.255.255.240
ip nat outside
interface gigabitethernet 0/0
ip address 192.168.1.94 255.255.255.0
ip nat inside
access-list 1 permit 192.168.1.0 0.0.0.255
```

实验 9-2 配置动态转换实现内外地址的转换

【实验目的】

配置网络地址变换,为私有地址的用户提供到外部网络资源的访问。

【实验拓扑】

本实验的拓扑结构如图 9-6 所示。选择 192.168.1.0/24 作为私有地址,并采用 NAT 技术处理和外部网络的连接。路由器 ISP 提供的公共 IP 地址段为 200.1.1.200～200.1.1.210,需要内网使用这段网址访问 Internet。

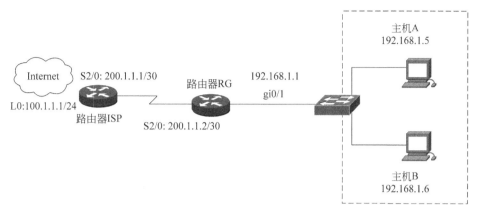

图 9-6　动态 NAT 实验拓扑

【实验步骤】

分析：如果在路由器上定义内网与外网端口，利用 NAT 地址池实现内网对外网的访问，就可以实现将内网隐藏的预期目标。

步骤 1：

(1) 在远程主机 100.1.1.1 上建立用户名和口令。

(2) 在完成步骤 1 后，验证整个网络的连通性（必须确保连通）。

(3) 查看 NAT 表：#show ip nat translations。

步骤 2：在路由器上配置 IP 路由选择和 IP 地址。

```
RG#config t
RG(config)#interface serial 2/0
RG(config-if)#ip address 200.1.1.2 255.255.255.252
RG(config)#interface gigabitethernet 0/1
RG(config-if)#ip address 192.168.1.1 255.255.255.0
RG(config)#ip route 0.0.0.0 0.0.0.0 serial 2/0
```

步骤 3：定义 IP 访问列表。

```
RG(config)#access-list 10 permit 192.168.1.0 0.0.0.255
```

步骤 4：配置静态 NAT。

```
RG(config)#ip nat pool ruijie 200.1.1.200 200.1.1.210 prefix-length 24
RG(config)#ip nat inside source list 10 pool ruijie
```

步骤 5：指定一个内部端口和一个外部端口。

```
RG(config)#interface serial 2/0
RG(config-if)#ip nat outside
RG(config)#interface gigabitethernet 0/1
RG(config-if)#ip nat inside
```

步骤 6：验证测试。

(1) 用 2 台主机 Telnet 登录远程主机 100.1.1.1 测试 NAT 的转换。

```
C:\>telnet 100.1.1.1
```

用步骤 1 建立的用户名和口令登录,是否可以登录?

(2) 查看地址翻译的过程:♯debug ip nat。

(3) 查看 NAT 表:♯show ip nat translations。

(4) 捕获数据包,分析 Telnet 时地址的转换情况。

9.4 端口地址转换

9.4.1 基本概念

端口地址转换是指改变外出数据包的源端口并进行端口转换,即端口复用采用端口多路复用方式。内部网络的所有主机均可共享一个合法外部 IP 地址实现对 Internet 的访问,从而最大限度地节约 IP 地址资源。同时,又可隐藏网络内部的所有主机,有效避免来自 Internet 的攻击。因此,目前网络中应用最广泛的就是端口多路复用方式,可实现上千个用户共用一个全球 IP 地址连接到 Internet,如图 9-7 所示。

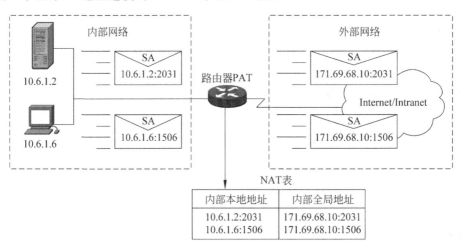

图 9-7 端口地址转换

在图 9-7 中,10.6.1.2 与 10.6.1.6 被映射到外网 171.69.68.10 的不同端口。

9.4.2 端口地址转换配置

(1) 定义标准的 ACL 列表以允许某些内部本地地址可以被转换。

```
Router(config)#access-list access-list-number permit source source-wildcard
```

(2) 利用事先建立的ACL列表建立动态的源地址转换。

```
Router (config) # ip nat inside source list access - list - number interface
interface overload
```

(3) 对内部全局地址进行端口地址转换的示例,如图 9-8 所示。

配置序列:

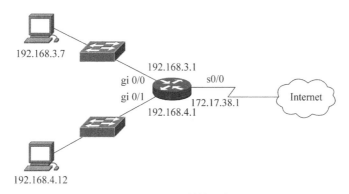

图 9-8 PAT 转换示例

```
interface gigabitethernet 0/0
ip address 192.168.3.1 255.255.255.0
ip nat inside
interface gigabitethernet 0/1
ip address 192.168.4.1 255.255.255.0
ip nat inside
interface serial0/0
ip address 172.17.38.1 255.255.255.0
ip nat outside
ip nat inside source list 1 interface serial0/0 overload
ip route 0.0.0.0 0.0.0.0 serial0/0
access-list 1 permit 192.168.3.0 0.0.0.255
access-list 1 permit 192.168.4.0 0.0.0.255
```

实验 9-3 端口地址转换的配置

【实验目的】

配置网络地址变换,为私有地址的用户提供到外部网络资源的访问。

【实验拓扑】

本实验的拓扑结构如图 9-9 所示。由于 IPv4 地址不足,路由器 ISP 只提供广域网 IP 地址 200.1.1.2/30。现选择 192.168.1.0/24 作为私有地址,并采用 NAT 技术处理和外部网络的连接。

【实验步骤】

分析:本实验可以在路由器上定义内网与外网端口,利用 PAT 实现内网对外网的访问,从而把内网隐藏起来。

步骤 1:

(1) 在远程主机 100.1.1.1 上建立一个用户和口令。

(2) 在完成步骤 2 后,验证整个网络的连通性(必须确保连通)。

(3) 查看 NAT 表:# show ip nat translations。

步骤 2:在路由器上配置 IP 路由选择和 IP 地址。

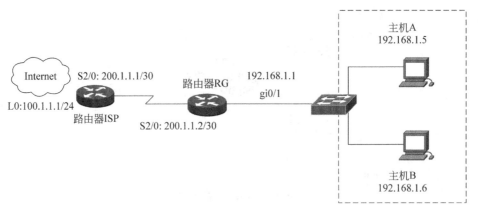

图 9-9　NAT 地址复用实验拓扑

RG(config)#interface serial 2/0
RG(config-if)#ip address 200.1.1.2 255.255.255.252
RG(config)#interface gigabitethernet 0/1
RG(config-if)#ip address 192.168.1.1 255.255.255.0
RG(config)#ip route 0.0.0.0 0.0.0.0 serial 2/0

步骤 3：配置静态转换。

RG(config)#ip nat inside source list 10 interface serial 2/0 overload

步骤 4：指定一个内部端口和一个外部端口。

RG(config)#interface serial 2/0
RG(config-if)#ip nat outside
RG(config)#interface gigabitethernet 0/1
RG(config-if)#ip nat inside

步骤 5：验证测试。

(1) 用 2 台主机 Telnet 登录远程主机 100.1.1.1 测试 NAT 的转换。

C:\>telnet 100.1.1.1

用步骤 1 建立的用户和口令登录，是否可以登录？
(2) 查看地址翻译的过程：#debug ip nat。
(3) 查看 NAT 表：#show ip nat translations。
(4) 捕获数据包，分析 Telnet 时地址的转换情况。

9.5　TCP 负载均衡

9.5.1　基本概念

NAT 的另一个作用是 TCP 负载重分配(TCP Load Distributing)。负载均衡是把一台客户机或者服务器上的繁重任务分配到多台客户机或者服务器上，然后通过指定一个虚拟的 IP 地址映射到服务器或者客户端。

负载均衡的工作过程是外部主机向虚拟主机(定义为内部全局地址)发起通信时,NAT 接收外部主机的请求并依据 NAT 表建立与内部主机的连接,然后内部全局地址(目的地址)翻译成内部局部地址并转发数据包到内部主机,内部主机接收包并作出响应。NAT 再使用内部局部地址和端口查询数据表,根据查询到的外部地址和端口作出响应。此时,如果同一主机再做第二个连接,NAT 将根据 NAT 表建立与另一台虚拟主机的连接并转发数据。

9.5.2 配置 TCP 负载均衡

随着访问量的上升,当一台服务器难以承载并发访问时,就必须采用负载均衡技术,将大量的访问合理地分配至多台服务器上。实现负载均衡的手段有多种,通过地址转换方式实现服务器的负载均衡是其中的一种方法。负载均衡的实现大多采用轮询方式,使每台服务器都拥有平等的被访问机会,以减轻每台服务器的访问压力。

NAT 负载均衡将一个外部 IP 地址映射为多个内部 IP 地址,将每次连接请求动态地转换为一个内部服务器的地址,将外部连接请求引到转换地址的服务器上,从而达到负载均衡的目的。

NAT 负载均衡是一种比较完善的负载均衡技术,用作 NAT 负载均衡功能的设备一般处于内部服务器与外部网络之间的网关位置,如路由器、防火墙、四层交换机、专用负载均衡器等;其均衡算法也比较灵活,如随机选择,可根据最少连接数及响应时间等分配负载。

如图 9-10 所示,内部网络有 3 台真实主机,IP 地址分别是 10.1.1.1、10.1.1.2、10.1.1.3,虚拟主机则只有 1 台,IP 地址是 10.1.1.127。外部用户对内部的虚拟主机访问时,NAT 路由器会截获访问的数据包,以循环方式把目的地址转换为对应的真实主机,这样就可以完成

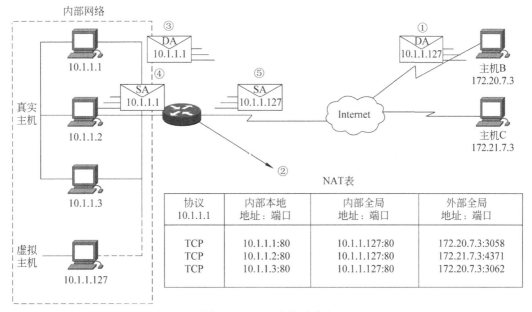

图 9-10 TCP 负载重分配

内部真实主机(服务器)的 TCP 负载均衡。具体的转换过程如下。

(1) 外部网络用户主机 B(IP 地址为 172.20.7.3)发起与虚拟主机(内部全局地址)10.1.1.127 的连接。此时数据包中的源地址为外部全局地址(172.20.7.3),目的地址为虚拟主机地址(10.1.1.127)。

(2) 当路由器接收到连接请求数据包时,创建一个内部网络中真实主机(如 10.1.1.1)进行关联的新的 NAT 转换条目。

(3) NAT 路由器把连接请求数据包中的目的地址用真实主机的本地地址进行替换(源地址不变),然后继续发送连接请求数据包。

(4) 内部网络中真实主机(10.1.1.1)接收到该连接请求数据包,并发出一个应答数据包。应答数据包中的源地址是内部真实主机本地地址(10.1.1.1),目的地址为外部网络主机 B 的 IP 地址(172.20.7.3)。

(5) 当 NAT 路由器接收到该应答数据包后,使用内部本地地址和端口号,以及外部地址和端口号作为关键字在 NAT 表中进行查找。找到后把应答包中的源地址转换为虚拟主机地址(内部全局地址)进行替换(目的地址不变),继续转发应答数据包,直至外部网络用户收到应答数据包。

NAT 路由器一直重复这样的转换过程,只是下一次转换时虚拟主机所对应的内部主机本地地址可能不是 10.1.1.1,有可能是 10.1.1.2 或 10.1.1.3。显然这是一个动态 NAT 转换过程。

一般 TCP 负载均衡具体配置过程如下。

(1) 做好路由器的基本配置,并定义各个端口在做 NAT 时是内部还是外部端口。

(2) 定义一个标准访问列表,用于标识要转换的合法 IP 地址。

(3) 定义 NAT 地址池标识内部 Web 服务器的本地地址,注意要用到关键字 rotary,表明要使用轮循策略从 NAT 地址池中取出相应 IP 地址转换合法 IP 报文。

(4) 将目标地址访问表中 IP 的报文转换为地址池中定义的 IP 地址。

实验 9-4　配置 TCP 负载均衡

【实验目的】

配置网络地址变换,使用单地址实现 2 台 Web 服务器负载均衡。

【技术原理】

NAT TCP 负载均衡只适用于 TCP 连接,对于非 TCP 连接请求,NAT 进程将不会对其进行转换。

在图 9-11 中,172.2.2.2 是虚拟服务器,172.2.2.2 是虚拟的 IP。NAT 路由器收到数据报时,查询 NAT 表,确定 172.2.2.2 已经被设定为映射到 Web-A、Web-B、Web-C 服务器的虚拟 IP。路由器收到主机 D 访问的数据包时,以循环方式把目的地址转换到对应的真实主机上(10.1.1.1、10.1.1.2 和 10.1.1.3),这样就可以完成内部真实主机(服务器)的 TCP 负载均衡。

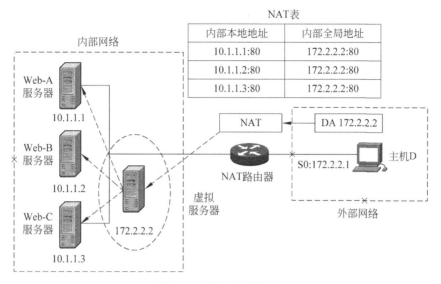

图 9-11 TCP 负载均衡

【实验拓扑】

本实验的拓扑结构如图 9-12 所示。选择 192.168.1.0/24 作为私有地址,采用 NAT 技术处理和外部网络的连接。内部有 2 台 Web 服务器,IP 地址分别为 192.168.1.5 和 192.168.1.6,虚拟服务器地址为 50.1.1.10。

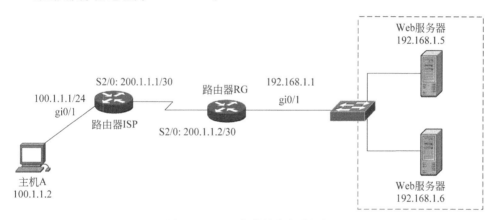

图 9-12 TCP 负载均衡实验拓扑

【实验设备】

路由器 2 台,交换机 1 台,计算机 1 台,Web 服务器 2 台。

【实验步骤】

分析:根据要求,可在路由器上定义内网与外网端口,利用 TCP 负载均衡实现 2 台服务器负载均衡。为此,必须搭建好服务器端的 Web 应用服务,可以是 Windows Server 自带的 IIS 服务或 Apache 服务,也可以是其他 Web 服务器软件。否则验证时 sh ip nat translations、debug ip nat 均无法显示预期的结果。

步骤1：

(1) 搭建 Web 服务器。

(2) 在完成步骤2后，验证整个网络的连通性(必须确保连通)。

(3) 查看 NAT 表：♯show ip nat translations。

步骤2：在路由器上配置 IP 地址和路由。

路由器 RG 的设置如下。

RG(config)♯interface serial 2/0
RG(config-if)♯ip address 200.1.1.2 255.255.255.252
RG(config)♯interface gigabitethernet 0/1
RG(config-if)♯ip address 192.168.1.1 255.255.255.0
RG(config)♯ip route 0.0.0.0 0.0.0.0 serial 2/0

请自行写出路由器 ISP 的设置。

_____
_____
_____
_____
_____
_____

步骤3：通过一个虚拟主机许可声明定义一个扩展的 IP 访问列表。

RG(config)♯access-list 150 permit ip any host 50.1.1.10

步骤4：为真实主机定义一个 IP NAT 池，确保其为旋转式池。

RG(config)♯ip nat pool webserver 192.168.1.5 192.168.1.6 prefix-length 24 type rotary

步骤5：定义访问列表与真实主机池之间的映射。

RG(config)♯ip nat inside destination list 150 pool webserver

步骤6：指定一个内部端口和一个外部端口。

RG(config)♯interface serial 2/0
RG(config-if)♯ip nat outside
RG(config)♯interface gigabitethernet 0/1
RG(config-if)♯ip nat inside

步骤7：验证测试。

(1) 在主机 A 上用浏览器打开 http://50.1.1.10。

(2) 查看地址翻译的过程：♯debug ip nat。

(3) 查看 NAT 表：♯show ip nat translations；说明表中端口号有什么作用？

(4) 在 Web 服务器上捕获数据包，查看发送过程中报文的 IP 地址转换情况，并作出合理解释。

(5) 在 192.168.1.5 和 192.168.1.6 主机上建立用户名和口令。建立方法是右击"计算机"图标,在弹出的快捷菜单中选择"管理"选项,在"计算机管理"窗口中选择"本地用户和组"→"用户"选项,右击后在弹出的快捷菜单中选择"新建用户"选项。分别采用 Telnet 和远程桌面连接(设置方法是右击"计算机"图标,在弹出的快捷菜单中选择"属性"选项,在"系统属性"对话框中选择"远程",选择"允许用户远程到此计算机"复选框)的方法代替(1),重做(2)~(4)的内容。

建立的用户必须有属于管理员的权限(或直接用 administrator 用户登录)。

【实验思考】

(1) 实验时不能简单地采用从主机 A ping 50.1.1.10 的方式进行验证,这是什么原因?

(2) TCP 负载均衡与访问量有关吗? 请设计有效方法,该方法可以考察到负载均衡的效果,并总结其规律性。

(3) 本实验采用的技术有什么现实意义?

9.6 网络地址转换小结

网络地址转换的优点是允许企业内部网络使用私有地址,并通过设置合法地址池让内部网可以与 Internet 进行通信,以达到节约地址的目的。网络地址转换可以减少规划地址集时地址重叠的情况发生,如果地址方案是最初在私有网络中建立,由于它不与外部网络通信,所以有可能使用了保留地址以外的地址。如果该网络想要连接到 Internet,不进行网络地址转换就会发生地址冲突。网络地址转换增强了内部网络与外部网络连接的灵活性,通过地址集、备份地址、负载分担以及均衡地址集确保可靠性。

在一定程度上,NAT 依赖于本地网络上的一台机器初始化和路由器另一边的主机的任何连接,它可以阻止外部网络上的主机的恶意活动。这样就可以通过阻止网络蠕虫病毒提高本地系统的可靠性,通过阻挡恶意浏览提高本地系统的私密性。

网络地址转换的缺点是增加延迟。因为转换每个数据包中的 IP 地址需要时间处理。网络地址转换还会增加配置和排错的复杂度。另外网络地址转换也会由于需要内嵌 IP 地址的应用而不能正常工作,因为它隐藏了端到端的 IP 地址指示,所以无法进行端到端的 IP 寻址。

习 题 9

1. 请阅读下列文档,了解协议详细信息。

RFC 1918 私有网络地址分配(Address Allocation for Private Internets)。

RFC 1631 NAT 网络地址转换(IP Network Address Translator)。

2. 图 9-13 是网络地址转换的一个示例,根据图中信息,标号为④的方格中的内容应为( )。

  A. S=135.2.1.1,80   B. S=135.2.1.1,80
    D=202.0.1.1,5001   D=192.168.1.1,3342
  C. S=135.2.1.1,5001   D. D=192.168.1.1,3342
    D=135.2.1.1,80   S=135.2.1.1,80

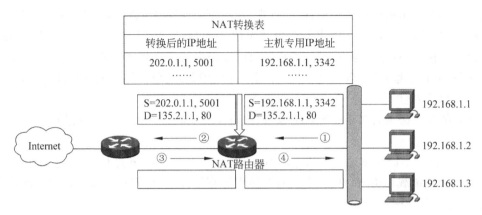

图 9-13 第 2 题拓扑结构

3. 图 9-14 是网络地址转换的一个示例,根据图中信息,标号为①的方格中的内容应为（　　）。

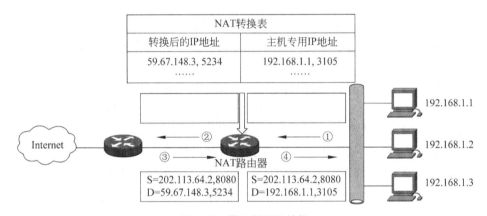

图 9-14 第 3 题拓扑结构

A. S=192.168.1.1,3105　　　　　B. S=59.67.148.3,5234
　　D=202.113.64.2,8080　　　　　　D=202.113.64.2,8080
C. S=192.168.1.1,3105　　　　　D. S=59.67.148.3,5234
　　D=59.67.148.3,5234　　　　　　　D=192.168.1.1,3105

4. 关于 NAT 说法错误的是（　　）。

A. NAT 允许一个机构专用 Internet 中的主机透明地连接到公共域中的主机,无需内部主机拥有注册的(已经越来越缺乏的)全局互联网地址

B. 静态 NAT 是设置最简单和最容易实现的一种地址转换方式,内部网络中的每个主机都被永久映射为外部网络中的某个合法的地址

C. 动态 NAT 主要应用于拨号和频繁的远程连接。当远程用户连接后,动态 NAT 就会分配给用户一个 IP 地址;当用户断开连接时,该 IP 地址会被释放而留待以后使用

D. 动态 NAT 又称为网络地址端口转换 NAPT

5. 下面的例子是将一台内网的 Web 服务器 192.168.2.2 映射到全局 IP 地址 222.0.

0.3 上,外网用户可通过访问 222.0.0.3 登录内网的 Web 服务器。要求如下:

(1) 理解网络地址转换的原理及功能。
(2) 掌握路由器静态转换的配置,实现局域网访问 Internet。

本实验拓扑包括路由器与计算机各 2 台,如图 9-15 所示。

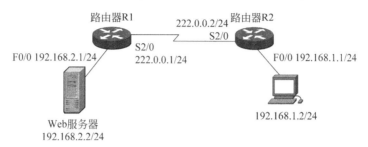

图 9-15　第 5 题拓扑结构

实验过程:

(1) 配置路由器 R1、R2 端口 IP 地址。
(2) 配置路由器 R1、R2 静态路由。

```
R1(config)#ip route 192.168.1.0 255.255.255.0 222.0.0.2
R2(config)#ip route 192.168.2.0 255.255.255.0 222.0.0.1
```

使用 show ip route 命令查看路由表,应该已有静态路由 S 项。

(3) 内部源地址静态转换。

```
R1(config)#interface fastethernet 0/0
R1(config-if)#ip nat inside      !定义端口 F0/0 为内部网端口,将访问控制列表应用于端口
R1(config)#interface serial 2/0
R1(config-if)#ip nat outside     !定义端口 S2/0 为外部网端口,将访问控制列表应用于端口
R1(config)#ip nat inside source static 192.168.2.2 222.0.0.3
```

测试实验:

(1) 在服务器 192.168.2.2 上配置 Web 服务;请在根目录下新建一个 index.html 的静态网页,并将 IIS 信息管理器中的首目录页设置为 index.html。

(2) 在远程客户机测试访问 192.168.2.2 的网页。

使用 http://222.0.0.3 访问内部 Web 服务器地址。

(3) 在路由器 R1 上查看 APT 映射关系。

```
R1#show ip nat translations
```

在登录 Web 前,先执行 show ip nat translations 命令;登录 Web 后,再执行一次 show ip nat translations 命令。对比前后不同之处。

(4) 在查看静态转换映射关系时,形式是"IP 地址+端口号",该端口号有什么作用?

6. 静态转换的配置。将如图 9-16 所示内网的 192.168.1.0 映射到全局 IP 地址 172.46.2.0。

7. 完成以下任务。

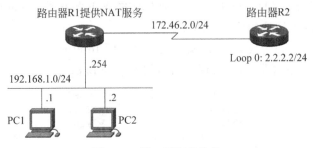

图 9-16　第 6 题拓扑结构

(1) 按照如图 9-17 所示拓扑结构利用动态网络地址转换实现局域网访问 Internet。

图 9-17　第 7 题(1)拓扑结构

(2) 按照如图 9-18 所示拓扑结构利用网络地址转换实现外网主机访问内网服务器。

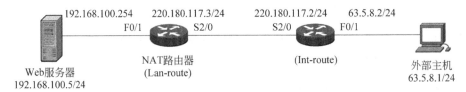

图 9-18　第 7 题(2)拓扑结构

8. 图 9-19 所示为某学校网络拓扑结构。该学校网络接入层采用交换机 S2，接入层交换机划分了教工网(TeacherNet)VLAN 10 和学生网(StudentNet)VLAN 20，这两个网络通过汇聚层交换机 S1 与路由器 R1 和 R2 相连。局域网利用路由器 R1 连接到 Internet，连接到局域网的公网 IP 地址是 200.16.3.1/30。

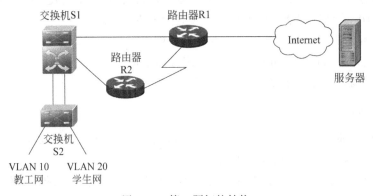

图 9-19　第 8 题拓扑结构

实验要求：

(1) 局域网内当前仅允许使用 192.168.1.0/24 网段内的 IP 地址,需设计 IP 地址分配方案,满足:

① 教工网 VLAN 10 可容纳 62 台主机。

② 学生网 VLAN 20 可容纳 125 台主机。

(2) 给出设计方案,包括端口分配规划、IP 地址分配规划以及其他技术手段和辅助设置的规划,并在图 9-19 中添加端口、IP 地址、防火墙等标识,使之成为一个完整的规划方案图。

(3) 交换机 S2 中的 VLAN 10 包含 5~10 端口,交换机 S2 中的 VLAN 20 包含 11~15 端口。

(4) 路由器 R1 和 R2 启用动态路由选择协议。

(5) 在交换机 S1 上做相应的配置,使得 VLAN 间可以互相访问(提示:必要时可创建其他 VLAN)。

(6) 实现局域网内部所有设备互通并检验。

(7) 在路由器 R1 上配置动态 NAT 实现局域网主机共享上网。

(8) 在路由器 R1 上配置禁止学生网访问服务器的 Web 服务。Internet 服务器的 IP 地址为 200.16.6.2/30,在该服务器上启用 Web 服务,除学生网主机外其他主机都可访问该服务器(提示:在各 VLAN 上连接主机做测试)。

9. 图 9-20 所示是网络地址转换及访问控制列表实验的拓扑结构。

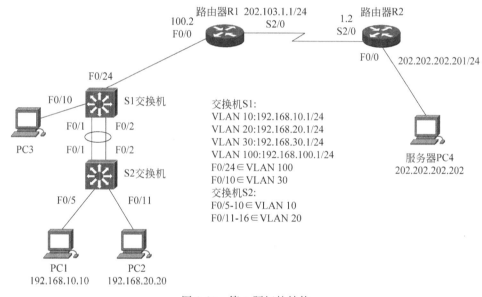

图 9-20 第 9 题拓扑结构

实验要求:

(1) 2 台交换机进行链路聚合。

(2) 在路由器 R2 上实现网络地址转换。

(3) 允许 PC3 访问服务器 PC4 的所有服务,禁止 PC1 访问 PC4 的 FTP 服务,允许 PC1 访问 PC4 的 Web 服务,禁止 PC2 访问 PC4。

(4) 禁止 PC1 与 PC2 互访,但都允许访问 PC3。

10. 服务器实现负载均衡实验。网络环境如下。

局域网以 2Mbps DDN 专线接入 Internet，路由器选用 RSR20。内部网络使用的 IP 地址段为 10.1.1.1～10.1.3.254，局域网端口 F0/0 的 IP 地址为 10.1.1.1，子网掩码为 255.255.252.0。网络分配的合法 IP 地址范围为 202.110.198.80～202.110.198.87，连接 ISP 的端口 F0/1 的 IP 地址为 202.110.198.81，子网掩码为 255.255.255.248。要求网络内部的所有计算机均可访问 Internet，并且在 3 台 Web 服务器和 2 台 FTP 服务器上实现负载均衡。

请给出需求分析，画出拓扑结构，写出配置序列。

11. ACL 和 NAT 的综合实验。实验拓扑如图 9-21 所示，图中网络参数见表 9-1。

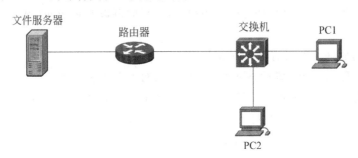

图 9-21 第 11 题拓扑结构

表 9-1 第 11 题网络参数

设 备 名 称	设 备 端 口	端口 IP
文件服务器	网卡	123.123.123.254/24
路由器	gigabitethernet 0/0	123.123.123.1/24
路由器	gigabitethernet 0/1	192.168.1.254/24
PC1	网卡	192.168.1.1/24
PC2	网卡	192.168.1.2/24

实验要求：

(1) 在路由器上配置 NAT，并且设置默认路由指向文件服务器。要求在路由器上能查看到 NAT 映射的效果，实现 PC1 能访问文件服务器。

(2) 在文件服务器上使用 IIS 搭建 Web 服务器。在 PC1、PC2 和文件服务器上开启 Telnet 服务，要求 3 台主机能互相 Telnet。

(3) 在路由器上使用访问列表阻止 PC1 用 Telnet 访问文件服务器，但是允许访问文件服务器的 HTTP，允许 PC1 能 Telnet 到路由器。

(4) 在路由器上使用访问列表阻止文件服务器 Telnet 内网的任何主机。

写出配置命令，并加以验证。

第 10 章 VPN 技术

本章介绍 VPN 技术,包括相关加密算法简介,并提供相关实验。

10.1 基 本 概 念

虚拟专用网(Virtual Private Network,VPN)被定义为通过一个公用网络(通常是因特网)建立一个临时的、安全的连接,就如同架设了一条专线,但是它并不需要真正地铺设光缆之类的物理线路。在虚拟专用网中,任意两个节点之间的连接并没有传统专网所需的端到端的物理链路,而是利用公用网的资源动态组成的。"虚拟"的意思主要是指这种网络并非真实存在,而是一种逻辑上的网络。

VPN 的优势在于它可以很好地利用当前既有的 Internet 线路资源,不受地域的限制。对于用户而言,VPN 的工作方式是完全透明的,并保证数据的安全传输。实现 VPN 通信的方式有多种,常见的有 IPSec VPN、PPTP VPN 以及 SSL VPN 等。

VPN 的主要目的是保护从信道的一端传输到另一端的信息流。在信道两端以外,VPN 不提供任何的数据保护。

VPN 至少应包括以下基本功能。

(1) 加密数据。保证通过公网传输的信息即使被他人截获也不会泄露。

(2) 信息验证和身份识别。保证信息的完整性与合理性,并能鉴别用户的身份。

(3) 提供访问控制。不同的用户有不同的访问权限。

(4) 地址管理。为用户分配专用网络上的地址并确保地址的安全性。

(5) 密钥管理。生成并更新客户端和服务器的加密密钥。

(6) 多协议支持。支持公共因特网上普遍使用的基本协议,包括 IP、IPX 等。

VPN 有以下特性。

(1) 安全性:隧道、加密、密钥管理、数据包认证、用户认证以及访问控制。

(2) 可靠性:硬件、软件、基础网络的可靠性。

(3) 可管理性:记账、审核、日志的管理,是否支持集中的安全控制策略。

(4) 可扩展性:成本的可扩展性,如使用令牌卡,并可考虑采用硬件加速加密/解密速度。

(5) 可用性:系统对应用透明,对终端用户而言使用方便。

(6) 互操作性:采用标准协议,与其他供应商的设备能互通。

(7) 服务质量 QoS:通过 Internet 连接的 VPN 服务质量在很大程度上取决于 Internet 的状况。

(8) 多协议支持。

10.2 VPN 协议

10.2.1 VPN 安全技术

VPN 主要采用以下四项技术保证安全,其中隧道技术是 VPN 的基本技术。
(1) 隧道技术。
(2) 加/解密技术。
(3) 密钥管理技术。
(4) 用户与设备身份认证技术。

10.2.2 VPN 的隧道协议

采用隧道技术可以模仿点对点连接技术,依靠 Internet 服务提供商(ISP)和其他的网络服务提供商(NSP)在公用网中建立自己专用的隧道,让数据包通过该隧道安全传输,如图 10-1 所示。对于不同的信息来源,可分别给它们建立不同的隧道。

图 10-1　VPN 隧道

隧道是一种利用公网设施在一个网络之中的"网络"上传输数据的方法。隧道协议利用附加的报头封装帧,附加的报头提供了路由信息,因此封装后的数据包能够通过中间的公网。封装后的数据包所途经的公网的逻辑路径称为隧道。一旦封装的帧到达了公网上的目的地,帧就会被解除封装并被继续送到最终目的地。

隧道包括以下基本要素:
(1) 隧道开通器(TI)。
(2) 有路由能力的公用网络。
(3) 一个或多个隧道终止器(TT)。
(4) 必要时增加一台隧道交换机以增加灵活性。

隧道可以通过隧道协议实现。根据在 OSI 模型的第二层还是第三层实现隧道,隧道协议分为第二层隧道协议和第三层隧道协议。在网络层实现数据封装的协议称为第三层隧道协议,IPSec 就属于第三层隧道协议;在数据链路层实现数据封装的协议称为第二层隧道协议,常用的有 PPTP、L2TP 等。

1. 第二层隧道协议

第二层隧道协议是将整个 PPP 帧封装在内部隧道中。现有的第二层隧道协议有以下几种。

(1) PPTP(Point-to-Point Tunneling Protocol):该协议支持点到点 PPP 协议在 IP 网络上的隧道封装,PPTP 作为呼叫控制和管理协议,使用增强的 GRE(Generic Routing

Encapsulation,通用路由封装)技术为传输的 PPP 报文提供流控和拥塞控制的封装服务。

PPTP 协议允许对 IP、IPX 或 NetBEUI 数据流进行加密,然后封装在 IP 包头中通过企业 IP 网络或公共因特网发送。如果有防火墙或使用了地址转换,PPTP 可能无法工作。因为 IKE(Internet Key Excherge,因特网密钥交换)协商中所携带的 IP 地址不允许被 NAT 改变,对地址的任何修改都会导致完整性检查失效。

（2）L2TP(Layer 2 Tunneling Protocol)：L2TP 既可用于实现拨号 VPN 业务,也可用于实现专线 VPN 业务。

L2TP 协议允许对 IP、IPX 或 NetBEUI 数据流进行加密,然后通过支持点对点数据报传递的任意网络发送,如 IP、x.25、帧中继或 ATM。

PPTP 和 L2TP 集成在 Windows 中,所以较为常用。

2. 第三层隧道协议

第三层隧道协议的起点与终点均在 ISP 内,PPP 会话终止在网络访问服务器(NAS)处,隧道内只携带第三层报文。现有的第三层隧道协议主要有以下几种。

（1）GRE 协议：通用路由封装协议,NAS 用于实现任意一种网络层协议在另一种网络层协议上的封装。

（2）IPSec(IP Security)协议：IPSec 协议不是一个单独的协议,它给出了 IP 网络上数据安全的一整套体系结构,包括 AH(Authentication Header)、ESP(Encapsulating Security Payload)、IKE 等协议。IPSec 隧道模式允许对 IP 负载数据进行加密,然后封装在 IP 包头中通过企业 IP 网络或公共 IP 因特网(如 Internet)发送。

GRE 和 IPSec 主要用于实现专线 VPN 业务。

10.2.3　VPN 的类型

VPN 的分类方法比较多,实际使用中,需要通过客户端与服务器端的交互实现认证与隧道建立。基于二层、三层的 VPN,都需要安装专门的客户端系统(硬件或软件)以完成 VPN 相关的工作。

VPN 解决方案不仅仅是一个经过加密的隧道,它包含访问控制、认证、加密、隧道传输、路由选择、过滤、高可用性、服务质量以及管理。

1. 按 VPN 的应用方式分类

VPN 根据应用的方式上分为两种基本类型：拨号式 VPN 与专用式 VPN。

拨号 VPN 又分为两种类型：在用户计算机上或在服务提供商的 NAS 上。

专用 VPN 有多种形式。IP VPN 的发展促使骨干网建立 VPN 解决方案,形成了基于 MPLS(Multi-Protocol Label Switching,多协议标签交换)的 IP VPN 技术。MPLS VPN 的优点是全网统一管理的能力很强,由于 MPLS VPN 基于网络,全部的 VPN 网络配置和 VPN 策略配置都在网络端完成,可以大幅度降低管理维护的开销。

2. 按 VPN 的应用平台分类

VPN 的应用平台分为三类：软件平台、专用硬件平台及辅助硬件平台。

（1）软件平台 VPN。当对数据连接速率要求不高,对性能和安全性需求不强时,可以利用一些软件公司所提供的完全基于软件的 VPN 产品实现简单的 VPN 功能。

（2）专用硬件平台 VPN。使用专用硬件平台的 VPN 设备可以满足企业和个人用户对提高数据安全及通信性能的需求,尤其是从通信性能的角度看,专用的硬件平台可以实现数据加密及数据乱码等对 CPU 处理能力需求很高的功能。

(3) 辅助硬件平台 VPN。这类 VPN 介于软件平台和专用硬件平台之间,主要是指以现有网络设备为基础,再增添适当的 VPN 软件以实现 VPN 的功能。

3. 按 VPN 的协议分类

VPN 协议主要是指构建 VPN 的隧道协议。VPN 的隧道协议可分为第二层隧道协议、第三层隧道协议。最为典型的第二层隧道协议有 PPTP、L2TP 等,第三层隧道协议有 GRE、IPSec 等。

第二层隧道协议和第三层隧道协议的本质区别在于在隧道里传输的用户数据包是被封装在哪一层的数据包中。第二层隧道协议和第三层隧道协议通常分开使用,合理地运用两层协议可取得更好的安全性。

4. 按 VPN 的服务类型分类

根据服务类型,VPN 业务按用户需求定义以下三种:企业内部虚拟网(InternetVPN)、远程访问虚拟网(AccessVPN)与企业外部虚拟网(ExtranetVPN)。

(1) 企业内部虚拟网指企业的总部与分支机构间通过公网构筑的虚拟网。这种类型的连接带来的风险最小,因为公司通常认为自身的分支机构是可信的,并将分支机构作为公司网络的扩展。内部网 VPN 的安全性取决于 2 个 VPN 服务器之间加密和验证的方法,如图 10-2 所示。

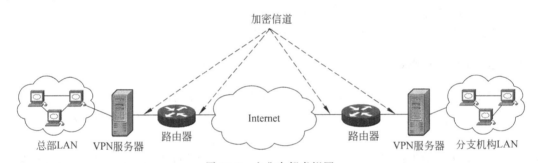

图 10-2 企业内部虚拟网

(2) 远程访问虚拟网又称为拨号 VPN(即 VPDN),是指企业员工或企业的小分支机构通过公网远程拨号的方式构筑的虚拟网。典型的远程访问 VPN 是用户通过本地的信息服务提供商登录到因特网上,并在现有的办公室和公司内部网之间建立一条加密信道,如图 10-3 所示。

(3) 企业外部虚拟网指企业间发生收购、兼并或企业间建立战略联盟后,使不同企业网通过公网构筑的虚拟网。它能保证包括 TCP 和 UDP 服务在内的各种应用服务的安全,如 E-mail、HTTP、FTP、RealAudio、数据库以及一些应用程序(如 Java、ActiveX)的安全,如图 10-4 所示。

5. 按 VPN 的部署模式分类

部署模式从本质上描述了 VPN 的通道是如何建立和终止的,一般有三种 VPN 部署模式。

(1) 端到端(End-to-End)模式。该模式是典型的由自建立 VPN 的客户所采用的模式,

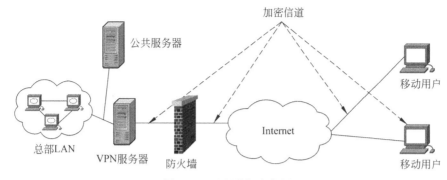

图 10-3　远程访问虚拟网

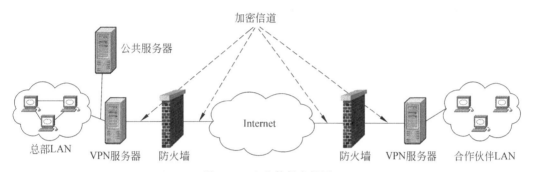

图 10-4　企业外部虚拟网

最常见的隧道协议是 IPSec 和 PPTP。

(2) 供应商—企业(Provider-Enterprise)模式。隧道通常在 VPN 服务器或路由器中创建,在客户前端关闭。在该模式中,客户不需要购买专门的隧道软件,而是由服务商的设备建立通道并验证。最常见的隧道协议有 L2TP 和 PPTP。

(3) 内部供应商(Intra-Provider)模式。服务商保持对整个 VPN 设施的控制。在该模式中,通道的建立和终止都在服务商的网络设施中实现,客户不需要做任何实现 VPN 的工作。

10.3　加密系统

(1) DES。

DES 是一个分组加密算法,以 64 位为分组对数据加密。同时 DES 也是一个对称算法,加密和解密采用同一个算法。它的密匙长度是 56 位(每个第 8 位都用作奇偶校验),密匙可以是任意的 56 位的数,而且可以随时改变。其中有极少量的数被认为是弱密匙,但是很容易避开它们,所以保密性依赖于密钥。DES 的替代品是 AES(高级加密标准),AES 已经成为对称密钥中最流行的算法之一。

(2) 3DES。

3DES 算法策略与 DES 方式一致,不同的是先对数据加密一次,对第一次加密结果再加密一次,对第二次加密结果再加密一次,每次加密所使用的密钥均不相同。3DES 明显增加了遍历法攻击的难度。

以上两种算法都是对称加密(加密与解密使用相同的密钥)。

(3) Hash 算法。

Hash 算法是一种单向算法,对被保护报文进行计算获得固定长度的 Hash 值,但不能从计算结果反算出原始报文。Hash 算法如同没有私钥的公开密钥算法,一旦算法产生了 Hash 值,因为没有私有密钥,所以就无法通过 Hash 值反算出原文。

① MD5(消息摘要算法 5)是一种散列算法,得到 128 位的 Hash(摘要)值。HMAC 是一种密钥认证算法,基于 MD5 的新标准 HMAC-MD5-96,即只取所得 Hash 值中最高的 96 位为有效值。

② SHA(Security Hash Algorithm,安全散列算法)也是一种散列算法,它可以对任意长度的报文进行 Hash 计算,得到 160 位的 Hash(摘要)值。基于 SHA 的新标准 HMAC-SHA-96,即只取所得 Hash 值中最高的 96 位为有效值。

(4) 密钥交换。

密钥交换又称 Diffie-Hellman 算法,该算法如图 10-5 所示。

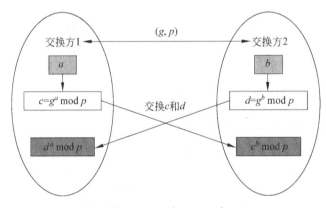

图 10-5 密钥交换示意

① 进行密钥交换的双方各自产生一个随机数,如 a 和 b。

② 使用双方确认、共享、公开的两个参数:底数 g 和模数 p 各自用随机数 a 和 b 进行幂模运算,得到结果 c 和 d,计算公式如下:

$$c = g^a \bmod p, d = g^b \bmod p$$

③ 双方进行模交换。

④ 进一步计算得到 DH 公有值:$d^a \bmod p = c^b \bmod p = g^{ab} \bmod p$,此值就是共享密钥。

10.4 IPSec 协议

10.4.1 IPSec 体系结构

IPSec 协议是应用于 IP 层中网络数据安全的一整套体系结构,包括网络认证协议 AH、ESP、IKE 和用于网络认证及加密的一些算法等。其中,AH 协议和 ESP 协议用于提供安全服务，IKE 协议用于密钥交换。

如图 10-6 所示，解释域(DOI)通过一系列命令、算法、属性和参数连接所有的 IPSec 组文件。策略决定两个实体之间能否通信以及如何进行通信。

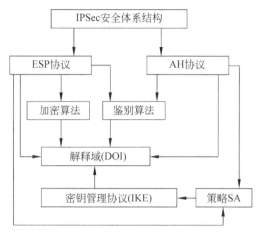

图 10-6　IPSec 安全体系结构

IPSec VPN 的实现由管理模块、密钥分配和生成模块、身份认证模块、数据加密/解密模块、数据分组封装/分解模块和加密函数库组成，如图 10-7 所示。

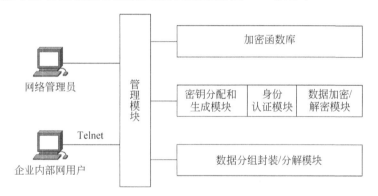

图 10-7　IPSec VPN 系统的组成

10.4.2　IPSec 的主要协议

IPSec 属于三层协议，该协议基于 TCP/IP 标准协议，仅仅传输 IP 协议数据包；该协议已经集成到 IPv6 中，在 IPv4 中它是一个可选扩展协议。IPSec 提供了强大的安全、加密、认证和密钥管理功能，适合大规模 VPN 使用。IPSec 协议需要认证中心(CA)进行身份认证和分发用户的公共密钥。

IPSec 提供了两种安全机制：认证和加密。认证机制使 IP 通信的数据接收方能够确认数据发送方的真实身份以及数据在传输过程中是否被篡改；加密机制通过对数据进行加密运算保证数据的机密性，以防数据在传输过程中被窃听。IPSec 协议中的 AH 协议定义了认证的应用方法，提供数据源认证和完整性保证；ESP 协议定义了加密和可选认证的应用方法，提供数据可靠性保证。

IPSec 的三个主要协议是封装安全载荷 ESP、网络认证协议 AH 以及因特网密钥交换 IKE。

1. ESP 协议

ESP 协议(IP 协议号为 50)提供加密、数据源认证、数据完整性校验和防报文重放功能。ESP 的工作原理是在每个数据包的标准 IP 包头后面添加一个 ESP 报文头,并在数据包后面追加一个 ESP 报文尾。与 AH 协议不同的是,ESP 将需要保护的用户数据进行加密后再封装到 IP 包中,以保证数据的机密性。常见的加密算法有 DES、3DES、AES 等。同时作为可选项,用户可以选择 MD5、SHA-1 算法保证报文的完整性和真实性。这三个加密算法的安全性由高到低依次是:AES、3DES、DES,安全性高的加密算法实现机制复杂,运算速度慢。对于普通的安全要求,DES 算法就可以满足需要。

ESP 可在传输模式以及隧道模式下使用。ESP 报文头可以位于 IP 报文头与上层协议之间,或者用它封装整个 IP 数据报。IANA 分配给 ESP 一个协议数值 50(称为 ESP 协议分配数),在 ESP 报文头前的协议头总是在"Next Head"字段(IPv6)或"协议"字段(IPv4)里包含该值。ESP 报文头的格式如图 10-8 所示。

图 10-8 ESP 报文头的格式

ESP 报文头字段包括以下两部分:

(1) 安全参数索引(Security Parameters Index,SPI):32 位,用于标识有相同 IP 地址和相同安全协议的不同 SA。由 SA 的创建者定义,只有逻辑意义。

(2) 序列号(Sequence Number):32 位,一个单项递增的计数器,用于防止重放攻击,SA 建立之初初始化为 0,序列号不允许重复。

ESP 报文尾字段包括以下三部分:

(1) 填充项(Padding):0~255B。交换算法要求数据长度(以位为单位)模 512 的值为 448,若应用数据长度不足,则用扩展位填充。

(2) 填充长度(Padding Length):接收端根据该字段长度去除数据中扩展位。

(3) 下一个报文头(Next Header):识别下一个使用 IP 协议号的报文头,如 TCP 或 UDP。

ESP 报文尾字段中的验证数据(Authentication Data,AD)包含完整性检查和。完整性检查部分包括 ESP 报文头、有效载荷(应用程序数据)和 ESP 报文尾。

2. AH 协议

AH 协议(IP 协议号为 51)提供数据源认证、数据完整性校验和防报文重放功能,它能保护通信免受篡改,但不能防止窃听,不提供数据加密保护,适合用于传输非机密数据。AH 的工作原理是在每个数据包上添加一个身份验证报文头,此报文头插在标准 IP 包头后面,对数据提供完整性保护。可选择的认证算法有 MD5、SHA-1 等。MD5 算法的计算速度比 SHA-1 算法快,而 SHA-1 算法的安全强度比 MD5 算法高。

除此之外,AH 具有 ESP 的所有其他功能。AH 的协议分配数为 51,AH 和 ESP 同时保护数据,在顺序上,AH 在 ESP 之后。一般情况下 IPSec 使用两种验证算法:MD5 和 SHA-1。

AH 协议头的格式如图 10-9 所示。

图 10-9　AH 协议头的格式

AH 协议头各字段含义如下。

(1) 下一头部:8 位,标识认证头后面的下一个负载类型。

(2) 载荷长度:8 位,表示以 32 位为单位的 AH 头部长度减 2,默认值为 4。

(3) 保留字段:16 位,保留将来使用,默认值为 0。

(4) 安全参数索引:32 位,用于标识有相同 IP 地址和相同安全协议的不同 SA。由 SA 的创建者定义,只有逻辑意义。

(5) 序列号:32 位,一个单项递增的计数器,用于防止重放攻击,SA 建立之初初始化为 0,序列号不允许重复。

(6) 验证数据:一个变长字段,由 SA 初始化时指定的算法计算,长度为整数倍 32 位。

虽然 AH 和 ESP 都可以提供身份认证,但它们是有区别的。ESP 要求使用高强度的加密算法,会受到许多限制;在多数情况下,使用 AH 的认证服务已能满足要求,ESP 开销相对较大。

在实际进行 IP 通信时,可以根据实际安全需求同时使用这两种协议或选择使用其中的一种。虽然 AH 和 ESP 都可以提供认证服务,但是 AH 提供的认证服务要强于 ESP。同时使用 AH 和 ESP 的方式为先对报文进行 ESP 封装,再对报文进行 AH 封装;封装之后的报文从内到外依次是原始 IP 报文、ESP 报文头、AH 报文头和外部 IP 报文头。

3. IKE 协议

IKE 协议主要是对密钥交换进行管理,用于协商 AH 和 ESP 所使用的密码算法,并将算法所需的必备密钥放到恰当位置。它主要包括三个功能:一是对使用的协议、加密算法和密钥进行协商;二是方便的密钥交换机制(可能需要周期性的进行);三是跟踪以上约定的实施。

IKE 不在网络上直接传输密钥,而是通过一系列数据的交换,最终计算出双方共享的密钥。IKE 使 IPSec 的很多参数(如密钥)都可以自动建立,避免了复杂的手工配置。

此外还有安全关联(Security Association,SA)。所谓安全关联是指安全服务与它服务的载体之间的连接。AH 和 ESP 都需要使用 SA,而 IKE 的主要功能就是 SA 的建立和维护。实现 AH 和 ESP 都必须提供对 SA 的支持。

10.4.3 IPSec 的工作模式

IPSec 有两种工作模式:隧道模式和传输模式。传输模式用于主机到主机的 IPSec 通信,隧道模式用于其他任何方式的通信,如图 10-10 所示。

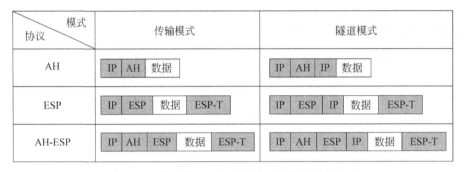

图 10-10 隧道模式和传输模式下的数据封装形式

(1)隧道模式:用户的整个 IP 数据包被用于计算 AH 或 ESP 报文头,AH 或 ESP 报文头以及 ESP 加密的用户数据被封装在一个新的 IP 数据包中,即在外部与内部 IP 报文头之间插入一个 IPSec 报文头。隧道模式通常应用于两个安全网关之间的通信。安全隧道两端所选择的安全协议必须一致,如图 10-11 所示。

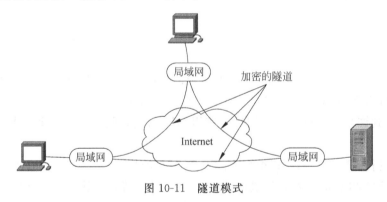

图 10-11 隧道模式

(2)传输模式:仅传输层数据被用于计算 AH 或 ESP 报文头,AH 或 ESP 报文头以及 ESP 加密的用户数据被放置在源 IP 包头后面。通常,传输模式应用于两台主机或一台主机和一个安全网关之间的通信,如图 10-12 所示。

当数据包从传输层传送到网络层时,AH 和 ESP 会进行拦截,在 IP 报文头与上层协议之间插入一个 IPSec 报文头。当同时将 AH 和 ESP 应用于传输模式时,应该先应用 ESP,再应用 AH。

NAT 和 AH IPSec 无法协同运行,因为 NAT 会改变 IP 分组的 IP 地址,而 IP 分组的

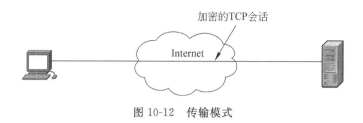

图 10-12　传输模式

任何改变都会导致 AH 标识被破坏。当两个 IPSec 边界点之间采用了 PAT 功能但没有设置 IPSec 流量处理时，IPSec 和 NAT 同样无法协同工作。另外，在传输模式下 ESP IPSec 不能和 PAT 协同工作，因为在该模式下，端口号受到 ESP 的保护，而端口号的任何改变都会被认为是破坏。在隧道模式的 ESP 情况下，TCP/UDP 报文头不可见，因此不能被用于进行内外地址的转换，而此时静态 NAT 和 ESP IPSec 可以协同工作，因为只有 IP 地址要进行转换，对高层协议没有影响。

10.4.4　IPSec 中的对等体

IPSec 的两个端点被称为 IPSec 对等体，为了在两个对等体之间实现数据的安全传输，必须在两者之间建立安全关联 SA。SA 是 IPSec 的基础，也是 IPSec 的本质。SA 是通信对等体间对某些要素的约定，例如使用哪种协议（AH、ESP 或两者结合使用）、协议的封装模式（传输模式或隧道模式）、加密算法（DES、3DES 或 AES）、特定流中保护数据的共享密钥以及密钥的生存周期等。

因为 SA 是单向的，所以在两个对等体之间的双向通信最少需要两个 SA 分别对两个方向的数据流进行安全保护。如果两个对等体希望同时使用 AH 和 ESP 进行安全通信，则每个对等体都会针对每种协议构建一个独立的 SA。SA 具有生存周期，且只对通过 IKE 协商建立的 SA 有效，手工方式建立的 SA 永不老化。IKE 协商建立的 SA 的生存周期有两种定义方式：基于时间的生存周期，定义了一个 SA 从建立到失效的时间；基于流量的生存周期，定义了一个 SA 允许处理的最大流量。

生存时间到达指定的时间或流量，SA 就会失效。SA 失效前，IKE 将为 IPSec 协商建立新的 SA，在旧的 SA 失效前新的 SA 就已经准备好。当新的 SA 开始协商而没有协商好之前，继续使用旧的 SA 保护通信。当新的 SA 协商好之后，则立即采用新的 SA 保护通信。

10.4.5　IPSec VPN 的配置步骤

IPSec VPN 的一般配置步骤如下。

步骤 1：设置认证策略。

例如：

```
crypto isakmp policy 1          !配置 IKE 策略,1 是策略号(优先级为 1~10000,1 为最高级别)
authentication pre-share        !使用预共享密码
group 2                         !设置为 1024 位的 Diffie-Hellman,加密算法默认为 DES
                                !group 1 使用的是 768 位密码
```

life time 3600
　　　　　　　　!生存时间,两端的设置必须相同,默认是86400s,否则将以短的时间为中断进行更新

步骤2:设置预共享密码。

例如:

crypto isakmp key mykey address 192.168.4.1　　　　　　　　!设置远程对等体共享密码

其中 mykey 表示密码;192.168.4.1 为对方实体地址。

步骤3:设置访问控制列表(使用扩展的访问控制列表)。

例如:

access-list 101 permit ip 192.168.1.0 0.0.0.255 192.168.2.0 0.0.0.255　　!允许源地
!址 192.168.1.0 子网访问目的子网 192.168.2.0,其中 192.168.1.0 为本地子网,192.168.2.0
!为目的子网

定义哪些地址的报文加密或是不加密。

步骤4:设置交换集。

例如:

crypto ipsec transform-set myset esp-3des esp-sha-hmac
　　!设置一个名为 myset 的交换集,ESP 隧道加密采用 esp-3des,认证采用 esp-sha-hmac

传输模式下有两种隧道模式:AH 隧道和 ESP 隧道。

AH 隧道参数:ah-md5-hmac、ah-sha-hmac。

ESP 隧道参数:esp-des、esp-aes、esp-3des、esp-md5-hmac、esp-sha-hmac。

步骤5:创建加密图。

例如:

crypto map mymap 10 ipsec-isakmp
　　　　　　　　!设置加密图,名称为 mymap,序号为 10,采用 IKE 建立 IPSec 安全关联
set peer 192.168.4.1　　　　!设置隧道对端 IP 地址
set transform-set myset　　　!将加密图应用于 myset 交换集
match address 101　　　　　!设置匹配 101 号访问列表

步骤6:在端口上应用。

例如:

int gigabitethernet 0/0　　　!进入端口 0/0
crypto map mymap　　　　　!将加密图应用于此端口

在配置 IPSec VPN 时,常用的相关命令有以下几种。

show crypto isakmp policy:显示所有存在的 ISAKMP 策略(包括默认策略)。

show crypto isakmp sa:显示 ISAKMP SA 建立情况。

clear crypto isakmp sa:清除已建立的 ISAKMP SA。

debug crypto isakmp:显示有关 ISAKMP 事件的 Debug 信息。

show crypto ipsec sa:显示建立的 IPSec SA。

show crypto ipsec transform-set：显示所有的变换集合。

show crypto map：显示所有的加密映射集合。

clear crypto sa：删除相关 IPSec 安全联盟数据库。

debug crypto ipsec：显示所有 IPSec SA 相关协商信息。

debug crypto packer：在 IPSec 处理过程中，查看 IPSec 对于上层数据处理的信息。

其中，Debug 命令相当重要。通过 Debug 信息可以知道协商的主动发起方是本端还是对端。

如果在一次协商的 Debug 信息开始处有"ISAKMP：received initiate-msg from core."字符串出现，则表明 IKE 协商由本端主动发起。如果在一次协商的 Debug 信息开始处有"ISAKMP：received packet from xxx.xxx.xxx.xxx."(xxx.xxx.xxx.xxx 表示一个 IP 地址)字符串出现，则表明 IKE 协商由对端主动发起。

在随后的 Debug 信息中，表示的是某一阶段（第一阶段或第二阶段）的协商，如果在这段信息中有"ISAKMP(xxx)：processing ISAKMP-SA payload."(xxx 表示一个状态标识符)字符串出现，则表明这一段 Debug 信息关于第一阶段协商。如果在这段信息中有"ISAKMP(xxx)：processing IPsec-SA payload."(xxx 表示一个状态标识符)字符串出现，则表明这一段 Debug 信息关于第二阶段协商。

实验 10-1　IPSec VPN 简单配置

【实验目的】

（1）理解 IPSec 协议在网络安全中的作用。

（2）理解 IP 层数据加密与数据源验证的原理。

（3）掌握实现 IPSec VPN 的典型配置方法。

【实验原理】

VPN 可以连接两个终端系统，也可以连接多个网络。VPN 是使用隧道和加密技术组建的，是一种 WAN 基础设施替代品，可用于替代或扩展现有的私有网络。在很多情况下，VPN 有很多优于传统 WAN 连接的特点，如费用低廉、易于安装、能够迅速增加带宽等。

VPN 提供了以下三种主要功能。

（1）加密：通过网络传输分组之前，发送方可对其进行加密，可以防止窃听。

（2）数据完整性：接收方可检查数据在通过 Internet 传输的过程中是否被修改，可以防止篡改。

（3）来源验证：接收方可验证发送方的身份，确保信息来自正确的地方，可以防止仿造。

虚拟专用网是通过隧道方式在同一个标准 IP 连接上传输多种协议实现的。虚拟专用网支持保密性、完整性和身份验证，通过对数据流进行加密并使用 IPSec 协议，使数据流通过公共基础设施传输时，其身份验证与私有网络中的相同。

IPSec 协议族是 IETF 制定的一系列协议，它为 IP 数据报提供了高质量的、可互操作的、基于密码学的安全性。特定的通信方之间在 IP 层通过加密与数据源验证等方式，保证数据报在网络上传输时的私有性、完整性、真实性和防重放。

【实验拓扑】

本实验的拓扑结构如图 10-13 所示。

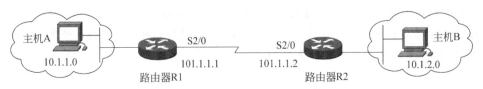

图 10-13　IPSec VPN 简单配置实验拓扑

【实验设备】

路由器 2 台,计算机 2 台。

【实验内容】

(1) 搭建本地配置环境,IPSec VPN 配置要求为安全协议采用 ESP 协议,加密算法采用 DES,验证算法采用 ESP-MD5-HMAC。

(2) 按拓扑结构组网,在路由器 R1 和 R2 之间建立一个安全隧道,对子网(10.1.1.x)与子网(10.1.2.x)之间的数据流进行安全保护。

(3) 从子网 10.1.1.0 向子网 10.1.2.0 发送数据包,对配置结果进行验证。

【实验步骤】

分析:按照 VPN 配置步骤完成配置后,理论上传输的数据流是安全的。能否捕获 VPN 流的数据包以分析其安全性?可以考虑在完成基本配置且全网连通时测试其通信的安全性。在启用 IPSec 协议后,设法捕获数据包,测试数据的安全性。通过 IPSec 实验前后数据安全性的对比,验证 IPSec 的安全性。

步骤 1:根据已给条件,IPSec 加密策略信息细节如表 10-1 所示。

表 10-1　IPSec 加密策略信息细节

策　　略	主　机　A	主　机　B
变换集	ESP-DES 隧道模式	ESP-DES 隧道模式
对等体主机名	路由器 R2	路由器 R1
对等体 IP 地址	101.1.1.2	101.1.1.1
要加密来自哪些主机的数据流	10.1.1.1	10.1.2.1
要加密的分组类型	TCP	TCP
SA 建立方式	IPSEC-ISAKMP	IPSEC-ISAKMP

步骤 2:路由器的基本配置。

```
R1(config)#interface serial 2/0
R1(config-if)#ip address 101.1.1.1 255.255.255.252
R1(config-if)#no shutdown
R1(config-if)#exit
R1(config)#interface Loopback 0
```

```
R1(config-if)#ip address 10.1.1.1 255.255.255.0
R1(config-if)#no shutdown
R1(config-if)#exit

R2(config)#interface serial 2/0
R2(config-if)#ip address 101.1.1.2 255.255.255.252
R2(config-if)#no shutdown
R2(config-if)#exit
R2(config)#interface Loopback 0
R2(config-if)#ip address 10.1.2.1 255.255.255.0
R2(config-if)#no sh
R2(config-if)#end
```

步骤 3：配置默认路由。

```
R1(config)#ip route 0.0.0.0 0.0.0.0 101.1.1.2
R2(config)#ip route 0.0.0.0 0.0.0.0 101.1.1.1
```

要求：

（1）验证网络连通情况。

（2）捕获通信数据包，测试数据包的安全性。

步骤 4：配置 IPSec VPN。

```
R1(config)#crypto isakmp policy 10          !定义安全联盟和密钥交换策略(策略编号为10)
R1(isakmp-policy)#authentication pre-share   !认证方式为预共享密钥
R1(isakmp-policy)#hash md5                   !采用 MD5 的 Hash 算法
R1(isakmp-policy)#group 2
                  !Diffie-Hellman 组标识:可以选择 Group1(即 768B)或 Group2(即 1024B)
R1(isakmp-policy)#exit
R1(config)#crypto isakmp key 0 ruijie address 101.1.1.2
                              !配置预共享密钥为 ruijie,对端路由器地址为 101.1.1.2
R1(config)#crypto ipsec transform-set vpn ah-md5-hmac esp-des esp-md5-hmac
                              !配置 IPSec 的传输模式(模式名称为:vpn,AH
!验证为:ah-md5-hmac,ESP 加密为:esp-des,ESP 验证为:esp-md5-hmac)
R1(cfg-crypto-trans)#mode tunnel
R1(config)#crypto map vpnmap 10 ipsec-isakmp
                              !创建一个 crypto map,名称为 vpnmap,优先级为 10
R1(config-crypto-map)#set peer 101.1.1.2   !设置对等体地址
R1(config-crypto-map)#set transform-set vpn
                              !指定 crypto map 所使用的传输模式的名称为 vpn
R1(config-crypto-map)#match address 110
            !关联需要加密的数据流(指定 crypto map 要使用的 ACL 访问列表的编号为 110)

R2(config)#crypto isakmp policy 10
R2(isakmp-policy)#authentication pre-share   !定义认证方法为预共享密钥
```

```
R2(isakmp-policy)#hash md5              !Hash算法
R2(isakmp-policy)#group 2               !组号
R2(config)#crypto isakmp key 0 ruijie address 101.1.1.1
R2(config)#crypto ipsec transform-set vpn ah-md5-hmac esp-des esp-md5-hmac
R2(cfg-crypto-trans)#mode tunnel
R2(config)#crypto map vpnmap 10 ipsec-isakmp
R2(config-crypto-map)#set peer 101.1.1.1    !设置对等体地址
R2(config-crypto-map)#set transform-set vpn
R2(config-crypto-map)#match address 110     !关联需要加密的数据流
```

步骤 5：定义需要的数据流及应用 VPN。

```
R1(config)#access-list 110 permit ip 10.1.1.0 0.0.0.255 10.1.2.0 0.0.0.255
                                            !确定要经过 VPN 保护的数据流
R1(config)#interface serial 2/0
R1(config-if)#crypto map vpnmap             !把 crypto map 应用于端口

R2(config)#access-list 110 permit ip 10.1.2.0 0.0.0.255 10.1.1.0 0.0.0.255
R2(config)#interface serial 2/0
R2(config-if)#crypto map vpnmap
```

步骤 6：验证测试。

以上配置完成后，路由器 R1 和 R2 之间的安全隧道建立完成。子网 10.1.1.x 与子网 10.1.2.x 之间的数据流将被加密传输。

(1) 显示所有尝试协商的策略以及最后的默认策略设置。

```
#show crypto isakmp policy
```

(2) 显示在路由器上设置的 transform-set。

```
#show crypto ipsec transform-set
```

(3) 显示当前安全联盟使用的设置。

```
#show crypto ipsec sa
```

(4) 显示所有配置在路由器上的 crypto map。

```
#show crypto map
```

(5) 进行数据加密传输验证。

从左网发 ping 命令，逐级验证到右网。记录验证结果。

在路由器 R1 上输入 ping 命令：

R1#ping	输入"ping"直接按 Enter 键
Protocol [ip]:	因为使用的是 IP 地址，直接按 Enter 键即可
Target IP address: 10.1.2.1	输入目的地址的 IP
Repeat count [5]:	ping 包的数量
Datagram size [100]:	数据包的大小

Timeout in seconds [2]： 超时时间，默认为 2s
Extended commands [n]：y 是否要使用扩展 ping 命令，必须填"YES"
Source address or interface：10.1.1.1 使用哪个源地址或端口执行 ping 命令，本实验
使用 10.1.1.1

接下来全部选择默认值，直接按 Enter 键即可。

同理，从右网发 ping 命令至左网。

(6) 捕获 VPN 数据包，分析 AH、ESP 报文头；分析数据流的加密情况（提示：重点解决 VPN 数据包的捕获问题，可增加设备或适当改变拓扑结构）。

【实验思考】

实验完成后，将两个网段的 IP 地址改为 192.168.1.0 和 192.168.2.0 后重新进行配置，记录规划组网的地址信息表以及配置时遇到的问题和解决办法。

实验 10-2　Site To Site IPSec VPN 多站点配置

【实验目的】

掌握 IPSec VPN 复杂配置，加深对 VPN 的理解。

【实验拓扑】

本实验的拓扑结构如图 10-14 所示。公司总部的内网与其两个分公司的内网进行安全通信，只允许子网 172.16.3.0 与子网 172.16.2.0、子网 172.16.3.0 与子网 172.16.1.0 进行安全通信。

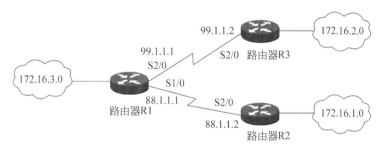

图 10-14　IPSec VPN 多站点实验拓扑

【实验设备】

路由器 3 台。

【实验步骤】

分析：（请根据理解自行写出）

步骤 1：路由器的基本配置。

```
R1(config)#interface serial 1/0
R1(config-if)#ip address 88.1.1.1 255.255.255.0
R1(config-if)#no shutdown
R1(config)#interface serial 2/0
R1(config-if)#ip address 99.1.1.1 255.255.255.0
R1(config-if)#no shutdown
R1(config)#interface Loopback 0
```

R1(config-if)#ip address 172.16.3.1 255.255.255.0

R2(config)#interface serial 2/0
R2(config-if)#ip address 88.1.1.2 255.255.255.0
R1(config-if)#no shutdown
R2(config)#interface Loopback 0
R2(config-if)#ip address 172.16.1.1 255.255.255.0

R3(config)#interface serial 2/0
R3(config-if)#ip address 99.1.1.2 255.255.255.0
R1(config-if)#no shutdown
R3(config)#interface Loopback 0
R3(config-if)#ip address 172.16.2.1 255.255.255.0

步骤2：配置默认路由。

R1(config)#ip route 172.16.1.0 255.255.255.0 88.1.1.2
R1(config)#ip route 172.16.2.0 255.255.255.0 99.1.1.2

R2(config)#ip route 0.0.0.0 0.0.0.0 88.1.1.1

R3(config)#ip route 0.0.0.0 0.0.0.0 99.1.1.1

步骤3：配置 IPSec VPN。

R1(config)#crypto isakmp policy 10
R1(isakmp-policy)#authentication pre-share
R1(isakmp-policy)#hash md5
R1(isakmp-policy)#group 2
R1(isakmp-policy)#exit
R1(config)#crypto isakmp policy 20
R1(isakmp-policy)#authentication pre-share
R1(isakmp-policy)#hash md5
R1(isakmp-policy)#group 2
R1(config)#crypto isakmp key 0 ruijie address 88.1.1.2
R1(config)#crypto isakmp key 0 ruijie1 address 99.1.1.2
R1(config)#crypto ipsec transform-set vpn ah-md5-hmac esp-des esp-md5-hmac
R1(cfg-crypto-trans)#mode tunnel
R1(config)#crypto ipsec transform-set vpn1 ah-md5-hmac esp-des esp-md5-hmac
R1(cfg-crypto-trans)#mode tunnel
R1(config)#crypto map vpnmap 10 ipsec-isakmp
R1(config-crypto-map)#set peer 88.1.1.2
R1(config-crypto-map)#set transform-set vpn
R1(config-crypto-map)#match address 110
R1(config)#crypto map vpnmap1 10 ipsec-isakmp
R1(config-crypto-map)#set peer 99.1.1.2
R1(config-crypto-map)#set transform-set vpn1

R1(config-crypto-map)#match address 120

R2(config)#crypto isakmp policy 10
R2(isakmp-policy)#authentication pre-share
R2(isakmp-policy)#hash md5
R2(isakmp-policy)#group 2
R2(config)#crypto isakmp key 0 ruijie address 88.1.1.1
R2(config)#crypto ipsec transform-set vpn ah-md5-hmac esp-des esp-md5-hmac
R2(cfg-crypto-trans)#mode tunnel
R2(config)#crypto map vpnmap 10 ipsec-isakmp
R2(config-crypto-map)#set peer 88.1.1.1
R2(config-crypto-map)#set transform-set vpn
R2(config-crypto-map)#match address 110

R3(config)#crypto isakmp policy 10
R3(isakmp-policy)#authentication pre-share
R3(isakmp-policy)#hash md5
R3(isakmp-policy)#group 2
R3(config)#crypto isakmp key 0 ruijie1 address 99.1.1.1
R3(config)#crypto ipsec transform-set vpn ah-md5-hmac esp-des esp-md5-hmac
R3(cfg-crypto-trans)#mode tunnel
R3(config)#crypto map vpnmap1 10 ipsec-isakmp
R3(config-crypto-map)#set peer 99.1.1.1
R3(config-crypto-map)#set transform-set vpn1
R3(config-crypto-map)#match address 120

步骤4：定义需要的数据流及应用VPN。

R1(config)#access-list 110 permit ip 172.16.3.0 0.0.0.255 172.16.1.0 0.0.0.255
R1(config)#access-list 120 permit ip 172.16.3.0 0.0.0.255 172.16.2.0 0.0.0.255

R2(config)#access-list 110 permit ip 172.16.1.0 0.0.0.255 172.16.3.0 0.0.0.255

R3(config)#access-list 110 permit ip 172.16.2.0 0.0.0.255 172.16.3.0 0.0.0.255

R1(config)#interface serial 1/0
R1(config-if)#crypto map vpnmap
R1(config)#interface serial 2/0
R1(config-if)#crypto map vpnmap1

R2(config)#interface serial 2/0
R2(config-if)#crypto map vpnmap

R3(config)#interface serial 2/0
R3(config-if)#crypto map vpnmap1

步骤5：验证测试。

（1）以上配置完成后，指出安全隧道是哪些？哪些子网之间的数据流将被加密传输？

（2）显示所有尝试协商的策略以及最后的默认策略设置。

```
# show crypto isakmp policy
```

（3）显示在路由器上设置的 transform-set。

```
# show crypto ipsec transform-set
```

（4）显示当前安全联盟使用的设置。

```
# show crypto ipsec sa
```

（5）显示所有配置在路由器上的 crypto map。

```
# show crypto map
```

（6）进行数据加密传输验证。

从左网发 ping 命令，逐级验证到右网。记录验证结果。

在路由器 R1 上输入 ping 命令：

#ping	输入"ping"直接按 Enter 键
Protocol [ip]:	因为使用的是 IP 地址，直接按 Enter 键即可
Target IP address: 10.1.2.1	输入目的地址的 IP
Repeat count [5]:	ping 包的数量
Datagram size [100]:	数据包的大小
Timeout in seconds [2]:	超时时间，默认为 2s
Extended commands [n]: y	是否要使用扩展 ping 命令，必须填"YES"
Source address or interface:10.1.1.1	使用哪个源地址或端口执行 ping 命令，本实验使用 10.1.1.1

接下来全部选择默认值，直接按 Enter 键即可。

同理，从右网发 ping 命令至左网。

（7）捕获 VPN 数据包，分析 AH、ESP 报文头；分析数据流的加密情况。

习 题 10

1. 阅读协议文档，了解协议的详细信息。

（1）RFC2402(AH)、RFC2403(HMAC-MD5-96)。

（2）RFC2404(HMAC-SHA-1-96)。

（3）RFC2406 IP 封装安全有效载荷(ESP)。

（4）RFC2407 Internet IP 用于解释 ISAKMP 的安全域。

（5）RFC2408 Internet 安全关联和键管理协议(ISAKMP)。

（6）RFC2409 Internet 密钥交换(IKE)。

2. IPSec 协议包含的各个协议之间有什么关系？

3. 说明在 AH 传输模式和隧道模式下的数据包格式是什么样的？
4. 说明在 ESP 传输模式和隧道模式下的数据包格式是什么样的？
5. IKE 的作用是什么？SA 的作用是什么？
6. 选择题。

(1) IPSec 是( )VPN 协议标准。

  A. 第一层   B. 第二层   C. 第三层   D. 第四层

(2) IPSec 在任何通信开始之前,要在两个 VPN 节点或网关之间协商建立( )。

  A. IP 地址   B. 协议类型   C. 端口   D. 安全联盟

(3) ( )是 IPSec 规定的一种用于自动管理 SA 的协议,包括建立、协商、修改和删除 SA 等。

  A. IKE   B. AH   C. ESP   D. SSL

(4) IPSec 不可以做到( )。

  A. 认证   B. 完整性检查   C. 加密   D. 签发证书

7. 在 Windows 操作系统中利用 PPTP(点对点隧道协议)配置 VPN 网络。主机 A 作为 VPN 服务器端,主机 B 作为 VPN 客户端。实验内容和步骤如下。

内容一：利用 PPTP 协议配置 VPN 网络。

步骤 1：配置 VPN 服务器。

配置 Windows(服务器版)的"路由和远程访问"服务,选择"虚拟专用网络(VPN)服务器"选项,按照提示进行配置,并指定 VPN 客户端的 IP 地址范围为本地局域网内地址范围,配置端口使用的 VPN 协议,选择并配置 PPTP 设备,写入 VPN 连接同时打开的连接数为 10,为 VPN 服务器中的系统用户开放允许拨入的权限。

步骤 2：配置 VPN 客户端。

新建一个网络连接,选择"连接到我的工作场所的网络",选择创建"虚拟专用网络连接",输入 VPN 服务器的 IP 地址或者主机名。打开新建的连接,输入用户名和密码即可发起 VPN 连接。配置 VPN 客户端的连接属性,进一步配置 VPN 采用的加密方式和身份认证协议。

步骤 3：建立 VPN 连接。

在建立 VPN 连接之前,在客户端查看目前网络连接的配置情况,发现只有一个本地连接。在客户端连接界面中输入用户名和密码,建立与 VPN 服务器的连接,成功建立 VPN 客户端和服务器端的连接之后,再次查看 VPN 客户端的网络连接状况,可以发现新增了一个 vpnclient 网络连接,并可以看到 VPN 客户端和服务器端的连接端口。

同样可以查看服务器端建立 VPN 连接前后的网络连接状况变化。

打开服务器端"路由和远程访问"窗口,单击"端口",可以发现一个 WAN 微型端口的状态已经成为"活动"状态,查看端口状态,了解 VPN 客户端和服务器端之间传输的字节数、连接时间以及客户端的 IP 等信息。

内容二：使用 Wireshark(或 Sniffer)工具捕获 VPN 网络中的数据包。

步骤 1：在未启动 VPN 连接之前捕获数据。

在未启动 VPN 连接之前,使用抓包工具捕获客户端和服务器端之间使用 FTP 协议的数据包,并使客户端向服务器端发出 FTP 连接请求,输入用户名和密码,建立连接,观察捕获到的明文数据。

步骤 2：在启动 VPN 连接之后捕获数据。

启动客户端和服务器端的 VPN 连接，再次使用抓包工具捕获客户端和服务器端之间使用 FTP 协议的数据包，并使客户端向服务器端发出 FTP 连接请求，输入用户名和密码，建立连接，观察捕获到的数据与步骤 1 的差异。

实验要求：

（1）简单阐述实验原理。

（2）分别写出建立 VPN 连接之前和 VPN 连接之后，客户端与服务器端的网络连接状况变化。

（3）分别写出建立 VPN 连接之前和 VPN 连接之后，采用抓包工具捕获到的客户端与服务器端之间使用 FTP 协议的数据包的不同，分析总结原因。

8. 在 Windows 操作系统中利用 IPSec 配置 VPN 网络。主机 A 作为 VPN 服务器端，主机 B 作为 VPN 客户端，2 台主机要求只安装 Windows 操作系统。实验内容和步骤如下。

内容一：利用 IPSec 协议配置 VPN 网络。

步骤 1：配置 Windows 内置的 IPSec 安全策略。

（1）默认情况下，系统内置了"安全服务器"、"客户端"、"服务器"三个安全选项。将"安全服务器"的"策略已指派"中的选项更改为"是"，选中"所有 ICMP 通信量"选项，将该安全规则设置为"必须建立安全的连接"。

选择采用预共享密钥的方式进行身份认证，设置共享密钥 C。对"所有 IP 通信量"做同样的配置。

（2）在另一台主机上执行 ping 命令测试两者之间的连接，观察结果。

在该主机上做同样的设置，密钥也设置为 C，重新执行 ping 命令测试，观察结果。

（3）以命令行方式输入 ipsecmon 命令，在 IPSec 的安全监视器中查看相关的详细属性。

步骤 2：配置专用的 IPSec 安全策略。

（1）使用"IP 安全策略向导"定制专用的 IPSec 安全策略，并添加 IP 安全规则，选择采用预共享密钥的方式进行身份认证，并设置密钥为 C；在 IP 筛选器列表的配置项中，添加一个新的 IP 筛选器列表，设置源地址为"我的 IP 地址"，目的地址为"任何 IP 地址"；添加好新的 IP 筛选器列表后，编辑该筛选器列表的操作，让其进行 IPSec 安全协商，不和不支持 IPSec 的计算机进行通信等。

（2）尝试执行 ping 命令测试与另一台主机之间的连接，观察结果；在另一台主机上执行 ping 命令测试两者之间的连接，观察结果。在另一台主机上做同样的设置，密钥也设置为 C，重新执行 ping 命令测试，观察结果。

（3）以命令行方式输入 ipsecmon 命令，在 IPSec 的安全监视器中查看相关的详细属性。

内容二：使用 Wireshark(或 Sniffer)工具捕获 VPN 网络中的数据包。

采用 IPSec 隧道模式在 2 台主机之间配置 VPN，采用抓包工具探测 2 台主机之间的数据包，查看数据的机密性。

实验要求：

（1）简单阐述实验原理。

（2）写出内容一中执行不同的 ping 命令测试连接的结果，并分析总结原因。

（3）写出内容二的实验步骤和分析结果。

(4) 对应捕获的数据包,分析 IPSec 建立连接和加密的原理。

9. 按要求配置虚拟专网 VPN,如图 10-15 所示。

(1) 配置 IKE 协商的参数,指定认证所用的算法是 SHA,加密所用的算法是 3DES,SA 的生存时间为 6400,配置预先共享的密钥,此密码是手工指定的。

(2) 配置 IPSec 的传输模式(模式名称为 kun,AH 验证为 ah-sha-hmac,ESP 加密为 esp-3des,ESP 验证为 esp-sha-hmac)。

(3) 进行数据加密传输验证。

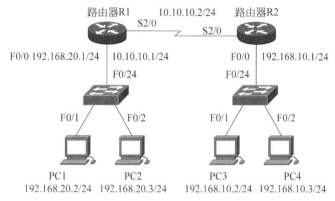

图 10-15 第 9 题拓扑结构

10. 实验拓扑如图 10-16 所示,请按要求完成实验。

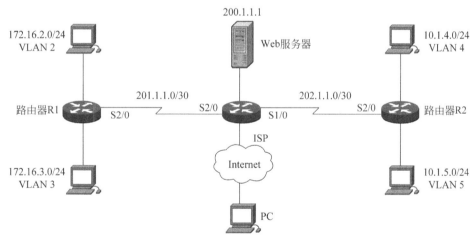

图 10-16 第 10 题拓扑结构

实验要求:

(1) 按图 10-16 搭建拓扑,其中 PC 为外网用机,桥接 1 台路由器再连接到 ISP。

(2) PC 可以通过 PPTP 访问内网的 VLAN 2,同时可以访问 ISP 上面的 Web 服务器。

(3) 要求内网之间建立 IPSEC-VPN,以便安全地通过 ISP 传送之间的流量,其中 VLAN 3 到 VLAN 4 要求采用 3DES 加密和 MD5 Hash 算法;VLAN 3 到 VLAN 5 之间采用 AES 加密和 SHA Hash 算法,其他流量采用 DES 加密和 MD5 Hash 算法。

(4) 确保内网可以访问 ISP。

第11章 IPv6 技术

本章内容包括 IPv6 的地址体系，IPv6 下的计算机地址配置方式，IPv6 的静态路由和动态路由、支持 IPv6 的动态路由协议 RIPng，访问控制列表和 OSPF 协议 v3 的配置。此外还介绍了 IPv6 和 IPv4 过渡技术，双协议栈技术，6to4 的隧道技术，ISATAP 隧道和 NAT-PT 技术。

11.1 IPv6 报头结构

随着互联网规模的扩大以及网络用户的增加和用户需求的多样性，IPv4 的局限性开始突显出来，IPv6 作为下一代互联网的基础，因其具备 IPv4 不可比拟的优势而得到广泛的认可。IPv6 继承了 IPv4 的优点，并根据 IPv4 多年的运行经验进行了大幅度修改和功能扩充。IPv6 报头比 IPv4 报头简单，其中删除了 IPv4 报头中许多不常用的字段，从而使包处理更有效率。IPv6 基本报头的长度固定为 40B，其格式如图 11-1 所示。

图 11-1　IPv6 基本报头

11.2 IPv6 地址技术

IPv6 地址长度为 128 位，理论上，IPv6 地址一共有 2^{128} 个。与 IPv4 简洁的点分十进制表示法相比，IPv6 地址的表示显得很长。IPv6 使用":"将其分割成 8 个 16 位的数组，每个数组表示为 4 位十六进制数。

11.2.1 IPv6 地址表示法

IPv6 地址一般有 4 种文本表示形式。
1. 首选格式
把 128 位划分成 8 段，每段为 16 位并用十六进制表示，并使用":"等间距分隔。例如：

F045:4562:5804:3222:FE45:B6B8:7AC4:3320

2. 压缩格式
在某些 IPv6 的地址形式中，很可能地址包含了长串的"0"。为书写方便，可以将"0"压缩，即一连串的"0"可用一对":"取代。例如以下地址：

```
1623:0:0:0:8:6330:20BC:411A
```

可以表示如下:

```
1623::8:6330:20BC:411A
```

但要注意,为了避免出现地址表示不清晰,"::"在一个地址中只能出现一次。

3. 内嵌 IPv4 的 IPv6 地址

在网络还没有全部从 IPv4 过渡到 IPv6 时,可能出现某些设备既连接了 IPv4 网络,又连接了 IPv6 网络。对于这样的情况,需要一个地址既可以表示 IPv4 地址,又可以表示 IPv6 地址。

因为一个 IPv4 地址为 32 位,一个 IPv6 地址为 128 位,将一个 IPv4 地址表示为 IPv6 地址,就要将一个 IPv4 地址增加 96 位,使其位数达到 128 位,以便符合 IPv6 地址格式。实际使用时是在 IPv4 原有地址的基础上增加 96 个 0,结果变成 128 位。增加的 96 个 0 再结合原有的 IPv4 地址,组合成 IPv6 地址,表示为 0:0:0:0:0:0:X.X.X.X,或者写为::X.X.X.X,其中 X 分别代表地址中的 8 位,用十进制表示。例如:0:0:0:0:0:0:172.16.1.1 以压缩形式表示为::172.16.1.1。

4. "地址/前缀长度"表示法

IPv6 地址结构由"前缀+端口标识"构成。其中,前缀相当于 IPv4 地址中的网络 ID;端口标识相当于 IPv4 地址中的主机 ID。

前缀是地址的一部分,这部分有固定的值或者是路由或子网的标识。用作 IPv6 子网或路由标识的前缀,其表示方法与 IPv4 中的无类域间路由(CIDR)表示法相同。IPv6 前缀用"地址/前缀长度"表示法表示,其中"前缀长度"是一个十进制数,表示该地址的前多少位是地址前缀。例如:2001:A304:6101:1::E0:F726:4E58/64 是一个子网前缀,64 位前缀表示节点所在的单个子网。所有子网都有相应的 64 位前缀,如图 11-2 所示。任何少于 64 位的前缀是路由前缀或是包含了部分 IPv6 地址空间的一个地址范围。

图 11-2 前缀+端口标识结构

11.2.2 IPv6 地址分类

IPv4 将地址分为 A、B、C、D、E 类,由于分类的不合理,浪费了大量的可使用地址。而 IPv6 地址是独立端口的标识符,所有的 IPv6 地址都被分配到端口。与 IPv4 地址空间被划分为单播地址和多播地址相似,IPv6 地址空间也是基于地址中高位的值进行划分。IPv6 地址划分为单播地址、泛播地址和多播地址。IPv6 主要通过其地址前缀划分其传输类型,其定义了 3 种 IPv6 地址类型:单播(Unicast)、组播(Multicast)和泛播(Anycast)。

表 11-1 比较了 IPv4 和 IPv6 地址的区别。

表 11-1　IPv4 和 IPv6 地址的区别

地 址 类 型	IPv4 地址表示	IPv6 地址表示
组播地址	224.0.0.0/4	FF00::/8(二进制前缀 11111111)
广播地址	主机位全 1	无,只有泛播地址
未指定地址	0.0.0.0	::/128
环回地址	172.0.0.1	::1/128
	公用 IP 地址	可汇集全球单点传播地址
	私有 IP 地址:10.0.0.0/8、172.16.0.0/12 和 192.168.0.0/16	本地站点地址:FEC0::/10(二进制前缀 1111111011)
	Microsoft 自动专用 IP 寻址自动配置的地址:169.254.0.0/16	本地链路地址:FE80::/10(二进制前缀 1111111010)
表示方式	点分十进制	冒号十六进制格式(取消前置零、零压缩)
子网掩码表示	以点分十进制表示或前缀长度表示(CIDR)的子网掩码	仅使用前缀长度表示法(CIDR)

说明：

(1) 全球单播地址等同于 IPv4 公网地址,提供给网络服务提供商。这种类型的地址允许路由前缀的聚合,从而限制了全球路由表项的数量。例如 2001:A304:6101:1::E0:F726:4E58。

(2) 链路本地地址用于邻居发现协议和无状态自动配置中链路本地上节点之间的通信。使用链路本地地址作为源或目的地址的数据报文不会被转发到其他链路上。例如 FE80::E0:F726:4E58。

(3) 站点本地地址与 IPv4 中的私有地址类似。使用站点本地地址作为源或目的地址的数据报文不会被转发到本站点(相当于一个私有网络)外的其他站点。例如 FEC0::E0:F726:4E58。

11.2.3　IPv6 地址配置方法

IPv6 地址配置可以分为手动配置和自动配置两种方式。自动地址配置方式又可以分为无状态地址自动配置(ND 协议)和有状态地址自动配置(DHCPv6)两种。在无状态地址自动配置方式下,网络端口接收路由器通知的全局地址前缀,再结合端口 ID 得到一个可聚集全局单播地址。在有状态地址自动配置的方式下,主要采用动态主机配置协议(DHCPv6),需要配备专门的 DHCP 服务器,网络端口通过客户机/服务器模式从 DHCP 服务器得到地址配置信息。有状态自动配置则与 IPv4 中使用的 DHCP 服务器配置十分类似。

无状态自动配置利用网络中的设备通过链路本地单播地址自动进行地址配置。该过程在开始时是从路由器学习前缀信息,然后将设备自己的端口地址作为端口 ID 附加上去。端口 ID 的获得方式如下:以太网中的每台设备的物理 MAC 地址是 48 位,但 IPv6 地址中的端口 ID 是 64 位,因此需要再加上 16 位,这 16 位是在 MAC 地址的中间填充 FFFE。

例如,假设某台设备的 MAC 地址如下:

00E0.1234.5678

中间位置即在 12～34 之间,填充后是 12FFFE34,分成两部分写的整个地址就是 02E0.12FF.FE34.5678。

注意 00E0 与 02E0 的区别。如果地址是本地或全球唯一的,那么填充过程的部分(称为改进的 eui-64 格式)会将一位改为特定的数字,被改动的这一位是二进制 MAC 地址中的第 7 位。若这一位的值为 1,则意味着是全球唯一的;若这一位的值为 0,则意味着是本地唯一的。以上述例子为例,02E0.12FF.FE34.5678 是全球唯一的,而 00E0.12FF.FE34.5678 则是本地唯一的。

由于 FE80 是链路本地地址的固定前缀,最终形成的本地链路地址表示为 FE80::02E0:12FF:FE34:5678。

11.2.4　IPv6 数据包

IPv6 数据包由一个 IPv6 基本报头、多个扩展报头和一个上层协议数据单元组成,每个 IPv6 数据包的基本报头长度固定为 40B。IPv6 数据包可以包含一个或多个扩展报头,也可以没有扩展报头。这些扩展报头可以具有不同的长度(为 8 的整数倍),每种扩展报头有自己特定的协议号。例如:路由报头(指明包在到达目的途中将经过哪些节点)为 43、身份验证 AH 报头(对 IPv6 报头、扩展报头和净荷的某些部分进行加密的校验和的计算)为 51。上层协议数据单元一般由上层协议报头和其有效载荷构成,有效载荷可以是一个 ICMPv6 报文、一个 TCP 报文或一个 UDP 报文,如图 11-3 所示。

图 11-3　典型的 IPv6 数据包

11.3　IPv6 邻居发现协议

IPv6 中的邻居发现协议(Neighbor Discovery Protocol,NDP)通过 Internet 控制报文协议 ICMPv6 报文承载,用于管理相邻节点的交互,解决了连接在同一链路上的节点之间的交互问题。邻居发现结合了 IPv4 中使用的 ARP、ICMP 路由器发现和 ICMP 重定向报文,是利用一系列的报文和步骤确定相邻节点之间关系的过程,发现直接连接在同一链路上的其他 IPv6 节点,并完成地址的自动配置,使邻居节点间能够互相通信。

NDP 定义了 5 种 ICMPv6 报文类型实现相邻节点(同一链路上的节点)的交互管理,并在一个子网中保持网络层地址和链路层地址之间的映射。这5种类型的信息分别是路由器请求(ICMPv6 类型133)、路由器宣告(ICMPv6 类型134)、邻居请求(ICMPv6 类型135)、邻居宣告(ICMPv6 类型136)和重定向(ICMPv6 类型137)。在一个 IPv6 数据报中,如果该数据报的"下一个报头"字段的值为58,且 ICMPv6 报文中类型字段取值范围为133~137,则此 IPv6 报文的数据部分含有邻居发现协议报文。

(1) 路由请求报文(Router Solicitation Message,RS)。

类型字段值为133,主机节点主要通过发送 RS 报文以发现本地链路上的路由器。为了使路由器迅速产生路由通告,主机也可以发送多播路由请求报文,以提示路由器不必按照固定的时间间隔,立即发出一个路由通告报文。RS 报文格式与 ICMPv4 类似,但为了使路由器应答更容易,增加了选项字段,以使主机能够携带其链路层地址,路由请求报文的格式如图11-4所示。

8位类型=133	8位代码=0	16位校验和=ICMPv6的校验和
32位保留=0		
选项(长度不定,可以是发送方的链路层地址)		

图11-4 路由请求报文的格式

(2) 路由通告报文(Router Advertisement Message,RA)。

类型字段值为134,IPv6 路由器周期性地发送 RA 或者对接收到的 RS 进行响应。若 RA 报文中的目的地址是全节点多播地址 FF02::1,则此路由通告报文是周期性发出的;若目的地址是发出路由请求报文的端口的单播地址,则此路由通告报文是作为路由请求报文的响应而发出的。路由通告报文的格式如图11-5所示。

8位类型=134		8位代码=0		16位校验和=ICMPv6的校验和
8位当前跳数限制	M	O	保留字	路由器生命期
可达时间				
重新传输定时器				
选项(长度可变)				

图11-5 路由通告报文的格式

其中,M 标志字段称为管理地址配置标志,表示地址自动配置的方式是有状态还是无状态地址配置协议;O 标志字段称为其他状态配置标志位,决定节点与地址无关的其他信息的配置方式;选项字段目前可能的值为源链路层地址、最大传输单元 MTU、前缀信息、通告间隔、家乡代理信息和路由信息。

(3) 邻居请求报文(Neighbor Solicitation Message,NS)。

类型字段值为135,节点通过发送 NS 报文发现链路上目的节点的链路层地址,此功能类似于 IPv4 中的 ARP 协议,也可用于重复地址检测(DAD),验证所生成地址的可用性。一般情况下,NS 报文包含发送方的源链路层地址,当进行地址解析时,目的地址是一个多播地址,而在验证某相邻节点是否可达时,目的地址要验证邻居的单播地址。邻居请求报文的格式如图11-6所示。

8位类型=135	8位代码=0	16位校验和=ICMPv6的校验和
32位保留=0		
128位目的地址=目的IP地址		
选项		

图 11-6　邻居请求报文的格式

（4）邻居通告报文（Neighbor Advertisement Message，NA）。

类型字段值为136，主要通过单播形式对邻居节点所发送的邻居请求报文进行响应，或周期性向相邻节点广播自己的链路层地址。如果邻居通告报文中的目的地址是发出 NS 报文端口的源地址，那么此报文是对邻居请求报文的应答；如果 IPv6 报头中的目的地址是全节点多播地址 FF02::1，那么该报文是自发的或周期性传播新信息的邻居通告报文。邻居通告报文的格式如图 11-7 所示。

8位类型=136	8位代码=0	16位校验和=ICMPv6的校验和
1位路由器标志　1位请求标志　1位覆盖标志		29位保留=0
128位目的地址=要通告的地址		
选项		

图 11-7　邻居通告报文的格式

图 11-7 中，"1 位路由器标志"表示相邻节点通告报文的发送者角色，当发送者是路由器时标志为 1，否则为 0；当"1 位请求标志"值为 1 时，表示已经发送了相邻节点通告报文响应相邻节点请求报文；当"1 位覆盖标志"值为 1 时，表示应该用包含在目标链路层地址选项中的链路层地址覆盖当前的相邻节点高速缓存表项中的链路层地址；当"选项"存在时，包含了相邻节点通告报文的发送者的链路层地址。

（5）重定向报文（Redirect Message）。

类型字段值为137，用于通知主机在去往目的路径上的一个更好的下一跳地址，或告知主机所使用的目的地实际上是同一链路内的一个邻居。重定向报文的格式如图 11-8 所示。

8位类型=137	8位代码=0	16位校验和=ICMPv6的校验和
32位保留(发送者初始化为0)		
128位下一跳地址		
128位目的地址		
选项		

图 11-8　重定向报文的格式

其中，"128 位下一跳地址"表示发往目的地址字段所表示的节点的数据包的更好的下一跳地址；"128 位目的地址"包含了引发路由器发送重定向报文的数据包的目的地址；"选项"包含了下一跳（后续数据包首先发往的节点）的链路地址。含有重定向报文 IPv6 报头中的源地址必须是发送重定向报文。

链路上的邻居发现过程由地址解析、重复地址检测、邻居不可达检测、路由器发现（包括前缀和参数发现）、重定向等过程组成。

① 地址解析。

IPv4 的地址解析通过 ARP 和 RARP 实现，IPv6 不再采用这两个协议。IPv6 节点的地址解析通过邻居请求报文和邻居通告报文的交互，解析给定目标的链路上下一跳地址的链路层地址。发送主机在适当的端口上发送多播邻居请求报文。邻居请求报文的多播地址是从目的 IP 地址得到的请求节点的多播地址。邻居请求报文中包含了在源链路层地址选项中的发送主机的链路层地址。

当目的主机收到邻居请求报文后，会根据邻居请求报文中的源地址和源链路层地址选项中的链路层地址更新自己的邻居高速缓存。接着，目的节点向邻居请求报文的发送方发送一个单播邻居通告报文。邻居通告报文中包含目标链路层地址选项。当收到来自目标节点的邻居通告报文后，发送主机会根据目标链路层地址选项中的信息，创建一个关于目标节点的新的表项，以更新它的邻居高速缓存。这时，在发送主机和邻居请求报文的目标中间便可发送单播 IPv6 业务流。

② 重复地址检测。

IPv6 节点使用邻居请求报文检测本地链路上是否有正在使用的重复地址。在 IPv6 重复地址检测中，邻居请求报文中的目的地址字段被置为检测出的重复 IPv6 地址。

在重复地址检测的邻居请求报文中，IPv6 报头中的源地址字段的值为未指定地址（::）。在重复地址检测的邻居请求报文进行应答的邻居通告报文中，IPv6 报头中的目的地址字段的值为链路本地范围所有节点多播地址(FF02::1)，而邻居通告报文中的请求标志为 0。

当一个节点接收到多播邻居通告报文后（报文中的目的地址字段被置为检测到的重复 IP 地址），它就会禁止使用自己端口上的重复 IP 地址。如果此节点没有接收到阻止使用该 IP 地址的邻居通告报文，它就会在自己的端口上初始化该地址。

③ 邻居不可达检测。

如果确认了发送给相邻节点的 IPv6 数据包已被相邻节点接收并处理，那么相邻节点便可以到达。验证相邻节点的不可到达性，并不表示也必然验证了从发送节点到目的节点的端到端的可到达性。因为相邻节点可能是主机或路由器，所以相邻节点并不一定就是数据包的最终目标。相邻节点不可到达仅仅验证了到目标的第一跳的可到达性。

确认可到达性的方法之一是通过发送单播邻居请求报文和接收响应请求的邻居通告报文完成。响应请求的邻居通告报文仅用于响应邻居请求报文，响应请求的邻居通告报文会将其报文中的请求标志置为 1。自发的邻居通告报文或路由器通告报文并不能用于验证可到达性。邻居请求报文和邻居通告报文的交互仅能确认从发送邻居请求报文的节点到发送邻居通告报文的节点的可到达性，并不能验证从发送邻居通告报文的节点到发送邻居请求报文节点的可到达性。

④ 路由器和前缀发现。

路由器和前缀发现是指通过邻居发现协议的 RS 报文和 RA 报文，一方面确定相邻的路由器，另一方面根据路由通告报文的标志位信息及前缀信息选项获得与地址自动配置有关的前缀信息和参数的过程。

路由器和前缀发现可以通过两种方式实现，一种是主机和路由器交互 RS 和 RA 报文，另一种是路由器周期性发送 RA 报文通告自己的信息。

第一种方式的过程类似于地址解析过程，首先主机节点向本链路内路由器的多播地址(FF02::2)发送 RS 报文，接收到请求报文后，链路内所有的路由器都会向请求节点发送包含地址前缀和路由信息等信息的 RA 报文，主机根据接收到的 RA 报文选项中的地址前缀和路由器等信息实现路由器和前缀发现功能。

第二种方式是 IPv6 路由器通过在本地链路周期性发送 RA 报文的方式向主机节点主动报告自己的信息。主机节点根据接收到路由通告报文的信息建立默认路由器列表与前缀列表等其他一些相关参数。

⑤ 重定向。

重定向(Redirect)指路由器通过重定向消息通知主机。对于特定的目的地址，如果不是最佳的路由，则通知主机到达目的地的最佳下一跳地址。

当源节点发送数据包的下一跳地址不是最佳路由时，负责转发数据包的路由器就会产生重定向报文，告诉主机一个更好的下一跳地址，或通知源主机目的地其实是本地链路上的一个邻居。重定向功能的实现如图 11-9 所示。

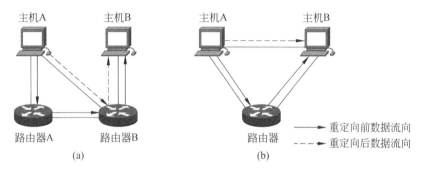

图 11-9　路由重定向

路由器使用重定向功能通知源主机有更好的第一跳相邻节点，发往指定目标的业务流应该首先被发到该相邻节点。

对于重定向技术，每台路由器必须能够确定它的所有邻居路由器的本地链路地址，才能根据重定向报文的目的地址确定邻居路由器。主机节点收到有效的重定向报文后，就会根据目标链路层地址选项的内容更新自己的目的缓存表。重定向报文不能由主机发送，只能通过路由器以单播形式发送给主机。

实验 11-1　IPv6 邻居发现

【实验目的】

掌握 IPv6 邻居发现功能。

【实验原理】

在局域网中的 2 台主机 A 与 B 之间通信前，主机 A 必须首先获取主机 B 的 MAC 地址，主要步骤如下。

(1) 主机 A 以广播的方式向 FE02::1 发送一个 ICMPv6 NS 消息，询问主机 B 的 MAC 地址。

(2) 局域网中每个节点都能接收到该 NS 请求，当一个节点接收到该 NS 请求后，将目的 MAC 地址与自身 MAC 地址进行比较,如果不一致,则不应答;反之,如果所请求的 MAC 地址与自身 MAC 地址相等,则回应一个邻居通告消息 NA,表明自己就是所要请求的节点,如图 11-10 所示。

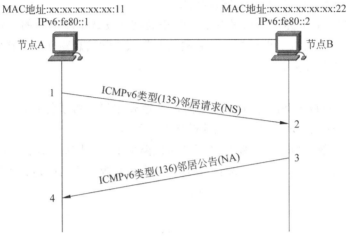

图 11-10　IPv6 邻居发现

【实验拓扑】

本实验的拓扑结构如图 11-11 所示。

图 11-11　IPv6 邻居发现协议拓扑

【实验设备】

计算机 1 台,路由器 1 台。

【实验步骤】

分析:启用设备的路由公告功能后,设备能自动发现链路上的其他 IPv6 设备。在设备上启用 IPv6,查看设备是否能发现邻居。如果能够发现链路上的其他设备,则说明邻居发现协议运行正常。

步骤 1:

(1) 配置主机 IPv6 地址。

```
C:\>netsh interface ipv6 add address "实验网" 1::2
```

其中,"实验网"是指网卡的标识符,可通过"网络和共享中心"→"更改选配器设置"查看。

(2) 在命令窗口下通过执行 ipconfig 命令(或命令 netsh interface ipv6 show address interface=实验网)查看设置情况,并记录。

步骤 2:进入路由器相应端口进行配置。

```
Router#config
Router(config)#interface gigabitethernet 0/1
```

```
Router(config-if)#ipv6 address 1::1/64      !配置端口 0/1 的 IPv6 地址
Router(config-if)#ipv6 enable               !启用 IPv6 协议
Router(config-if)#no ipv6 nd suppress-r     !启用 IPv6 邻居发现功能(默认为不允许)
Router(config-if)#no shutdown
Router(config-if)#exit
Router(config)#exit
```

步骤 3：验证配置。

(1) 查看路由器邻居。

```
Router#show ipv6 neighbors
```

(2) 查看主机邻居。

```
netsh interface ipv6 show neighbors interface=实验网
```

(3) 在命令窗口下通过执行 ipconfig 命令查看，与步骤 1 中的(3)进行比较并分析 IPv6 的地址构成。

步骤 4：协议分析。

(1) 启动协议分析软件 Wireshark。

(2) 在主机上执行命令 ping 默认网关的 IP。

(3) 捕获 ICMPv6 的 Echo Reqest 和 Echo Reply 报文，如图 11-12 所示，并进行分析。

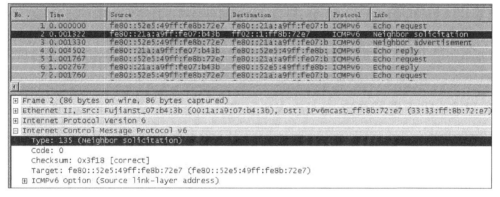

图 11-12　捕获的 ICMPv6 信息报文

Echo Request 报文和 Echo Reply 报文属于 ICMPv6 信息报文，它们的第一个字段是类型，然后是代码字段。标志符字段和序列号字段由发送方主机设置，用于将即将收到的两种报文进行匹配。

IPv6 中的无状态地址配置、地址解析、重复地址检测、路由器发现、重定向以及邻居不可达性检测均属于 IPv6 邻居发现协议的功能范畴。邻居发现协议主要利用以下 5 个消息实现这些功能。

```
Router Solicitation(路由器请求)
Router Advertisement(路由器通告)
Neighbor Solicitation(邻居请求报文)
Neighbor Advertisement(邻居通告报文)
```

Redirect(重定向)

这些消息都承载在 ICMPv6 消息中,分别对应不同的 ICMP 类型。ND 协议的传输协议 ICMPv6 工作在第三层,可以使用三层的组播技术限制报文的传输范围,无需将地址检测报文广播发送,仅需发送到待检测地址所在的组播组即可。

请根据捕获的数据包分析 ND 协议的消息。

【实验思考】

在什么情况下会发送自发的邻居通告报文？在什么情况下路由器会发送路由器通告报文？

11.4 IPv6 路 由

在 IPv6 中仍然使用类似 IPv4 的路由协议。首先是 RIPng(下一代 RIP),由于 RIP 比较适用于小型网络,使得 RIP 一直沿用,并将继续应用在 IPv6 网络中。另外还有路由协议 OSPFv3,它在 IPv6 中是 OSPF 的第 3 版(IPv4 网络中的 OSPF 实际上是第 2 版)。

11.4.1 静态路由

在 IPv6 环境中对于网络规模不大的情况也可以使用静态路由。配置 IPv6 的静态路由和配置 IPv4 的静态路由的道理一样,路由器要知道到达所有网络的路由。

在 IPv4 中,静态路由必须采用手工配置,而在 IPv6 中,采用静态路由算法的路由器通常可以不采用手工配置的默认路由,而利用邻居发现协议可以自动获得相应的默认路由。

实验 11-2 IPv6 静态路由

【实验目的】

掌握在 IPv6 环境下通过静态路由的设置实现不同网段的通信。

【实验基础】

IPv6 节点与 IPv4 节点一样,也是通过使用本地 IPv6 路由表决定如何转发数据包。在 IPv6 协议刚初始化时,节点就会创建 IPv6 路由表中的默认表项。而非默认表项,则可以通过手工配置,或者当接收到包含在链路上前缀的路由信息的路由器通告报文时,再将其添加到路由表中。

1. IPv6 路由表

每个节点中都会有一个路由表。在路由表中存储了 IPv6 的网络前缀以及怎样(直接或是间接)才能到达它们的信息。系统在查看 IPv6 路由表之前,首先要在目的高速缓存中进行检查,查看是否存在一个与即将转发的 IPv6 数据包的目的地址相匹配的表项。当在目的高速缓存中不存在与目的地址相匹配的路由表项时,就用路由表确定。

(1) 用于进行转发数据包的端口(下一跳端口)。

该端口标识了一个用于将数据包转发给目标或下一跳路由器的物理或逻辑端口。

（2）下一跳地址。

如果是直接发送（目的地址在本地链路上），那么下一跳地址就是数据包的目的地址。如果是间接发送（目的地址不在本地链路上），下一跳地址就是一台路由器的地址。

当下一跳端口和地址确定后，就要立即更新目的高速缓存。以后发送到该目的地址的数据包都要使用该目的高速缓存表项，而不用再查看路由表。

2. IPv6 路由表项的类型

IPv6 路由表的表项用于存储下列类型的路由。

（1）直接连接的网络路由。

这些路由是直接连接的子网的网络前缀，它们的长度通常为 64 位。

（2）远程网络路由。

这些路由是不能直接连接但是通过其他路由器又可以到达的子网的路由前缀。远程网络路由可以是子网的网络前缀（通常前缀长度为 64 位），也可以是一个地址空间的前缀（通常前缀长度小于 64 位）。

（3）主机路由。

主机路由是能够到达某一特定 IPv6 地址的路由。主机路由可以基于每个 IPv6 地址。主机路由的前缀是一个拥有 128 位前缀长度的特定 IPv6 地址，而两种网络路由都具有长度小于 128 位的路由前缀。

（4）默认路由。

当某一个指定网络或主机的路由找不到时，就会使用默认路由。默认路由的前缀长度为::/0。

3. 确定路由的过程

IPv6 使用以下过程确定使用哪个路由表项进行转发。

（1）针对路由表中的每一项，将网络前缀与目的地址中的相应位进行比较，比较多少位由路由的前缀长度确定。在路由前缀长度的位数中，一旦网络前缀中的所有位都与 IPv6 目的地址中的所有位相匹配，就说明此路由和目的地址相匹配。

（2）形成一个匹配路由的列表。在该列表中，需要选择具有最大前缀长度的路由（即与目的地址中的最高位相匹配的路由）。最长的匹配路由是到达目标的最确定的路由。假设有多个最长的匹配路由（到达同一个网络前缀的多个路由），那么路由器就要通过最短距离选择最佳路由。若有多个最长匹配和最短距离的路由表项存在，则 IPv6 协议可以选择其中的任何一个路由表项。

对于任何一个指定的目的地址，上述过程将按照下面的顺序对匹配的路由进行寻找。

① 匹配整个目的地址的主机路由。

② 匹配目的地址的具有最长前缀长度的网络路由。

③ 默认路由（网络前缀::/0）。

路由确定过程的最终结果是在路由表中选定一个路由，然后用选定的路由产生下一跳端口地址。假设在源主机上的路由确定过程中寻找失败，那么 IPv6 协议就假设目的地址本地可到达。若是在路由器上的路由确定过程中寻找失败，IPv6 协议就向源主机发送一个 ICMPv6 目标不可到达且没有能够到达目标的路由报文，并丢弃该数据包。

路由确定过程的结果是在路由表中选择一个路由。用选定的路由产生下一跳端口和地址。

IPv6 路由分为静态路由和动态路由。静态路由由手工配置，它在两个网络设备之间定义了明确的路径，如果网络拓扑发生改变，须手动修改；动态路由通过动态路由协议计算得出，按照一定的路由算法，根据网络拓扑结构的变化进行路由的计算和路由表的更新。

IPv6 静态路由具有以下优点：简单、高效、可靠；减少路由器的日常开销；可以控制路由选择的更新；比动态路由协议需要更少的带宽。

IPv6 静态路由的缺点如下：不适于在大型网络中使用；在网络拓扑发生变化时不能自动调节；无法预防配置中可能存在的错误。

一般来说，在小型网络中可以充分利用静态路由的优点；而在大型网络中，在某些情况下为了特殊的目的也会配置少量的静态路由，例如在骨干网中配置默认路由。

【实验拓扑】

根据如图 11-13 所示网络拓扑，通过在路由器上配置 IPv6 地址，在 IPv6 环境下通过静态路由的设置实现不同网段的通信。

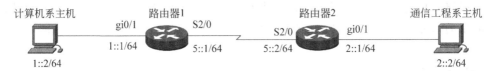

图 11-13　静态路由的设置实现不同网段的通信

【实验设备】

路由器 2 台，计算机 2 台。

【实验步骤】

步骤 1：

(1) 在主机上配置 IPv6 地址。

```
PC1   C:\>netsh interface ipv6 add address "实验网" 1::2
PC2   C:\>netsh interface ipv6 add address "实验网" 2::2
```

(2) 未配置静态路由之前，PC1 与 PC2 能 ping 通吗？请写出验证过程，并分析原因。

(3) 执行 show ipv6 route 命令，记录路由信息。

步骤 2：在路由器 1 上配置端口的 IP 地址。

```
Router1(config)#interface gigabitethernet 0/1
Router1(config-if)#ipv6 address 1::1/64
Router1(config-if)#ipv6 enable
Router1(config-if)#no shutdown
Router1(config-if)#exit
Router1(config)#interface serial2/0
Router1(config-if)#ipv6 add 5::1/64              !点对点链路
Router1(config-if)#ipv6 enable
Router1(config-if)#no shutdown
Router1(config-if)#no ipv6 nd suppress-ra        !允许发送路由器通告报文 (默认为不允
```

许),使主机自动获得网关地址

Router1(config-if)#exit

验证路由器端口配置:

Router1#show ipv6 interfaces

请解读显示的信息条目。应该关注哪些信息?

步骤3:在路由器1上配置静态路由。

Router1(config)#ipv6 route 2::/64 serial2/0 5::2　　!配置静态路由,到达目的网络2::/64的数据包从端口2/0发出去,并且交给下一跳地址5::2

Router1(config)#end

验证测试:查看路由器1上的静态路由配置。

Router1#show ipv6 route

路由表中有静态路由信息吗? 请与步骤1中的路由表进行比对。

步骤4:配置路由器2的端口地址。

Router2(config)#interface gigabitethernet 0/1
Router2(config-if)#ipv6 add 2::1/64
Router2(config-if)#ipv6 enable
Router2(config-if)#no shutdown
Router2(config-if)#exit
Router2(config)#interface serial 2/0
Router2(config-if)#ipv6 add 5::2/64
Router2(config-if)#ipv6 enable
Router2(config-if)#no shutdown
Router2(config-if)#no ipv6 nd suppress-ra
Router2(config-if)#exit

验证测试:查看端口状态。

Router2#show ipv6 interfaces

请解读显示的信息条目。这些信息与路由器1有关联吗?

步骤5:配置路由器2的静态路由。

Router2(config)#ipv6 route 1::/64 serial2/0 5::1　　!到达目的网络1::/64的数据包从端口2/0发出,并且交给下一跳地址5::1

Router2(config)#end

验证测试:验证路由器2上的静态路由配置。

Router2#show ipv6 route

路由表中有静态路由信息吗? 请与步骤1中的路由表进行比对。

步骤6:验证测试。

(1)在主机上验证路由是否连通。

(2) 在主机上通过执行 tracert 命令查看路由情况。

(3) 在 2 台路由器的端口 0/0 上各加接 1 台计算机(PC3 和 PC4)，地址为 3::1/64 和 4::1/64，画出拓扑图。在上述配置的基础上，使 PC3 与 PC4 连通，写出新增加的配置代码。最后测试 PC1～PC4 是否互通。

11.4.2 IPv6 RIPng

RIPng 又称为下一代 RIP(RIP next generation)，它是对 IPv4 网络中 RIPv2 协议的扩展。大多数 RIP 的概念都可以用于 RIPng。

在 IPv6 网络中，RIPng 对原有的 RIP 进行了修改。例如，使用 UDP 的 521 端口发送和接收路由信息；使用 FF02::9 作为链路本地范围内的 RIPng 路由器组播地址；目的地址使用 128 位的前缀长度；下一跳地址使用 128 位的 IPv6 地址；使用链路本地地址作为源地址发送 RIPng 路由信息更新报文。

1. RIPng 工作机制

RIPng 协议是基于距离矢量算法的协议。它通过 UDP 报文交换路由信息，使用的端口号为 521。

RIPng 协议用跳数衡量到达目的地址的距离。在 RIPng 中，从一台路由器到其直连网络的跳数为 0，通过与其相连的路由器到达另一个网络的跳数为 1，以此类推。当跳数大于或等于 16 时，目的网络或主机就被定义为不可达。

默认情况下，RIPng 每 30s 发送一次路由更新报文。如果在 180s 内没有收到网络邻居的路由更新报文，RIPng 将从邻居学习到的所有路由标识认为是不可达的。如果再过 240s 内仍没有收到邻居的路由更新报文，RIPng 将从路由表中彻底删除这些路由。

为了提高性能并避免形成路由循环，RIPng 既支持水平分割也支持毒性逆转。此外，RIPng 也可以从其他的路由协议中引入路由。

与 RIP 一样，每台运行 RIPng 的路由器都管理着路由数据库，包括到达网络中所有可达目的地址的路由项。

2. RIPng 的报文格式

RIPng 报文由头部和多个路由表项组成。在同一个 RIPng 报文中，路由表项的最大条数与发送端口 MTU 有关。

RIPng 是基于 UDP 的协议，使用 521 端口发送和接收数据报。RIPng 报文分为两类：选路信息报文和请求信息报文。它们都使用相同的格式，由固定的首部和路由表项组成，其中路由表项可以有多个。

首部包括命令字段和版本号字段。同 RIP 一样，命令字段用于区分报文要实现的各种操作。其中命令号 1 表示请求，命令号 2 表示响应。

路由器或主机可以通过发送请求命令向另一个路由请求选路信息，路由器使用响应命令回答。版本号字段包含了协议的版本号(目前的版本号值为 1)，接收方会检测该字段，以确定对方运行的 RIPng 协议是否能进行正确的解释。

报文中每个路由表项由目的 IPv6 前缀、路由标记、前缀长度以及到达目的网络的开销组成，如图 11-14 所示。

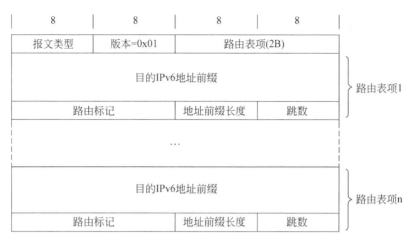

图 11-14 RIPng 报文格式

其中,报文的类型:0x01 表示 Request 报文,0x02 表示 Response 报文。

路由标记字段是从 RIP 中保留下来的,其用途是用于对外部路由做标志,以区分内部路由和外部路由,供外部网关路由协议(如 EGP 或 BGP)使用。该字段也可用于其他目的,只要网络内所有运行 RIPng 的路由器对其解释是一致的。

前缀长度字段指明了前缀中有效位的长度,IPv6 中使用了前缀长度的概念代替了 IPv4 中的子网掩码。由于 IPv6 地址的意义很明确,因此 RIPng 中不再区分网络路由、子网路由或主机路由。

3. RIPng 报文处理过程

RIPng 报文分为 RIPng Request 报文和 Request Response 报文。

(1) Request 报文。当 RIPng 路由器启动后或者需要更新部分路由表项时,便会发出 Request 报文,向邻居请求需要的路由信息。通常情况下以组播方式发送 Request 报文。

收到 Request 报文的 RIPng 路由器会对其中的路由表项进行处理。如果 Request 报文中只有一项路由表项,且 IPv6 前缀和前缀长度都为 0,度量值为 16,则表示请求邻居发送全部路由信息。被请求路由器收到后会把当前路由表中的全部路由信息以 Response 报文形式发回给请求路由器。如果 Request 报文中有多项路由表项,被请求路由器将对路由表项逐项处理,更新每个路由的度量值,最后以 Response 报文形式返回给请求路由器。

(2) Response 报文。Response 报文包含本地路由表的信息,一般在下列情况下产生:
① 对某个 Request 报文进行响应。
② 作为更新报文周期性地发出。
③ 在路由发生变化时触发更新。

收到 Response 报文的路由器会更新自己的 RIPng 路由表。为了保证路由的准确性,RIPng 路由器会对收到的 Response 报文进行有效性检查,例如源 IPv6 地址是否是链路本地地址、端口号是否正确等,没有通过检查的报文会被忽略。

实验 11-3　IPv6 RIPng

【实验目的】
掌握基于 IPv6 的动态路由协议 RIPng 的配置方法。

【实验拓扑】
网络拓扑如图 11-15 所示,网络中有 3 个 IPv6 网段,需要在 IPv6 环境中配置动态路由协议 RIPng,使网络连通。

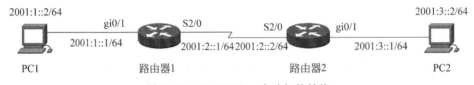

图 11-15　IPv6 RIPng 实验拓扑结构

【实验设备】
路由器 2 台,计算机 2 台。

【实验步骤】
步骤 1:
(1) 在主机上配置 IPv6 地址。

PC1 C:\>netsh interface ipv6 add address "实验网" 1::2
PC2 C:\>netsh interface ipv6 add address "实验网" 3::2

(2) 记录路由器 1 和路由器 2 的路由信息(执行 show ipv6 route 命令)。
步骤 2:在路由器 1 上配置 RIPng。

Router1(config)#ipv6 unicast-routing   !在路由器上启用 IPv6
Router1(config)#ipv6 router rip ds
                      !启用 RIPng,后面的"ds"是 RIPng 进程名称,可以是数字和字符
Router1(config-rtr)#exit
Router1(config)#interface gigabitethernet 0/1
Router1(config-if)#ipv6 rip ds enable   !在该端口启用 RIPng,相当于 network 的作用
Router1(config-if)#exit
Router1(config)#interface serial 2/0
Router1(config-if)#ipv6 rip ds enable

步骤 3:在路由器 2 上配置 RIPng。

Router2(config)#ipv6 unicast-routing   !在路由器上启用 IPv6
Router2(config)#ipv6 router rip ds   !启用 RIPng,后面的"ds"是名称
Router2(config-rtr)#exit
Router2(config)#interface gigabitethernet 0/1
Router2(config-if)#ipv6 rip ds enable   !在该端口启用 RIPng,相当于 network 的作用
Router2(config-if)#exit
Router2(config)#interface serial 2/0

```
Router2(config-if)#ipv6 rip ds enable
```

步骤 4：在路由器 1 上查看运行的支持 IPv6 的路由协议。

```
Router1#show ipv6 protocols
IPv6 Routing Protocol is "connected"
IPv6 Routing Protocol is "static"
IPv6 Routing Protocol is "rip ds"
Interfaces:
gigabitethernet 0/0
gigabitethernet 0/1
```

步骤 5：

(1) 验证 PC1 与 PC2 之间的连通性。

(2) 查看路由器 1 与路由器 2 的路由表，分析路由结果并与步骤 1 进行比较。

11.4.3　IPv6 OSPFv3

OSPFv3 是 OSPF 第 3 版的简称，主要提供对 IPv6 的支持。

1. OSPFv3 的协议报文

OSPFv3 有 5 种报文类型，分别是 Hello 报文、DD 报文、LSR 报文、LSU 报文和 LSAck 报文。

这 5 种报文有相同的报文头，但是和 OSPFv2 的报文头有一些区别，其长度只有 16B，且没有认证字段。另外就是增加了一个链路标识字段，用于支持在同一条链路上运行多个实例，如图 11-16 所示。

0		15		31
版本=3	类型=1~5		报文总长度	
路由器标识符				
区域标识符				
校验和		链路标识		0

图 11-16　OSPFv3 报文头

其中，OSPF 报文的类型数值为 1~5，分别对应 Hello 报文、DD 报文、LSR 报文、LSU 报文和 LSAck 报文。OSPF 报文的总长度包括报文头在内，单位为字节。

2. OSPFv3 的 LSA 类型

LSA（链路状态通告）在 RFC2740 中定义了 7 种类型。

(1) Router-LSAs(Type1 LSA)：由每台路由器生成，描述本路由器的链路状态和开销，只在路由器所处区域内传播。

(2) Network-LSAs(Type2 LSA)：由广播网络和 NBMA 网络的 DR（指定路由器）生成，描述本网段端口的链路状态，只在 DR 所处区域内传播。

(3) Inter-Area-Prefix-LSAs(Type3 LSA)：和 OSPFv2 中的 Type-3 LSA 类似，该 LSA 由区域边界路由器 ABR 生成，用于把一个区域内的路由信息通告到另外一个区域。

(4) Inter-Area-Router-LSAs(Type4 LSA)：和 OSPFv2 中的 Type-4 LSA 类似,该 LSA 由 ABR 生成,在与该 LSA 相关的区域内传播。每条 Inter-Area-Router-LSA 描述了一个到达本自治系统内的自治系统边界路由器 ASBR 的路由。

(5) AS-external-LSAs(Type5 LSA)：由 ASBR 生成,描述到达其他 AS 的路由,传播到整个 AS(Stub 区域除外)。默认路由也可以用 AS-external-LSAs 描述。

(6) Link-LSAs(Type6 LSA)：路由器为每条链路生成一个 Link-LSA,在本地链路范围内传播。每个 Link-LSA 描述了该链路上所连接的 IPv6 地址前缀及路由器的 Link-local 地址。

(7) Intra-Area-Prefix-LSAs(Type7 LSA)：每个 Intra-Area-Prefix-LSA 包含路由器上的 IPv6 前缀信息,Stub 区域信息或穿越区域的网段信息,该 LSA 在区域内传播。由于 Router-LSA 和 Network-LSA 不再包含地址信息,导致了 Intra-Area-Prefix-LSAs 的引入。

实验 11-4 IPv6 OSPFv3 单区域

【实验目的】
掌握基于 IPv6 的动态路由协议 OSPFv3 的骨干区域配置方法。

【实验拓扑】
网络拓扑如图 11-17 所示,通过在路由器上配置 IPv6 地址,掌握基于 IPv6 的动态路由协议 OSPFv3 的骨干区域配置方法,实现不同网段的通信。

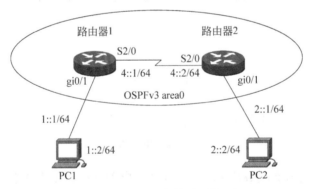

图 11-17 OSPF 的骨干区域配置

【实验设备】
路由器 2 台,计算机 2 台。

【实验步骤】
步骤 1：

(1) 在主机上配置 IPv6 地址。

```
PC1   C:\>netsh interface ipv6 add address "实验网" 1::2
PC2   C:\>netsh interface ipv6 add address "实验网" 2::2
```

(2) 未配置 OSPF 路由之前,PC1 与 PC2 能 ping 通吗?请写出验证过程,并分析原因。

（3）执行 show ipv6 route 命令，记录路由信息。

步骤 2：路由器 1 的端口配置。

Router1(config)#interface serial 2/0
outer1(config-if)#ipv6 add 4::1/64
Router1(config-if)#ipv6 enable
Router1(config-if)#no shutdown
Router1(config-if)#exit
Router1(config)#interface gigabitethernet 0/1
Router1(config-if)#ipv6 add 1::1/64
Router1(config-if)#ipv6 enable
Router1(config-if)#no ipv6 nd suppress-ra
Router1(config-if)#no shutdown
Router1(config-if)#exit
Router1(config)#int loopback 1
Router1(config-if)#ip address 1.1.1.1 255.255.255.0
Router1(config-if)#exit

验证：验证路由器 1 的端口配置。

Router1#show ipv6 interfaces

试解读端口信息。

步骤 3：在路由器 1 上配置 OSPF 路由协议。

Router1(config)#interface serial 2/0
Router1(config-if)#ipv6 ospf 1 area 0   !将相应的端口加入 Area0
Router1(config-if)#exit
Router1(config)#interface gigabitethernet 0/1
Router1(config-if)#ipv6 ospf 1 area 0   !将相应的端口加入 Area0
Router1(config-if)#exit
Router1(config)#ipv6 router ospf
Router1(config-router)#router-id 1.1.1.1   ! 指定路由器的 router-id
Router1(config-router)#end

验证测试：查看路由器 1 的路由表。

Router1#show ipv6 rout

请分析路由各条目。与步骤 1 相比，路由有何变化？

步骤 4：配置路由器 2 的端口。

Router2(config)#interface serial 2/0
Router2(config-if)#ipv6 address 4::2/64
Router2(config-if)#ipv6 enable
Router2(config-if)#no shutdown
Router2(config-if)#exit

```
Router2(config)#interface gigabitethernet 0/1
Router2(config-if)#ipv6 address 2::1/64
Router2(config-if)#ipv6 enable
Router2(config-if)#no ipv6 nd suppress-ra
Router2(config-if)#no shutdown
Router2(config-if)#exit
Router2(config)#interface loopback 1
Router2(config-if)#ip add 2.2.2.2 255.255.255.0
```

验证测试：查看路由器 2 的端口状态。

```
Router2#show ipv6 interfaces
```

请比较路由器 2 与路由器 1 的端口信息，两者有什么联系？

步骤 5：配置路由器 2 的 OSPF 路由协议。

```
Router2(config)#interface serial 2/0
Router2(config-if)#ipv6 ospf 1 area 0
Router2(config-if)#exit
Router2(config)#interface gigabitethernet 0/1
Router2(config-if)#ipv6 ospf 1 area 0
Router2(config-if)#exit
Router2(config)#ipv6 router ospf
Router2(config-router)#router-id 2.2.2.2
```

验证测试：查看路由器 2 的路由表。

```
Router2#show ipv6 route
```

请分析路由条目。与步骤 1 相比，路由有何变化？

步骤 6：实验验证。

(1) 在主机上验证路由是否连通。

(2) 在主机上通过执行 tracert 命令查看路由情况。

(3) 启动抓包软件，分析 OSPFv3 的协议报文情况。

11.5 IPv6 访问控制列表

IPv6 下的访问控制列表（ACL）通过 IPv6 access-list access-list-name 创建，应用 ACL 可以通过 IPv6 traffic-filter access-list-name in/out 实现。

为了支持 NDP 协议，IPv6 中的 ACL 为 NDP 添加了新的隐含 IPv6 规则。ACL 允许从任意地址的邻居请求和邻居公告：

```
Permit icmp any any nd-ns
Permit icmp any any nd-na
Deny ipv6 any any
```

IPv6 标准 ACL 和 IPv4 相同，并无特别的变化，但是 IPv6 扩展 ACL 增加了新特性。

添加了新的可选关键字：dscp、flow-lable、fragments、routing 和 undertermined-transport。支持新的 ICMPv6 消息类型所新添加的关键字：nd-ns、nd-na、router-advertisement 和 router-solicitation。

(1) 标准访问列表。

如果主机 A 要拒绝主机 B 的访问，就可以通过建立 ACL 拒绝主机 B 数据流进入路由器 RA。例如，在路由器 RA 上创建一个标准的访问列表，拒绝地址为 2001：251：ffff：3::2 的主机访问任何地址，并把列表应用在 E1 口的输入方向。在路由器 RA 上配置：

```
RA(config)#ipv6 access-list block-pcb
RA(config-ipv6-acl)#deny host 2001:251:ffff:3::2 any
RA(config-ipv6-acl)#permit ipv6 any any
RA(config-ipv6-acl)#int fa0/1
RA(config-if)#ipv6 traffic-filter block-pcb in
```

这样，主机 B 和主机 A 之间的通信被阻止了。

修改访问列表，删除 permit 语句。按照 IPv4 的 ACL 规则，列表末尾有隐含的 deny any any 语句。IPv6 中也是这样，实际测试时主机 B 和外界的通信确实都已经被阻止了，但是主机 B 和路由器 E1 接口之间有 Neighbor Solicitation 和 Neighbor Advertisement 报文，说明两者能通过。

在 IPv4 的 ACL 中，最后隐含 deny ip any any 语句，但是在 IPv6 的 ACL 中，隐含以下内容

```
Permit icmp any any nd-ns
Permit icmp any any nd-na
Deny ipv6 any any
```

(2) 扩展访问列表。

和 IPv4 一样，扩展访问列表也是基于源地址、目的地址、传输层协议、源端口、目的端口和其他 IP 特性允许或者拒绝数据包通行。扩展访问列表还允许从任意地址到任意地址的邻居请求和邻居通告。

```
Permit icmp any any nd-ns
Permit icmp any any nd-na
```

扩展访问列表还新增了一些特性，添加了新的可选关键字：dscp、flow-lable、fragments、routing 及 undertermined-transport。

由于 IPv6 定义了新的 ICMPv6 消息类型，例如邻居通告、邻居请求、路由器通告和路由器请求，因此添加了新的关键字 nd-na、nd-ns、router-advertisement 以及 router-solicitation。

实验 11-5　IPv6 访问控制列表

【实验目的】

掌握在 IPv6 环境下对访问控制列表的配置。

【实验拓扑】

网络拓扑如图 11-18 所示，通过在路由器上配置 IPv6 地址，掌握在 IPv6 环境下对访问

控制列表的配置。

图 11-18 IPv6 环境下对访问控制列表的配置拓扑

【实验设备】

路由器 1 台，计算机 2 台。

【实验步骤】

步骤 1：

（1）在主机上配置 IPv6 地址。

PC1　C:\>netsh interface ipv6 add address "实验网" 1::2

PC2　C:\>netsh interface ipv6 add address "实验网" 2::2

（2）PC1 与 PC2 能 ping 通吗？请写出验证过程，并分析原因。

（3）执行 show ipv6 access-list 命令，并记录。

步骤 2：配置路由器端口。

Router(config)#interface gigabitethernet 0/1
Router(config-if)#ipv6 enable   !在端口下开启 IPv6 功能
Router(config-if)#ipv6 address 1::1/64   !指定端口的 IPv6 地址
Router(config-if)#no ipv6 nd suppress-ra   !开启无状态地址分配功能
Router(config-if)#no shutdown
Router(config-if)#exit
Router(config)#interface gigabitethernet 0/0
Router(config-if)#ipv6 enable
Router(config-if)#ipv6 address 2::1/64
Router(config-if)#no ipv6 nd suppress-ra
Router(config-if)#no shutdown
Router(config-if)#exit

验证测试：验证路由器的端口状态。

Router#show ipv6 interfaces

请理解信息条目。

步骤 3：设置 IPv6 访问控制列表。

（1）设置时间访问控制列表。

Router(config)#time-range work   !建立时间访问控制列表名称为 work
Router(config-time-range)#periodic daily 9:00 to 18:00
                                                 !指定时间访问控制列表生效时间 为每周工作时间的 9:00~18:00

(2) 设置访问控制列表规则。

Router(config)#ipv6 access-list deny_ping   !建立访问控制列表名称为 deny_ping
Router(config-ipv6-acl)#deny icmp host 1::2 host 2::2 time-range work
                            !禁止主机 1 在每周工作时间的 9:00～!18:00 访问主机 2
Router(config-ipv6-acl)#permit ipv6 any any !允许 IPv6 其他应用通过

(3) 校正系统时间。

Router#clock set 2:00:45 7 9 2012   !设置路由器系统时间

注意系统时间的校对,时间没有校对会出现错误的实验结果。

步骤 4:测试网络连通性。

(1) 测试 PC1 到 PC2 的连通性,网络是否通畅?
(2) 在 PC1 上 tracert PC2。
(3) 在端口上应用访问控制列表:

Router(config)#int gigabitethernet 0/1
Router(config-if)#ipv6 traffic-filter deny_ping in
                            !将访问控制列表在端口 0/1 的输入方向调用

(4) 测试 PC1 到 PC2 的连通性,策略是否生效?

11.6 IPv6 过渡技术

虽然 IPv6 取代 IPv4 是大势所趋,但由于 IPv6 与 IPv4 不兼容,如果一个网络要切换到 IPv6,则此网络的绝大部分网络设备以及计算机都需要进行升级。因此 IPv6 的全面部署和实施将是一个缓慢渐进的过程。

为了实现 IPv4 网络向 IPv6 网络的过渡,IETF 成立了专门的下一代互联网过渡工作组,研究 IPv4 到 IPv6 的转换问题。至今已提出了多种过渡技术,概括起来可分为以下三类:

(1) 双协议栈技术(Dual IP Stack)。
(2) 隧道技术(Tunnelling)。
(3) 网络地址转换/协议转换技术(Network Address Translator-Protocol Translator)。

11.6.1 双协议栈技术

双协议栈机制是处理过渡问题最简单的方式,通过在一台设备上同时运行 IPv4 和 IPv6 协议栈使得设备能够处理两种类型的协议。主机根据目的 IP 地址决定采用 IPv4 还是 IPv6 协议发送或接收数据包。在过渡的初始阶段,所有支持 IPv6 的主机将同时具有 IPv4 协议栈,它们能够使用 IPv4 分组直接和 IPv4 节点通信,也可以使用 IPv6 分组直接和 IPv6 节点通信。双协议栈技术是 IPv6 过渡技术中应用最广泛的过渡技术,同时也是所有其他过渡技术的基础。图 11-19 为双协议栈结构的模型。

双栈节点有四种工作方式,简单描述如下:

（1）如果应用程序使用的目的地址是IPv4地址，则使用IPv4协议。

（2）如果应用程序使用的目的地址是IPv6中的IPv4兼容地址，则同样使用IPv4协议，但此时IPv6封装在IPv4中。

图11-19 双协议栈结构模型

（3）如果应用程序使用的目的地址是一个非IPv4兼容的IPv6地址，则使用IPv6协议，而且此时很可能需要采用隧道等机制进行路由转发。

（4）如果应用程序使用域名，则首先解析域名得到IP地址，然后根据地址情况按上面的分类进行相应的处理。

双栈方式的工作机制为链路层解析出接收到的数据包的数据段，拆开并检查包头。如果IPv4/IPv6包头中的第一个字段IP版本号是4，该包就由IPv4的协议栈处理；如果版本号是6，则由IPv6的协议栈处理。双协议栈通信方式如图11-20所示。

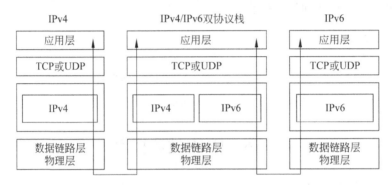

图11-20 双协议栈通信方式

双协议栈技术的优点是互通性好且易于理解；其缺点是需要给每个运行IPv6协议的网络设备和终端分配IPv4地址，不能解决IPv4地址匮乏的问题。在IPv6网络建设初期，由于IPv4地址相对充足，这种方案是可行的；当IPv6网络发展到一定阶段时，为每个节点分配两个全局地址将很难实现。

优点：采用双协议栈技术的节点同时运行IPv6和IPv4两套协议栈，IPv4与IPv6网络之间可以实现透明通信，完全兼容IPv4与IPv6地址。

缺点：无法解决IPv4地址匮乏的问题；需要同时运行两套协议栈，导致网络变得复杂。

11.6.2 隧道技术

随着IPv6网络的发展，将出现许多局部的IPv6网络，但是这些IPv6网络被运行IPv4协议主干网络所分隔。IPv6网络就像是处于IPv4"海洋"中的"孤岛"，为了使这些IPv6"孤岛"可以互通，必须使用隧道技术。此技术要求隧道两端的节点（路由器）都必须有双协议栈技术的支持。其通信方式如图11-21所示。

在隧道的入口处，路由器将IPv6的数据报封装到IPv4中，IPv4数据报的源地址和目的地址分别是隧道入口和出口的IPv4地址。在隧道的出口处再将IPv6数据报取出并转发给目的站点。隧道技术只要求在隧道的入口和出口处进行修改，对其他部分没有要求，因而

图 11-21　隧道技术通信方式

很容易实现。但是隧道技术不能实现 IPv4 主机和 IPv6 主机的直接通信。

(1) 隧道的结构。

根据隧道在分组传送路径上的位置,有四种使用方式。

① 路由器到路由器。通过 IPv4 网络互联的两台 IPv6/IPv4 路由器可以利用隧道传递 IPv6 分组。

② 主机到路由器。IPv6/IPv4 主机可以通过 IPv4 网络以隧道方式把 IPv6 分组传送到一台中间的 IPv6/IPv4 路由器。隧道跨越了 IPv6 分组端到端路径上的第一个网段。

③ 主机到主机。通过 IPv4 网络互联的 IPv6/IPv4 主机可以通过隧道在它们之间传递 IPv6 分组。隧道跨越了 IPv6 分组的整个端到端路径。

④ 路由器到主机。IPv6/IPv4 路由器可以利用隧道传送 IPv6 分组到其最终目的节点 IPv6/IPv4 主机。隧道跨越了 IPv6 分组端到端路径的最后一个网段。

前两种隧道使用方式称为配置型隧道,后两种隧道使用方式称为自动型隧道。

(2) 隧道的具体形式。

隧道方式利用隧道构造大规模的 IPv6 网络,如 6Bone 网络(6Bone 虚拟网络是研究人员在现有互联网上搭建的虚拟 IPv6 网络,用于实现和测试 IPv6 系统)就采用了隧道方式,这是目前采用最多的一种方式。本质上,隧道方式只是把 IPv4 网络作为一种传输介质,巧妙地利用了现有的 IPv4 网络。实现隧道的技术包括手动隧道、自动隧道、GRE 隧道、6to4 隧道、ISATAP 隧道以及 6PE 等。

1. 手动隧道

这种隧道的建立是手工配置的,需要隧道两个端点所在网络的管理员协作完成。隧道的端点地址由配置决定,不需要为站点分配特殊的 IPv6 地址,适用于经常通信的 IPv6 站点之间。

采用手动隧道进行通信的站点之间必须有可用的 IPv4 连接,并且至少要具有一个 IPv4 地址。站点中每台主机都需要支持 IPv6,路由器需要支持双协议栈,另外在隧道需要经过 NAT 设施的情况下该机制不可用,如图 11-22 所示。

IPv6 报文包含在 IPv4 报文中作为 IPv4 的载荷。每个隧道的封装节点必须保存隧道终点的地址,当一个 IPv6 包在隧道上传输时,终点地址会作为 IPv4 包的目的地址进行封装。通常封装节点要根据路由信息决定一个包是否要通过隧道转发。

IPv4 网络中孤立的 IPv6 节点可以使用一条配置隧道连上一台 IPv6 路由器,实现与外部 IPv6 节点的互访。如果一个在 IPv6 主干上的 IPv6/IPv4 边界路由器的 IPv4 地址已知,可以把它作为隧道出口节点。这条隧道可以放在路由表中作为默认路由,所有没有其他路

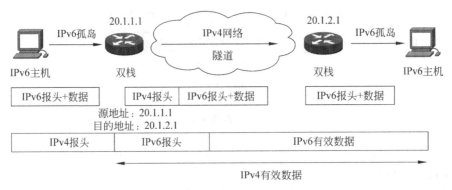

图 11-22 手动隧道

由的 IPv6 分组均可使用该隧道进行转发。

手动隧道适用于经常性的、比较固定的连接和大量的数据传送。手动隧道的优点是只需要边缘设备升级为双栈。但是由于每条隧道都需要手工进行独立维护，因此其缺点是当链接很多时工作量太大，因为必须要为每条隧道做详细的配置。

实验 11-6　IPv6 手动隧道

【实验目的】

掌握在 IPv4 和 IPv6 之间建立隧道的方法。

【技术原理】

手工配置隧道类似于在两个 IPv6 域之间通过 IPv4 的主干网络建立一条永久链路。适用于两台边界路由器或者边界路由器和主机之间对安全性要求较高并且比较固定的连接上。

在隧道端口上，IPv6 地址需要手工配置，并且隧道的源 IPv4 地址（Tunnel Source）和目的 IPv4 地址（Tunnel Destination）必须手工配置。隧道两端的节点必须支持 IPv6 和 IPv4 协议栈。在实际应用中手工配置隧道总是成对配置，即在两台边缘设备上同时配置，可以将其看作是一种点对点的隧道。

手动隧道是比较容易实现的隧道技术，但其有很大局限性，管理难度很大，每增加一条隧道都需要手工配置。

手工配置隧道的步骤如下：

（1）创建隧道端口。

（2）指定隧道端口两端，配置发送端口和对端目的地址。

（3）在隧道两端端口上启用 IPv6 地址。

（4）设置隧道的工作模式参数。

（5）在隧道端口上启用 IPv6 的路由协议。

配置过程中应该注意的问题：

（1）该隧道可以置于两台直连的路由器之间，也可以跨越多台路由器，但是必须保证这些路由的 IPv4 地址能正常通信。

（2）两个直连的路由器隧道端口也可以是不同网段的 IPv6 地址，但 IPv4 地址必须是同一个网段的。

（3）隧道内指定的源端口是 IPv4 端口，指定的目的地址是对端的 IPv4 地址。

（4）应该在隧道端口下开启动态的路由协议，也可以开启静态的路由协议。

【实验拓扑】

本实验的拓扑结构如图 11-23 所示。

图 11-23　IPv6-over-IPv4 手动隧道实验拓扑

【实验设备】

计算机 2 台，路由器 2 台。

【实验步骤】

步骤 1：

（1）在主机上配置 IPv6 地址。

```
PC1   C:\>netsh interface ipv6 add address "实验网" 2001::2
PC2   C:\>netsh interface ipv6 add address "实验网" 2003::2
```

（2）PC1 与 PC2 能 ping 通吗？请写出验证过程，并分析原因。

（3）在交换机上执行 show ipv6 interfaces tunnel 命令，并记录。

步骤 2：分别配置路由器 1 和路由器 2 的用户 IPv6 网关。

路由器 1：

```
Router1(config)#interface gigabitethernet 0/1
Router1(config-if)#ipv6 enable
Router1(config-if)#ipv6 address 2001::1/64              !用户网关
Router1(config-if)#no ipv6 nd suppress-ra
Router1(config-if)#no shutdown

Router1(config-if)#interface serial 2/0                  !端口 2/0 与对方设备连接
Router1(config-if)#ipv6 enable
Router1(config-if)#ipv6 address 1::1/64                  !点对点链路
Router1(config-if4)#no shutdown
```

路由器 2：

```
Router2(config)#interface gigabitethernet 0/1
Router2(config-if)#ipv6 enable
Router2(config-if)#ipv6 address 2003::1/64              !用户网关
Router2(config-if)#no ipv6 nd suppress-ra
```

```
Router2(config-if)#no shutdown

Router2(config-if)#interface serial 2/0              !端口 2/0 与对方设备连接
Router2(config-if)#ipv6 enable
Router2(config-if)#ipv6 address 1::2/64              !点对点链路
Router2(config-if)#no shutdown
```

步骤 3：连接 IPv4 网络端口。

```
Router1(config)#interface serial 2/0
Router1(config-if)#ip address 1.1.1.1 255.255.255.0
Router1(config-if)#no shutdown

Router2(config)#interface serial 2/0
Router2(config-if)#ip address 1.1.1.2 255.255.255.0
Router2(config-if)#no shutdown
```

步骤 4：验证。

(1) 在路由器上能否互相 ping 通对方的 IPv4 点对点链路地址？

(2) 主机能否 ping 通网关？

(3) 能否 ping 通对方的主机？

步骤 5：分别配置路由器 1 和路由器 2 的手工隧道端口。

```
Router1(config)#interface Tunnel 1                   !创建隧道接口指定端口号，并进入端口配置模式
Router1(config-Tunnel 1)#tunnel mode ipv6ip          !指定隧道的类型为手工配置隧道
Router1(config-Tunnel 1)#ipv6 enable
Router1(config-Tunnel 1)#tunnel source serial 2/0    !指定隧道的源 IPv4 地址或端口
Router1(config-Tunnel 1)#tunnel destination 1.1.1.2  !指定隧道的目的 IPv4 地址
Router1(config-Tunnel 1)#exit
Router1 (config)#ipv6 route ::/0 1::2                !IPv6 默认路由为隧道的对端

Router2(config)#interface Tunnel 1
Router2(config-Tunnel 1)#tunnel mode ipv6ip
Router2(config-Tunnel 1)#ipv6 enable
Router2(config-Tunnel 1)#tunnel source serial 2/0
Router2(config-Tunnel 1)#tunnel destination 1.1.1.1
Router2(config-Tunnel 1)#exit
Router2(config)#ipv6 route ::/0 1::1
```

步骤 6：检验测试。

(1) 在路由器上能否互相 ping 通对方的隧道地址？

(2) PC1 和 PC2 能否 ping 通对方的主机？

步骤 7：实验时请启动抓包软件，捕获端口 0/1 的数据包，分析数据包在进入隧道前后的变化。

实验时，注意隧道的源和目的地址不能相同。

其他操作：

```
Router#show ipv6 interfaces                    !查看路由器端口配置
Router#show ipv6 interfaces tunnel             !查看路由器隧道配置
Router#show ipv6 route                         !查看路由器 IPv6 路由
Router#show ip route                           !查看路由器 IP 路由
```

分别删除路由器的默认路由与手工隧道：

```
Router(config)#no ipv6 route ::/0 1::2
Router(config)#interface Tunnel 1
Router(config-Tunnel 1)#no tunnel destination
Router(config-Tunnel 1)#no tunnel mode
Router(config-Tunnel 1)#no ipv6 address
```

2. 自动隧道

自动配置的 IPv6-in-IPv4 隧道端口的 IPv4 地址不需要事先配置，使用这种隧道机制的主机必须使用 IPv4 兼容地址作为其目的地址，隧道端口的 IPv4 地址根据 IPv4 兼容地址直接产生隧道端口的目的地址，然后建立隧道。自动配置的隧道需要站点采用 IPv4 兼容的 IPv6 地址，这些站点之间必须有可用的 IPv4 连接，每个采用该机制的主机都必须要有一个 IPv4 地址，这种隧道的两端都必须支持双栈。

IPv4 封装节点需要决定哪些 IPv6 组可以经由自动隧道发送。可以使用 IPv6 路由表指导自动隧道传输，实现方法是使用一种特殊的静态路由表项，其前缀为 0:0:0:0:0:0/96，目的地址匹配该前缀的分组被送到一个伪端口驱动程序执行自动隧道传输。因此兼容 IPv4 的 IPv6 地址的所有分组都会进入自动隧道，如图 11-24 所示。

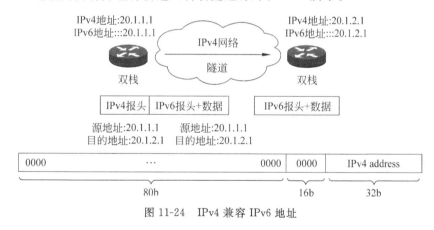

图 11-24　IPv4 兼容 IPv6 地址

虽然自动隧道提供了简单的创建隧道的机制，但是每台主机都需要一个 IPv4 地址，因此 IPv6 的地址空间优势就消失了。

3. 6to4 隧道

6to4 隧道弥补了自动隧道需要给每台主机分配一个 IPv4 地址的不足。这种方式要求每个 IPv6 孤岛至少有一个 IPv4 地址。6to4 隧道的基本思路是任何一个 IPv6 孤岛都使用其全网唯一的 IPv4 地址构造自己的 IPv6 地址前缀，因此前缀也是全网唯一的。每个孤岛的出口路由器从 IPv6 目的地址中提取出隧道末端的 IPv4 地址,因此隧道的构造过程可以自动进行。6to4 隧道的关键是在 IPv4 地址和 IPv6 地址之间定义了一种映射。与"IPv4 兼容 IPv6"地址不同,在 6to4 隧道中,IPv4 到 IPv6 地址的映射是把 IPv4 地址作为 IPv6 地址前缀的一部分。6to4 地址形如 2002:a.b.c.d:xxxx:xxxx:xxxx:xxxx。采用 6to4 隧道不会在 IPv4 的路由表中引入新的条目,在 IPv6 的路由表中只增加一个表项,而且需要的配置管理工作很少。6to4 隧道的另一个特点是可以通过 6to4 中继路由器,使 6to4 网点连接到大型纯 IPv6 网络,如图 11-25 所示。

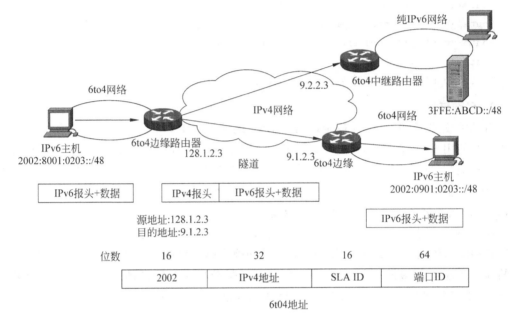

图 11-25 6to4 隧道

整个 IPv6 网点使用特殊的 6to4 地址。6to4 地址内嵌的 IPv4 地址不能为私有的 IPv4 地址(如 10.0.0.0/8、172.16.0.0/12、192.168.0.0/16 网段地址),必须是全局的 IPv4 地址。

注意在图 11-25 中,9.1.2.3=0901:0203,所以 6to4 地址的前缀是 2002:0901:0203::/48。

6to4 隧道采用特殊的 IPv6 地址使在 IPv4 海洋中的 IPv6 孤岛能相互连接。此时 IPv6 的出口路由器与其他的 IPv6 域建立隧道连接。IPv4 隧道的末端可从 IPv6 域的地址前缀中自动提取,因为站点的 IPv4 地址包含在 IPv6 地址前缀中。6to4 隧道的另一个特点是它可以自动从 IPv6 地址的前缀中提取一个 IPv4 地址,通过该机制,站点能够配置 IPv6 而不需要向注册机构申请 IPv6 地址空间。

6to4 隧道技术可以实现 IPv6 节点之间使用不经过事先声明的 IPv4 隧道通过 IPv4 网络进行通信。具有自动隧道维护方便的优点,同时又弥补了 IPv4 兼容 IPv6 自动隧道不能互联 IPv6 网络的不足,所以是一种非常优秀的隧道技术。6to4 隧道的缺点是必须使用规定的 6to4 地址。

实验 11-7　6to4 隧道

【实验目的】

掌握在 IPv4 和 IPv6 之间建立 6to4 隧道的方法。

【技术原理】

6to4 隧道技术允许将孤立的 IPv6 网络通过 IPv4 网络互联,它和手动隧道的主要区别是手动隧道是点对点的隧道,而 6to4 隧道是点对多点的隧道。

6to4 隧道将 IPv4 网络视为非广播多路访问链路,因此采用 6to4 隧道的设备不需要成对的配置,嵌入在 IPv6 地址的 IPv4 地址将用于寻找隧道的另一端。6to4 隧道可以被配置在一台孤立的 IPv6 网络的边界路由器上,对于每个报文它将自动建立隧道到达另一台 IPv6 网络的边界路由器。隧道的目的地址是另一端的 IPv6 网络的边界路由器的 IPv4 地址,该 IPv4 地址将从该报文的目的 IPv6 地址中提取,其 IPv6 地址以前缀 2002::/16 开头,在"2002"后面的 32 位是以太网端口的 IPv4 地址的十六进制表示格式,为 48 位的前缀地址,后面的地址可以是任意的。6to4 隧道通常配置在边界路由器之间,如图 11-26 所示。

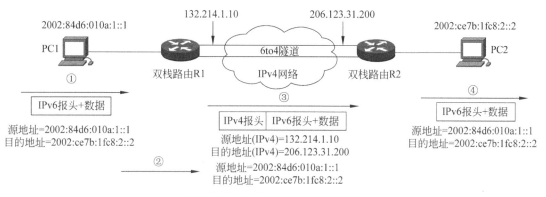

图 11-26　6to4 自动隧道建立过程

【实验拓扑】

本实验的拓扑结构如图 11-27 所示。

图 11-27　6to4 隧道实验拓扑

【实验设备】

计算机 2 台,路由器 2 台。

【实验步骤】

步骤1：

(1) 在主机上配置IPv6地址。

PC1 C:\>netsh interface ipv6 add address "实验网" 2002:101:101::10
PC2 C:\>netsh interface ipv6 add address "实验网" 2003::2

(2) 未建立隧道前，PC1与PC2能ping通吗？请写出验证过程，并分析原因。

步骤2：分别配置路由器1和路由器2的IPv4点对点链路。

路由器1：

Router1(config)#interface serial 2/0
Router1(config-if)#ip address 1.1.1.1 255.255.255.0
Router1(config-if)#no shutdown

路由器2：

Router2(config)#interface serial 2/0
Router2(config-if)#ip address 1.1.1.2 255.255.255.0
Router2(config-if)#no shutdown

步骤3：分别配置路由器1和路由器2的用户IPv6网关。

路由器1：

Router1(config)#interface gigabitethernet 0/1
Router1(config-if)#ipv6 enable
Router1(config-if)#ipv6 address 2002:101:101::1/64

请问：2002:101:101::1/64地址是怎么形成的？请在图11-27中标注此地址的所在端口。

路由器1：

Router1(config-GigabitEthernet 0/1)#no ipv6 nd suppress-ra
Router1(config-GigabitEthernet 0/1)#no shutdown

路由器2：

Router2(config)#interface gigabitethernet 0/1
Router2(config-GigabitEthernet 0/1)#ipv6 enable
Router2(config-GigabitEthernet 0/1)#ipv6 address 2003::1/64
Router2(config-GigabitEthernet 0/1)#no ipv6 nd suppress-ra
Router2(config-GigabitEthernet 0/1)#no shutdown

步骤4：验证测试。

(1) 在路由器上能否互相ping通对方的IPv4点对点链路地址？请分析原因。

(2) 主机能否ping通网关？请分析原因。

(3) 能否ping通对方的主机？请分析原因。

步骤5：配置路由器1的6to4隧道端口。

```
Router1(config)#interface Tunnel 1          !创建隧道端口指定端口号,并进入端口配置模式
Router1(config-Tunnel 1)#tunnel mode ipv6ip 6to4   !指定隧道的类型为 6to4 配置隧道
Router1(config-Tunnel 1)#ipv6 enable
Router1(config-Tunnel 1)#tunnel source serial 2/0    !指定隧道的源 IPv4 地址或端口
Router1(config-Tunnel 1)#exit
```

步骤6：配置进入隧道的路由。

```
Router1(config)#ipv6 route 2002::/16 tunnel 1
                                              !将去往 2002::/16 的数据提交给 Tunnel 处理
Router1(config)#ipv6 route ::/0 2002:0101:0102::1    !IPv6 默认路由为隧道的对端
```

步骤7：配置路由器2的6to4隧道端口。

```
Router2(config)#interface Tunnel 1
Router2(config-Tunnel 1)#tunnel mode ipv6ip 6to4
Router2(config-Tunnel 1)#ipv6 enable
Router2(config-Tunnel 1)#tunnel source serial 2/0
Router2(config-Tunnel 1)#exit
Router2(config)#ipv6 route 2002::/16 tunnel 1
Router2(config)#ipv6 route ::/0 2002:0101:0102::1
```

步骤8：检验测试。

(1) PC1 和 PC2 能否 ping 通对方的主机？请分析原因。

(2) 使用跟踪连接路由：

```
PC1   C:>tracert 2003::2
PC2   C:>tracert 2002:101:101::10
```

请分析跟踪结果。

(3) 调试 IP 报文,并与 tracert 命令结果进行对比。

```
#deb ipv6 icmp
#und ipv6 icmp
```

(4) 从捕获的数据包中,分析 6to4 在进入隧道前后的数据包的变化情况。

实验时,请注意在一台设备上只支持配置一个 6to4 隧道。6to4 隧道使用的封装源地址(IPv4 地址)必须是全局可路由的地址,否则 6to4 隧道将不能正常工作。6to4 隧道的设备不需要成对的配置,隧道也不需要配置 IPv6 地址,嵌入在 IPv6 地址的 IPv4 地址将用于寻找隧道的另一端。

其他操作：

```
Router#show ipv6 interfaces                  !查看双协议栈路由器端口配置
Router#show ipv6 interfaces tunnel           !查看双协议栈路由器隧道配置
Router#show ipv6 route                       !查看双协议栈路由器 IPv6 路由
Router#show ip route                         !查看双协议栈路由器 IP 路由
```

分别删除路由器 1 和 2 的默认路由与 6to4 隧道：

```
Router(config)#no ipv6 route ::/0 2002:0101:0102::1
Router(config)#no ipv6 route 2002::/16 tunnel 1
Router(config)#interface Tunnel 1
Router(config-if)#no tunnel source
Router(config-if)#no tunnel mode
```

4. GRE 隧道技术

GRE 隧道技术可在 IPv4 上承载 IPv6 数据报文，IPv6 报文被包含在 GRE 报文中作为 GRE 的载荷。GRE 隧道是两点之间的链路，每条链路都是一条单独的隧道。GRE 隧道把 IPv6 作为乘客协议，将 GRE 作为承载协议。GRE 隧道所配置的 IPv6 地址是在隧道端口上配置的，而其所配置的 IPv4 地址是隧道的源地址和目的地址（隧道的起点和终点）。发送方与接收方都是双栈设备，隧道已预先建立好，发送方封装报文，接收方解封装。GRE 隧道的优点是通用性好，技术成熟，易于理解；其缺点是维护复杂。

如图 11-28 所示，两个 IPv6 子网分别为 Group1 和 Group2，它们之间要求通过路由器 R1 和 R2 之间的 IPv6 隧道协议互连。其中路由器 R1 和 R2 的隧道端口为手工配置的全局 IPv6 地址，隧道的源地址与目的地址也需要手工配置。设路由器 R1 的 v4 端口 IPv4 地址为 20.1.1.1，路由器 R2 的 v4 端口 IPv4 地址为 20.1.2.1。

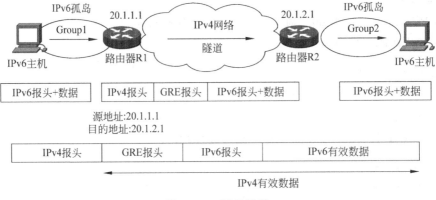

图 11-28　GRE 隧道

在上述的转发过程中，路由器 R1 首先根据路由表得知目的地址须通过隧道转发出去，所以就将报文送到隧道端口并按照特定的 GRE 格式进行封装。

原有的 IPv6 报文封装为 GRE 报文，最后封装为 IPv4 报文。IPv4 报文的源地址为隧道的起始点 20.1.1.1，目的地址为隧道的终点 20.1.2.1。该报文被路由器 R1 从隧道入口发出后，在 IPv4 网络中被路由到目的地路由器 R2。路由器 R2 收到报文后，对此 IPv4 报文解封，取出 IPv6 报文。因为路由器 R2 也是双协议栈设备，所以它再根据 IPv6 报文中的目的地址信息进行路由，并送到目的地。路由器 R2 返回路由器 R1 的报文逆向进行该操作。

5. ISATAP 隧道技术

ISATAP 是站点内自动隧道寻址协议，用于为没有 IPv6 路由器的 IPv4 内部网中的

IPv6 节点提供 IPv6 连接,将 IPv4 网点作为多路访问链路(NBMA 链路),在 IPv4 报文中封装 IPv6 报文。设备上允许同时配置多个 ISATAP 隧道,但是每个 ISATAP 隧道的源 IPv4 地址必须不同,如图 11-29 所示。

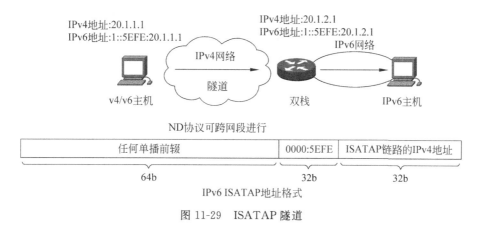

图 11-29　ISATAP 隧道

ISATAP 隧道技术的优点是 IPv4 网点内部的 IPv6 主机可自动获得 IPv6 前缀。

实验 11-8　IPv6 ISATAP 隧道

【实验目的】

掌握配置 ISATAP 隧道技术。

【技术原理】

站内自动隧道寻址协议 ISATAP(Intra-Site Automatic Tunnel Addressing Protocol)是一种站点内部的 IPv6 体系架构,它不仅是一种自动隧道技术,同时也可以进行地址自动配置。ISATAP 将 IPv4 网络视为一个非广播型多路访问(NBMA)链路层的 IPv6 隧道技术,即将 IPv4 网络当作 IPv6 的虚拟链路层。

ISATAP 主要用于当站点内部的纯 IPv6 网络还无法使用,但是又需要在站点内部传输 IPv6 报文的情况,例如站点内部有少数测试用的 IPv6 主机需要互相通信。ISATAP 隧道允许站点内部同一条虚拟链路上的 IPv4/IPv6 双栈主机互相通信。

在 ISATAP 站点上,ISATAP 设备提供标准的路由器公告报文,从而允许站点内部的 ISATAP 主机进行自动配置;同时 ISATAP 设备也具有执行站点内的 ISATAP 主机和站点外的 IPv6 主机转发报文的功能。

ISATAP 使用的 IPv6 地址前缀可以是任何合法的 IPv6 单播的 64 位前缀,包括全局地址前缀、链路本地前缀和站点本地前缀等,IPv4 地址被置于 IPv6 地址最后的 32 位上,从而允许自动建立隧道。ISATAP 隧道的地址有特定的格式,它的端口 ID 必须如下:

::0:5EFE:w.x.y.z

ISATAP 隧道主要用于 IPv4 站点内部被隔离的 IPv4/IPv6 双栈主机之间的通信,而 ISATAP 设备在 ISATAP 站点中的主要功能有两个:

(1) 接收站内 ISATAP 主机发来的路由器请求报文后,应答路由器公告报文用于站点内的 ISATAP 主机的自动配置。

(2) 负责站点内的 ISATAP 主机和站点外的 IPv6 主机转发报文的功能。

ISATAP 隧道最大的特点是把 IPv4 网络看作为一条下层链路，IPv6 的 ND 协议通过 IPv4 网络进行承载，从而实现跨 IPv4 网络设备的 IPv6 地址自动配置。分散在 IPv4 网络中的 IPv6 孤岛通过 ISATAP 技术自动获得地址并连接起来。另外，ISATAP 主机可以生成 link-local ISATAP 地址，这些主机也可以使用 link-local ISATAP 地址直接进行通信。

【实验拓扑】

本实验的拓扑结构如图 11-30 所示。

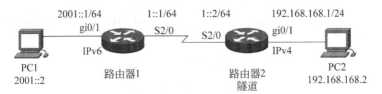

图 11-30　ISATAP 隧道实验拓扑

【实验设备】

路由器 2 台，计算机 2 台。

【实验步骤】

步骤 1：

(1) 在主机上配置 IPv6 地址。

```
PC1    C:\>netsh interface ipv6 add address "实验网" 2001::2
PC2    C:\>netsh interface ip set address "实验网" static?192.168.168.2 255.255.
       255.0?192.168.168.1 1
```

(2) 未建立隧道之前，PC1 与 PC2 能 ping 通吗？请分析原因。

步骤 2：配置路由器 1 的用户 IPv6 网关。

```
Router1(config)#interface gigabitethernet 0/1
Router1(config-if)#ipv6 enable
Router1(config-if)#ipv6 address 2001::1/64
Router1(config-if)#no ipv6 nd suppress-ra
Router1(config-if)#no shutdown
```

步骤 3：分别配置路由器 1 和路由器 2 的点对点链路。

```
Router1(config)#interface serial 2/0
Router1(config-if)#ipv6 enable
Router1(config-if)#ipv6 address 1::1/64               !点对点链路
Router1(config-if)#no shutdown

Router2(config)#interface serial 2/0
Router2(config-if)#ipv6 enable
```

```
Router2(config-if)#ipv6 address 1::2/64              !点对点链路
Router2(config-if)#no shutdown
```

步骤 4：配置路由器 2 的用户 IPv4 网关。

```
Router2(config)#interface gigabitethernet 0/1
Router2(config-if)#ip address 192.168.168.1 255.255.255.0
Router2(config-if)#no shutdown
```

步骤 5：检验测试。

(1) PC1 和 PC2 能否分别 ping 通各自的网关？
(2) 在路由器上能否互相 ping 通对方的点对点链路地址？

步骤 6：路由器 2 配置 ISATAP 隧道端口。

```
Router2(config)#interface Tunnel 1
Router2(config-Tunnel 1)#tunnel mode ipv6ip isatap
Router2(config-Tunnel 1)#tunnel source gigabitethernet 0/1
                                                    !指定隧道的源 IPv4 端口
Router2(config-Tunnel 1)#ipv6 address 2005::/64 eui-64
         !eui-64 参数表明生成的 IPv6 地址由配置的地址前缀和 64 位的端口 ID 标识符组成
Router2(config-Tunnel 1)#no ipv6 nd suppress-ra
```

步骤 7：分别配置路由器 1 和路由器 2 的静态路由。

```
Router1(config)#ipv6 route 2005::/64 1::2
Router2(config)#ipv6 route 2001::/64 1::1
```

步骤 8：建立 PC2 的 ISATAP 隧道：
在 IPv4 主机的命令窗口配置：

```
C:\>netsh interface ipv6 isatap set router 192.168.168.1
C:\>netsh interface ipv6 isatap set state enable
```

步骤 9：
(1) 检验：PC1 和 PC2 能否 ping 通对方的主机？

PC2： ping 2001::2
PC1： ping 2005::5efe:192.168.168.2

(2) 路由跟踪。

PC1 tracert 2001::1
PC2 tracert 192.168.168.1

(3) 调试 IP 报文，并与 tracert 命令结果进行对比。

```
#deb ipv6 icmp
#und ipv6 icmp
```

(4) 从捕获的数据包中，分析 ISATAP 在进入隧道前后的数据包的变化情况。

在一台设备上允许同时配置多个ISATAP隧道,但是每个ISATAP隧道的隧道必须不同,否则收到ISATAP隧道报文时无法区分属于哪个ISATAP隧道。

其他相关操作:

删除路由器2的ISATAP隧道以及路由器1和2的静态路由。

```
Router2(config)#no ipv6 route 2001::/64 1::1
Router2(config)#interface Tunnel 1
Router2(config-Tunnel 1)#no tunnel mode ipv6ip isatap
Router2(config-Tunnel 1)#no tunnel source gigabitethernet 0/2
Router2(config-if)#no ipv6 address 2005::/64
Router1(config)#no ipv6 route 2005::/64 1::2
```

6. 6PE 隧道

与其他隧道技术不同,6PE(IPv6 Provider Edge)隧道可以完全利用目前已有的IPv4 MPLS隧道,因此对骨干网可以不做任何改动,只需要运营商的PE路由器支持IPv4/IPv6,这种PE路由器简称为6PE路由器。

6PE技术允许IPv6孤岛的CE路由器(用户边缘路由器)穿过当前已存在的IPv4 PE路由器进行通信。ISP可以利用已有的IPv4骨干网为分散用户的IPv6网络提供接入能力。该技术的主要思想是:用户的IPv6路由信息转换为带有标签的IPv6路由信息,并且通过IBGP会话扩散到ISP的IPv4骨干网中。在转发IPv6报文时,当流量进入骨干网的隧道时,首先会被打上标签。6PE隧道通常采用MPLSLSP。

MPLS/BGP隧道通过IPv4或MPLS网络连接多个IPv6孤岛,使用BGP交换IPv6可达信息。IPv6网络可被看作为VPN网,多个IPv6孤岛属于同一个VPN。利用VPN机制在PE路由器之间建立隧道连接,可以充分利用已有的MPLS或VPN网络。

11.6.3 网络地址转换/协议转换技术

网络地址转换/协议转换技术(Network Address Translator-Protocol Translator,NAT-PT)通过与SIIT(Stateless IP/ICMP Translation,无状态IP/ICMP翻译)协议转换和传统IPv4下的动态地址翻译以及适当的应用层网关相结合,实现了只安装IPv6的主机和只安装IPv4的主机之间的大部分应用的相互通信。这种转换对上层协议是透明的。利用转换机制可以在纯IPv6节点和纯IPv4节点之间建立通信,且无须修改应用软件,IPv4和IPv6可在该转换过程中互相兼容,其结构模型如图11-31所示。

图 11-31　协议转换技术结构模型

NAT-PT的工作原理类似于传统NAT,但是将IPv6地址和IPv4地址互相转换,另加上协议转换。网络中使用 NAT-PT 时,最好使用单独的一台路由器作为 NAT-PT 服务器,通过中间的 NAT-PT 协议转换服务器,实现纯 IPv6 节点和纯 IPv4 节点间的互通。NAT-PT 服务器分配 IPv4 地址标识 IPv6 主机,NAT-PT 服务器向相邻 IPv6 网络通告 96 位地址前缀信息,用于标识 IPv4 主机。

因为 IPv6 地址太长,所以尽量使用 DNS 服务。对 DNS 服务器而言,最好使 IPv4 域和 IPv6 域分开架设。不同域间的 DNS 解析由路由器上的应用层网关进行转换。NAT-PT 路由器上的地址池内的地址路由需要向 IPv4 域内发布,而 IPv6 的前缀则需要向 IPv6 域内发布。

这种方式的优点是只需要设置 NAT-PT 服务器;缺点是资源消耗较大,服务器负载重,NAT-PT 设备是性能瓶颈。

NAT-PT 有三种类型:静态 NAT-PT、动态 NAT-PT 以及 NATP-PT DNS ALG。

1. 静态 NAT-PT

NAT-PT 服务器提供一对一的 IPv6 地址和 IPv4 地址的映射,配置复杂并且使用大量的 IPv4 地址,如图 11-32 所示。

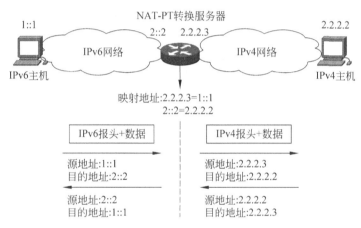

图 11-32 静态 NAT-PT 转换过程

2. 动态 NAT-PT

NAT-PT 服务器提供多对一的 IPv6 地址和 IPv4 地址的映射,采用上层协议复用的方法。支持 NAT-PT 的网关路由器应具有 IPv4 地址池,在从 IPv6 向 IPv4 域中转发包时使用。地址池中的地址用于转换 IPv6 报文中的源地址,如图 11-33 所示。

3. NATP-PT DNS ALG

DNS ALG 是专门用于 IPv4 和 IPv6 之间域名解析的应用层网关,集成了 DNS ALG 的 NAT-PT 网关可以实现 IPv4 和 IPv6 的双向连接。它不但为 IPv6 主机提供对 IPv4 主机的域名解析,也为 IPv4 主机提供对 IPv6 主机的域名解析。

如果没有 DNS-ALG 的支持,则只能实现由 IPv6 节点发起的与 IPv4 节点之间的通信,反向则无法通信,如图 11-34 所示。

图 11-33 动态 NAT-PT 转换过程

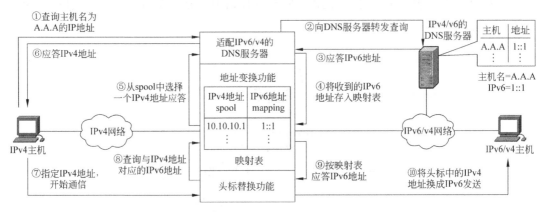

图 11-34 NATP-PT DNS ALG

习 题 11

1. 阅读协议文档,了解协议的详细信息。
   (1) IPv4(Internet 协议,版本 4)RFC-791。
   (2) IPv6(Internet 协议,版本 6)RFC2460。
   (3) ICMPv6(管理信息基础)RFC2466。
   (4) IPv6 检测地址分配 RFC2471。
   (5) IPv6 邻居发现 RFC4861。
   (6) 双协议栈(RFC2893 obsolete RFC1933)。
   (7) 隧道技术(RFC2893)。
   (8) NAT-PT(RFC2766)。
2. 目前从 IPv4 到 IPv6 的过渡技术有( )。
   A. 双协议栈 B. 隧道技术
   C. 组播技术 D. NAT-PT

3. 下列参数( )不是配置手动隧道时必须提供的。
   A. 源 IPv4 地址   B. 目的 IPv4 地址
   C. 源 IPv6 地址或端口   D. 目的 IPv6 地址

4. 下列关于 ISATAP 隧道理解不正确的是( )。
   A. ISATAP 是采用了双栈和隧道技术并基于企业网和主机的一种过渡技术
   B. ISATAP 隧道不仅完成隧道功能,还可以进行地址自动分配
   C. 它使用特殊的地址格式::0:5efe:a.b.c.d,前 64 位通过向 ISATAP 发送请求获得,后 64 位中 5efe 为固定,a.b.c.d 为端口的 IPv4 地址
   D. 分散在 IPv4 网络中的 IPv6 孤岛主机无法通过 ISATAP 技术自动获得地址并连接
   E. ISATAP 隧道可以通过 IPv4 网络承载 IPv6 网络的 ND 协议,从而使跨 IPv4 网络的设备仍然可以进行 IPv6 设备的自动配置
   F. 一台支持 ISATAP 的路由设备不能同时与高达几千台主机建立路由器-主机隧道

5. 下列关于双协议栈(DualStack)技术理解正确的是( )。
   A. 双协议栈技术是让网络节点同时安装 IPv6 协议栈和 IPv4 协议栈,使其具备访问 IPv6 网络和 IPv4 网络的能力,是实现同时访问 IPv6 网络和 IPv4 网络的最直接方式
   B. 支持双协议栈节点与 IPv6 节点互通时使用 IPv6 协议栈,与 IPv4 节点互通时借助于 IPv4 协议栈
   C. 双协议栈技术是所有 IPv6/IPv4 过渡隧道技术的基础
   D. 大多数主流的操作系统均支持 IPv6/IPv4 双栈技术和 Native IPv6 技术
   E. IPv6/IPv4 双栈的实施要求 DNS 必须提供对 IPv4"A"、IPv6"A6/AAAA"类记录的解析库,并根据需要对返回地址类型做出决定
   F. 双协议栈技术是一种 IPv6 与 IPv4 互通的技术,也是一种同时访问 IPv6 和 IPv4 的方法

6. IPv6 技术的特点包括( )。
   A. 大容量编址   B. 无状态自动地址配置
   C. 更安全   D. 更好的 QoS
   E. 移动 IPv6

7. 下列选项中( )是本地站点地址所用的地址前缀。
   A. 2001::/10   B. FE80::/10
   C. FEC0::/10   D. 2002::/10

8. 构架在 IPv4 网络上的 2 个 IPv6 孤岛互连,一般会使用( )技术解决。
   A. ISATAP 隧道   B. 配置隧道
   C. 双栈   D. GRE 隧道

9. IPv6 和 IPv4 中的 IPv6 主机互连通常使用( )技术解决。
   A. ISATAP 隧道   B. 配置隧道
   C. GRE 隧道   D. NAT-PT

10. 2个分支机构各有1台IPv6的主机,计划采用IPv6-over-IPv4 GRE隧道技术实现2个分支机构的主机通信,其网络拓扑结构如图11-35所示。请回答问题。

图11-35 第10题实验拓扑

(1) 使用IPv6-over-IPv4 GRE隧道技术,可在IPv4的GRE隧道上承载IM数据报文。此时 ① 作为乘客协议, ② 作为承载协议。

(2) 根据网络拓扑和需求说明,完成(或解释)路由器R1的配置。

```
Router(config)#ipv6 unicast-routing    ③
R1(config)#interface serial 1/0
R1(config-if)#  ④  address  ⑤   ⑥  (设置串口地址)
R1(config-if)#no shutdown(开启串口)
R1(config)#interface gigabitethernet 0/0
R1(config-if)#  ⑦  address  ⑧  (设置以太端口地址)
R1(config-if)#exit
```

(3) 根据网络拓扑和需求说明,解释路由器R2的GRE隧道配置。

……

```
R2(config)#interface tunnel 0       (启用tunnel 0)
R2(config-if)#tunnel source s1/0   ⑨
R2(config-if)#tunnel destination 200.100.1.1   ⑩
R2(config-if)#ipv6 address 2000:2fcc::2/64(为tunnel配置IM地址)
R2(config-if)#tunnel mode gre ipv6   ⑪
```

(4) IPv6主机PC1的IP地址为2000:2fcc::2/64,在这种配置环境下,其网关地址应为 ⑫ 。

11. 总结IPv6的单播地址、组播地址、泛播地址的特点。

12. 试比较IPv6的邻居发现协议与IPv4的ARP协议。

13. 列举IPv6的邻居发现协议都取代了IPv4的哪些功能?哪些是IPv4所不具备的功能?

14. 当要转发一个数据包时,IPv6协议如何确定使用路由表中的哪个路由?

15. 请说明IPv4与IPv6在数据传输(中间经过路由器)过程中的区别。

16. 在地址3341::1:2aa:9ff:fe56:24dc和ff02::2中,::分别表示多少位?

17. 在Packet Tracer上,根据图11-36完成IPv6静态路由配置实验,使双方都能ping通对方的loopback端口的网段。

18. 在Packet Tracer上,根据图11-37所示的拓扑图使用IPv6配置隧道协议,使2个虚端口能够互通。

图 11-36 第 17 题拓扑结构

图 11-37 第 18 题拓扑结构

19. 要求在各交换机之间配置 IPv6 静态路由协议后,可以使所有主机和交换机互通。(图 11-38 所示的是 VLAN 虚端口的 IPv6 地址)。

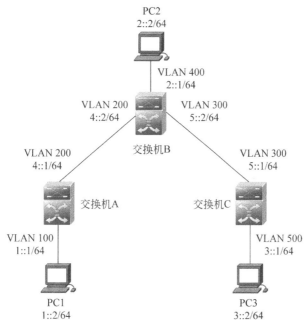

图 11-38 第 19 题拓扑结构

20. 如图 11-39 所示,IPv6 网络 N1 和 N2 被 IPv4 网络隔离开,现在要求通过配置手动隧道将这两个网络互联起来,使 N1 中的 H-A3 主机可以访问 N2 中的 II-B3 主机。

21. 如图 11-40 所示是一个 IPv6 网络(6to4 站点)使用 6to4 隧道通过 6to4 中继路由器接入 IPv6 主干网(6Bone)的实例,要求配置 6to4 隧道,使两侧网络连通。

22. 配置如图 11-41 所示的 NAT-PT,使网络能够连通。

23. 邻居请求和邻居公告分析实验。

IPv6 中对节点的链路层地址的确定使用邻居请求(ICMPv6 类型 135)、邻居公告消息(ICMPv6 类型 136)和被请求节点的多播地址(FF02::1:FFxx:xxx)的组合,如图 11-42 所示。

测试环境:节点 A 与节点 B 网线直连,参考图 11-10。节点 A 主动 ping 节点 B。

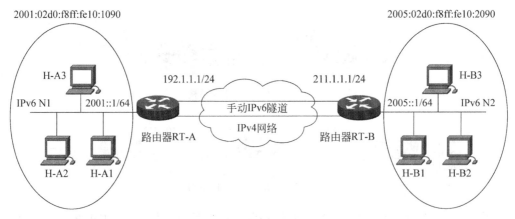

图 11-39 第 20 题拓扑结构

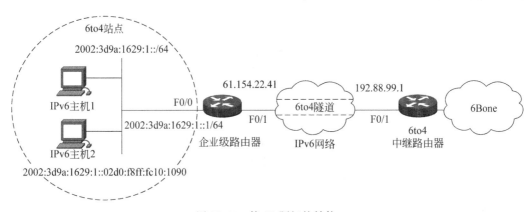

图 11-40 第 21 题拓扑结构

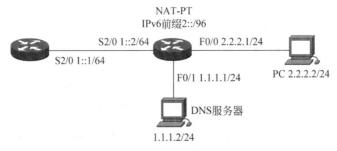

图 11-41 第 22 题拓扑结构

多播地址	ICMPv6消息
被请求节点多播地址(FF02::1:FF:xx:xxxx)	ICMPv6类型135(邻居请求) ICMPv6类型136(邻居公告)

图 11-42 第 23 题图

(1) 节点 A 要获知节点 B 的链路层 MAC 地址,首先发送一个类型为 135 的 ICMPv6 消息(邻居请求)到本地链路。捕获数据包并截图,分析:

帧的目的 MAC 地址为(_____),是 IPv6 目的地址(_____)的多播映射。

映射方法为 ping _____,则对应请求节点多播 MAC 地址为(_____),IPv6 地址为(_____)。

(2) 侦听本地链路上多播地址的节点 B 获取到该邻居请求消息,因为目的 IPv6 地址(_____)代表它的 IPv6 地址(_____)相对应的被请求节点多播地址。

(3) 节点 B 发送一个邻居公告应答。捕获数据包,可以看到目的 MAC 地址和目的 IP 地址已经变为节点 A。此数据包中 ICMPv6 选项字段包含了自己节点 B 的 MAC 地址。

(4) 至此,节点 A 和节点 B 都知道了对方的 MAC 地址。因此,节点可以在本地链路上通信。

第 12 章 无 线 网 络

本章详细阐述了无线网络技术的相关内容。主要介绍无线网络的基本概念和无线局域网技术。

12.1 无线网络概述

无线网络(Wireless Network)是采用无线通信技术实现的网络。无线网络既包括允许用户建立远距离无线连接的全球语音和数据网络,也包括为近距离无线连接进行优化的红外线技术及射频技术,与有线网络的用途十分类似,最大的不同在于传输媒介,利用无线电技术取代网线,可以和有线网络互为备份。

主流应用的无线网络分为通过公众移动通信网实现的无线网络(如 4G、3G 或 GPRS)和无线局域网(Wi-Fi)两种方式。GPRS 手机上网方式是一种借助移动电话网络接入 Internet 的无线上网方式,因此只要所在城市开通了 GPRS 上网业务,在任何一个角落都可以享受上网服务。

无线网络是相对于普遍使用的有线网络而言的一种全新的网络组建方式。无线网络在一定程度上抛弃了传统有线网络必须依赖的网线,使用网络时不再需要迁就网络接口的布线位置以及网线的长短,但服务距离仍受限制。

常见无线网络标准有以下几种:

IEEE 802.11a:使用 5GHz 频段,传输速度为 54Mbps,与 802.11b 不兼容。

IEEE 802.11b:使用 2.4GHz 频段,传输速度为 11Mbps。

IEEE 802.11g:使用 2.4GHz 频段,传输速度主要有 54Mbps 和 108Mbps 两种,可向下兼容 802.11b。

IEEE 802.11n 草案:使用 2.4GHz 频段,传输速度可达 300Mbps,标准尚为草案,但产品已层出不穷。

目前 IEEE 802.11b 标准最常用,但 IEEE 802.11g 标准更具下一代标准的实力,802.11n 标准也在快速发展中。

IEEE 802.11b 标准含有确保访问控制和加密的两个部分,这两个部分必须在无线 LAN 中的每个设备上配置。

IEEE 802.11b 标准定义了两种机理提供无线 LAN 的访问控制和保密:服务配置标识符(SSID)和有线等效保密(WEP)。还有一种加密的机制是通过透明运行在无线 LAN 上的虚拟专网(VPN)进行的。

无线 LAN 中经常用到的一个特性是称为 SSID 的命名编号,它提供低级别上的访问控制。SSID 通常是无线 LAN 子系统中设备的网络名称,它用于在本地分割子系统。

IEEE 802.11b 标准规定了一种称为有线等效保密(或称为 WEP)的可选加密方案,提供了确保无线 LAN 数据流的机制。WEP 利用一个对称的方案,在数据的加密和解密过程中使用相同的密钥和算法。

12.2　无线接入设备

在无线局域网里,常见的接入设备有无线网卡、无线网桥、无线天线等。

1. 无线网卡

无线网卡的作用类似于以太网中的网卡,作为无线局域网的接口,实现与无线局域网的连接。无线网卡根据接口类型的不同,主要分为三种类型:PCMCIA 无线网卡、PCI 无线网卡和 USB 无线网卡。

(1) PCMCIA 无线网卡仅适用于笔记本计算机,支持热插拔,可以非常方便地实现移动无线接入。一般而言只有笔记本计算机有 PCMCIA 接口,台式计算机没有 PCMCIA 接口。可以使用外部天线加强 PCMCIA 无线网卡。PCMCIA 无线网卡如图 12-1(a)所示。

(a) PCMCIA无线网卡　　(b) PCI无线网卡　　(c) USB接口无线网卡

图 12-1　无线网卡

(2) PCI 无线网卡适用于普通的台式计算机。其实 PCI 无线网卡只是在 PCI 转接卡上插入一块普通的 PCMCIA 卡,可以不需要线缆而和其他计算机在网络上通信。无线 NIC 与其他网卡,不同的是,它通过无线电波收发数据。无线 NIC 为了扩大其有效范围需要加上外部天线。当 AP 负载过大或信号减弱时,NIC 能更改与之连接的访问点 AP,自动转换到最佳可用的 AP,以提高性能。PCI 无线网卡如图 12-1(b)所示。

(3) USB 接口无线网卡适用于笔记本和台式计算机,支持热插拔,如果网卡外置有无线天线,那么 USB 接口就是一个比较便捷的选择。USB 接口无线网卡如图 12-1(c)所示。

无线网卡可以工作在多种模式下,常见的有 Master、Managed、Ad-Hoc、monitor 等模式。Managed 模式用于和无线 AP 进行接入连接,在该模式下可以进行无线接入 Internet 连网。对于需要两台主机进行直连的情况,可以使用 Ad-Hoc 模式,这样主机之间采用对等网络的方式进行连接。Monitor 模式主要用于监控无线网络内部的流量,用于检查网络和排错。

2. 无线网桥

无线网桥就是无线网络的桥接,它可以用于连接两个或多个独立的网络段,这些独立的网络段通常位于不同的建筑内,相距几百米到几十千米,可以广泛应用在不同建筑物间的互连。同时,根据协议不同,无线网桥又可以分为 2.4GHz 频段的 802.11b、802.11g 和 802.11n 以及采用 5.8GHz 频段的 802.11a 和 802.11n 无线网桥。无线网桥有三种工作方式:点对点(如图 12-2(a)所示)、点对多点(如图 12-2(b)所示)和中继桥接(如图 12-2(c)所示)。

无线网桥特别适用于城市中的远距离通信。

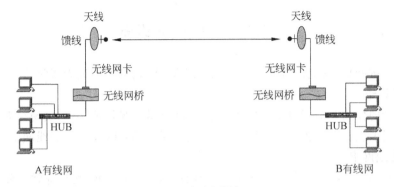

(a) 点对点连接

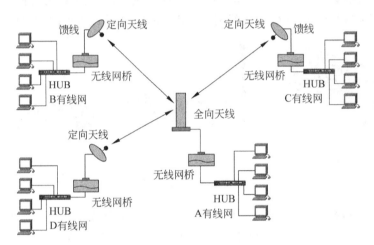

(b) 点对多点连接

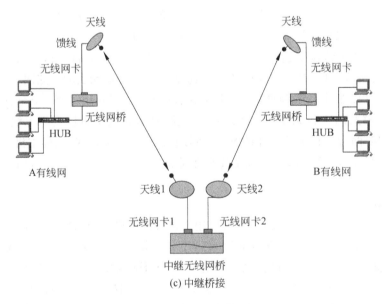

(c) 中继桥接

图 12-2　无线网桥

在无高大障碍(山峰或建筑物)的条件下,一对速组网和野外作业的临时组网,其作用距离取决于环境和天线。一对 27dBi 的定向天线可以实现 10km 的点对点微波互连;12dBi 的定向天线可以实现 2km 的点对点微波互连;一对只实现到链路层功能的无线网桥是透明网桥,而具有路由等网络层功能、在网络 24dBi 的定向天线可以实现异种网络互联的设备称为无线路由器,也可作为第三层网桥使用。

无线网桥通常适用于室外,主要用于连接两个网络,无法只使用一个无线网桥,必须使用两个以上,而 AP 可以单独使用。无线网桥功率大,传输距离远(最远可达约 50km),抗干扰能力强,不自带天线,一般配备抛物面天线实现长距离的点对点连接。

AP(Access Point)接入点又称无线局域网收发器,用于无线网络的无线 HUB,是无线网络的核心。它是移动计算机用户进入有线以太网骨干的接入点,AP 可以简便地安装在天花板或墙壁上,它在开放空间的最大覆盖范围可达 300m,无线传输速率可以高达 11Mbps。AP 如图 12-3(a)所示。

(a) 无线AP接入器　　(b) 无线路由器

图 12-3　无线局域网收发器与无线路由器

无线路由器(Wireless Router)如同是将单纯无线 AP 和宽带路由器合二为一的扩展型产品,如图 12-3(b)所示。

3. 无线天线

当计算机与无线 AP 或其他计算机相距较远时,或者根本无法实现与 AP 或其他计算机之间的通信,就必须借助于无线天线对所接收或发送的信号进行增益(放大)。

无线设备本身的天线都有一定距离的限制,当超出该限制的距离时,就要通过外接天线增强无线信号,达到延伸传输距离的目的。

无线天线有多种类型,常见的有两种:一种是室内天线(如图 12-4(a)所示),其优点是方便灵活,缺点是增益小,传输距离短;另一种是室外天线。室外天线的类型比较多,一种是棒状的全向天线(如图 12-4(b)所示),另一种是锅状的定向天线(如图 12-4(c)所示)。室外天线的优点是传输距离远,比较适合远距离传输。

(a) 室内吸顶天线　　(b) 室外全向天线　　(c) 室外定向天线

图 12-4　无线天线

无线设备自身的天线都有一定距离的限制,当超出该限制的距离时,就要通过这些外接天线增强无线信号,达到延伸传输距离的目的。此处涉及到频率范围和增益值。

频率范围是指天线工作的频段,该参数决定了它适用于哪个无线标准的无线设备。例如 802.11a 标准的无线设备就需要频率范围为 5GHz 的天线匹配。

增益值表示天线功率的放大倍数,数值越大表示信号的放大倍数就越大,即增益数值越大,信号越强,传输质量越好。

12.3 无线网络分类

1. 无线个人网

无线个人网(WPAN)是在小范围内相互连接数个装置所形成的无线网络,通常在个人可及的范围内。例如蓝牙连接耳机及笔记本计算机,ZigBee 也提供了无线个人网的应用平台。

蓝牙(IEEE 802.15)是一个开放性的短距离无线数字通信技术标准,其电波覆盖范围非常小,其目标是实现最高数据传输速率 1Mb/s(有效传输速率为 721Kb/s),其传输距离为 0.1~10m,通过增加发射功率可达到 100m。

从专业角度看,蓝牙是一种无线接入技术。从技术角度看,蓝牙是一项创新技术,已被业界看作为整个移动通信领域的重要组成部分。

2. 区域网

无线区域网(Wireless Regional Area Network,WRAN)基于认知无线电技术,IEEE 802.22 标准定义了适用于 WRAN 系统的空中接口。WRAN 系统工作在 47~910MHz 高频段/超高频段的电视频带内,由于已经有用户(如电视用户)占用了该频段,因此 802.22 设备必须要探测出使用相同频率的系统以避免干扰。

3. 城域网

无线城域网是连接数个无线局域网的无线网络形式。

虽然多年来 802.11x 技术一直与许多其他专有技术一起被用于 BWA(宽带无线接入),并获得巨大成功,但是 WLAN 的总体设计及其提供的特点并不能很好地适用于室外的 BWA 应用。当其用于室外时,在带宽和用户数方面将受到限制,同时还存在着通信距离等其他一些问题。基于上述情况,IEEE 制定了一种新的、更复杂的全球标准,该标准应能同时解决物理层环境(室外射频传输)和 QoS 两方面的问题,以满足 BWA 和"最后一英里"接入市场的需要。

12.4 无线局域网

1. 无线局域网的概念

无线局域网 WLAN(Wireless Local Area Networks)是计算机网络与无线通信技术相结合的产物,是相当便利的数据传输系统。它利用射频(RF)技术,提供传统有线局域网的所有功能,网络所需的基础设施不需再依赖显式的网线,能够随需移动或变化,使得无线局域网络能利用简单的存取构架让用户透过它,达到"信息随身化,便利走天下"的理想境界。

2. 无线局域网采用的技术

无线局域网络是一种能支持较高数据传输速率(2~11Mb/s)、采用微蜂窝、微微蜂窝结构的自主管理的计算机局域网络。无线局域网络技术大致可分为三类：窄频微波(Narrowband Microwave)技术、扩(展)频(Spread Spectrum)技术及红外线(Infrared)技术。每种技术皆有优缺点，目前扩频技术正逐渐成为主流。

扩频技术的无线局域网工作在美国联邦通信委员会FCC(Federal Communications Committee)规定的ISM(Industrial Scientific and Medical)频段，频率范围为902~928MHz及2.4~2.484GHz两个频段。由于这两个频段是开放的，所以并没有使用授权的限制。扩频技术就是采用某个规定的扩频编码函数将待传信息的频谱扩展，使之成为宽带信号后再送入信道中传输，利用相应的手段将其压缩，从而获得传输信息。其主要特点是：具有选择地址的能力；可用码分复用，实现多址通信；抗干扰能力强；安全保密性好；抗多径能力强；抗衰落能力强。扩频技术又分为直接序列和跳频技术两种方式。

一般而言，直接序列扩频技术(DSSS)由于采用全频带传送数据，速度较快，未来可开发出更高传输频率的潜力也较大。DSSS技术适用于固定环境中或对传输品质要求较高的应用。因此，无线厂房、无线医院、网络社区等，大多采用DSSS无线技术产品。跳频技术FHSS则大多适用于需快速移动的端点，如移动电话在无线传输技术部分采用FHSS技术。FHSS传输范围较小，在相同的传输环境下，所需的设备要比DSSS多，在整体价格上可能也会比较高。以目前企业需求而言，高速移动端点应用较少，而大多较注重传输速率及传输的稳定性，所以未来无线网络产品的发展应会以DSSS技术为主流。

3. 无线局域网设备的种类

无线局域网的设备主要包括：无线网卡、无线访问接入点、无线HUB和无线网桥，几乎所有的无线网络产品中都自带无线发射/接收功能，且通常是一机多用。

4. 无线局域网的网络结构

无线局域网主要有两种类型：对等网络和基础结构网络。

(1) 对等网络。这是最简单的无线局域网结构。一个对等网络由一组具有无线接口的计算机组成。这些计算机要有相同的工作组名、ESSID和密码(如果适用的话)。任何时间只要两个或更多的无线接口互相在彼此的范围之内，它们就可以建立一个独立的网络。这些根据要求建立起来的典型网络在管理和预先协调方面没有任何要求。

(2) 基础结构网络。无线中继站(如无线接入访问点、无线HUB和无线网桥等设备)把无线局域网与有线网连接起来，并允许用户有效地共享网络资源。中继站不仅仅提供与有线网络的通信，也为网上邻居解决了无线网络拥挤的状况。复合中继站能够有效扩大无线网络的覆盖范围，实现漫游功能。

5. 无线局域网的特点与发展前景

与有线网络相比，无线局域网有很多不足。无线局域网还不能完全脱离有线网络，它只是有线网络的补充，而不是替换。首先，无线局域网产品比较昂贵，增加了组网的成本；其次，传输速率还比较慢，无法实现有线局域网的高带宽，目前市场上一般的无线网络带宽还达不到2Mb/s；无线局域网以空气为介质信号进行传输，会受到外部其他电信号的干扰，给无线局域网通信的稳定性造成了很大的影响。

近年来，无线局域网产品逐渐走向成熟，价格也逐渐下降，相应软件也日趋成熟。此外，无线局域网已能够通过与广域网相结合的形式提供移动 Internet 的多媒体业务。显然无线局域网将通过它的灵活性发挥重要的作用。

12.5 无线局域网结构

12.5.1 点对点 Ad-Hoc 结构

移动无线自组网(Mobile Ad Hoc Network,Ad-Hoc)源于战场通信以提高生存能力的战术网络。它作为一种移动通信和计算机网络相结合的新型动态网络，是由一组带有无线收发装置的移动端节点组成的多跳、临时无中心网络。这种网络无需信息基础设施的支持，能够在任何时刻、任何地点快速、低廉地构建起一个具有可抗毁性的移动通信网络。它与传统的固定网络和无线网络不同，其地位相同的节点可以随机地以任意速度向任何方向移动，每个节点既是主机又是路由器，既作为一个网络终端用户又作为一个网络交换节点，每个节点要承担起网络路由和包交换的功能。由于无线发射装置发送功率因消耗引起的变化、外界因素的影响以及无线电信号之间的互相干扰等动态变化，导致节点之间的链路增加或消失，节点之间的群的隶属关系不断发生变化，最终造成网络无线拓扑结构频繁地变化。

点对点 Ad-Hoc 对等结构相当于有线网络中的多机直接通过无线网卡互联，中间没有集中接入设备（即没有无线接入点 AP），信号直接在两个通信端点对点传输，这种网络中的节点自主对等工作，对于小型的无线网络而言是一种方便的连接方式，如图 12-5 所示。

在有线网络中，因为每个连接都需要专门的传输介质，所以在多机互连中一台计算机可能要安装多块网卡。而在 WLAN 中没有物理传输介质，信号不是通过固定的传输作为信道传输的，而是以电磁波的形式发散传播的，所以在 WLAN 的对等连接模式中，各用户无须安装多块 WLAN 网卡，相比有线网络而言，组网方式要简单许多。

图 12-5　Ad-Hoc 对等无线局域网结构

要建立一个 Ad-Hoc 无线网络，每台无线适配器都必须配置为 Ad-Hoc 模式而不是 Infrastructure 模式。此外，处于 Ad-Hoc 网络的所有无线适配器必须使用相同的 SSID 和通道号，IP 地址设置为同一网段。同系列网卡一般默认相同通道号，不同系列则要根据实际情况调整无线网卡信道，使其有一致的信道。信道是对无线通信中发送端和接收端之间通路的一种描述。无线电波从发送端传送到接收端，其间并没有一个有形的连接，它的传播路径可能不止一条。为了形象地描述发送端与接收端之间的工作，可以想象两者之间有一条看不见的道路，这条衔接通路称为信道。一般情况下，1、6、11 这三条信道的使用率最高。

SSID(Service Set Identifier)是一个无线局域网络(WLAN)的名称，用于区分不同的网络。SSID 是区分大小写的文本字符串，最大长度不超过 32 个字符的字母或数字串。SSID

的作用就如同无线接入点(AP)MAC 地址,所以无线局域网上的所有无线设备必须使用相同的 SSID 才能进行互相连通。在无线局域网中,SSID 的作用非常重要,它能阻隔其他无线设备访问自用的无线局域网(无论有意或无意)。

Ad-Hoc 网络的特点是:网络的无线设备互相距离很近。网络的性能随着无线设备的增加而下降,并且一个大型的 Ad-Hoc 网络很快会变得很难管理。Ad-Hoc 网络不能与有线局域网进行桥接,也不能与没有设立特殊网关的 Internet 进行桥接。

当要快速建立一个小型的无线局域网并且设备花费最小时,就可以选择 Ad-Hoc 网络。

Ad-Hoc 结构是一种省去了无线 AP 而搭建起的对等网络结构,只要计算机安装了无线网卡,彼此之间即可实现无线互联;其原理是网络中的一台主机建立点对点连接(相当于虚拟 AP),而其他主机就可以直接通过该点对点连接进行网络互联与共享。

由于省去了无线 AP,Ad-Hoc 无线局域网的网络架设过程十分简单,不过一般的无线网卡在室内环境中传输距离为 40m 左右,当超过此有效传输距离时,就无法实现彼此之间的通信;因此该种模式非常适用于一些简单甚至是临时性的无线互联需求。

另外,如果让该方案中所有的计算机之间共享连接的带宽,例如有 4 台主机同时共享宽带,每台主机可利用的带宽只有标准带宽的 1/3。

Ad-Hoc 对等结构网络通信中没有信号交换设备,网络通信效率较低,所以仅适用于数量较少的计算机无线互连(通常是在 5 台主机以内、工作环境一般不超过 10m)。同时由于该模式没有中心管理单元,所以这种网络在可管理性和扩展性方面受到一定的限制,连接性能也较差,而且各无线节点之间只能单点通信,不能实现交换连接,如同有线网络中的对等网络一样。Ad-Hoc 无线网络模式通常只适用于临时的无线应用环境,如小型会议室、SOHO 家庭无线网络等。

为了达到最佳的无线连接性能,所有主机最好都使用同一品牌与同一型号的无线网卡,并且要详细了解相应型号的网卡是否支持 Ad-Hoc 网络连接模式,一般而言,大多数无线网卡同时支持两种网络结构模式。

实验 12-1 搭建 Ad-Hoc 模式无线网络实验

【实验目的】

掌握自组网(Ad-Hoc)模式无线网络的概念及搭建方法。

【实验拓扑】

本实验拓扑结构如图 12-6 所示。

【实验设备】

安装有 TP-LINK TL-WN851N 无线网卡的计算机 3 台。

【实验原理】

自组网(Ad-Hoc)模式无线网络是一种省去无线接入点而搭建的对等网络结构,也称为 SoftAP,只要计算机安装了无线网卡,彼此之间即可实现无线互联。

自组网(Ad-Hoc)模式无线网络的架设过程较为简单,但是传输距离相当有限,因此该模式较适合

图 12-6 Ad-Hoc 无线网络拓扑结构

满足一些临时性的计算机无线互连需求。

TP-LINK TL-WN851N 是专门为台式计算机设计的支持 11n 的无线网卡。它采用 PCI 插槽,支持 IEEE 802.11n(Draft 2.0)无线标准,兼容 b 和 g 标准,无线传输速率高达 300Mbps。该网卡配有两根可拆卸的 2dBi 全向天线,增大了信号传输范围,也增强了信号传输能力,即使距离较远也能轻松连接。

【实验步骤】

步骤 1:准备阶段。

(1) 将无线网卡插入计算机的 PCI 接口,并确保无线网卡已经可以正常使用(如连接信号)。

(2) 安装无线网卡客户端程序。将网卡携带的光盘放入光驱中并安装客户端程序(或到官方网站下载相应驱动程序)。

(3) 安装完成后,TP-LINK 无线网卡客户端程序图标如图 12-7 所示。

图 12-7　TP-LINK 无线网卡客户端图标

步骤 2:断开有线连接(或禁用有线连接)。查看无线网卡的 IP 地址,测试其连通性。分析结果。

步骤 3:配置 P1、P2、P3,建立自组网(Ad-Hoc)模式无线网络。

	P1 无线网卡	P2 无线网卡	P3 无线网卡
IP 地址:	192.168.0.1	192.168.0.2	192.168.0.3
子网掩码:	255.255.255.0		
默认网关:	192.168.0.1		

测试 P1、P2、P3 的连通性,分析结果。

步骤 4:设置无线网卡之间的 SSID 为 TEST。注意 3 台移动设备的无线网卡的 SSID 必须相同。

测试 P1、P2、P3 的连通性,分析结果。

步骤 5:观察实验中的无线网卡信道号。如遇其他系列网卡,则要根据实际情况调整无线网卡的信道,使多块无线网卡的信道一致。

测试 P1、P2、P3 的连通性,分析结果。

步骤 6:捕获通信数据包,分析网络使用了什么协议?

【实验思考】

1. 在进行实验之初,如果不人为配置各计算机的 IP 地址,仅配置相同的 SSID 和通道号,片刻后再观察各计算机的 IP 地址,它们有没有自行处于同一网段?请解释原因。

2. 测试实验拓扑的数据传输率(建立目的主机的共享文件夹并传输文件,使用 Wireshark 观察数据传输情况)。

3. 准备另外 2 台计算机,依次在实验拓扑中加入 1 台,测试加入后的数据传输率,分析引起变化的原因。

12.5.2　基于 AP 的 Infrastructure 结构

基于无线 AP 的 Infrastructure(基础)结构模式其实与有线网络中的星型交换模式类似,属于集中式结构类型,除了需要在每台主机上安装无线网卡之外,还需要无线接入点

AP 的支持,其中的无线 AP 相当于有线网络中的交换机,起着集中连接和数据交换的作用。一般的无线 AP 还提供了一个有线以太网接口,用于与有线网络、工作站和路由设备的连接。其拓扑结构如图 12-8 所示。

图 12-8　Infrastructure 无线局域网拓扑结构

这种网络结构模式的优势主要表现在网络易于扩展、便于集中管理以及能提供用户身份验证等,另外数据传输性能也明显高于 Ad-Hoc 对等结构。在这种 AP 网络中,AP 和无线网卡还可以针对具体的网络环境调整网络连接速率,如 11Mbps 的可使用速率可以调整为 1Mbps、2Mbps、5.5Mbps 和 11Mbps 共 4 挡;54Mbps 的 IEEE 802.11a 和 IEEE 802.11g 的可使用速率有 54Mbps、48Mbps、36Mbps、24Mbps、18Mbps、12Mbps、11Mbps、9Mbps、6Mbps、5.5Mbps、2Mbps 和 1Mbps 共 12 挡不同速率可动态转换,以发挥相应网络环境下的最佳连接性能。

理论上一个 IEEE 802.11b 的 AP 最多可连接 72 个无线节点,实际应用中考虑到更高的连接需求,建议在 10 个节点以内。其实在实际的应用环境中,连接性能往往受到许多方面因素的影响,所以实际连接速率要远低于理论速率,如上面所介绍的 AP 和无线网卡可针对特定的网络环境动态调整速率,原因就在于此。对于带宽要求较高(如学校的多媒体教学、电话会议和视频点播等)的应用,最好减少单个 AP 所连接的用户数;对于简单的网络应用可适当增加。同时要求单个 AP 所连接的无线节点要在其有效的覆盖范围内,其距离通常为室内 100m 左右,室外 300m 左右。如果是 IEEE 802.11a 或 IEEE 802.11g 的 AP,因其速率可达到 54Mbps,其有效覆盖范围比 IEEE 802.11b 的大一倍以上,理论上单个 AP 的连接节点数在 100 个以上,但实际应用中所连接的用户数最好在 20 个左右。

另外,基础结构的无线局域网不仅可以应用于独立的无线局域网中(如小型办公室无线网络与 SOHO 家庭无线网络),也可以以它为基本网络结构单元组建庞大的无线局域网系统,如 ISP 在"热点"位置为各移动办公用户提供的无线上网服务以及在宾馆、酒店、机场为用户提供的无线上网区等。不过这时要充分考虑到各 AP 所用的信道,在同一有效距离内只能使用三个不同的信道。

如图 12-9 所示为一家宾馆的无线网络方案,宾馆各楼层中的无线网络用户通过一条宽带接入线路与 Internet 连接;还可以与企业原有的有线网络连接,组成混合网络。有线网络与无线网络连接的网络结构基本相同,不同的只是图 12-9 中的交换机通常要与企业有线网络的核心交换机相连,而不是直接连接其他网络或无线设备。

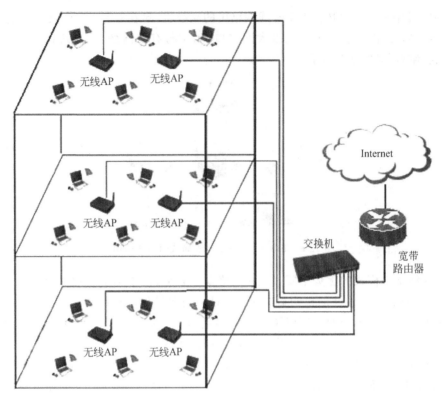

图 12-9 宾馆的无线网络

实验 12-2 搭建基于 AP 的 Infrastructure 模式无线网络

【实验目的】

掌握拥有无线网卡的设备如何通过无线 AP 进行互联。

【技术原理】

Infrastructure 是无线网络搭建的基础模式。移动设备通过无线网卡或内置无线模块与无线 AP 取得联系,多台移动设备可以通过一个无线 AP 构建无线局域网,实现多台移动设备的互连。无线 AP 覆盖范围一般为 100~300m,适合移动设备灵活地接入网络。

【实验设备】

RG-WG54U(802.11g 无线 LAN 外置 USB 网卡)2 块,RG-WG54P(无线 LAN 接入器)1 台。

【实验拓扑】

本实验拓扑结构如图 12-10 所示。

【实验步骤】

步骤 1:安装 RG-WG54U。

(1) 把 RG-WG54U 适配器插入到计算机空闲的 USB 接口,系统会自动搜索到新硬件并提示安装设备的驱动程序。

(2) 选择"从列表或指定位置安装"并插入驱动光盘,选择驱动所在的相应位置,然后单击"下一步"按钮。

图 12-10 实验拓扑

(3) 按照屏幕指示安装 54Mb/s 无线 USB 适配器,再单击"下一步"按钮。

(4) 单击"完成"按钮结束安装,注意屏幕的右下角出现无线网络已连接的图标,包括速率和信号强度。

步骤 2:配置 RG-WG54P 基本信息。

设置 PC1 的以太网端口地址为 192.168.1.23/24,RG-WG54P 的管理地址默认为 192.168.1.1/24。在浏览器中输入 http://192.168.1.1,登录到 RG-WG54P 的管理界面,输入默认密码 default。

在界面上可看到 RG-WG54P 常规信息。

在常规设置中修改接入点名称为 AP-TEST(自行命名),设置无线模式为 AP,ESSID 为 TEST(自行命名),信道/频段为 01/2412MHz,模式为混合模式(此模式可根据无线网卡类型进行具体设置)。

步骤 3:使 RG-WG54P 应用新的设置。配置完成后,单击"确定"按钮,使配置生效。

步骤 4:为 PC1 与 PC2 安装 RG-WG54U 配置软件,设置 SSID 为 TEST,模式为 Infrastructur。

步骤 5:将 PC1 与 PC2 的 RG-WG54P 网卡加入到 TEST 中同一个 ESSID(选中 TEST,然后单击右下角的 Join 按钮)。

步骤 6:设置 PC1 与 PC2 的无线网络 IP 地址。

配置 PC1 地址为 1.1.1.2/24,PC2 地址为 1.1.1.36/24,保证二者在同一网段即可(图 12-10 中为 PC2 的地址配置,PC1 与 PC2 的地址配置方法相同)。

步骤 7:测试 PC1 与 PC2 的连通性(PC1 ping PC2)。

步骤 8:捕获数据包,分析 802.11g 协议。

12.6 点对点无线桥接技术

无线网桥是 WLAN 技术中一项重要的应用方式。无线网桥是无线射频技术和传统的有线网桥技术相结合的产物,无线网桥可以无缝地将相距数十千米的局域网络连接在一起,创建统一的区域或城域网络系统,在最简单的网络构架中,网桥的以太网端口连接到局域网中的某台集线器或交换机上,信号发射端口则通过电缆和天线相连接;通过这样的方式实现网络系统的扩展。

WDS(Wireless Distribution System,无线分布式系统)建构在 HFSS 或 DSSS 下,可让基台与基台间得以连通。有的 WDS 可充当无线网络的中继器,且可多台对一台,目前有许多无线基台都有 WDS,同时并不影响其无线 AP 覆盖的功能。

WDS 把有线网络透过无线网络当中继架构传送,借此可将网络连接到另外一个无线(或有线)网络环境。因为透过无线网络形成虚拟的网络,所以也称为无线网络桥接功能。严格地说,无线网络桥接功能通常是指一对一,但是 WDS 架构可以实现一对多,并且桥接的对象可以是无线或有线系统。所以 WDS 最少要有两台同功能的 AP,最大数量则要视厂商的设计而定。

无线中继模式简而言之就是将微弱的无线信号接收进来并放大后再发射出去,以此延伸无线信号的覆盖。例如,在室外能搜索到信号并能连接上网,但到了室内后便没有信号。这时可以在窗口放置一台无线中继器转发信号,这样在室内就可以流畅上网了。

无线桥接具有以下优点。

低成本:相对于光线等有线网络而言,其低成本的特性显而易见。

建设周期短:其建设周期通常只需 1~2 天,快速且易用。

易维护:点对点的桥接设备易于维护及维修。

受地理因素影响小:对于有线网络极难部署的河流、山地、废墟等地,无线网络可以轻而易举地实现。

综上所述,无线桥接通信在可靠性、可用性和抗毁性等方面超过了传统的有线网络连接方式,尤其在一些特殊的地理环境中,更体现出了其优越性。

实验 12-3 搭建无线分布式系统模式网络

【实验目的】

掌握无线分布式系统(WDS)模式无线网络的概念及搭建方法。

【实验拓扑】

工作区域分为南、北两个区,由于区域比较大,为了能在整个区域部署无线网络,通过无线 AP 实现南北两个区的计算机之间无线通信。网络拓扑结构如图 12-11 所示,当需要扩大无线网络的范围时,将两个(或两个以上)无线区域连接起来,需要在架设无线时用到多个 AP 做桥接。通过无线 AP 与无线网卡实现无线分布式系统(WDS)模式无线网络通信。

【实验设备】

无线接入设备 AP 2 台、无线网卡 3 块、计算机 3 台。

【实验原理】

无线分布式系统(Wireless Distribution System,WDS)模式无线网络是一种为了扩展无线网络的范围,能够使无线接入点设备相互通信的技术。

无线分布式系统可区分为无线桥接与无线中继两种不同的应用。无线桥接的目的是为了连接两个不同的区域网络,桥接两端的 AP 通常只与对端 AP 通信,而不接受其他无线设备的连接;而无线中继的目的则是为了扩大同一区域无线网络的覆盖范围,中继使用的 AP 在与对端 AP 通信的同时也接受其他无线设备的连接。

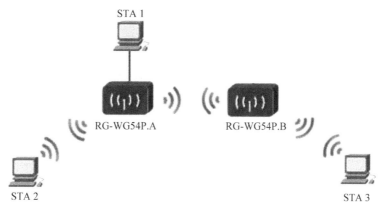

图 12-11　WDS 模式无线网络拓扑结构

【实验步骤】

步骤 1：配置计算机 STA 1。

（1）用跳线将计算机 STA 1 与 RG-WG54P.A 供电模块的 Network 接口相连。

（2）配置计算机 STA 1 本地连接的 TCP/IP 设置：

IP 地址：192.168.1.10

子网掩码：255.255.255.0

默认网关：192.168.1.1

配置命令：netsh interface ipv4 set address "本地连接" static 192.168.1.10 255.255.255.0 192.168.1.1 1。

测试：在计算机 STA 1 命令行下输入 ipconfig 命令，查看本地连接 IP 设置。

步骤 2：登录 AP 设备，配置管理地址，收集设备信息。

（1）计算机 STA 1 登录无线接入设备 AP（RG-WG54P.A）管理页面 http://192.168.1.1，默认密码为 default。

（2）记录无线接入设备 AP（RG-WG54P.A）的 MAC 地址。

（3）计算机 STA 1 登录无线接入设备 AP（RG-WG54P.B）管理页面 http://192.168.1.1，默认密码为 default。

（4）记录无线接入设备 AP（RG-WG54P.B）的 MAC 地址。

（5）将无线接入设备 AP（RG-WG54P.B）的管理地址修改为 192.168.1.2。

步骤 3：配置无线接入设备 AP（RG-WG54P.A），搭建无线分布式系统（WDS）模式无线网络。

（1）配置 IEEE 802.11 参数。

ESSID：配置无线网络名称（如"wdstest1"）。

信道/频段：选择无线网络工作信道（如"CH 6/2437MHz"）并应用该配置。

（2）通过手动方式配置 WDS 模式相关参数。

Remote MAC 地址 1：输入对端 AP，即无线接入设备 AP（RG-WG54P.B）的 MAC 地址并应用该配置。

步骤 4：配置无线接入设备 AP（RG-WG54P.B），搭建无线分布式系统（WDS）模式无线网络。

(1) 配置配置 IEEE 802.11 参数。

ESSID：配置无线网络名称（如"wdstest2"）。

信道/频段：选择无线网络工作信道，此处配置需要与 RG-WG54P.A 保持一致（如"CH 6/2437MHz"），并应用该配置。

(2) 通过手动方式配置 WDS 模式相关参数。

Remote MAC 地址 1：输入对端 AP，即无线接入设备 AP(RG-WG54P.A)的 MAC 地址并应用该配置。

(3) 至此无线分布式系统(WDS)无线网络搭建完成，将测试计算机 STA 1 通过有线链路与无线接入设备 AP(RG-WG54P.A)相连。

步骤 5：配置计算机 STA 2，加入无线分布式系统(WDS)模式无线网络。

(1) 测试计算机 STA 2 安装无线网卡(RG-WG54U)以及客户端软件 IEEE 802.11g Wireless LAN Utility。

(2) 配置测试计算机 STA 2 无线网卡的 TCP/IP 设置。

IP 地址：192.168.1.20

子网掩码：255.255.255.0

默认网关：192.168.1.1

(3) 在"Site Survey"页面可发现所搭建的无线分布式系统(WDS)模式无线网络，单击"Join"按钮加入无线接入设备 AP(RG-WG54P.A)提供的无线网络（如"wdstest1"）。

(4) 在计算机 STA 2 的 IEEE 802.11g Wireless LAN Utility 中可以看到如下信息。

```
State:<Infrastructure>-[ESSID]-[无线接入点的 MAC 地址]
Current Channel:无线分布式系统(WDS)模式无线网络工作信道
```

(5) 计算机 STA 1 与 STA 2 能够相互 ping 通。

步骤 6：配置测试计算机 STA 3，加入无线分布式系统(WDS)模式无线网络。

(1) 测试计算机 STA 3 安装无线网卡(RG-WG54U)以及客户端软件 IEEE 802.11g Wireless LAN Utility。

(2) 配置测试计算机 STA 3 无线网卡的 TCP/IP 设置。

IP 地址：192.168.1.30

子网掩码：255.255.255.0

默认网关：192.168.1.2

(3) 在"Site Survey"页面可发现所搭建的无线分布式系统(WDS)模式无线网络，单击"Join"按钮加入无线接入设备 AP(RG-WG54P.B)提供的无线网络（如"wdstest2"）。

验证测试：

(1) 在计算机 STA 3 的 IEEE 802.11g Wireless LAN Utility 中可以看到如下信息。

```
State:<Infrastructure>-[ESSID]-[无线接入点的 MAC 地址]
Current Channel:无线分布式系统(WDS)模式无线网络工作信道
```

(2) 计算机 STA 1、STA 2 与 STA 3 能够相互 ping 通。

在搭建 WDS 时，要注意以下几点。

（1）设备选择：组建 WDS 网络的无线路由器或 AP 都要支持 WDS 功能，并且为达到最好的兼容性，请选择同一品牌的无线产品配套使用。

（2）频段设置：组建 WDS 网络的无线路由器或 AP 所选择的无线频段必须相同，一般情况下，路由器或 AP 的频段是"自动选择"，建议手动设置以保证频段相同。

（3）SSID 设置：组建 WDS 网络的无线路由器或 AP 所设置的 SSID 可以不同，此时客户端在此网络中不能实现无线漫游，要想实现无线漫游须设置相同的 SSID。

（4）无线安全设置：组建 WDS 网络的无线路由器或 AP 在安全设置中所设置的密码必须相同，但安全机制可以不同。当安全机制不同时，客户端在此网络将不能实现无线漫游，要想实现无线漫游必须设置相同的安全机制。

习 题 12

1. IEEE 802.11 标准是美国电机电子工程师协会(IEEE)为解决无线网络设备互连，于 1997 年 6 月制定发布的无线局域网标准。在网络上阅读 802.11 协议标准文档，了解协议详细信息。

2. 选择题。

（1）WLAN 技术使用了（　　）介质。
　　A. 无线电波　　B. 双绞线　　C. 光波　　D. 沙浪

（2）天线主要工作在 OSI 参考模型的（　　）层。
　　A. 第一　　B. 第二　　C. 第三　　D. 第四

（3）下列（　　）不属于无线网卡的接口类型。
　　A. PCI　　B. PCMCIA　　C. IEEE 1394　　D. USB

（4）以下属于无线局域网优点的有（　　）。
　　A. 移动性　　B. 灵活性　　C. 可伸缩性　　D. 经济性

（5）以下属于 AP 的基本功能的有（　　）。
　　A. 完成其他非 AP 的站对分布式系统的接入访问
　　B. 完成同一 BSS 中的不同站间的通信连接
　　C. 完成无线局域网与分布式系统间的桥接功能
　　D. 完成对其他非 AP 的站的控制和管理

（6）移动 Ad-Hoc 与通信有关的功率消耗源包括（　　）。
　　A. 无线发射　　B. 无线接收　　C. 节点备用　　D. 协议处理

（7）从应用的角度分类，无线网络可分为（　　）。
　　A. 无线网状网　　B. 无线局域网　　C. 无线传感器网　　D. 无线穿戴网

（8）无线局域网的移动性支持（　　）。
　　A. 固定　　B. 半移动　　C. 慢速移动　　D. 快速移动

3. 简答题。

（1）根据无线 AP 或无线路由器的基本配置回答以下问题：

① 如何进行无线 AP 或无线路由器的初始配置？在使用无线客户端配置无线 AP 或无线路由器的过程中，如果连接中断，如何修改无线 AP 或无线路由器的配置？

② 如何通过配置解决同一覆盖区域的不同 AP 或无线路由器之间的相互干扰问题?
③ 如何通过配置防止非本网络的客户机访问本网络(即防止"蹭网")。
④ 如果同一覆盖区域存在三个同协议、同制式的 AP,应如何选择信道?
⑤ 对 SSID 的设置有何要求?
(2) 目前无线局域网主要应用在哪些方面?
(3) 无线网络的发展前景如何?
(4) 简述无线局域网的分布对等式拓扑、基础结构集中式拓扑以及 ESS 网络拓扑之间的差异。
(5) 简述移动 Ad-Hoc 网络的地址分配技术。

4. 指出图 12-12 所示为哪种拓扑结构的无线局域网,并说明其中的 AP 有哪些作用。

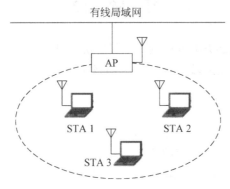

图 12-12　第 4 题拓扑结构

5. 根据无线 Ad-Hoc 模式组网回答以下问题。
(1) 说明同一网络中无线网卡的 IP 配置的基本要求。
(2) 说明无线网卡的工作模式、SSID、频段、加密方式、密钥和连接速率的配置原则。

6. 某企业有两栋楼,A 楼是办公楼,有网络机房并接入互联网;B 楼是职工宿舍楼,共 4 层,楼层结构是中间为楼道,两边分别为 6 间房间,每层有 12 间,每间房屋有 1 个无线网络用户。现要将 A 楼的网络信号接入到 B 楼,并对 B 楼实行无线网络覆盖。A 楼与 B 楼相距 2 千米,中间没有建筑阻隔。现决定采用无线网络解决 A 楼与 B 楼的联网问题,具体要求如下:
(1) 架设的无线网络须保障 A 楼到 B 楼之间的带宽达到 802.11g 以上。
(2) 要求 B 楼每个房间都有无线网络信号,且要求有 54Mbps 的网络带宽。

请问:
(1) A 楼与 B 楼要采用什么设备做无线连接?应该采用什么标准的无线网络设备?
(2) 无线网络设备如何覆盖 B 楼?
(3) 画出该无线网络的拓扑图。

7. 无线网络设计实验。实验拓扑结构如图 12-13 所示。

图 12-13 中,在 ISP 背后连接了 1 台 DNS 服务器与 1 台 WWW 服务器,现在路由器 1 模拟公司的路由器,在公司的路由器背后连接 1 台无线路由器,下面 4 台计算机安装了无线网卡,连接到无线路由器,然后通过公司内部的路由器访问 WWW 服务器。请通过 Cisco

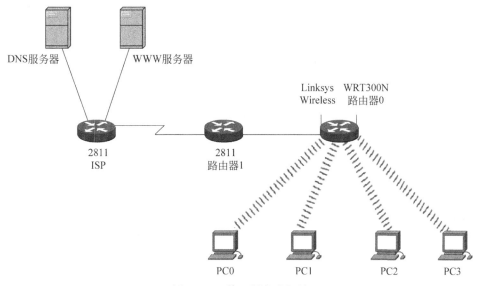

图 12-13　第 7 题实验拓扑

Packet Tracer 完成实验。

要求：

(1) 配置 ISP 与路由器 1。

(2) 配置 DNS 服务器(需要一个域名解析，以便 4 台计算机通过此域名访问 WWW 服务器)。

(3) 配置 WWW 服务器。

(4) 配置无线路由器(使用 DHCP)，设置无线网络加密(防"蹭网")。

(5) 4 台计算机配置无线网卡。

(6) 测试计算机是否能正常访问 WWW 服务器。

8. SSID 隐藏(自治型 AP)实验。

SSID(Service Set Identifier)作为区分不同的无线网络的标识，一般是显式的，易被非法用户利用并接入。开启 SSID 隐藏功能(在 AP 上关闭 SSID 公告)，无线网络将不会向外界通告它的存在，使得非法人员无法得到网络的 SSID，从而不能接入到无线网络中，保证了无线网络的私密性。

实验拓扑如图 12-14 所示。请写出实验过程，并测试实验结果。

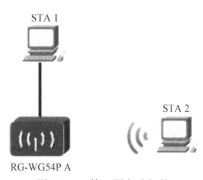

图 12-14　第 8 题实验拓扑

第13章 综合实验

本章以解决实际问题为主线,进行相关的实际工程设计、网络系统的安装与配置、网络安全与系统防范措施配置、计算机网络应用与综合应用研究。

综合实验1 网络嗅探

【实验目的】

了解黑客惯用的各种网络嗅探技术及其对网络安全的威胁,针对不同嗅探方法采用相应的防范对策。

【实验要求】

(1) 了解网络嗅探原理。

(2) 了解流行网络协议的数据封装格式。

【实验设备】

一般需要 2~4 台计算机,1 台用于黑客攻击,其余分别用于 Windows 文件服务器、Web 服务器、FTP 服务器等模拟。此外,交换机与路由器可根据需要选用。

【实验内容】

(1) 模拟黑客嗅探所在网络中的传输流量,捕获账号、密码等敏感信息,对加密的密码进行破解攻击。

(2) 使用 Wireshark 软件进行嗅探。

(3) 使用网络数据包嗅探专家、Dsniff 等黑客工具进行密码嗅探和破解。

(4) 配置测试计算机采用 IPSec 加密,重复上述嗅探过程,观察结果。

【实验步骤】

黑客除了利用漏洞扫描技术进行踩点外,还可以在条件满足的情况下,对目标主机所在网络进行嗅探,并对嗅探到的信息进行分析,从中获得所需的敏感信息,如密码等。

网络嗅探工具通常用于进行协议分析和网络监控,以便进行故障诊断、性能分析和安全分析等,黑客则用其进行安全敏感信息的监听和截取。

(1) 安装并使用 Wireshark 进行嗅探。

嗅探对象包括登录网络、电子邮箱、浏览网页、登录 FTP、Telnet、远程桌面连接等通信过程。观察所捕获的数据,从中提取敏感数据。

(2) 安装并使用网络数据包嗅探专家、Dsniff、Cain 等黑客工具进行密码嗅探和破解。

(3) 配置 IPSec 安全策略。

配置一台计算机的 IPSec 安全策略为系统提供的"安全服务器(要求安全)",另一台计算机的 IPSec 安全策略配置为"客户端(只要求相应安全)"。在服务器上启用 Telnet 服务,从另一台计算机登录,嗅探此过程。比较 IPSec 安全策略启用前后嗅探到的数据有何不同。

【实验思考】
（1）Wireshark 等软件可以嗅探到哪些信息？
（2）黑客嗅探工具与 Wireshark 等嗅探软件在功能上有哪些不同？
（3）根据实验情况，提出一般的安全策略以应对网络的安全危机。

综合实验 2　FTP 流量分析

【实验要求】
使用 Wireshark 软件的过滤器捕获特定分组；用脚本分析大量流量数据（建议用 perl）。

【实验内容】
在某 FTP 站点（或自行搭建 FTP 服务器）注册用户，然后以该用户登录 FTP 服务器，下载一个文件后退出。用分组捕获工具记录全过程，分析并回答：
（1）找出 TCP 控制连接建立的分组，它的四元组是什么？
（2）对（1）中的 TCP 连接，找出其三次握手过程分组，并结合数据，绘制 TCP 连接建立的完整过程，注明每个 TCP 报文段的序号、确认号以及 SYN/ACK 的设置。双方协商的起始序号是什么？TCP 连接建立的过程中，第三次握手是否携带数据？是否消耗了一个序号？
（3）对（1）中的 TCP 连接，找出其释放过程分组，结合数据，绘制 TCP 连接释放的完整过程，注明每个 TCP 报文段的序号、确认号以及 FIN/ACK 的设置。释放请求由服务器还是客户发起？FIN 报文段是否携带数据？是否消耗了一个序号？FIN 报文段的序号是什么？为什么是这个值？
（4）找出登录（FTP login 命令）分组，提取用户名、口令，口令是否加密？
（5）FTP 客户端和服务器是如何协商数据连接属性的？
（6）找出下载文件数据连接的四元组，该连接是谁发起和关闭的？试计算下载平均速率，并与 FTP 客户端的速率统计做比较，二者是否一致？
（7）在该 TCP 连接的数据传输过程中，找出每个 ACK 报文段与相应数据报文段的对应关系，计算这些数据报文段的往返延时 RTT（即 RTT 样本值）。给每个数据报文段估算超时时间 RTO（提示：用脚本编程实现）。
（8）找出控制连接中的所有 FTP 命令（login、ls、cd、get、put、quit 等）报文段，分析这些 TCP 报文段的标志字段，与其他数据报文段相比有何不同？

综合实验 3　应用层组播拓扑修复

【实验原理】
应用层组播通信的特点是节点退出组后组播树需要立即重构。节点退出有两种情况：正常退出和异常退出，必须针对这两种情况分别设计重构算法。
（1）节点正常退出。
指节点发送离开信息到它所属的组中的所有成员。
以图 13-1 节点 B 退出组播树为例。首先，节点 B 向 RP 发送退出报文，RP 接收请求后,联系节点 B 的父节点 A 以及节点 B 的所有子节点(C 和 D)。设节点 B 的子节点 C 为节点 A 的直接子节点。同时,将节点 C 下所有子节点的层数减 1。而节点 D 将作为其他度数未满的节点(例如节点 C)的子节点,并更新节点 D 的所有子节点的层数。

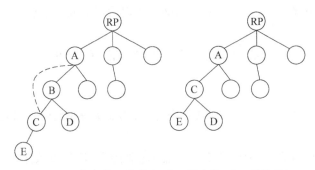

图 13-1 节点的正常退出(左:退出前;右:重构后)

一般在处理退出请求时,必须首先重构组播网,再删除退出节点的信息。

(2) 节点异常退出。

指组中的其他主机接收不到离开主机的刷新信息,经过一定的时间就认为该成员失效,这时就认为节点异常退出。如果离开的主机是该组集中的领导成员(RP),那么就在剩下的成员中选择一个作为新的领导成员。

以图 13-1 为例。假如节点 B 异常退出,如何判断节点 B"不辞而别"? 通常做法是设定一个时间间隔,超过间隔而联系不到节点 B,则可认定节点 B 异常。这种判断策略很适合采用"心跳算法"实现:每个节点每隔 T 时间向它的监测节点发送一个心跳消息,如果一个监测节点没有连续收到 n 个心跳消息,就认为此节点已经失效。

目前的树重建方案主要有两种:主动式和被动式(或称前向式和后向式)。被动重建方案只有当发生中断时,才启动一个新父节点的重新发现过程,所以其恢复的时间较长。主动式方案则是在树构建的过程中采用某种手段进行预防(例如备用链或备用父节点),它是以对带宽的额外占用或节点处理负荷的增加获取恢复过程中时延性能的改善。

【实验目的】

由于应用层组播以终端机器为节点实现传输转发,稳定性和可靠性都相对较低,因此需要一套有效的机制对组播树中出现的异常情况以及底层网络环境的突变进行有效的检测,并对此进行相应的修复工作。

本实验的目的是对应用层组播的拓扑进行修复和测试。

【实验过程】

建立如图 13-2 所示的拓扑结构,当拓扑结构稳定后,让其中一个节点停止通信(例如节点 D),则其子节点的通信也会受到影响。设计一种算法,将断开的节点重新加入组播树,通过观察这些子节点如何修复到组播树中研究该算法的拓扑修复功能。

中断通信的方法有两种:

(1) 直接在物理上终止该节点的通信(即拔出网线)。

(2) 通过关闭通信端口终止通信。

例如,在组播树稳定后停止某一节点的运作(如图 13-2(a)所示)。其子树 D、G、H、I 脱离了组播树。

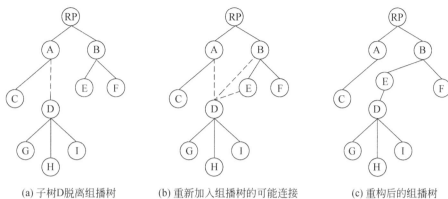

(a) 子树D脱离组播树　　　(b) 重新加入组播树的可能连接　　　(c) 重构后的组播树

图 13-2　应用层组播实验拓扑

对于该子树的根节点 D 重新加入组播树,有 3 个比较合适的连接选择,即节点 A、B、E。如图 13-2(b)所示。

节点 D 向 3 个连接选择发送询问信息,在返回的信息中确定最合适的是节点 E。与节点 E 建立连接,重构后的组播树如图 13-2(c)所示。

测试修复后的组播树能否正常运作。

综合实验 4　网 络 安 全

(1) 某网络结构如图 13-3 所示,请回答以下有关问题。

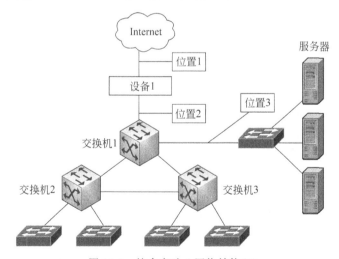

图 13-3　综合实验 4 网络结构(1)

① 设备 1 应选用哪种网络设备?

② 若对整个网络实施保护,防火墙应安装在图 13-3 中位置 1～3 中的哪个位置上?

③ 如果采用了入侵检测设备对进出网络的流量进行检测,并且探测器在交换机 1 上通过端口镜像方式获得流量,下面是通过相关命令显示的镜像设置的信息。

```
        Session 1
        ......
        Type                            :Local Session
        Source Ports                    :
            Both                        :Gi2/12
        Destination Ports               :Gi2/16
```

请问探测器应该连接在交换机 1 的哪个端口上？除了流量镜像方式外，还可以采用什么方式部署入侵检测探测器？

④ 使用 IP 地址 202.113.10.128/25 划分 4 个相同大小的子网，每个子网中容纳 30 台主机，请写出子网掩码、各个子网网络地址及可用的 IP 地址段。

(2) 某网络结构如图 13-4 所示，请回答以下有关问题。

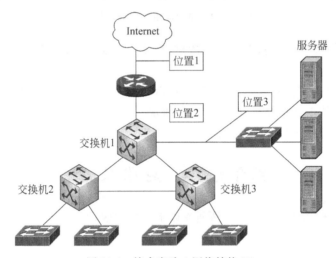

图 13-4 综合实验 4 网络结构(2)

① 使用 IP 地址 192.168.1.192/26 划分 3 个子网，其中第 1 个子网容纳 25 台主机，另外 2 个子网分别容纳 10 台主机，请写出子网掩码、各子网网络地址及可用的 IP 地址段(注：请按子网序号顺序分配网络地址)。

② 如果该网络使用上述地址，边界路由器上应该具有什么功能？如果要保证外网能够访问该网络内的服务器，那么应在边界路由器上对网络中服务器的地址进行怎样的处理？

③ 采用一种能够对该网络提供如下保护措施的设备：数据包进入网络时将进行过滤检测，并确定此包是否包含有威胁网络安全的特征。如果检测到一个恶意的数据包，系统不仅发出警报，还将采取响应措施(如丢弃含有攻击性的数据包或阻断连接)阻断攻击。请写出这种设备的名称，该设备应该部署在图 13-6 中位置 1~3 中的哪个位置上？

④ 如果该网络采用 Windows 2003 域用户管理功能实现网络资源的访问控制，那么域用户信息存储在区域控制器的哪个部分？

综合实验 5　入 侵 检 测

某网络结构如图 13-5 所示,请回答以下有关问题。

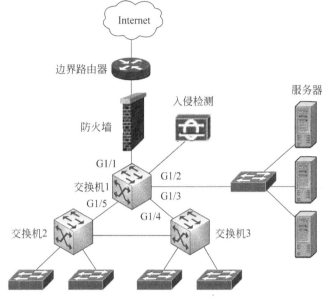

图 13-5　综合实验 5 网络结构

(1) 使用 IP 地址 59.17.148.64/26 划分 3 个子网,其中第 1 个子网容纳 13 台主机,第 2 个子网容纳 12 台主机,第 3 个子网容纳 30 台主机。请写出子网掩码、各子网网络地址及可用的 IP 地址段(注：请按子网序号顺序分配网络地址)。

(2) 如果入侵检测设备用于检测图 13-5 中所有访问服务器群的流量,请写出交换机 1 上被镜像的端口。

(3) 如果在交换机 1 上定义了一个编号为 105 的访问控制列表,该列表用于过滤图 13-5 中所有访问服务器群的 1434 端口的数据包,请写出该访问控制列表应用端口的配置命令。

(4) 如果该网络使用动态地址分配的方法,请写出路由交换机上 DHCP IP 地址池的配置内容。

综合实验 6　网 络 设 计

【实验内容】

图 13-6 中有 3 个网段,路由器 R1 和 R2 连接网 1、网 2 和网 3,设网 1、网 2、网 3 的网络参数如表 13-1 所示。请搭建与图 13-6 相对应的网络拓扑,每个网段使用 1 台交换机。画出实验拓扑图,并给图中的每台设备配置合适的网络参数,保证每台设备的连通性。要求路由器的网络端口配置使用所在网段主机地址空间编号值最大或最小的主机地址。

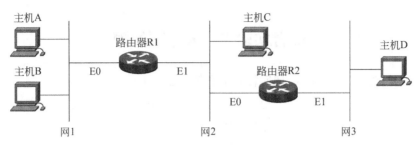

图 13-6 综合实验 6 实验拓扑

表 13-1 网 1、网 2、网 3 的网络参数

	子 网 掩 码	网 络 号
网 1	255.255.255.0	192.168.1.0
网 2	255.255.255.0	192.168.5.0
网 3	255.255.255.0	192.168.3.0

【实验要求】

(1) 画出网络拓扑图,标出设备和端口名称,标出设计的 IP 参数。

(2) 按照表 13-2 的格式将各台设备的参数填入。

表 13-2 设备配置表

设备名称	设备:端口编号	子网掩码	IP 地 址	默认网关
主机 A				
主机 B				
主机 C				
主机 D				
路由器 R1:E0 路由器 R1:E1				
路由器 R2:E0 路由器 R2:E1				

测试机的"设备:接口编号"栏填写连接的交换机的名称和端口号,其余栏填写测试机配置信息。

(3) 在表 13-3 和表 13-4 中填写 2 台路由器的路由表表项。

表 13-3 路由器 R1 的路由表

目 的 网 络	子 网 掩 码	下 一 跳	跳 数

表 13-4　路由器 R2 的路由表

目 的 网 络	子 网 掩 码	下 一 跳	跳 数

（4）团队成员在设计中的分工。

（5）写出完成配置和验证的步骤及主要命令，描述实验中的现象或结果。

（6）如果只提供 2 台交换机（甚至只有 1 台交换机），请讨论如何实现题目要求的方法。

综合实验 7　网络规划配置

【实验要求】

图 13-7 是模拟 A 公司的网络拓扑简图。在 A 公司各个接入级的二层交换机上按部门划分了 VLAN（图 13-7 中用 S1 代表），各接入级交换机连接到汇聚层交换机 S2 上，最后连接到出口路由器 R1，R1 通过 DDN 专线连接到 ISP 的路由器 R2，最终实现连接 Internet。请对该公司的交换机和路由器进行相应的配置实现以下功能。

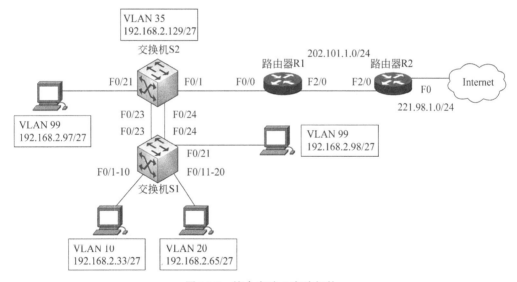

图 13-7　综合实验 7 实验拓扑

（1）该公司内网 IP 地址规划：192.168.2.0/27，由于划分了 3 个 VLAN，故划分了子网。如图 13-7 所示，子网地址管理员已指定，每台设备的 IP 地址请自行指定。

（2）为了提高网络的可靠性，通过两级交换机之间的双链路实现冗余备份，要求使用 802.1w 技术，且配置交换机 S2 作为根交换机。

测试方法：查看每台交换机的角色以及端口角色，并通过拔掉网线实现拓扑变化网络快速收敛。

（3）VLAN 99 为监控管理 VLAN，VLAN 10 和 VLAN 20 的职能分别如下：VLAN 10（工程部 name：Eng）和 VLAN 20（销售部 name：Sales），接入层交换机的端口 1～10 在 VLAN 10 内，端口 11～20 在 VLAN 20 内，接入层和汇聚层交换机的端口 21 都在 VLAN 99 内，实现各职能部门的隔离。

测试方法：同一 VLAN 内主机可以互相 ping 通，不同 VLAN 内主机不能互相 ping 通。

（4）对汇聚层交换机 S2 进行相应的配置，使不同部门间的计算机实现互访。

测试方法：不同 VLAN 之间可以互相 ping 通。

（5）交换机 S2、路由器 R1 和 R2 配置动态路由协议 RIP，使公司内部网络可以访问 Internet（注意：此实验中不考虑私有 IP 地址连网问题。实际中一般是在企业网出口配置默认路由，而 ISP 采用动态路由协议，然后再配置路由协议间的重分布）。

测试方法：从任意 VLAN 均可 ping 通路由器 R2 的 Internet F0 端口。

（6）假设公司内部的 1 台计算机为服务器，要求外网不能 ping 通该服务器，而内网可以 ping 通。内网所有机器可以 ping 通外网的机器。另外，要求 VLAN 10 的机器可以使用 QQ、MSN；VLAN 20 的机器不可以使用 QQ、MSN，而其他 VLAN 的机器两者都可以使用。

综合实验 8　综合组网实验

按照图 13-8(a)～(e)实验拓扑搭建网络。图中 Internet 到路由器 R2 的链路指将某台计算机连接校园网的网线接到路由器 R2 的以太网接口上，图中只给出 VLAN 10 和 VLAN 20 的网段，未标明的需自行设定。

注意实验时交换机之间先接一根跳线，完成第一步后再接另一根跳线。

（1）在交换机 S1 和 S2 上配置 VLAN 和 RSTP。通过配置优先权使交换机 S2 成为根网桥。

（2）配置各端口的 IP 地址，为每台计算机配置 IP 地址和网关，在交换机 S2 上配置虚端口，要求最后 PC2 可以 ping 通 PC3。

（3）在路由器和三层交换机上配置动态路由协议（RIPv2 或 OSPF），要求最后所有计算机都可以互通。

（4）为路由器 R2 的以太网端口配置 172.16.x.x/16 的 IP 地址。在路由器 R2 上注入默认路由，并配置 NAT，要求最后每台计算机都可以访问外网（往 RIPv2 或 OSPF 注入默认路由命令为 # default-information originate；路由器 R2 配置默认路由命令为 ip route 0.0.0.0 0.0.0.0 172.16.0.1）。

（5）在路由器 R2 上配置 ACL，使 PC1 在上班时间（9:00～18:00）可以访问内网但不可以访问外网，其余时间可以同时访问内网和外网。

实验要求：

按照下列要求做好每一步的记录（需要给出配置命令）。重要信息需给出截图，注意实验步骤的前后对比。

（1）在交换机 S2 上执行 show spanning-tree summary 命令并截图。

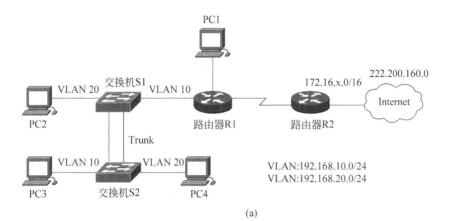

(a)

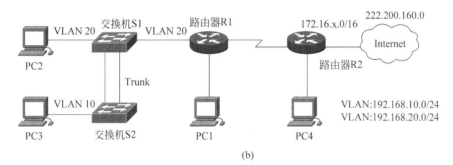

(b)

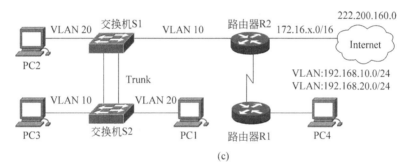

(c)

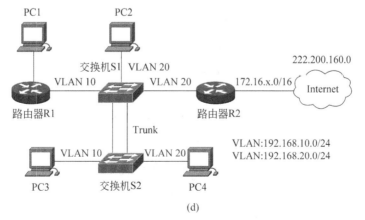

(d)

图 13-8 综合实验 8 实验拓扑

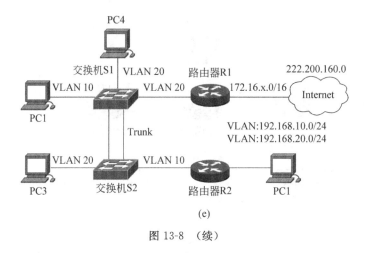

(e)

图 13-8 （续）

(2) PC2 ping 通 PC3 的截图。
(3) PC1 ping 其他计算机的截图，交换机 S2、路由器 R1 与 R2 的路由表。
(4) 用 PC1 ping 222.200.160.1 并截图。
(5) 将路由器的时间设置为上班时间，然后用 PC1 分别 ping PC2 和 222.200.160.1 并截图。

综合实验 9　OSPF 与 NAT

图 13-9 是一个关于 OSPF 的拓扑，拓扑中应用了 NAT 技术，IP 地址表如图 13-9 所示。

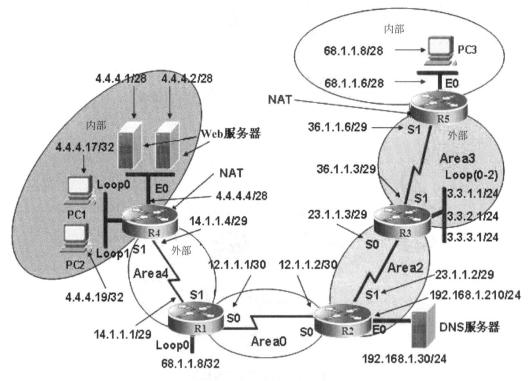

图 13-9　综合实验 9 实验拓扑

请按实验要求完成实验。

【实验要求】

(1) 根据拓扑配置所有的 IP 地址,并将网络通告到相应的 OSPF 区域中。

(2) 运行 OSPF 的路由器必须手工指定 RID 为路由器上最低的 IP 地址。

(3) 将 Area 4 配置为末梢区域(Stub),将 Area 3 配置为完全末梢区域(Totally Stub)。

(4) 汇总 Area 3 中的网络,在其他路由器上只看到 Loopback 的一个汇总地址 3.3.0.0/16。

(5) Area 0 采用密文 MD5 认证,其他区域采用明文认证。

(6) 在路由器 R4 上做 NAT:将计算机映射到路由器 R4 连接的公网 IP 地址(交换机 S1 端口地址)上,要能够 ping 通外部任何 IP 地址,并要求在内部 Web 服务器提供外部访问时实现负载,只允许路由器 R2 访问;在路由器 R5 上做 NAT,要求计算机映射到路由器 R5 连接的公网 IP 地址(交换机 S1 端口地址)上,要能够 ping 通外部任何 IP 地址。

综合实验 10　VLAN＋单臂路由＋路由重发布＋ACL 综合实验

如图 13-10 所示,实验项目如下:

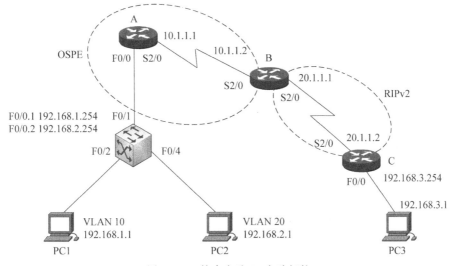

图 13-10　综合实验 10 实验拓扑

(1) 路由器 A 上配置 OSPF 协议,配置单臂路由。

(2) 路由器 B 上配置 RIPv2 协议,配置路由重发布,使全网互通。

(3) 配置 ACL,允许 PC3 在任何时间都可以访问 VLAN 10 的网络,VLAN 20 的网络只允许在每周末 8:00～9:00 访问,其他时间无法访问。

实验要求:

(1) 写出配置命令。

(2) 给出实验前后的测试截图。

(3) 捕获数据包,通过协议分析数据流向。

综合实验 11　IPv6 IPSec

【实验目的】

(1) 提高网络结构设计能力。

(2) 提高网络应用程序设计能力。

(3) 加深对 IPv6 协议的理解。

【实验原理】

IPSec 是 IETF 在 IPv6 中提出的全新的网络安全体系结构,是由 IETF 定义的一套在网络层提供 IP 安全性的协议。IPSec 描述了新体系结构提供的安全服务及这些服务的实现机制。IPSec 提供的安全服务包括:数据私有性、基于无连接的数据完整性、数据包来源认证、访问控制、抗数据重发攻击以及一定程度上的数据流量私有性等。这些安全服务是通过 ESP(Encapsulating Security Payload)和 AH(Authentication Header)这两个安全协议实现的。除安全协议外,还有一系列与 IPSec 相关的技术标准,如加密算法及实现数据完整性的 Hash 算法的规范、密钥的交换标准 IKE 和安全关联等。

【实验需求】

每组成员利用组内硬件设备(4 台单网卡主机、2 台双网卡主机和若干网线)自行设计网络结构,使该网络满足如下需求:

(1) 实现网络层次划分。设有一个前缀为 48 位的全球单播地址,将其划分为若干前缀为 64 位的网段(记为不同的部门)。

(2) 每个部门内都有一台 IPSec 策略服务器。

(3) 同部门内的主机从 IPSec 策略服务器下载策略文件,不同部门间可进行策略协商。

(4) 同部门内的主机与不同部门间的主机都使用相应的 IPSec 策略进行通信。

(5) 通过编写网络应用程序,实现点对点的通信(通信双方是完全对等的关系,通信双方可以是同部门内的主机,也可以是不同部门间的主机)。

(6) 点对点的通信内容可在以下条目中任选其一:共享文件下载、检索共享内容、内容分发、网络存储、协作计算。

【实验环境配置】

请自主设计。

【实验步骤】

(1) 按照实验需求设计网络结构,绘制网络拓扑结构图并搭建网络环境。

(2) 自行设计网络拓扑结构的验证方法并验证网络连接的正确性。

(3) 在本组内网主机之间自行验证点对点通信。

(4) 在任意两个组的内网主机之间验证点对点通信。

(5) 验证点对点通信时,查看 IPSec 是否生效。

【拓扑参考】

本实验的参考拓扑如图 13-11 所示。

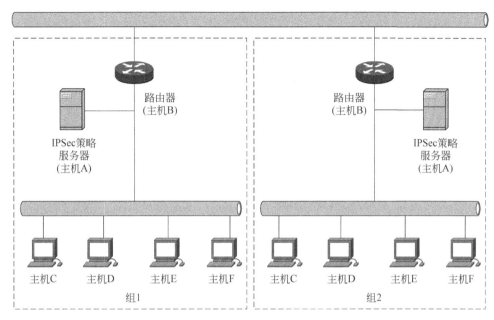

图 13-11　IPv6 IPSec 综合实验参考拓扑

综合实验 12　IPv6 构建园区骨干网

【实验目的】

掌握在大型网络中如何采用 IPv6 相关技术构建园区骨干网络。

【实验要求】

建设双协议栈的网络,既能访问 IPv4 的站点,又能访问 IPv6 的站点;在建设的初期,为了保证 IPv6 网络的顺利开通,要求进行 IPv6 全网的测试工作;进行基于 IPv6 的访问控制,要求能够提供基于 IPv6 的主机防 ping 功能。

【实验拓扑】

本实验的拓扑结构如图 13-12 所示。

【实验设备】

双协议栈交换机 3 台,IPv6 计算机 2 台。

【实验步骤】

实验分 5 步进行,请写出这 5 步的详细过程。

步骤 1:配置 PC1 的 IPv6 地址。

步骤 2:配置 PC2 的 IPv6 地址。

步骤 3:配置交换机 S3760-1、S3760-2、S3760-3 的相关端口地址。

步骤 4:配置 OSPFv3 构建骨干网络。

步骤 5:配置 IPv6 访问控制列表。

实验过程中注意 OSPFv3 的声明与 IPv4 下的 OSPF 协议的区别;访问控制列表变为 IPv6,避免误操作。

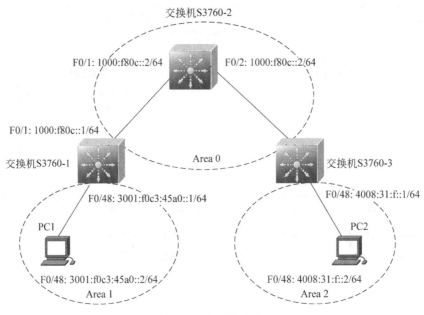

图 13-12 IPv6 综合实验拓扑

综合实验 13 RIP 动态路由协议攻防

【实验目的】

理解 RIPv1 与 RIPv2 协议的安全特性。

【背景分析】

RIP 协议由于其配置简单等优点,在目前的网络中被普遍采用,但又由于 RIP 协议本身的局限和存在的漏洞,很容易被网络攻击者破坏。因此,必须了解 RIP 动态路由协议的原理及其漏洞,了解 RIP 攻击的原理才能对 RIP 协议进行防护。

【需求分析】

要保证网络的安全性,请注意如下情况:对于运行 RIPv1 动态路由协议的路由器的路由表可以通过本书的方法对其随意修改,造成其路由表紊乱,并足以使其网络中断。RIPv1 攻击比较容易实现。启用 RIPv2 协议,使用认证对 RIP 进行防护。

【实验要求】

(1) 在 RIPv1 版本下,利用网络分析软件对数据包进行修改,然后发送出去。判断能否被路由器接收,判断 RIP 协议的脆弱性。

(2) 在 RIPv2 版本下,使用认证对 RIP 进行防护,再用 RIPv1 攻击 RIPv2,判断 RIPv2 的安全性。

【实验步骤】

(1) 配置实验网络 RIPv1 协议。

(2) 记录运行良好的 RIP 协议相关的路由表。

(3) 运行网络监听和发包软件,向网络中发送假的路由信息。

(4) 在受到攻击的情况下,观察路由器的路由表。
(5) 打开 RIPv2 的认证功能。
(6) 重新进行攻击并记录攻击情况下的路由表。

【实验拓扑】

本实验的拓扑结构如图 13-13 所示。

图 13-13 RIP 攻防实验拓扑

综合实验 14 无线网络中 DNS 和 IIS 服务器的配置应用实验

【实验目的】

(1) 掌握无线网络中 DNS 和 IIS 服务器的配置应用方法。
(2) 了解域名(网址)与 IP 地址的关系。
(3) 学习架设 Web 网站或 FTP 站点。

【实验设备】

1 台 AP,3 台各自配备无线网卡的计算机。

【实验步骤】

(1) 绘制合理的实验拓扑。
(2) 配置 AP,使 3 台计算机可以相互连通。
(3) 配置主 DNS 服务器 PC1。

① 配置正向搜索区域:新建标准主要区域,并设置区域名为 gzxbcn.com,并命名该文件为 gzxbcn.com.dns。

② 配置反向搜索区域:创建标准主要区域,假设反向搜索区域网络 ID 为 192.168.1,并命名该文件为"1.168.192.in-addr.arpa.dns"。

③ 添加主机和记录:在文件夹 gzxbcn.com 中执行新建主机命令,设置主机名为 server1,IP 地址为 192.168.1.10,并指定"创建相关的指针(PTR)记录"。

④ 添加域名主机名为 Server2、IP 地址为 192.168.1.11 的辅 DNS 服务器主机;再添加域名主机名为 Webserver、IP 地址为 192.168.1.22 的 Web 和 FTP 服务器主机。

⑤ 添加别名:对文件夹 gzxbcn.com 新建别名 www,且在"目标主机的完全合格的名称"中选择"Webserver.gzxbcn.com"。同法新建别名 ftp,以添加 FTP 别名记录。

⑥ 最后检查正向搜索区域结果,并设置"允许区域复制:到所有服务器"。对反向搜索区域进行相同操作。

⑦ 完成配置,测试验证。

(4) 配置辅 DNS 服务器 PC2,并连接主 DNS 服务器。

① 连接 DNS 服务器,选择"连接到计算机"到"192.168.1.10",并再次连接到"这台计算机"以配置自身的辅 DNS 服务器 Server2。

② 配置正向搜索区域:新建标准辅助区域,并设置区域名为 gzxbcn.com,添加主 DNS 服务器的 IP 地址 192.168.1.10。

③ 配置反向搜索区域:创建标准辅助区域,假设 Server2 的 IP 地址前三位为 192.168.1,添加主 DNS 服务器地址即 Server1 的 IP 地址 192.168.1.10。

④ 再设置该连接的"Internet 协议(TCP/IP)",计算机 IP 地址为 192.168.1.11、255.255.255.0、192.168.1.1,DNS 为 192.168.1.10(主)、192.168.1.11(备用)。

⑤ 完成配置,测试验证。

(5) 配置 IIS 服务器 PC3。

① 进入 Internet 信息服务(IIS)管理器,在"默认网站"中设置"启动 WWW 服务",并设置属性"主目录"中的资源本地路径位置,并启用"文档"栏目中的"默认文档"。

② 在"目录安全性"选项卡中,单击"匿名访问和验证控制"区的"编辑"按钮,指定"启用匿名访问"并取消"集成 Windows 身份验证"选项。

③ 验证 Web 网站:将一个简单 HTML 文件作为主页面。使在浏览器中打开该 Web 服务器网址 http://www.gzxbcn.com 后的主页面显示网页信息:"这是实验的 Web 网站!"。

(6) 配置 FTP 服务器。

① 在"Internet 信息服务"窗口中,选中"默认 FTP 站点",单击工具栏上的"属性"按钮或右击"默认 FTP 站点",然后执行弹出菜单中的"属性"命令,弹出"默认 FTP 站点属性"对话框。

② 在"安全账号"选项卡中选中"允许匿名连接"复选框,在"主目录"选项卡中更改为自己的主目录 e:\12345(并在该文件夹中建立一个名为"实验的"的文本文件)。

③ 验证 FTP 站点:在浏览器地址栏中输入 ftp://ftp.gzxbcn.com,是否能看到一个名为"实验的"的文本文件?

(7) 实验结果与分析。

在命令提示符下执行 ping、nslookup 等命令测试。

(8) 实验讨论。